高等职业教育本科教材

环境监测

王怀宇　主　编
田春艳　雷旭阳　副主编

化学工业出版社
·北京·

内 容 简 介

本书按照高等职业教育本科对环境保护类专业人才培养的要求编写而成。针对高等职业教育本科教育的特点和培养目标，强化理论联系实际，突出环境监测岗位监测任务，培养练就环境监测人员的综合素质和职业能力。全书共十章，以监测对象为主线，详细说明了环境监测的基本原理、技术方法、环境标准、监测过程的质量保证。分别介绍了环境监测基本知识、水体监测、大气监测、噪声监测、土壤与固体废物监测、应急监测、在线自动监测系统、环境监测报告、监测综合实训。实训的选取与岗位运行方法同步，突出实际、实践、实用，适当兼顾新仪器、新方法和新技术的运用。采用现行国家标准和行业标准来规范环境监测术语。

本书为高等职业教育本科、高职高专环境保护类、分析检测技术等专业的教材，也可作为相关专业的教学用书，同时可供环境保护技术人员参考使用。

图书在版编目（CIP）数据

环境监测/王怀宇主编；田春艳，雷旭阳副主编 .—北京：化学工业出版社，2023.2

高等职业教育本科教材

ISBN 978-7-122-42816-5

Ⅰ.①环… Ⅱ.①王…②田…③雷… Ⅲ.①环境监测-高等职业教育-教材 Ⅳ.①X83

中国国家版本馆 CIP 数据核字（2023）第 022375 号

责任编辑：王文峡　　文字编辑：丁海蓉

责任校对：边　涛　　装帧设计：王晓宇

出版发行：化学工业出版社（北京市东城区青年湖南街 13 号　邮政编码 100011）

印　　装：河北鑫兆源印刷有限公司

787mm×1092mm　1/16　印张 19¾　字数 503 千字　　2023 年 5 月北京第 1 版第 1 次印刷

购书咨询：010-64518888　　售后服务：010-64518899

网　　址：http://www.cip.com.cn

凡购买本书，如有缺损质量问题，本社销售中心负责调换。

定　　价：59.00 元

前言

环境监测是职业教育环境保护类专业的专业基础课程，同时也是环境工程设计、环境科学研究、环境保护管理和政府决策等不可缺少的重要手段。环境监测的目的是准确、及时、全面地反映环境质量现状及发展趋势，为环境管理、环境规划、环境评价以及污染控制与治理等提供科学依据。

本书按照高等职业教育本科对环境保护类专业人才的实践能力要求编写。针对职教本科教育的特点和培养目标，加强理论联系实际，使学习者掌握监测方案的制订和采样方法。教材使用现行国家标准和行业标准；将各种监测方案制订技术规范和采样技术方法纳入环境监测教材；教材提供监测方案的样本，使学习者能得到真实的监测训练；教材将污水在线监测设备运行技术规范和污染气体在线监测设备运行技术规范纳入教材，加强对学习者具备在线设备运行能力的培养。服务的工作岗位有：第三方检测公司从事采样分析；在线监测设备运维。

本书由王怀宇担任主编，田春艳、雷旭阳担任副主编。其中，王怀宇（河北科技工程职业技术大学）编写第一章、第三章，并负责全书的统稿工作；雷旭阳（河北科技工程职业技术大学）编写第六章、第十章；田春艳（沧州职业技术学院）编写第四章、第九章；贾明畅（河北石油职业技术大学）编写第二章、第七章；刘潮清（江西环境工程职业学院）编写第五章、第八章。河北科技工程职业技术大学程永高教授对本书进行了审阅，并提出了很多宝贵意见，在此深表谢意！

由于作者的水平所限，书中难免存在疏漏及不妥之处，敬请各位读者给予批评指正。

编者

2022 年 8 月于邢台

目录

第七章　应急监测 232

第八章　在线自动监测系统 256

第九章　环境监测报告 284

二维码一览表

第一章
绪 论

知识目标

1. 了解环境监测的主要内容和基本程序。
2. 了解环境监测的分类与特点。
3. 掌握环境监测的基本原则与要求。
4. 掌握环境监测的主要分析技术。

能力目标

1. 能够正确搜索及使用环境监测相关的标准、技术规范。
2. 能够准确掌握环境监测的程序和分析方法。

素质目标

1. 认识环保人的使命与担当，树立正确的人生观、价值观，树立正确的环保理念。
2. 加强团队协作。
3. 在学习中养成遵纪守法、严谨认真、实事求是的良好习惯，并把这种习惯贯彻到之后的环境监测工作之中。

第一节　环境监测

环境监测是指由环境监测机构按照规定的程序和有关法规的要求，对代表环境质量及发展趋势的各种环境要素进行技术性监视、测试和解释，对环境行为符合法规情况进行执法性监督、控制和评价的全过程操作。

一、环境监测的主要任务和内容

环境监测的任务，是对环境中各项要素进行经常性监测，掌握和评价环境质量状况及发展趋势；对各有关单位排放污染物的情况进行监视性监测；为政府部门执行各项环境法规、标准，全面开展环境管理工作提供准确、可靠的监测数据和资料；开展环境测试技术研究，促进环境监测技术的发展。

根据环境监测的定义，环境监测的主要内容应包括以下六个方面：

① 监视、解释代表（反映）环境质量变化的各种要素；

② 测试、评价对人与环境有影响的各种环境因素；

③ 监督、控制对环境造成污染或危害的各种行为；

④ 督察、促进有关污染防治和环保法规的贯彻执行；

“十四五”生态环境监测规划

⑤ 为制定及执行环境法规、标准及环境规划、环境污染防治对策等提供可靠、公正、科学的依据；

⑥ 为环境管理提供技术支持、技术监督和技术服务。

二、环境监测的分类

环境监测依据不同标准，可以划分成多种类型，按其目的和性质可分为以下三种类型。

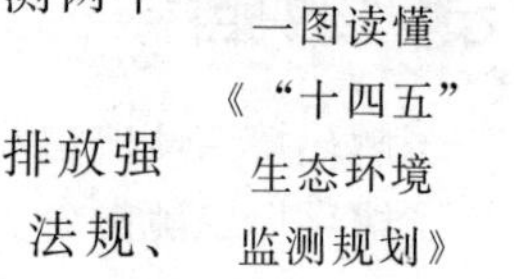

一图读懂《“十四五”生态环境监测规划》

（一）常规监测

这类监测是监测工作的主体，主要包括污染源监测和环境质量监测两个方面。

（1）污染源例行监测和监督监测 主要是掌握污染物排放浓度、排放强度、负荷总量、时空变化等，为强化环境管理，贯彻落实有关标准、法规、制度等做好技术监督和提供技术支持。

（2）环境质量监测 主要是指定期定点对指定范围内的大气、水质、噪声、辐射、生态等各项环境质量因素状况进行监测分析，为环境管理和决策提供依据。

（二）特例监测

这类监测的内容、形式很多，但工作频率相对较低，主要包括污染事故监测、仲裁监测、考核验证监测和咨询服务监测四个方面。

（1）污染事故监测 主要是确定各种紧急情况下发生的各类污染事故的污染程度、范围和影响等。

（2）仲裁监测 主要是为解决环保执法过程中发生的矛盾和纠纷，为有关部门处理污染问题提供公正的监测数据。

（3）考核验证监测 主要是指设施验收、环境评价、机构认可和应急性监督监测能力考核等监测工作。

（4）咨询服务监测 主要是指为科研、生产部门提供有关监测数据，承担社会科研咨询工作等。

（三）研究监测

这类监测一般需要多学科协作，是属于较复杂的高水平监测，主要是指污染普查、环境本底调查以及直接为建立标准、制定方法等服务的科研监测等。

按监测介质或对象分类可分为水质监测、空气监测、土壤监测、固体废物监测、生物监测、噪声和振动监测、电磁辐射监测、放射性监测、热监测、光监测、卫生（病原体、病毒、寄生虫等）监测等。

三、环境监测的特点

（1）生产性 环境监测具备生产过程的基本环节，有一个类似生产的工艺定型化、方法标准化和技术规范化的管理模式，数据就是环境监测的基本产品。

（2）综合性 环境监测的对象涉及“三态”（气态、液态、固态）“一波”（如热、电、磁、声、光、振动、辐射波等）以及生物等诸多客体；环境监测手段包括化学的、物理的、生物的以及互相结合的等多种方法；监测数据解析评价涉及自然科学、社会科学等许多领域。所以环境监测具有很强的综合性，只有综合应用各种手段，综合分析各种客体，综合评价各种信息，才能较为准确地揭示监测信息的内涵，说明环境质量状况。

（3）追踪性 要保证监测数据的准确性和可比性，就必须依靠可靠的量值传递体系进行数据的追踪溯源。

（4）持续性 监测数据如同水文气象数据一样，只有在有代表性的监测点位上持续监测，才有可能客观、准确地揭示环境质量发展变化的趋势。

（5）执法性 环境监测不同于一般检验测试，它除了需要及时、准确地提供监测数据外，还要根据监测结果和综合分析结论，为主管部门提供决策建议，并受权对监测对象执行法规情况进行执法性监督控制。

四、环境监测的基本程序

环境监测就是环境信息的捕获—传递—解析—综合—控制的过程，在对监测信息进行解析综合的基础上，揭示监测数据的内涵，进而提出控制对策建议，并依法实施监督，从而达到直接有效地为环境管理和环境监督服务的目的。其一般工作程序主要包括以下内容。

（1）受领任务 环境监测的任务主要来自环境保护主管部门的指令，单位、组织或个人的委托、申请和监测机构的安排三个方面。环境监测是一项政府行为和技术性、执法性活动，所以必须要有确切的任务来源依据。

（2）明确目的 根据任务下达者的要求和需求，确定针对性较强的监测工作具体目的。

（3）现场调查 根据监测目的，进行现场调查研究，摸清主要污染源的来源、性质及排放规律，污染受体的性质及污染源的相对位置，以及水文、地理、气象等环境条件和历史情况等。

（4）方案设计 根据现场调查情况和有关技术规范要求，认真做好监测方案设计，并据此进行现场布点作业，做好标识和必要的准备工作。

（5）采集样品 按照设计方案和规定的操作程序，实施样品采集，对某些需现场处置的样品，应按规定进行处置包装，并如实记录采样实况和现场实况。

（6）运送保存 按照规范方法需求，将采集的样品和记录及时安全地送往实验室，办好交接手续。

（7）分析测试 按照规定程序和规定的分析方法，对样品进行分析，如实记录检测信息。

（8）数据处理 对测试数据进行处理和统计检验，整理入库（数据库）。

（9）综合评价 依据有关规定和标准进行综合分析，并结合现场调查资料对监测结果做出合理解释，编写监测报告，并按规定程序报出。

五、环境监测的基本原则和要求

（一）环境监测的原则

1.“优先监测”原则

有毒化学物质的监测和控制，无疑是环境监测的重点，世界上目前已知的化学品有2400万种之多，而进入环境的化学物质已达10万种以上。人们不可能对每一种化学品都进行监测，实行控制，而只能有重点、针对性地对部分污染物进行监测和控制。这就需要对众多有毒污染物进行分级排队，从中筛选出潜在危害性大、在环境中出现频率高的污染物作为监测和控制对象。经过优先选择的污染物称为环境优先污染物，简称优先污染物。对优先污染物进行的监测称为“优先监测”。

优先污染物是指难以降解、在环境中有一定残留水平、出现频率较高、具有生物积累性、毒性较大的化学物质。

美国是最早开展优先监测的国家。早在20世纪70年代中期就规定了129种水质优先监测污染物，之后又提出了43种空气优先监测污染物名单。

“中国环境优先监测研究”亦已完成，提出了中国环境优先监测物“黑名单”，包括14个化学类别，共68种有毒化学物质，其中有机物58种（包括卤代烃、苯系物、多氯联苯、多环芳烃、酚类、硝基苯类等），无机物10种（包括砷、镉、铬、铅、汞等重金属及其化合物）。

优先监测的污染物应具有相对可靠的测试手段和分析方法，并能获得正确的测试数据，已经制定有环境标准或评价标准，能对测试数据做出正确的解释和判断。

确定优先监测的污染因子视监测对象和目的的不同而异，如饮用水源应优先监测重点影响健康的项目，农田灌溉和渔业用水要优先安排毒物的监测，交通干线应优先监测汽车排出的主要有毒气体等。

2. 可靠性原则

可靠性原则即对选择的污染物必须有可靠的测试手段和有效的分析方法，保证获得准确、可靠、有代表性的数据。如多氯联苯、甲基汞等，其可靠的监测方法是近些年才有的。

3. 实用性原则

实用性原则即要能对监测数据做出正确的评价，若无标准可循，又不了解对人类健康或对生态系统的影响，将使监测陷入盲目。

（二）环境监测的要求

环境监测是环境保护技术的主要组成部分，它既能为了解环境质量状况、评价环境质量提供信息，也能为制定管理措施，建立各项环境保护法令、法规、条例提供决策依据。因此，环境监测工作一定要保证监测结果的准确可靠，能科学地反映实际。具体地说，环境监测的要求就是监测结果要具有“五性”。

1. 代表性

代表性指在有代表性的时间、地点并按有关要求采集有效样品，使采集的样品能够反映总体的真实状况。

2. 完整性

完整性强调工作总体规划的切实完成，即保证按预期计划取得系统性和连续性的有效样品，而且无缺漏地获得这些样品的监测结果及有关信息。

3. 可比性

可比性不仅要求各实验室之间对同一样品的监测结果相互可比，也要求每个实验室对同一个样品的监测结果应该达到相关项目之间的数据可比，相同项目没有特殊情况时，历年同期的数据也是可比的。

4. 准确性

准确性指测定值与真值的符合程度。

5. 精密性

精密性表现为测定值有良好的重复性和再现性。

第二节 环境监测分析方法

一、监测分析方法体系

正确选择监测分析方法，是获得准确结果的关键因素之一。选择分析方法应遵循的原则是：灵敏度能满足定量要求；方法成熟、准确；操作简便，易于普及；抗干扰能力强。根据上述原则，为使监测数据具有可比性，各国在大量实践的基础上，对环境中的不同污染物质都编制了相应的分析方法。这些方法有以下三个层次，它们相互补充，构成完整的监测分析方法体系。

1. 国家标准分析方法

我国已编制 60 多项包括采样在内的标准分析方法，这是一些比较经典、准确度较高的方法，是环境污染纠纷法定的仲裁方法，也是用于评价其他分析方法的基准方法。

2. 统一分析方法

有些项目的监测方法尚不够成熟，但这些项目又急需测定，因此经过研究作为统一方法予以推广，在使用中积累经验，不断完善，为上升为国家标准方法创造条件。

3. 等效方法

与一、二类方法的灵敏度、准确度具有可比性的分析方法称为等效方法。这类方法可能采用新的技术，应鼓励有条件的单位先用起来，以推动监测技术的进步。但是，新方法必须经过方法验证和对比实验，证明其与标准方法或统一方法是等效的才能使用。

二、监测分析方法

按照监测方法所依据的原理，环境监测分析常用的方法有化学法、电化学法、原子吸收分光光度法、离子色谱法、气相色谱法、等离子体发射光谱（ICP-AES）法等。

（一）化学分析法

化学分析法是以特定的化学反应为基础的分析方法，分为重量分析法和容量分析法。

重量分析法是将待测物质以沉淀的形式析出，经过滤、烘干用天平称其质量，通过计算得出待测物质的含量。由于重量法的步骤烦琐、费时费力，因而在环境监测中的应用少，但是重量分析法准确度比较高，环境监测中的硫酸盐、二氧化硅、残渣、悬浮物、油脂、可吸入颗粒物和降尘等的标准分析方法仍建立在重量分析法基础上。随着称量工具的改进，重量分析法有可能重新得到重视，例如用压电晶体的微量测重法测定大气中可吸入颗粒物和空气中的汞蒸气等。

容量分析法又称滴定分析法。它是用一种已知准确浓度的溶液（标准溶液），滴加到含有被测物质的溶液中，根据化学反应完全时消耗标准溶液的体积和浓度，计算出被测物质的含量。滴定分析方法简便，测定结果的准确度也较高，不需贵重的仪器设备，至今被广泛采用，是一种重要的分析方法。

已知准确浓度的溶液称为标准溶液。将标准溶液滴加到待测溶液中去的操作过程称为滴定。滴加的标准溶液与待测组分恰好反应完全的这一点称为化学计量点。在化学计量点时，反应往往没有易为人察觉的任何外部特征，因此，通常是在待测溶液中加入指示剂（如甲基橙等），利用指示剂颜色的突变来判断化学计量点的到达。在指示剂变色时停止滴定，这一点称为滴定终点。

由于指示剂颜色转变点与理论上的化学计量点不可能恰好吻合，它们之间往往存在着很小的差别，由此引起的误差称为滴定误差。

1. 滴定分析方法的分类

化学分析方法是以化学反应为基础的，滴定分析是化学分析法中重要的一类分析方法。根据所利用的化学反应类型不同，滴定分析分为四种：

（1）酸碱滴定法　以质子传递反应为基础，用来测定酸和碱。

（2）络合滴定法　以络合反应为基础，用来测定金属离子。

（3）沉淀滴定法　以沉淀反应为基础，可用以测定 Ag^+、CN^-、SCN^-及卤素等离子。

（4）氧化还原滴定法　以氧化还原反应为基础，可用于对具有氧化还原性质的物质和某些不具备氧化还原性质的物质进行测定。

2. 滴定分析化学反应必须具备的条件

为了保证滴定分析的准确度，滴定分析的化学反应必须具备以下四个条件：

① 滴定剂和被滴定物质必须按一定的计量关系进行反应；

② 反应要接近完全，即反应的平衡常数要足够大；

③ 反应速率要快，只有反应在瞬间完成，才能准确地把握滴定终点；

④ 能用比较简单的方法确定滴定终点。

3. 基准物质和标准溶液

滴定分析中，离不开标准溶液，否则无法计算分析结果。因此，正确地配制标准溶液，准确地标定标准溶液的浓度，妥善地保存标准溶液，对于提高滴定分析的准确度具有重要的意义。

（1）基准物质　能用于直接配制或标定标准溶液的物质，称为基准物质或标准物质。基准物质应符合下列 4 个条件：

① 纯度高，杂质的含量应低于滴定分析所允许的误差限度；

② 组成恒定，组成与化学式完全相符，若含结晶水，其含量也应与化学式完全相同；

③ 性质稳定，保存时应该稳定，加热干燥时不挥发、不分解，称量时不吸收空气中的水分和二氧化碳；

④ 具有较大的摩尔质量，这样称量时相对误差较小。

（2）常用的基准物质　常用的基准物质主要有纯金属和纯化合物。

① 用于酸碱滴定的有十水合碳酸钠（$Na_2CO_3 \cdot 10H_2O$）、硼砂（$Na_2B_4O_7 \cdot 10H_2O$）、草酸（$H_2C_2O_4 \cdot 2H_2O$）、邻苯二甲酸氢钾（$KHC_8H_4O_4$）等；

② 用于络合滴定的有金属锌、碳酸钙（$CaCO_3$）；

③ 用于沉淀滴定的有硝酸银、氯化钠；

④ 用于氧化还原滴定的有重铬酸钾（$K_2Cr_2O_7$）、草酸（$H_2C_2O_4 \cdot 2H_2O$）或草酸钠（$Na_2C_2O_4$）、金属铜以及溴酸钾等。

（3）标准溶液的配制

① 标准溶液的定义：已知准确浓度的试剂溶液。

② 标准溶液的配制方法

a. 直接法。准确称取一定量的基准物质，用蒸馏水溶解后定量转移到容量瓶中，用蒸馏水稀释至刻度，摇匀后即成准确浓度的标准溶液。只能用于基准物质，溶液的浓度根据所称基准物质的量和容量瓶的体积计算。

b. 间接法。先用台秤、烧杯、量筒等粗略地称取一定量的物质或量取一定体积的溶液，配制成接近所需浓度的溶液。然后用基准物质或另一种标准溶液来测定它的准确浓度。这种测定溶液准确浓度的操作过程称为标定。例如配制 NaOH 标准溶液，可以先配成近似浓度，再用该溶液滴定准确称量的邻苯二甲酸氢钾，根据 NaOH 溶液的用量和邻苯二甲酸氢钾的质量，计算出 NaOH 标准溶液的准确浓度。

（4）标准溶液浓度表示法

① 物质的量浓度。物质的量浓度简称浓度，是指单位体积溶液中所含溶质的物质的量。物质的量浓度 c 的国际单位为 mol/m^3，单位名称为摩尔每立方米。由于该单位太大，在化

学中常用的单位符号为 mol/L，即摩尔每升。在使用该浓度时也必须指明基本单元，应将代表基本单元的化学符号写在圆括号内。

② 滴定度。滴定度是指 1mL 标准溶液相当于被测物质的质量（单位为 g 或 mg），以符号 T 表示。在实际工作中，例如工厂实验室经常需要对大量试样测定其中同一组分的含量。在这种情况下，常用滴定度来表示标准溶液的浓度，这样，对计算待测组分的含量就比较方便。只要把滴定时所用标准溶液的体积乘以滴定度，就可得到被测物质的含量。

（二）仪器分析法

仪器分析法是利用被测物质的物理或物理化学性质来进行分析的方法。根据分析原理和仪器的不同，环境监测中常用到如下几类：色谱分析法，包括气相色谱法、高效液相色谱法、离子色谱法、薄层色谱法等；光学分析法，包括分子光谱法和原子光谱法；电化学分析法，包括极谱法、溶出伏安法、电导分析法、电位分析法、离子选择电极法、库仑分析法等；质谱分析法；其他监测分析方法，如放射分析法，包括同位素稀释法、中子活化分析法等。

仪器分析法具有灵敏度高、选择性强、简便快速、可以进行多组分分析、容易实现连续自动分析等优点。仪器分析法的发展非常迅速，目前各种新方法、新型仪器层出不穷，促使监测技术趋于快速、灵敏、准确。

（1）色谱分析法　色谱分析法是一种分离分析法。

① 气相色谱法。以气体为流动相的色谱分析法称气相色谱法。由所用固定相的状态不同，可分为气固色谱和气液色谱。在环境监测中，气相色谱法是各类色谱法中应用最为广泛的，是水、大气、固体废物和土壤等环境样品中各种有机污染物的主要测定方法，还可以应用于永久性气体的测定。

② 高效液相色谱法。相对于气相色谱，流动相为液体的色谱过程称为液相色谱。高效液相色谱是在液体柱色谱基础上，引入气相色谱的理论，采用高压泵、高效固定相和高灵敏度的检测器，实现了分析快速、分离效率高和操作自动化。

③ 离子色谱法。离子色谱法是一种分析离子的专用仪器，可用于大气、水、固体废物等多种环境样品的分析。通常，可以同时测定一个样品中的多种成分，如 F^-、Cl^-、Br^-、NO_2^-、NO_3^-、SO_3^{2-}、SO_4^{2-}、$H_2PO_4^-$ 等阴离子和 K^+、Na^+、NH_4^+、Ca^{2+}、Mg^{2+} 等阳离子。

④ 薄层色谱法。薄层色谱法又称为薄层层析，在环境监测中主要用于样品的预分离、纯化或制备标准样品。

（2）光学分析法　光学分析法是根据物质发射、吸收辐射能或物质与辐射能相互作用建立的分析方法。种类很多，以分子光谱法和原子光谱法应用较多。

① 分子光谱法。分子光谱法包括红外吸收、可见和紫外吸收、分子荧光等方法。

a. 红外吸收光谱法。红外吸收光谱法也称为红外分光光度法。红外吸收光谱法用于环境监测中微量污染物的定量分析，由于其具有强选择性，所以有时不做分离或稍做分离就可对待测组分进行定量测定。这一技术经常应用于大气中工业排放污染物（如 CO、SO_2、NO_x、有机物等）的测定。

b. 可见-紫外分光光度法。某些物质的分子吸收了 200～800nm 光谱区的辐射后发生分子轨道上电子能级间的跃迁，从而产生分子吸收光谱，据此可以分析测定这些物质的量，即为可见-紫外分光光度法，可测定多种无机和有机污染物质。分光光度计结构简单，价格低廉，易于操作，因此易于推广应用。可见-紫外分光光度法现已广泛应用于大气、水体、土壤及生物污染物的监测分析，是环境监测最常用的重要方法之一。

c. 分子荧光分析法。处于基态的分子吸收适当能量后，其价电子从成键分子轨道或非成键轨道跃迁到反键分子轨道上去，形成激发态，激发态很不稳定，将很快返回基态，并伴随光子辐射，这种现象称为发光。某些物质（分子）受激后产生特征辐射即分子荧光，通过测量荧光强度即可对这些物质进行分析，即为分子荧光分析法。分子荧光分析法在水和大气污染监测中都有应用，例如 Be、Se、油类、苯并［*a*］芘的测定。

② 原子光谱法。包括原子发射、原子吸收和原子荧光光谱法。目前应用最多的是原子吸收光谱法，简称为原子吸收法。它是基于蒸气相中被测元素的基态原子对其原子共振辐射的吸收强度来测定样品中被测元素含量的一种方法。

（3）电化学分析法　电化学分析法是依据物质的电学及电化学性质测定其含量的分析方法，通常是使待分析的样品试液构成化学电池，根据电池的某些物理量与化学量之间的内在联系进行定量分析。

① 电导分析法。通过测量溶液的电导或电阻来确定被测物质的含量，如水质监测中电导率的测定就非常简便快速。

② 电位分析法。用一个指示电极和一个参比电极与试液组成化学电池，根据电池电动势（或指示电极电位）分析待测物质。电位分析法广泛应用于环境监测中，例如 pH 值测定和离子选择性电极测定。离子选择性电极可以快速测定环境样品中的 F^-、Cl^-、CN^-、S^{2-}、NO_2^-、K^+、Na^+ 等离子。

③ 库仑分析法。待测物质定量地进行某一电极反应，或者待测物质与某一极反应产物定量地进行化学反应，根据此过程所消耗的电量（库仑数）可以定量分析待测物质浓度，即为库仑分析法。例如，库仑法测定化学需氧量就是据此原理实现的。

④ 伏安和极谱法。用微电极电解被测物质的溶液，根据所得到的电流-电压（或电极）极化曲线来测定物质含量的方法即为伏安和极谱法。此法在环境监测中应用广泛，是测定水、大气、固体废物、土壤等样品中多种金属元素的常用方法。

（4）质谱分析法　质谱分析的原理是通过测定有机物离子的质量和强度来进行成分和结构分析。目前已成为环境有机污染物监测的重要测试技术。

（5）其他监测分析方法

① 生物指示分析法。生物指示分析法是利用生物体（主要是植物）对环境中某些污染物产生的反应来判断环境污染的一种手段。

② 结构分析法。结构分析法是分析污染物的物理化学状态或结构的方法。

③ 放射化学分析法。放射化学分析是专门测定环境样品中放射性污染物的方法。

④ 酶分析法。酶是一种生物化学催化剂，酶分析法是利用酶催化反应测定污染物含量的方法。

（三）环境监测分析技术发展动向

目前环境监测分析技术的发展较快，许多新技术在监测过程中已得到应用。当前环境监测技术发展主要表现在：遥感技术广为采用；监测技术连续自动化；分析技术联用；深入开展污染物状态和结构分析；痕量和超痕量分析技术进展迅猛；监测分析方法标准化；监测数据处理计算机化等。

（四）分析方法的选择

根据水中待测物质的含量，一般常量物质用滴定分析法。例如，酸碱性物质用酸碱滴定法，金属离子用配位滴定法，卤素用沉淀滴定法，有机污染物可用氧化还原法，微量或痕景物质用各类仪器分析法。有时一种物质，几种方法均可测定。例如 Cd 可用比色分光光度法，也可用原子吸收或极谱法。选用何种方法要看测定的目的要求、各种分析方法的特点和具体条件。

对浓度很低的待测物质，又要求得到准确度较高的分析结果，希望采用灵敏度、准确度都高的仪器，但要结合实验室条件综合考虑。对要求速度快的监测分析，如运行管理中控制分析，要根据分析结果及时采取技术措施，这时就必须选择快速简便的分析方法。对到野外现场操作的测定，就应采用便于制备、便于携带、经济实用的分析方法。

总之，选择测定方法要根据待测对象、目的要求和所具备的条件，做到既符合对灵敏度、准确度的不同要求，又经济实用。

生态文明建设
重要论述综述

思考题

1. 环境监测包括哪些主要内容？有何特点？
2. 环境监测有哪些基本程序？
3. 什么叫优先污染物？什么叫优先监测？
4. 环境监测有哪些基本要求？
5. 什么叫容量分析法？容量分析法有何特点？
6. 什么叫重量分析法？重量分析法有何特点？
7. 仪器分析法有何特点？根据其分析原理不同，包括哪些主要方法？

第二章
环境监测过程中的质量控制

知识目标

1. 了解环境监测质量控制的意义和内容。
2. 熟悉质量控制的有关名词术语。
3. 理解误差的分类及产生原因，掌握减少误差的方法。
4. 掌握常用的实验室内质量控制方法，熟悉实验室间的质量控制方法。
5. 熟悉实验室常用纯水的分类分级及制备方法，掌握不同实验用水的特点。
6. 明确监测实验室环境条件对监测结果的影响，掌握超净实验室标准。
7. 掌握有效数字的修约和基本运算规则。
8. 明确线性回归和相关分析的含义，掌握一元线性回归建立校准曲线、求取相关系数的方法。

能力目标

1. 能够准确写出各种误差的表示方法。
2. 能够正确使用常用的实验室内质量控制方法。
3. 能够熟练使用均数质量控制图，使环境监测数据规范、可信。
4. 能够根据监测工作需求合理选择实验室用水。
5. 能够根据分析目的合理选择化学试剂并正确取用、贮存。
6. 能够正确修约环境监测数据，判断数据的可靠性。
7. 能够正确、合理表达监测结果。

素质目标

1. 坚定正确的环保信仰，树立正确的环保理念。
2. 在质量控制过程中养成遵纪守法、严谨认真的良好习惯。
3. 培养科学严谨、实事求是、精益求精的工匠精神。

第一节　环境监测质量控制

一、概述

（一）环境监测质量保证

1. 定义

质量保证：为保证产品、生产过程或服务符合质量要求而采取的所有计划和系统的、必要的措施。

环境监测质量保证：环境监测过程的全面质量管理，包含了保证环境监测数据准确可靠的全部活动和措施。

2. 意义

在环境监测过程中，由于监测对象复杂，时间、空间分布广泛，污染物质易受物理、化学及生物等因素的影响，待测组分的浓度范围变化大，而且测定结果还与样品采集的时间、空间有关，不易准确测量。环境监测工作由一系列环节组成，特别是大规模的环境调查中，常需要在同一时间内，许多实验室同时测定，这就要求各个实验室在整个监测过程中提供的数据要有规定的准确性和可比性，否则任一环节出现问题都将直接或间接影响测定结果的准确度。如果没有一个科学的环境监测质量保证程序，对整个监测过程进行规范化管理，由于人员、设备、地域等各种因素的影响，难免出现监测数据差别较大、不能利用的现象，造成大量人力、物力和财力的浪费。因此，必须在环境监测的各个环节中开展质量保证工作，这是实现各类监测数据具有代表性、完整性、准确性、精密性、可比性等“五性”的根本措施。只有取得合乎质量要求的监测结果，才能正确指导人们认识环境、评价环境、管理环境和治理环境，这就是实施环境监测质量保证的根本意义。一个实验室或一个国家是否开展质量保证活动是表征该实验室或国家环境监测水平的重要标志。

质量保证的意义和内容

3. 内容

质量保证的具体措施有：根据需要和可能确定监测指标及数据的质量要求；规定相应的分析监测系统。其内容包括采样、样品预处理、储存、运输、实验室供应，仪器设备、器皿的选择和校准，试剂、溶剂和基准物质的选用，统一监测方法，质量控制程序，数据的记录和整理，各类人员的要求和技术培训，实验室的清洁度和安全，以及编写有关的文件、指南和手册等。

（二）环境监测质量控制

1. 定义

质量控制：达到质量要求的操作技术和工作。质量控制包括两个方面：监控生产过程以及为达到质量要求而消除不合格操作的因素。

环境监测质量控制：用以满足环境监测质量需求所采取的操作技术和活动。

2. 意义

环境监测质量控制是环境监测质量保证的重要组成部分，它包含了对采样、分析和数据处理等过程中，为消除影响质量的诸因素而制订的控制程序，并以规定、制度等文件形式固定下来。环境监测工作过程中的质量控制要点见表 2-1。

表 2-1　环境监测质量控制要点

监测系统	质量控制要点	质量控制目的
布点系统	(1)检测目标系统的控制 (2)监测点位、点数的优化控制	空间代表性、可比性
采样系统	(1)采样次数和采样频率的优化 (2)采样工具、方法的统一规范化	时间代表性、可比性
贮运系统	(1)样品的运输过程控制 (2)样品固定保存控制	可靠性、代表性
分析测试系统	(1)分析方法准确度、精密度、检测范围控制 (2)分析人员素质和实验室间质量的控制	准确性、精密性、可靠性、可比性

续表

监测系统	质量控制要点	质量控制目的
数据处理系统	(1)数据整理、处理及精度检验控制 (2)数据分布、分类管理制度的控制	可靠性、可比性、完整性、科学性
综合评价系统	(1)信息量的控制 (2)成果表达的控制 (3)结论完整性及对策控制	真实性、完整性、科学性、适用性

3. 内容

环境监测的质量控制从大的方面可分为采样系统和测定系统两部分。实验室质量控制是测定系统中的重要部分，它分为实验室内部质量控制和实验室外部（实验室间）质量控制，目的是保证测量结果有一定的精密度和准确度。实验室质量控制必须建立在完善的实验室基础工作之上，实验室的各种条件和分析人员需符合一定要求。

实验室内部质量控制是实验室自我控制质量的常规程序，它能反映监测分析过程中质量稳定性情况，以便及时发现分析中出现的异常，随时采取相应的校正措施。其内容包括空白试验、校准曲线核查、仪器设备的定期标定、平行样分析、加标样分析、密码样分析和编制质量控制图等。

实验室外部质量控制通常是由常规监测以外的中心监测站或其他有经验人员来检查各实验室是否存在系统误差，以便对数据质量进行独立评价，各实验室可以从中发现所存在的系统误差等问题，以便及时校正提高监测质量，增强各实验室监测数据的可比性。实验室外部的质量控制应该是在各实验室认真执行了内部质量控制程序的基础上进行的。常用的方法有分析标准样品，进行实验室之间的评价和分析测量系统的现场评价等。

二、实验室质量控制的相关名词

（一）误差

环境监测的目的就是准确地测定污染物质组分的含量，因此，分析结果必须有一定的准确度，否则就会导致科学上的错误结论，从而引发一系列的问题。即使是很熟练的分析工作者，采用最完善的分析方法和最精密的仪器，对同一个样品在相同的条件下进行多次平行测定，其结果也不会完全一样；如果是几个人对同一样品进行平行测定，其结果就更难相同了。由于人们认识能力的不足和科学技术水平的限制，任何测量结果都有误差，误差存在于一切测量的全过程中。这就是误差公理。一个没有表明误差的分析结果，几乎就是没有用的数据。或者说，对其结果的可信度就不言而喻。虽然误差比测量结果的数据要小得多，但其重要性丝毫不比测量结果逊色。

1. 误差的定义

（1）真值　在某一时刻和某一状态（或位置）下，某事物的量表现出的客观值（或实际值）称为真值。实际应用的真值包括：

① 理论真值。例如三角形内角之和等于180°。

② 约定真值。由国际单位制所定义的真值称为约定真值。

③ 标准器（包括标准物质）的相对真值。高一级标准器的误差为低一级标准器或普通仪器误差的1/5（或1/20～1/3）时，则可以认为前者为后者的相对真值。

（2）误差　测量结果与其真实值的差值称为误差。由于被测量的数值形式通常不能以有限位数表示，另外由于认识能力的不足和科学技术水平的限制，误差是客观存在的。

（3）偏差　各次测定值与平均值之差称为偏差。在实际工作中，由于真实值并不知道，用误差无法衡量测定结果的准确度，对环境样品要进行多次平行分析，用其算术平均值来代表该样品的测定结果，用偏差衡量测定结果的精密度。

2. 误差的分类及产生原因

误差按其性质和产生的原因可以分为系统误差、偶然误差和过失误差。

（1）系统误差　系统误差又称可测误差、恒定误差或偏倚，是指测量值的总体均值与真值之间的差别，是由测量过程中某些恒定因素造成的。在一定的测量条件下，系统误差会重复出现，即误差的正负和大小在多次重复测定中有固定的规律。因此，增加测定次数不能减小系统误差。从理论上讲，系统误差是可以测定的，若能找出原因，并设法加以校正，即可消除系统误差。系统误差产生的原因有以下几个方面。

① 方法误差。方法误差是由分析方法不够完善所引起的，由分析系统的化学或物理化学性质所决定，在一定条件下，这种误差的数值保持一定，采取适当措施可以减小方法误差。方法误差的来源有：反应不能定量完成或者有副反应；存在干扰成分；响应信号偏离理论值等。

② 仪器误差。仪器误差是由使用未经校准的仪器或仪器本身不够准确造成的。如天平两臂不等长，砝码不准，所用容量瓶、滴定管、移液管未经校正，均会引入系统误差。

③ 试剂误差。试剂误差是由所用试剂中含有杂质所致。如基准试剂纯度不够，使用了不纯的试剂或蒸馏水，引入了被测物质或干扰物质。

④ 人员误差。人员误差由测量者的感官差异、反应敏捷程度和固有习惯所引起。如人的辨别能力不同，在判断指示剂变色点时会存在误差；对仪器标尺读数时习惯性地偏左或偏右。此外，人员的主观偏见也会造成误差，如在重复实验时，总是想使后者与前者的实验结果相一致，不自觉地受先入为主的偏见所支配，在读取数据时造成人员误差。

⑤ 环境误差。环境误差是由测量时环境因素的显著改变所引起的。如温度、湿度明显变化；溶液中某组分挥发造成溶液浓度的改变；化学试剂吸收水分或二氧化碳而导致试剂不纯等。

系统误差可以通过以下方法克服：

① 校准仪器。即测量前对使用的仪器进行校准，并用校准值对测量结果进行修正。

② 空白试验。就是用空白试验结果修正测量值，以消除试剂不纯等原因所产生的误差。

③ 对照试验。即将实际样品与标准物质在同样的条件下进行测定，当标准物质的保证值与测定值相一致时，可认为该方法的系统误差已基本消除；或采用不同的分析方法，如与标准方法进行比较，校正方法误差。

④ 回收试验。回收试验就是在实际样品中加入已知量的标准物质，在相同的条件下进行测定，观察所得结果能否定量回收，并以回收率作校正因子。

（2）偶然误差　偶然误差也称随机误差或不可测误差，是由测定过程中偶然因素的共同作用所造成的。偶然误差的大小和正负是不固定的。但在多次测量的数据中，偶然误差符合正态分布。

正态分布具有以下特点：

① 有界性。在一定条件下的有限次测量值中，其误差的绝对值不会超过一定界限。

② 单峰性。绝对值小的误差出现的次数比绝对值大的误差出现的次数多，即在有限次测定中，绝大多数的测定值都在真值附近。

③ 对称性。在测量次数足够多时，绝对值相等的正误差和负误差出现的次数大致相等。

④ 抵偿性。在一定条件下对同一量进行测量，偶然误差的算术平均值随测量次数的增

加而趋于零，即测量次数无限多时，误差平均值的极限为零。

在实际操作中，有些测量数据本身不呈正态分布，而呈偏态分布，但将数据取对数进行转换之后，可显示为正态分布。若监测数据的对数呈正态分布，称为对数正态分布。减小偶然误差通常除必须严格控制试验条件、正确使用仪器和试剂外，可利用偶然误差的抵偿性，通过增加测定次数来减小偶然误差。

（3）过失误差　过失误差也叫粗差。这类误差明显地歪曲测量结果，是由测量过程中不应有的错误造成的，如加错试剂、试样损失、仪器出现异常、读数错误等。过失误差一经发现，必须及时重做。为消除过失误差，分析人员应该具有认真细致、对工作负责的良好素质，不断提高理论及操作水平。

含有过失误差的测量数据经常表现为离群值。对于已发现有过失的测量数据，无论结果好坏均应剔除；对于未发现的过失，但发现为离群的测量数据，应使用统计检验方法进行检验后予以剔除（或保留）。

3. 误差的表示方法

环境监测中常用的误差、偏差以及极差的有关定义及计算公式如下。

（1）绝对误差（E）　绝对误差（E）是测量值（X）（单一测量值或多次测量的平均值）与真实值（μ）之差。

$$E=X-\mu \tag{2-1}$$

绝对误差为正，表示测量值大于真实值；绝对误差为负，表示测量值小于真实值。

（2）相对误差（R_E）　是绝对误差与真实值之比（常用百分数表示）。

$$R_E=\frac{E}{\mu}\times100\%=\frac{X-\mu}{\mu}\times100\% \tag{2-2}$$

（3）绝对偏差 d_i　是某测量值（X）与多次测量均值（$\bar{X}$）之差。

$$d_i=X_i-\bar{X} \tag{2-3}$$

（4）相对偏差（R_{d_i}）　是绝对偏差与测定平均值之比（常用百分数表示）。

$$R_{d_i}=\frac{d_i}{\bar{X}}\times100\%=\frac{X_i-\bar{X}}{\bar{X}}\times100\% \tag{2-4}$$

（5）平均偏差（$\bar{d}$）　是单次测量偏差的绝对值的平均值。

$$\bar{d}=\frac{\sum_{i}^{n}|d_i|}{n}=\frac{|d_1|+|d_2|+\cdots\cdots|d_n|}{n} \tag{2-5}$$

（6）相对平均偏差（$R_{\bar{d}}$）　是平均偏差与测量平均值之比（常用百分数表示）。

$$R_{\bar{d}}=\frac{\bar{d}}{\bar{X}}\times100\% \tag{2-6}$$

（7）差方和（S 或 SD）、方差及标准偏差　差方和是指绝对偏差的平方之和。

$$S=\sum_{i=1}^{n}(X_i-\bar{X})^2=\sum_{i=1}^{n}d_i^2 \tag{2-7}$$

方差分为样本方差和总体方差。

样本方差用 V 表示，计算公式为：

$$V=\frac{\sum_{i=1}^{n}(X_i-\bar{X})^2}{n-1}=\frac{1}{n-1}S \tag{2-8}$$

总体方差用 δ^2 表示，计算公式为：

$$\delta^2=\frac{1}{N}\sum_{N=1}^{N}(X_i-\mu)^2 \tag{2-9}$$

公式中的 N 为总体容量（无限次重复测量，一般最少应大于 20 次）。

标准偏差分为样本标准偏差和总体标准偏差。

样本标准偏差用 s 表示，计算公式为：

$$s=\sqrt{\frac{1}{n-1}\sum_{i=1}^{n}(X_i-\bar{X})^2}=\sqrt{\frac{1}{n-1}S}=\sqrt{V}=\sqrt{\frac{\sum X_i^2-\frac{(\sum X_i^2)^2}{n}}{n-1}} \tag{2-10}$$

总体标准偏差用 δ 表示，计算公式为

$$\delta=\sqrt{\delta^2}=\sqrt{\frac{1}{N}\sum_{i=1}^{n}(X_i-\mu)^2}=\sqrt{\frac{\sum X_i^2-\frac{(\sum X_i)^2}{N}}{N}} \tag{2-11}$$

（8）相对标准偏差　又称为变异系数，是样本标准偏差在样本均值中所占的百分数，用 C_V 表示。

$$C_V=\frac{s}{\bar{X}}\times 100\% \tag{2-12}$$

（9）极差（R）　是指一组测量值中最大值（$x_{\max}$）与最小值（$x_{\min}$）之差，也叫全距或范围误差，用以说明数据的范围和伸展情况。极差的表示式为：

$$R=x_{\max}-x_{\min} \tag{2-13}$$

（二）准确度

准确度是用一个特定的分析程序所获得的分析结果（单次测定值和重复测定值的均值）与假定的或公认的真值之间符合程度的量度。它是反映该方法或系统存在的系统误差或偶然误差的综合指标，决定测定结果的可靠性。准确度用绝对误差或相对误差表示。实验室分析准确度可采用分析标准样品、自配标准溶液或实验室内加标回收中的任意一种方法来控制。

（三）精密度

精密度是指用特定的分析程序，在受控条件下重复分析均一样品所得测定值的一致程度，它反映分析方法或测量系统所存在随机误差的大小。可用极差、平均偏差、相对平均偏差、标准偏差和相对标准偏差来表示精密度的大小，最常用的是标准偏差。在讨论精密度时，常要遇到如下一些术语：

1. 平行性

平行性系指在同一实验室中，当分析人员、分析设备和分析时间都相同时，用同一分析方法对同一样品进行双份或多份平行样测定结果之间的符合程度。

2. 重复性

重复性系指在同一实验室内，当分析人员、分析设备和分析时间三因素中至少有一项不相同时，用同一分析方法对同一样品进行的两次或两次以上独立测定结果之间的符合程度。

3. 再现性

再现性系指在不同实验室（分析人员、分析设备甚至分析时间都不相同），用同一分析方法对同一样品进行多次测定结果之间的符合程度。

平行性和重复性代表了实验室内部精密度；再现性反映的是实验室间的精密度，通常用分析标准样品的方法来确定。精密度的评价常用 F 检验法，用于比较不同条件下（不同地点、不同时间、不同分析方法、不同分析人员等）测量的两组数据是否具有相同的精密度。

（四）灵敏度

分析方法的灵敏度是指某种分析方法在一定条件下被测物质浓度或含量改变一个单位时所引起的测量信号的变化程度。它可以用仪器的响应量或其他指示量与对应的待测物质的浓度或量之比来描述，因此常用标准曲线的斜率来度量灵敏度。灵敏度因实验条件而变。标准曲线的直线部分以下式表示：

$$A=kC+a \tag{2-14}$$

式中　A——仪器的响应；

C——待测物质的浓度；

a——校准曲线的截距；

k——方法的灵敏度，k 值大，说明方法灵敏度高。

在原子吸收分光光度法中，国际理论与应用化学联合会（IUPAC）建议将以浓度表示的“1%吸收灵敏度”叫作特征浓度，而将以绝对量表示的“1%吸收灵敏度”称为特征量。特征浓度或特征量越小，方法的灵敏度越高。

（五）空白试验

空白试验又叫空白测定，是指用蒸馏水代替试样的测定。其所加试剂和操作步骤与试验测定完全相同。空白试验应与试样测定同时进行，试样分析时仪器的响应值（如吸光度、峰高等）不仅是试样中待测物质的分析响应值，还包括所有其他因素，如试剂中杂质、环境及操作进程的沾污等的响应值，这些因素是经常变化的，为了了解它们对试样测定的综合影响，在每次测定时，均应作空白试验，空白试验所得的响应值称为空白试验值。对试验用水有一定的要求，即其中待测物质浓度应低于方法的检出限。当空白试验值偏高时，应全面检查空白试验用水、试剂的空白、量器和容器是否沾污、仪器的性能以及环境状况等。

（六）校准曲线

校准曲线是用于描述待测物质的浓度或量与相应的测量仪器的响应量或其他指示量之间的定量关系的曲线。校准曲线包括“工作曲线”（绘制校准曲线的标准溶液的分析步骤与样品分析步骤完全相同）和标准曲线（绘制校准曲线的标准溶液的分析步骤与样品分析步骤相比有所省略，如省略样品的前处理）。制好校准曲线是取得准确测定结果的基础。

① 监测中常用校准曲线的直线部分。某一方法的校准曲线的直线部分所对应的待测物质浓度（或量）的变化范围，称为该方法的线性范围。根据方法的线性范围，配制一系列浓度的标准溶液，系列浓度值应较均匀地分布在测量范围内，系列点≥6 个（包括零浓度）。

② 校准曲线测量应按样品测定的相同操作步骤进行（经过实验证实，标准溶液系列在省略部分操作步骤时，直接测量的响应值与全部操作步骤具有一致结果时，可允许省略操作步骤），测得的仪器响应值在扣除零浓度的响应值后，绘制曲线。

③ 用线性回归方程计算出校准曲线的相关系数、截距和斜率，应符合标准方法中规定的要求，一般情况相关系数（r）应≥0.999，才能用于线性回归方程计算结果。

④ 对某些分析方法，如石墨炉原子吸收分光光度法、离子色谱法、等离子发射光谱法、气相色谱法、气相色谱-质谱法、等离子发射光谱-质谱法等，应检查测量信号与测定浓度的线性关系。当 $r \geqslant 0.999$ 时，可用回归方程处理数据；若 $r < 0.999$，而测量信号与浓度确实存在一定的线性关系，可用比例法计算结果。

（七）检测限

检测限是指某一分析方法在给定的可靠程度内可以从样品中检测待测物质的最小浓度或最小量。所谓“检测”是指定性检测，即断定样品中确定存在有浓度高于空白的待测物质。

检测限有如下几种规定：

① 分光光度法中规定以扣除空白值后，吸光度为 0.01 相对应的浓度值为检测限。

② 气相色谱法中规定的最小检测量是指检测器正好能产生与噪声相区别的响应信号时所需进入色谱柱的物质的最小量，通常认为恰能辨别的响应信号最小应为噪声值的两倍。最小检测浓度是指最小检测量与进样量（体积）之比。

③ 离子选择性电极法规定某一方法的标准曲线的直线部分外延的延长线与通过空白电位且平行于浓度轴的直线相交时，其交点所对应的浓度值即为检测限。

④《全球环境监测系统水监测操作指南》中规定，给定置信水平为95%时，样品浓度的一次测定值与零浓度样品的一次测定值有显著性差异者，即为检测限（L）。当空白测定次数大于 20 时：

$$L = 4.6\delta_{\mathrm{Wb}} \tag{2-15}$$

式中，δ_{Wb} 为空白平行测定（批内）标准偏差。

（八）方法适用范围

方法适用范围是指某一特定方法检测下限至检测上限之间的浓度范围。显然，最佳测定范围应小于方法适用范围。

（九）测定限

测定限分为测定下限和测定上限。测定下限是指在测定误差能满足预定要求的前提下，用特定方法能够准确地定量测定待测物质的最小浓度或量；测定上限是指在限定误差能满足预定要求的前提下，用特定方法能够准确地定量测定待测物质的最大浓度或量。

（十）最佳测定范围

最佳测定范围又叫有效测定范围，系指在限定误差能满足预定要求的前提下，特定方法的测定下限到测定上限之间的浓度范围。

三、实验室内部质量控制

实验室内部质量控制是实验室分析人员对分析质量进行自我控制的过程。其目的在于控制监测分析人员的实验误差在允许的限度内，使分析数据合理、可靠，在给定的置信度内达到所要求的质量。实验室内质量控制的方法很多，且各种方法有各自的特点和意义。

（一）全程序空白试验值控制

全程序空白试验值是以蒸馏水代替实际样品，并完全按照实际试样的分析程序同样操作后所测得的浓度值。全程序空白试验值的大小及其分散程度对分析结果的精密度和分析方法的检出限都有很大影响，并在一定程度上反映了一个环境监测实验室及其分析人员的水平，如实验用水、化学试剂纯度、滴定终点误差等对空白试验值均产生影响。

空白值的测定方法：每批做平行双样测定，分别在一段时间内（隔天）重复测定一批，共测定5～6批，计算测定结果的标准差（s_B），由此计算出测定方法的检测限（L），公式如下。

$$L=Ks_B/S \tag{2-16}$$

式中 S——测定方法的灵敏度，其实际意义为待测物质单位浓度或量所产生的分析信号值；

s_B——空白试验多次测量结果的标准差，它反映了测量方法或仪器噪声水平的高低；

K——根据一定置信水平确定的系数（国际纯粹与应用化学联合会建议：光谱分析法K取3，相应的置信度为90%；直接电位法通过作图法求得检测限；气相色谱法以产生2倍噪声信号时的待测物质浓度或量为检测限，K取2。）

如果检测限高于标准分析方法中的规定值，说明由试剂、蒸馏水及实验器皿等引起的系统误差较大，应采取措施降低空白值，直至检测限合格为止。

在常规分析中，每次测定两份全程序空白试验平行样，其相对偏差一般不大于50%，取其平均值作为同批试样测量结果的空白校正值。用于标准系列的空白试验，应按照标准系列分析程序同样操作，以获得标准系列的空白试验值。

（二）平行双样

进行平行双样测定，有助于减小随机误差。根据试样单次分析结果，无法判断其离散程度。“精密度”是“准确度”的前提，对试样做平行双样测定，是对测定进行的最低限度的精密度检查。一批试样中部分平行双样的测定结果有助于估计同批测定的精密度。

原则上试样都应该做平行双样测定。当一批试样数量较多时，可随机抽取10%～20%的试样进行平行双样测定；当同批试样数较少时，应适当增大平行双样测定率，每批（5个以上）中平行双样以不少于5个为宜。

分析人员在分取样品平行测定时，对同一样品同时分取两份，亦可由质控员将所有待测试样包括平行双样重新排列编号形成密码样，交分析人员测定，最后报出测定结果，由质控员将密码样对号按下列要求检查是否合格。

① 平行双样测定结果的相对偏差不应大于标准方法或统一方法所列相对标准偏差的2.83倍。

② 对未列相对标准偏差的方法，当样品的均匀性和稳定性较好时，也可参阅表2-2的规定。

表2-2 平行双样相对偏差表

分析结果所在数量级/(g/mL)	10^{-4}	10^{-5}	10^{-6}	10^{-7}	10^{-8}	10^{-9}	10^{-10}
相对偏差最大容许值/%	1	2.5	5	10	20	30	50

③ 有相应标准规范的可参照执行。如《固定污染源监测质量保证与质量控制技术规范》中规定了废水监测部分项目精密度控制指标，见表2-3。

表2-3 废水监测部分项目精密度控制指标

项目	样品含量范围/(mg/L)	允许相对偏差/%	项目	样品含量范围/(mg/L)	允许相对偏差/%
化学需氧量	5～50	≤20	氨氮	0.02～0.1	≤20
	50～100	≤15		0.1～1.0	≤15
	>100	≤10		>1.0	≤10
总氰化物	≤0.05	≤20	六价铬 总铬	≤0.01	≤15
	0.05～0.5	≤15		0.01～1.0	≤10
	>0.5	≤10		>1.0	≤5

续表

项目	样品含量范围/(mg/L)	允许相对偏差/%	项目	样品含量范围/(mg/L)	允许相对偏差/%
总氮	0.025~1.0 >1.0	≤10 ≤5	总砷	<0.05 >0.05	≤20 ≤10
总铅 总铜 总锌 总锰	≤0.05 0.05~1.0 >1.0	≤30 ≤25 ≤15	总镉	≤0.005 0.005~0.1 >0.1	≤20 ≤15 ≤10
总汞	≤0.001 0.001~0.005 大于0.005	≤30 ≤20 ≤15	总磷 磷酸盐	≤0.025 0.025~0.6 >0.6	≤25 ≤10 ≤5
挥发酚	≤0.05 0.05~1.0 >1.0	≤25 ≤15 ≤10	阴离子表面活性剂	≤0.2 0.2~0.5 >0.5	≤25 ≤15 ≤10
硝酸盐氮	<0.5 0.5~4 >4	≤25 ≤20 ≤15	五日生化需氧量	<3 3~100 >100	≤25 ≤20 ≤15
有机磷农药类	—	≤20	苯系物	—	≤20
挥发性卤代烃	—	≤20	氯苯类	—	≤20
硝基苯类	—	≤30	酚类	—	≤50
酞酸酯类	—	≤30	多环芳烃	—	≤30

若测定结果超出规定允许偏差的范围，在样品允许保存期内，再加测一次，监测结果取相对偏差符合质控指标的两个监测值的平均值。否则该批次监测数据失控，应予以重测。

（三）加标回收

加标回收法，即在样品中加入标准物质，通过测定其回收率以确定测定方法准确度的方法。多次回收试验还可以发现方法的系统误差。用加标回收率在一定程度上能反映测定结果的准确度，但有局限性。这是因为样品中某些干扰因素对测定结果具有恒定的正偏差或负偏差，并均已在样品测定中得到反映，而对加标结果就不再显示其偏差，也就是说，加标回收可能是良好的。此外，加入的标准物质与样品中待测物在价态或形态上的差异、加标量的多少和样品中原有浓度的大小等，均影响加标回收结果。因此，当加标回收率令人满意时，不能肯定测定准确度无问题，但当其超出所要求的范围时，则可肯定测定准确度有问题。

在试样中加入一定量的标准物质，同时测定加标试样，并按下式计算回收率（P），以确定监测方法的准确度。

$$P=\frac{A-B}{D}\times 100\% \tag{2-17}$$

式中 A——加标试样测定值；

B——试样测定值；

D——加标量。

回收率试验简单易行，能综合反映多种因素引起的误差，因此常用来判断某方法是否适合于特定试样的测定。在进行加标回收试验时，应注意以下几个问题。

1. 加标量的用量确定

加标量的多少应考虑样品中待测物质的浓度和加入标准物质的浓度对回收率的影响。通常标准物质的加入量以与待测物质浓度水平相等或接近为宜，一般为试样含量的0.5~3倍。待测物质浓度较高时，则加标后的总浓度不能超过方法线性范围上限的90%，如小于检测限，则可按测定下限量加入标准物质。加标物的浓度宜较高，加标物的体积应很小，一般以不超过原始试样体积的1%为好，用以简化计算方法。在任何条件下，加标量不得大于样品中待测物含量的3倍，否则会影响加标回收率的准确性和真实性。

2. 杂质的干扰

样品中某些干扰物对待测物质产生的正干扰或负干扰，有时会相互叠加或抵消，用回收率实验方法不易发现，其回收率也不能得到满意结果。

3. 标准物质与样品中待测物质的形态

加入的标准物质与样品中待测物质的形态应尽可能一致。即使如此，由于基体效应的存在，用加标回收率评价准确度并非全部可靠。所谓基体效应就是，因基体组成不同，使物理、化学性质差异给实际测定带来的误差。

在一批试样中，随机抽取10%～20%的试样进行加标回收测定；当同批试样较少时，应适当加大测定率。每批同类型试样中，加标试样不应少于2个。分析人员在分取样品的同时，另分取一份，并加入适量的标样。亦可由质控员对抽取的试样加入自备的质控标样，形成密码加标样（包括编号和加标量），交分析人员测定，最后报出测定结果，由质控员对号计算后，按相关要求检查是否合格（对每一个测得的回收率分别进行检查，对均匀性较好的样品，不应超出标准方法或统一方法所列的回收率范围）。若标准样品测试结果超出保证值范围，或自配标准溶液分析结果的相对误差超出±10%，应查找原因，予以纠正。废水监测部分项目加标回收率控制要求见表2-4。

表2-4　废水监测部分项目加标回收率范围控制指标

项目	样品含量范围/(mg/L)	允许相对偏差/%	项目	样品含量范围/(mg/L)	允许相对偏差/%
硝酸盐氮	<0.5 0.5～4 >4	85～115 90～110 95～110	氨氮	0.02～0.1 0.1～1.0 >1.0	90～110 90～105 90～105
总氰化物	≤0.05 0.05～0.5 >0.5	85～115 90～110 90～110	六价铬 总铬	≤0.01 0.01～1.0 >1.0	85～115 90～110 90～110
总铅 总铜 总锌 总锰	≤0.05 0.05～1.0 >1.0 大于1.0	80～120 85～115 85～115 90～110	总镉	≤0.005 0.005～0.1 >0.1	85～115 90～110 90～110
总汞	≤0.001 0.001～0.005 大于0.005	85～115 90～110 90～110	总磷 磷酸盐	≤0.025 0.025～0.6 >0.6	85～115 90～110 90～110
挥发酚	≤0.05 0.05～1.0 >1.0	85～115 90～110 90～110	阴离子表面活性剂	≤0.2 0.2～0.5 >0.5	80～120 85～115 85～110
有机磷农药类	—	70～130	苯系物	—	80～120
挥发性卤代烃	—	80～120	氯苯类	—	75～130
硝基苯类	—	30～120	酚类	—	10～120
酞酸酯类	—	70～120	多环芳烃	—	30～130

（四）标准参考物的使用

由于存在于实验室内的系统误差常难以被自身所发现，故需借助于标准参考物，通过下列使用方式，以发现和尽量减小可能存在的系统误差。

1. 量值传递

各实验室配制的统一样品或控制样品等，可在分析质量处于受控状态下，通过与标准参考物的比对，检查它们的浓度值是否可靠。必要时根据比对的结果加以修正，然后投入本实验室的质控中使用，以及向下一级实验室传递。

2. 仪器标定

对于采用直接定量法的仪器，为控制其测量具有一定的准确度，常需采用标准参考物对仪器进行标定。对大多数仪器采用间接定量法的，则可使用标准参考物核对用于该仪器的标准贮备溶液，甚至直接使用标准参考物或其稀释液作基准来绘制校准曲线，并定量分析试样中相同物质的浓度。

3. 对照分析

在进行试样分析的同时，用相近浓度的标准参考物或其稀释液进行分析，在确知二者的基体效应没有或很少有差异时，根据标准参考物的实测值与保证值的符合程度，能够确定试样分析结果的准确度是否可以接受。

4. 质量考核

以标准参考物作为未知样，考核实验室内分析人员的技术水平或实验室间分析结果的相符程度，从而帮助分析人员发现问题和保证实验室间数据的可比性。

（五）方法对照

所谓方法对照是指采用不同的分析方法对同一试样进行分析对照的质控措施。方法对照可用于检验新建方法的准确度。此外，在分析质量控制中，由于加标回收试验中的系统误差可能在计算时正好互相抵消，而标准参考物的基质又常与试样基质悬殊，因此在一些重要的分析中，方法对照常被采用。由于是用不同方法对同一试样进行分析，如有系统误差就无从抵消，同一基质也必然不存在差异，以致用方法对照来核查分析结果的准确度，就远比使用加标回收试验或应用标准参考物进行对照分析更为优越。应用方法对照来核查分析结果的准确度虽然很优越，但由于要提供较多的仪器设备，消耗更多的人力、物力，难以在常规的分析质量控制中普遍推广采用。目前，它主要应用于对实验室内可疑结果的复查判断、实验室不同分析结果的仲裁、多家参与协作的标样定值，以及分析方法的改进和新分析方法的确立等。

（六）质量控制图的应用

质量控制图是实验室内部实行质量控制的一种常用的、简便有效的方法，它可以用于准确度和精密度的检验。质量控制图主要是反映分析质量的稳定性情况，以便及时发现某些偶然的异常现象，随时采取相应的校正措施。因此，对经常性的分析项目常用控制图来控制质量。

质量控制图的基本原理由 W. A. Shewan 提出，他指出：每一种方法都存在着变异，都受到时间和空间的影响，即使是在理想条件下获得的一组分析结果，也会存在一定的随机误差。但当某一个结果超出了随机误差的允许范围时，运用数理统计的方法可以判断这个结果是异常的、不可信的。质量控制图可以起到这种监测的仲裁作用。

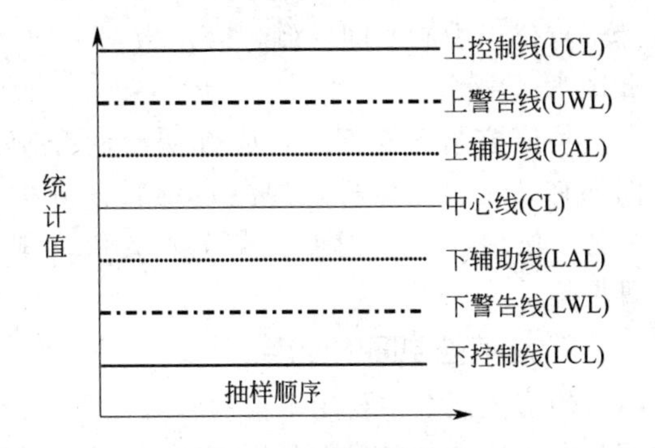

图 2-1　质量控制图

（预期值——图中的中心线；
目标值——图中上、下警告线之间区域；
实测值的可接受范围——图中上、下控制线之间区域；
辅助线——在中心线两侧与上、下警告线之间各一半处）

质量控制图一般采用直角坐标系，横坐标代表抽样次数或样品序号，纵坐标代表作为质量控制指标的统计值。质量控制图的基本组成见图 2-1。

质量控制图的类型有很多种，如均值控制图（$\bar{X}$ 图）、均值-极差控制图（$\bar{X}$-R 图）、移动均值-差值控制图、多样控制图、累积和控制图等。但目前最常用的是均值控制图和均值-极差控制图。下面主要就均值控制图和均值-极差控制图的绘制及使用进行介绍。

1. 均值控制图的绘制

为编制均值控制图，需要准备一份质量控制样品。控制样品的浓度和组成尽量与环境样品相近，并且性质稳定而均匀。编制时，要求在一定期间内，分批地用与分析环境样品相同的分析方法分析此控制样品 20 次以上（每天分析一次，或分上下午各分析一次，不得将 20 个重复实验同时进行。每次平行分析两份，求得均值$\overline{X_i}$），其分析数据符合正常的统计分布，然后按下式计算总体均值 $\bar{\bar{X}}$、标准偏差等统计值，以此绘制均值控制图。

$$\bar{X}=\frac{X_i+X_i'}{2} \tag{2-18}$$

$$\bar{\bar{X}}=\frac{\sum\overline{X_i}}{n} \tag{2-19}$$

$$s=\sqrt{\frac{\sum\bar{X}_i^2-\frac{(\sum\bar{X}_i)^2}{n}}{n-1}} \tag{2-20}$$

以测定顺序为横坐标、相应的测定值为纵坐标作图，同时作有关控制线，如图 2-2 所示。其中：中心线——以总体均数 $\bar{\bar{X}}$ 估计真值 μ；上、下警告线——按 $\bar{\bar{X}}\pm 2s$ 值绘制；上、下控制线——按 $\bar{\bar{X}}\pm 3s$ 值绘制；上、下辅助线——按 $\bar{\bar{X}}\pm s$ 值绘制。

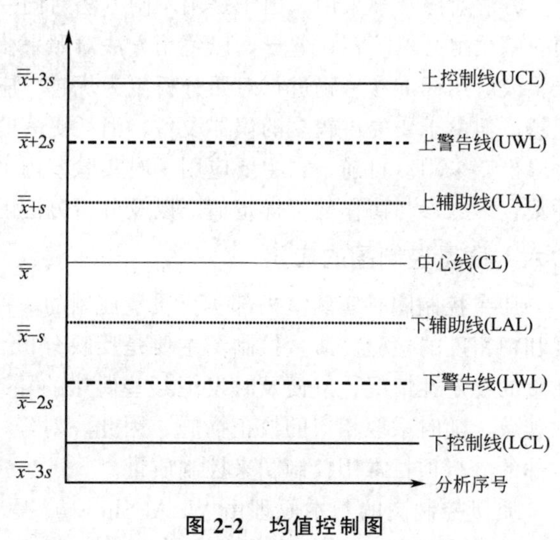

图 2-2 均值控制图

在绘制控制图时，落在 $\bar{\bar{X}}\pm s$ 范围内的点数应约占总点数的 68%。若是小于 50%，则分布不合适，此图不可靠。若连续 7 点位于中心线同一侧，表示数据失控，此图不适用。

均值控制图绘好后，应标明绘制控制图的有关内容和条件，如测定项目、分析方法、溶液控制、温度、操作人员和绘制日期等。

2. 均值控制图的使用

均值控制图主要用来检验常规监测分析数据是否处于控制状态。在常规监测分析中，根据日常工作中该项目的分析频率和分析人员的技术水平，每间隔适当时间，取两份平行的控制样品与环境样品同时测定。对操作技术要求较低和测定频率低的项目，每次都应同时测定控制样品，将控制样品的测定结果依次点在控制图上，然后根据下列规则，检验分析测定过程是否处于控制状态。

① 若此点在上、下警告线之间区域内，则测定过程处于控制状态，环境样品分析结果

有效。

② 如果此点超出上述区域，但仍处于上、下控制线之间的区域内，则表明分析质量开始变差，可能存在“失控”倾向，应进行初步检查，并采取相应的校正措施，此时环境样品的结果仍然有效。

③ 若此点落在上、下控制线以外，则表示测定过程已经失控，应立即查明原因并予以纠正，该批环境样品的分析结果无效，必须待方法校正后重新测定。

④ 若遇有 7 个点连续下降或上升时，则表示测定过程有失控倾向，应立即查明原因，予以纠正。

⑤ 即使测定过程处于控制状态，尚可根据相邻几点的分布趋势来推测分析质量可能发生的问题。

当控制样品测定次数累积更多之后，应利用这些结果和原始结果一起重新计算总体均值、标准偏差，再校正原来的控制图。

3. 均值-极差控制图的绘制与使用

均值-极差控制图通过均值和极差两个指标同时评价测定结果的可靠性。在使用均值-极差控制图时，只要两者中有一个超出控制线，即认为是“失控”，故其灵敏度较单纯的均值图或极差图高。均值-极差控制图的绘制包括以下内容：

① 均值控制图部分。

中心线——$\bar{\bar{X}}$

上、下控制线——$\bar{\bar{X}} \pm A_2\bar{R}$

上、下警告线——$\bar{\bar{X}} \pm \frac{2}{3}A_2\bar{R}$

上、下辅助线——$\bar{\bar{X}} \pm \frac{1}{3}A_2\bar{R}$

② 极差控制图部分。

上控制线——$D_4\bar{R}$

上警告线——$\bar{R} + \frac{2}{3}$（$D_4\bar{R} - \bar{R}$）

上辅助线——$\bar{R} + \frac{1}{3}$（$D_4\bar{R} - \bar{R}$）

下控制线——$D_3\bar{R}$

系数 A_2、D_3、D_4 可由表 2-5 查出，均值-极差控制图的绘制与均值控制图绘制方法相似。

表 2-5　均值-极差控制图系数（每次测 n 个平行样）

系数	2	3	4	5	6	7	8
A_2	1.88	1.02	0.73	0.58	0.48	0.42	0.37
D_3	0	0	0	0	0	0.076	0.136
D_4	3.27	2.58	2.28	2.12	2.00	1.92	1.86

因为极差愈小愈好，故极差控制图部分没有下警告线，但仍有下控制线。在使用过程中，如 R 值稳定下降，甚至 $R \approx D_3\bar{R}$（即接近下控制线），则表明测定精密度已有提高，原质量控制图失效，应根据新的测定值重新计算 X、R 和各相应统计量，改绘新的 $\bar{X}$-R 图。

【例 2-1】 累积二乙氨基二硫代甲酸银法测定砷的空白试验值 20 个，并根据公式计算出 20 个样品的平均空白值及标准偏差如表 2-6 所示。绘成空白试验值控制图，如图 2-3 所示。其中，UCL＝0.022；UAL＝0.014；UWL＝0.018；CL＝0.01。

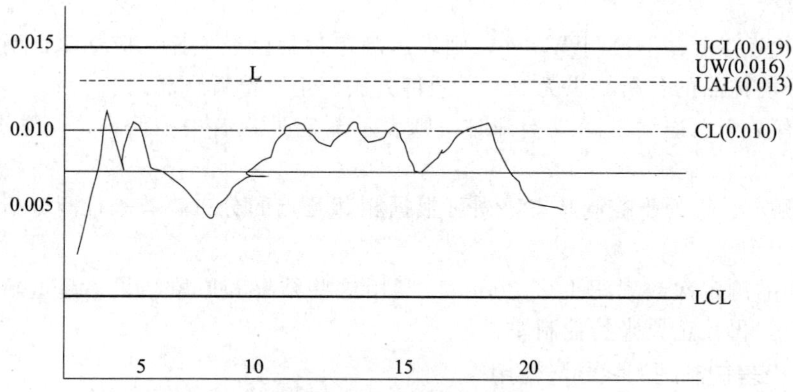

图 2-3　空白试验值控制图

应该说明的是：对于空白试验而言，空白值越低越好，故图 2-3 中无须计算 LAL、LWL 及 LCL。另外，由于空白试验值只对痕量分析有严重影响，故在高浓度的废水分析中没有必要应用此控制图。

表 2-6　测得的空白实验值　　单位：mg/L

测定次序	空白值	测定次序	空白值
1	0.006	11	0.012
2	0.015	12	0.015
3	0.010	13	0.012
4	0.015	14	0.014
5	0.011	15	0.010
6	0.010	16	0.005
7	0.005	17	0.010
8	0.010	18	0.012
9	0.013	19	0.006
10	0.015	20	0.005
平均值	0.010	标准偏差	0.004

【例 2-2】 累积双硫腙法测汞的加标回收率数据 20 个，根据公式计算总体均数 $\bar{\bar{X}}$ 及标准偏差 S 列于表 2-7，并以此计算：

上、下警告线——按 $\bar{\bar{X}} \pm 2s$ 值绘制；

上、下控制线——按 $\bar{\bar{X}} \pm 3s$ 值绘制；

上、下辅助线——按 $\bar{\bar{X}} \pm s$ 值绘制。

将表 2-7 的数据绘制在图 2-4 中形成加标回收质量控制图。

其中：UCI＝110.12；UWL＝106.78；UAL＝103.44；CL＝100.1；LAL＝96.76 LWL＝93.42；LCL＝90.08。

由于加标回收率是一个相对值，在较高的浓度范围内几乎不受试样浓度的影响，故图 2-4 适用的浓度范围很宽，但痕量分析的浓度改变对其影响仍较大，必要时需建立不同浓度范围的质量控制图。

表 2-7 测汞加标回收率 单位：%

测定次序	回收率	测定次序	回收率
1	100.0	11	99.2
2	98.2	12	104.5
3	100.8	13	100.0
4	92.5	14	99.2
5	97.5	15	100.8
6	107.4	16	97.5
7	101.0	17	104.0
8	102.5	18	98.1
9	95.0	19	103.0
10	101.0	20	99.4
总体均值	100.1	标准偏差	3.34

四、实验室外部质量控制

每个实验室都有能力来估计自己测量结果的精密度，但控制实验室内部评价系统误差是困难的，需要实验室外部质量控制技术。实验室外部质量控制技术主要包括实验室会测、与其他实验室交换样本以及分析从外部得到的标准物质或控制样品。这一工作通常由某一系统的中心实验室、上级机关或权威单位负责。

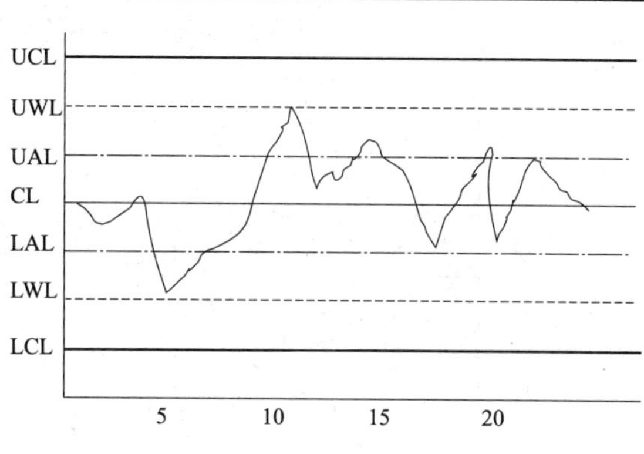

图 2-4 加标回收质量控制图

1. 实验室质量考核

由负责单位根据所要考核项目的具体情况，制订具体实施方案。

① 考核方案的内容有：质量考核测定项目；质量考核分析方法；质量考核参加单位；质量考核统一程序；质量考核结果评定。

② 考核内容有：分析标准样品或统一样品、测定加标样品、测定空白平行、核查检测下限、测定标准系列、检查相关系数和计算回归方程、进行截距检验等。通过质量考核，最后由负责单位综合实验室的数据进行统计处理后作出评价予以公布。各实验室可以从中发现所有存在的问题并及时纠正。

工作中标准样品或统一样品应逐级向下分发，一级标准由国家环境监测总站将国家计量总局确认的标准物质分发给各省、自治区、直辖市的环境监测中心，作为环境监测质量保证的基准使用。

二级标准由各省、自治区、直辖市的环境监测中心按规定配制并检验证明其浓度参考值、均匀度和稳定性，并经国家环境监测总站确认后，方可分发给各实验室作为质量考核的基准使用。

如果标准样品系列不够完备而有特定用途时，各省、自治区、直辖市在具备合格实验室和合格分析人员的条件下，可自行配备所需的统一样品，分发给所属网、站，供质量保证活动使用。各级标准样品或统一样品均应在规定要求的条件下保存，若有下列情况之一即应报废：a. 超过稳定期；b. 失去保存条件；c. 开封使用后无法或没有即时恢复原封装而不能继续保存者。

为了减少系统误差，使数据具有可比性，在进行质量控制时，应使用统一的分析方法，首先应从国家（或部门）规定的“标准方法”之中选定。当根据具体情况需选用“标准方法”以外的其他分析方法时，必须用该法与相应“标准方法”对几份样品进行比较实验，按规定判定无显著性差异后，方可选用。

2. 实验室误差测验

如果缺乏标准物质或质控样品，也可以用实际样品替代，这种情况下的结果评价常用尤登（W. J. Youden）图法，也称双样本图法。

测验的方法是将两个浓度不同（分别为 X_i、Y_i，两者相差约±5%），但很类似的样品同时分发给各实验室，分别对其做单次测定，并在规定日期内上报测定结果 X_i、Y_i。计算每一浓度的均值 $\bar{X}$ 和 $\bar{Y}$，在坐标纸上画出 X_i、$\bar{X}$ 的垂直线和 Y_i、$\bar{Y}$ 的水平线。将各实验室测定结果（X、Y）点在图中。通过零点和 $\bar{X}$、$\bar{Y}$ 交点画一直线，结果如图 2-5 所示，此图叫双样本图，可以根据图形判断实验室存在的误差。

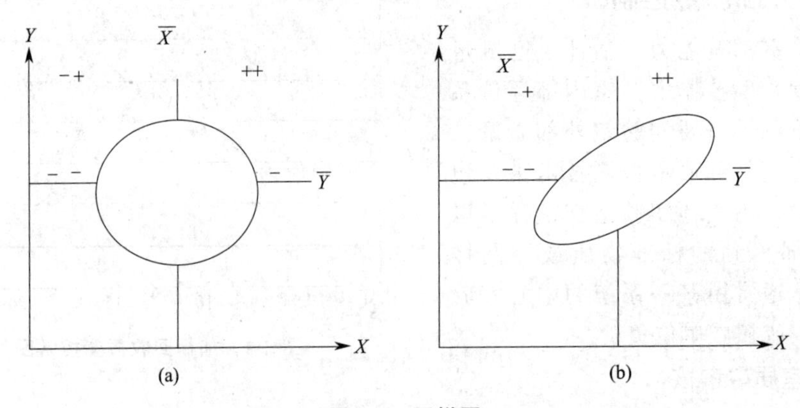

图 2-5 双样图

根据随机误差的特点，在各点应分别高于或低于平均值，且随机出现。因此，如各实验室间不存在系统误差，则各点应随机分布在四个象限，即大致呈一个以代表两均值的直线交点为中心的圆形，如图 2-5（a）所示。如各实验室间存在系统误差，则实验室测定值双双偏高或双双偏低，即测定点分布在＋ ＋或－ －象限内，形成一个与纵轴方向约成 45°倾斜的椭圆形，如图 2-5（b）所示。根据此椭圆形的长轴与短轴之差及其位置，可估计实验空间系统误差的大小和方向；根据各点的分散程度来估计各实验室间的精密度和准确度。

如将数据进一步做误差分析，可更具体地了解各实验室间的误差性质。处理的方法有：标准差分析、方差分析。

第二节 实验室基础条件

实验室是获得监测结果的关键部门，要使监测质量达到规定水平，必须要有合格的实验室以及合格的分析操作人员。具体地讲包括：仪器的正确使用和定期校正；玻璃仪器的选用和校正；化学试剂和溶剂的选用；溶液的配制和标定、试剂的提纯；实验室的清洁度和安全工作；分析人员的操作技术和分离操作技术等。本节仅针对实验室用水、试剂与试液、环境要求等三个基础条件展开讲解。

一、实验室用水

水是最常用的溶剂，配制试剂、标准物质和洗涤均需大量使用。它对分析质量有着广泛和根本的影响，对于不同的用途需要不同质量的水。市售蒸馏水或去离子水必须经检验合格才能使用。实验室中应配备相应的提纯装置。

（一）原水杂质

监测实验室用水的原水应为饮用水或适当纯度的水。了解原水的杂质情况，对选择合适的制备方法非常重要。原水中的杂质，一般为以下五类。

1. 电解质

水中电解质包括可溶性无机物、有机物及带电的胶体粒子等。电解质的存在，会使水的电导率增大。测量水的电导率可以反映水中电解质杂质的含量。

2. 有机物

有机物主要指有机酸、有机金属化合物等，常以阴性或中性状态存在，通常用化学耗氧量表示其含量或用总有机碳测定仪测定其含量。

3. 颗粒物质

颗粒物质包括泥沙、灰尘、有机物、微生物及胶体颗粒等，可用颗粒测定仪测定其含量。

4. 微生物

微生物包括细菌、浮游生物和藻类等，可用膜过滤法定量测定。

5. 溶解气体

溶解气体包括 N_2、O_2、Cl_2、CO、CO_2、CH_4 等，可用色谱及化学法进行测定。

（二）实验用水的级别

监测实验室用水通常分为三个级别：一级水、二级水和三级水。随着国家经济技术的发展，一大批先进的精密分析仪器如电感耦合等离子体发射光谱（ICP-AES）、电感耦合等离子体质谱（ICP-MS）、高效液相色谱（HPLC）和超高效液相色谱（UHPLC）等，装配到监测实验室，成为分析检测领域的主力军。目前，用于仪器分析的高纯水也有了相应的标准要求。

1. 一级水

一级水基本不含有溶解或胶态杂质及有机物，用于有严格要求的分析试验，包括对颗粒有要求的试验。

一级水可用二级水经过石英设备蒸馏或离子交换混合床处理后，再经 0.2μm 微孔滤膜过滤来制取。

2. 二级水

二级水对无机、有机或胶态杂质的限量更为严格，用于无机痕量分析等试验。

二级水可用多次蒸馏或离子交换等方法制取。

3. 三级水

三级水是实验室使用的最普通的纯水，用于一般化学分析试验。

三级水可用蒸馏或离子交换等方法制取。蒸馏法能除去水中大部分的污染物和非挥发性杂质，但挥发性杂质无法去除，如水中溶解的气体杂质和挥发性有机物等。蒸馏法制备的三级水常称作蒸馏水。离子交换法能很好地去除水中离子型的杂质，但含有微量的非离子有机物。离子交换法制备的三级水常称作去离子水。

4. 高纯水

高纯水是将无机电离杂质、有机物、颗粒、可溶气体等污染物均去除至最低限度的水，主要用于精密仪器分析。

高纯水可用反渗透、离子交换加上必要的终端处理（超滤、微滤、紫外氧化等）制取。

（三）实验用水的规格

监测实验室用水规格见表 2-8。

表 2-8 监测实验室用水规格

名称	一级	二级	三级
pH 值范围(25℃)	—	—	5.0～7.5
电导率(25℃)/(mS/m)	≤0.01	≤0.10	≤0.50
可氧化物质含量(以 O 计)/(mg/L)	—	≤0.08	≤0.4
吸光度(254nm,1cm 光程)	≤0.001	≤0.01	—
蒸发残渣(105℃±2℃)含量/(mg/L)	—	≤1.0	≤2.0
可溶性硅(以 SiO_2 计)含量/(mg/L)	≤0.01	≤0.02	—

注：1. 由于在一级水、二级水的纯度下，难以测定其真实 pH 值，因此，对一级水、二级水的 pH 值范围不作规定。

2. 由于在一级水的纯度下，难以测定可氧化物质和蒸发残渣，对其限量不作规定。可用其他条件和制备方法来保证一级水的质量。

仪器分析用高纯水的规格见表 2-9。

表 2-9 仪器分析用高纯水的规格

名称	规格
电阻率(25℃)/MΩ·cm	≥18
总有机碳(TOC)/(μg/L)	≤50
钠离子/(μg/L)	≤1
氯离子/(μg/L)	≤1
硅/(μg/L)	≤10
细菌总数/(CFU/mL)	合格

注：细菌总数需要时测定。

（四）实验用水的贮存

各级用水均使用密闭的专用聚乙烯容器贮存。三级水也可使用密闭的专用的玻璃容器贮存。新容器在使用前需用盐酸溶液（质量分数为 20%）浸泡 2～3d，再用待测水反复冲洗，并注满待测水浸泡 6h 以上。

各级用水在贮存期间，其沾污的主要来源是容器可溶成分的溶解、空气中二氧化碳和其他杂质。因此，一级水不可贮存，使用前制备。二级水、三级水可适量制备，分别贮存在预先经同级水清洗过的相应容器中。仪器分析用高纯水应尽量缩短存放时间，如需储存，应避光冷藏，使用前平衡至室温。

各级用水在运输过程中应避免沾污。

（五）实验用水的制备

1. 蒸馏法

蒸馏是利用杂质与水的沸点不同，不能与水蒸气一同蒸发而达到水杂分离的目的。水中杂质可分为挥发性杂质和不挥发性杂质两类。大多数无机盐、碱和某些有机化合物因不易挥发而留在水相中。挥发性杂质包括水中的溶解性气体、多种酸、有机物及完全或部分转入馏出液中的某些盐的分解产物。为防止其挥发进入馏出液，要进行适当处理。如，向含有挥发性有机物的水中加入高锰酸钾共沸，将有机物氧化为二氧化碳和水；向含有氨的水中加入磷酸酐与之化合；加入氧化钡与水中的硫化氢化合等。一次蒸馏效果较差时，还可以进行多次蒸馏。每次蒸馏可加入不同试剂以除去某项影响。蒸馏法操作简单但设备要求严密，产量低，成本较高。

蒸馏水的质量因蒸馏器的材料与结构而异，下面分别介绍几种不同蒸馏器及其所得蒸馏水的质量。

（1）金属蒸馏器　金属蒸馏器内壁为纯铜、黄铜、青铜，也有镀纯锡的（图 2-6）。用这种蒸馏器所获得的蒸馏水含有微量金属杂质，如含 Cu^{2+} 约 10～200mg/L，电阻率小于 0.1MΩ · cm（25℃），只适用于清洗容器和配制一般试液。

（2）玻璃蒸馏器　玻璃蒸馏器由含低碱高硅硼酸盐的“硬质玻璃”制成（图 2-7），二氧化硅约占 80%。经蒸馏所得的水中含痕量金属，如每升含 5μg 的 Cu^{2+}，还可能有微量玻璃溶出物如硼、砷等，电阻率约 0.5MΩ · cm，只适用于配制一般定量分析试液，不宜用于配制分析重金属或痕量非金属的试液。

（3）石英蒸馏器　石英蒸馏器含二氧化硅 99.9%以上，所得蒸馏水仅含痕量金属杂质，不含玻璃溶出物，电阻率约为 2～3MΩ · cm，特别适用于配制对痕量非金属进行分析的试液。

（4）亚沸蒸馏器　它是由石英制成的自动补液蒸馏装置（图 2-8）。它以光作能源，照射液体表面，热源功率很小，使水在沸点以下缓慢蒸发，故不存在雾滴污染问题。所得蒸馏水几乎不含金属杂质（超痕量），适用于配制除可溶性气体和挥发性物质以外的各种物质的痕量分析用试液。亚沸蒸馏器通常作为最终的纯水器与其他纯水装置（如离子交换纯水器等）联用，所得纯水的电阻率高达 16MΩ · cm 以上，但应注意保存，一旦接触空气，在不到 5min 内可迅速降至 2MΩ · cm。

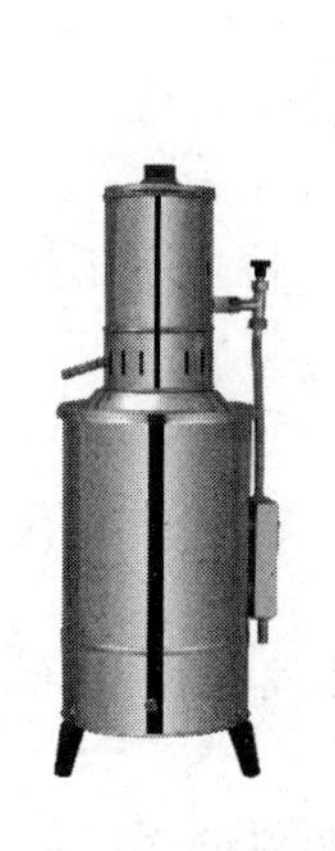

图 2-6　金属蒸馏器

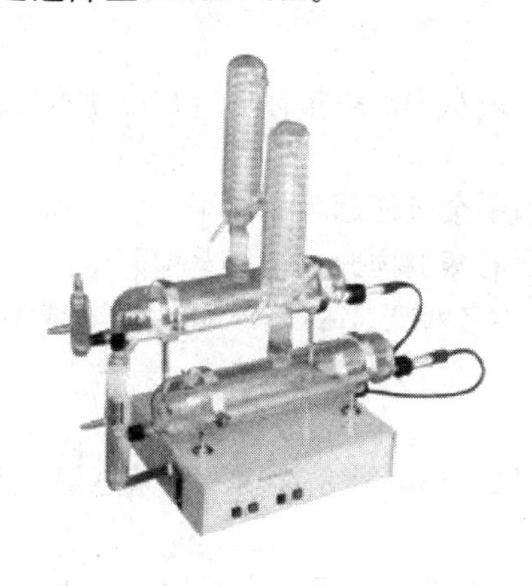

图 2-7　玻璃蒸馏器

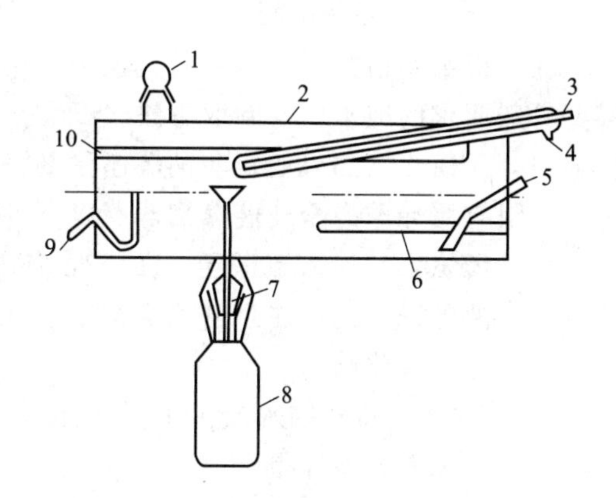

图 2-8　亚沸蒸馏器（石英、全磨口）

1—清洗时加液口；2—壳体；3—冷凝水出口；4—冷凝水进口；5—一次蒸馏液入口；6—测溢口；7—二次蒸馏收集口；8—二次蒸馏液收集瓶；9—一次蒸馏液溢口；10—电热丝管

（摘自奚旦立《环境监测》2003）

2. 离子交换法

用阳离子交换树脂和阴离子交换树脂以一定形式组合处理原水，所获得的水称为去离子水。此法操作简单，出水量大，适合大量用水的场合。去离子水含金属杂质极少，适用于配制痕量金属分析用的试液，因它含有微量树脂浸出物和树脂崩解微粒，所以不适用于配制有机分析试液。通常用自来水作原水时，由于自来水中含有一定的余氯，能氧化破坏树脂使之很难再生，因此进入交换器前必须充分曝气。自然曝气夏季约需一天，冬季需三天以上，如需要急用可煮沸、搅拌、充气，冷却后使用。湖水、河水和塘水作为原水应仿照自来水先做沉淀、过滤等净化处理。含有大量矿物质、硬度很高的井水应先经蒸馏或电渗析等步骤去除大量无机盐，以延长树脂使用周期。用离子交换法制得的纯水一旦接触空气，其电阻率即迅速下降，以玻璃容器贮存时，其电阻率也会随贮存时间的延长而继续降低。

3. 电渗析法

电渗析器中交替排列着许多阳膜和阴膜，分隔成小水室。当原水进入这些小室时，在直流电场的作用下，溶液中的离子定向迁移，阳离子向负极运动并透过阳离子交换膜，但被阴离子交换膜排斥，阴离子向正极运动，并通过阴离子交换膜，但被阳离子交换膜排斥，这样就形成了交替排列的淡水室和浓水室。电渗析法比离子交换法的设备、操作管理简单，不需酸、碱再生，但因水的电导率随纯度提高而降低，纯度达到一定程度后，水质进一步提高能耗过大。可将电渗析与离子交换结合制备纯水，先用电渗析法除去水中大量离子，再用离子交换去除少量离子，制得纯水的电阻率可达 $5\times10^6\sim10\times10^6\Omega\cdot cm$。

4. 反渗透法

反渗透是一种以压力差为推动力，从溶液中分离出溶剂的膜分离操作。对膜一侧的原水施加压力，当压力超过它的渗透压时，水会逆着自然渗透的方向做反向渗透，从而在膜的低压侧得到透过的纯水。反渗透可以除去水中90%以上的溶解盐类及99%以上的胶体，出水电阻率可达 $0.5\times10^6\sim15\times10^6\Omega\cdot cm$。反渗透工艺简单、操作方便、产水水质好、适用性广，但需要高压设备，原水利用率约75%～80%。

5. 特殊要求的纯水制备

在分析某些指标时，对分析过程中所用的纯水中这些指标的含量应愈低愈好，这就提出某些特殊要求的纯水以及制取方法。

(1) 无氯水　加入亚硫酸钠等还原剂将水中余氯还原为氯离子，以联邻甲苯检查不显黄色，用附有缓冲球的全玻璃蒸馏器（以下各项的蒸馏同此）进行蒸馏制得。

(2) 无氨水　加入硫酸至 $pH<2$，使水中各种形态的氨或胺均转变成不挥发的盐类，收集馏出液即得，但应注意避免实验室空气中存在的氨重新污染。

(3) 无二氧化碳水

① 煮沸法。将蒸馏水或去离子水至少煮沸10min（水多时），或使水量蒸发10%以上（水少时），加盖放冷即得。

② 曝气法。将惰性气体或纯氮气通入蒸馏水或去离子水中至饱和即得。制得的无二氧化碳水应贮存于附有碱石灰管的用橡胶塞盖严的瓶中。

(4) 无铅（重金属）水　用氧型强酸性阳离子交换树脂处理原水即得无铅（重金属）水。所用贮水器事先应用6mol/L硝酸溶液浸泡过夜，再用无铅水洗净。

(5) 无砷水　一般蒸馏水和去离子水均能达到基本无砷的要求。应避免使用软质玻璃制成的蒸馏器、贮水瓶和树脂管。进行痕量砷分析时，必须使用石英蒸馏器、石英贮水瓶、聚乙烯的树脂管。

（6）无酚水

① 加碱蒸馏法。加氢氧化钠至水的 pH 值>11，使水中的酚生成不挥发的酚钠后蒸馏即得；也可同时加入少量高锰酸钾溶液至水呈深红色后进行蒸馏。

②活性炭吸附法。将粒状活性炭在 150～170℃下烘烤 2h 以上进行活化，放在干燥器内冷至室温。装入预先盛有少量水（避免炭粒间存留气泡）的色谱柱中，使蒸馏水或去离子水缓慢通过柱床。其流速视柱容大小而定，一般以每分钟不超过 100mL 为宜。开始流出的水（略多于装柱时预先加入的水量）需再次返回柱中，然后正式收集。此柱所能净化的水量，一般约为所用炭粒表观容积的一千倍。

（7）不含有机物的蒸馏水　加入少量高锰酸钾碱性溶液，使水呈紫红色，进行蒸馏即得。若蒸馏过程中红色褪去应补加高锰酸钾。

二、试剂与试液

（一）化学试剂分类分级

化学试剂指具有一定纯度标准的各种单质和化合物，有时也指混合物。化学试剂种类多，分类、分级标准也不尽一致。化学试剂按照用途可分为一般试剂、标准试剂、特殊试剂、高纯试剂等；按组成、性质、结构又可分无机试剂、有机试剂。目前，国外试剂厂生产的化学试剂的规格趋向于按用途划分，这样便于用户选择。目前我国试剂规格基本上按纯度（杂质含量多少）划分，主要有优级纯、分级纯、化学纯、实验试剂 4 种，其规格如表 2-10 所示。

表 2-10　化学试剂的规格

级别	名称	代号	标志颜色
一级	保证试剂(优级纯)	GR	绿
二级	分析试剂(分析纯)	AR	红
三级	化学纯	CP	蓝
四级	实验试剂	LR	棕色等

一级试剂用于精密的分析工作，在环境分析中用于配制标准溶液；二级试剂常用于配制定量分析中的普通试液，如无注明环境监测所用试剂均应为二级或二级以上；三级试剂只能用于配制半定量、定性分析用试液和清洁液等；四级试剂纯度较低，但高于工业用试剂，适用于一般化学实验和合成制备。

质量高于一级品的高纯试剂（超纯试剂）目前国际上也没有统一的规格，常以“9”的数目表示产品的纯度。在规格栏中标以 4 个 9，5 个 9，6 个 9……

4 个 9 表示纯度为 99.99%，杂质总含量不大于 1×10^{-2}%。

5 个 9 表示纯度为 99.999%，杂质总含量不大于 1×10^{-3}%。

6 个 9 表小纯度为 99.9999%，杂质总含量不大于 1×10^{-4}%，以此类推。

高纯、光谱纯及纯度 99.99%以上的试剂，主成分含量高，杂质含量比优级纯低，主要用于微量及痕量分析中试样的分解及试液的制备。

其他表示方法有：高纯物质（EP）；基准试剂；pH 基准缓冲物质；色谱纯试剂（GC）；指示剂（lnd）；生化试剂（BR）；生物染色剂（BS）和特殊专用试剂等。

化学试剂级别不同，主成分和杂质含量、价格差别较大，应根据实际需要，合理选用相应规格，不盲目追求高纯度，避免浪费。

（二）化学试剂的取用

1. 固体试剂的取用

① 用干净、干燥的药匙取用。用过的药匙须洗净、擦干后才能再使用。

② 试剂取用后应立即盖紧瓶盖。

③ 多取出的试剂，不要再倒回原瓶。按规定量取，节约试剂。

④ 一般试剂可放在干净的纸或表面皿上称量。具有腐蚀性、强氧化性或易潮解的试剂不能在纸上称量，应放在玻璃容器内称量。

⑤ 有毒试剂要在教师指导下取用。

2. 液体试剂、试液的取用

① 从滴瓶中取用时，要用滴瓶中的滴管，滴管不要触及所接收的容器，以免沾污试剂。装有试剂的滴管不得横置或倒置，以免液体流入滴管的胶皮帽中。

② 从细口瓶中取用试剂时，用倾注法。将瓶塞取下，倒放在桌面上，手握住试剂瓶上贴标签的一面，逐渐倾斜瓶子，让试剂沿着洁净的瓶口流入试管或沿着洁净的玻璃棒注入烧杯中。取出所需量后，将试剂瓶口在容器上靠一下，再逐渐竖起瓶子，以免遗留在瓶口的液体滴流到瓶的外壁。

③ 在试管里进行某些不需要准确体积的实验时，可以估算取用量，如用滴管取 1mL 相当于多少滴，5mL 液体占一个试管容量的几分之几等。倒入试管里的溶液的量一般不超过其容积的 1/3。

④ 定量取用时，用量筒或移液管量取。

（三）试液的配制和标准溶液的标定

试液应根据使用情况适量配制。选用合适材质和容积的试剂瓶盛装，注意瓶塞的密合性。

用精密称量法直接配制标准溶液，应使用基准试剂或纯度不低于优级纯的试剂，所用溶剂应为二级以上纯水或优级纯（不得低于分析纯）溶剂。称样量不应小于 0.1g，用检定合格的容量瓶定容。储存溶液的试剂瓶应贴上标签，标明试剂的名称、规格、浓度、配制时间和配制人员等基本信息，以备查核追溯。试剂瓶的标签可以涂上石蜡用以保护。保存于冰箱内的试液，取用时应置室温使达平衡后再量取。

用基准物标定法配制的标准溶液，至少平行标定三份，平行标定相对偏差不大于 0.2%，取其平均值计算溶液的浓度。

（四）试剂、试液的贮存

一般试剂应贮存在通风良好、干净和干燥的房间，要远离火源，并注意防止水分、灰尘和其他物质的污染。另外要注意保存时间，一般情况下浓溶液稳定性较好，稀溶液稳定性差。通常较稳定的试剂，其 10^{-3}mol/L 的溶液可贮存一个月以上，10^{-4}mol/L 的溶液只能贮存一周，而 10^{-5}mol/L 的溶液需当日配制。故许多试液常配成浓的贮存液，临用时稀释成所需浓度。试剂分层放置时，固体试剂放在上层，如发生倾倒不至于污染下层试剂。根据试剂的性质应有不同的贮存方法。

① 固体试剂装在广口瓶中，液体试剂盛放在细口瓶中；见光易分解的试剂放在棕色瓶中；易腐蚀玻璃而影响试剂纯度的物质，如氢氟酸、苛性碱等贮存在塑料瓶中，盛放碱液的瓶子要用橡胶塞。

② 吸水性强的试剂如无水碳酸钠、过氧化钠等应用蜡密封。

③ 相互易发生反应的试剂，如挥发性酸和碱、氧化剂和还原剂，应分开存放；易燃易

爆的试剂应分开贮存在阴凉通风、不受阳光直接照射的地方。

④ 剧毒试剂如氰化钾、砒霜等，应由专人保管，经一定的手续取用，以免发生事故。

⑤ 特殊试剂应采取特殊贮存方法。如易分解的试剂存放于冰箱中，易吸湿或氧化的试剂存放于干燥器中。金属钠、钾通常应保存在煤油或液体石蜡中，放在阴凉处，使用时先在煤油中切割成小块，再用镊子夹取，并用滤纸把煤油吸干，切勿与皮肤接触，以免烧伤；未用完的金属碎屑不能乱丢，可加少量酒精，令其缓慢反应掉。

⑥ 汞易挥发，进入人体内会在体内积累而引起慢性中毒。因此，应将汞存放在厚壁器皿中，保存汞的容器内必须加水密封，避免挥发。玻璃瓶装汞只能装至半满。

三、监测实验室的环境条件

监测实验室环境指的是实验室内的温度、湿度、气压、空气中的悬浮微粒的含量及污染气体成分等参数的总括。其中有些参数影响仪器的性能，从而对测定结果产生影响；有些参数则直接影响被测样品的分析结果；有时这两种影响兼而有之。环境对测定结果的影响不但显著，而且波动性也大。例如，湿度过高，可能使电子仪器和光学仪器性能变差，甚至不能正常工作。高湿度还会促使样品变质，称量不准确等。如果相对湿度低于40%，静电作用变得明显起来，对仪器和样品都可能产生影响。例如，空气悬浮微粒产生静电荷，处理样品或贮存样品的塑料器皿极易吸附带电微粒，引起样品的沾污。监测实验室的温度、湿度参数可以通过空调进行调节。

实验室空气中如含有固体、液体的气溶胶和污染气体，对痕量分析和超痕量分析会导致较大误差。例如，在一般通风柜中蒸发200g溶剂，可得6mg残留物，若在清洁空气中蒸发可降至0.08mg。有研究人员收集普通实验室空气，发现空气中的尘埃达200$\mu g/m^3$。分析结果表明尘埃中含有10%Ca、3%Fe、1.5%Al、0.5%Cu、5%Li、1.5%Ni、1%K、1%Mg、0.5%Mn。因此痕量和超痕量分析及某些高灵敏度的仪器应在超净实验室、超净柜中工作或者采取局部防尘措施。超净实验室中空气清洁度常采用100号。这种清洁度是根据悬浮固体颗粒的大小和数量多少分类的，具体见表2-11。

表2-11　空气清洁度分类

清洁度分类	工作面上最大污染颗粒数(颗粒)/m^2	颗粒直径/μm	清洁度分类	工作面上最大污染颗粒数(颗粒)/m^2	颗粒直径/μm
100	100 0	≥0.5 ≥5.0	100000	100000 700	≥0.5 ≥5.0
10000	10000 65	≥0.5 ≥5.0			

要达到清洁度100号标准，空气进口必须用高效过滤器过滤。高效过滤器效率为85%～95%。对直径为0.5～5.0μm颗粒的过滤效率为85%，对直径大于50μm颗粒的过滤效率为95%。超净实验室一般较小，约12m^2，并有缓冲室，四壁涂环氧树脂油漆，桌面用聚四氟乙烯或聚乙烯膜，地板用整块塑料地板，门窗密闭，采用空调，室内略带正压，通风柜用层流。

没有超净实验室条件的可采取相应措施。例如，样品的预处理、蒸干、消化等操作最好在专门的毒气柜内进行，并与一般实验室、仪器室分开。几种分析同时进行时应注意防止相互交叉污染。实验的环境清洁也可采用一些简易装置来达到目的。如在氮气流中蒸发也能获得较好的效果。

此外，还应保持实验室整洁、安全的操作环境，通风良好，布局合理，是安全操作的基本条件。做到相互干扰的监测项目不在同一实验室内操作。对可产生刺激性、腐蚀性、有毒气体的实验操作应在通风柜内进行。分析天平应设置专室，做到避光、防震、防尘、防腐蚀性气体和避免对流空气。化学试剂贮藏室必须防潮、防火、防爆、防毒、避光和通风。

第三节 环境监测数据处理的质量控制

环境监测数据是环境监测工作的主要产品，它们是描述和评价环境质量的基本依据。监测分析过程较长、环节较多，许多因素都可能使结果产生误差，因此，实验室在分析过程的质量控制之后，还需要对分析数据的可靠性、合理性进行质量评估，以弥补质量控制的不足。以有限次的分析测定怎样才能较好地代表总体，这是环境监测数据处理中十分关注的问题。环境监测数据处理的质量控制，要求监测结果的数据处理必须要保证其真实性、有效性和可操作性。

《关于深化环境监测改革提高环境监测数据质量的意见》

一、数据的整理与修约

（一）有效数字

所谓有效数字就是实际上能够测到的数字，一般由可靠数字和可疑数字两部分组成。在反复测量一个量时，其结果总是有几位数字固定不变，为可靠数字。可靠数字后面出现的数字，在各次单一测定中常常是不同的、可变的。这些数字欠准确，往往是通过操作人员估计得到的，因此为可疑数字。

有效数字位数的确定方法为：从可疑数字算起，到该数的左起第一个非零数字的数字个数称为有效数字的位数。

例如：用分析天平称取试样 0.4010g，这是一个四位有效数字，其中前面三位为可靠数字，最末一位数字是可疑数字，且最末一位数字有±1 的误差，即该样品的质量在（0.4010±0.0001）g 之间。

一个分析结果的有效数字位数，主要取决于原始数据的正确记录和数值的正确计算。在记录测量值时，要同时考虑到计量器具的精密度和准确度，以及测量仪器本身的读数误差。对检定合格的计量器具，有效位数可以记录到最小分度值，最多保留一位不确定数字（估计值）。

以实验室最常用的计量器具为例：

① 用天平（最小分度值为 0.1mg）进行称量时，有效数字可以记录到小数点后面第四位，如 1.2235g，此时有效数字为五位；称取 0.9452g，则为四位。

② 用玻璃量器量取体积的有效数字位数是根据量器的容量允许差和读数误差来确定的。如单标线 A 级 50mL 容量瓶，准确容积为 50.00mL；单标线 A 级 10mL 移液管，准确容积为 10.00mL。有效数字均为四位。用分度移液管或滴定管，其读数的有效数字可达到其最小分度后一位，保留一位不确定数字。

③ 分光光度计最小分度值为 0.005，因此，吸光度一般可记到小数点后第三位，有效数字位数最多只有三位。

④ 带有计算机处理系统的分析仪器，往往根据计算机自身的设定，打印或显示结果，可以有很多位数，但这并不增加仪器的精度和可读的有效位数。

⑤ 在一系列操作中，使用多种计量仪器时，有效数字以最少的一种计量仪器的位数表示。

表示精密度的有效数字根据分析方法和待测物的浓度不同，一般只取 1～2 位有效数字。

分析结果有效数字所能达到的位数不能超过方法最低检出浓度的有效位数所能达到的位数。例如，一个方法的最低检出浓度为 0.02mg/L，则分析结果报 0.088mg/L 就不合理，应报 0.09mg/L。

以一元线性回归方程计算时，校准曲线斜率 b 的有效位数，应与自变量 x_i 的有效数字位数相等，或最多比 x_i 多保留一位。截距 a 的最后一位数，则和因变量 y_i 数值的最后一位取齐，或最多比 y_i 多保留一位数。

在数值计算中，当有效数字位数确定之后，其余数字应按修约规则一律舍去。某些倍数、分数、不连续物理量的数值，以及不经测量而完全根据理论计算或定义得到的数值，其有效数字的位数可视为无限。这类数值在计算中按需要几位就定几位。

（二）有效数字的修约规则

在数据记录和处理过程中，往往遇到一些精密度不同或位数较多的数据。由于测量中的误差会传递到结果中去，为不致引起错误，且使计算简化，可按修约规则对数据进行保留和修约。修约规则中：对整个数据一次修约，6 入 4 舍 5 看后，5 后有数应进 1，5 后为 0 前保偶。

如将下列测量值修约为只保留一位小数，14.3426、14.2631、14.2501、14.2500、14.0500、14.1500，修约后分别为 14.3、14.3、14.3、14.2、14.0、14.2。

（三）近似计算规则

1. 加法和减法

几个近似值相加减时，其和或差的有效数字取决于绝对误差最大的数值，即最后结果的有效数字自左起不超过参加计算的近似值中第一个出现的可疑数字。在小数的加减计算中，结果所保留的小数点后的位数与各近似值中小数点后位数最少者相同。在实际运算过程中，保留的位数比各数值中小数点后数最少者多留一位小数，而计算结果则按数值修约规则处理。当两个很接近的近似数值相减时，其差的有效数字位数会有很多损失。因此，如有可能，应把计算程序组织好，使尽量避免损失。

【例 2-3】 11.65＋0.00723＋1.622＝?

本例是数值相加减，在三个数值中，11.65 的绝对误差最大，其最末一位数为百分位（即小数后二位），因此将其他各数暂先保留至千分位。即把 0.00723 修约为 0.007，1.622 不变。进行运算：

$$11.65+0.00723+1.622=11.65+0.007+1.622=13.279$$

然后修约至百分位，即为：13.28。

2. 乘法和除法

近似值相乘除时，所得积与商的有效数字位数取决于相对误差最大的近似值，即最后结果的有效数字位数要与各近似值中有效数字位数量少者相同。在实际运算中，可先将各近似值修约至比有效数字位数最少者多保留一位，最后将计算结果按上述规则处理。

【例 2-4】 14.131×0.07654÷0.78＝?

本例是数值相乘除，在三个数值中，0.78 的有效位数最少，仅为二位有效位数，因此各数值均应暂时保留三位有效位数进行运算：

$$14.131\times 0.07654\div 0.78=14.1\times 0.0765\div 0.78=1.08\div 0.78=1.38$$

再将结果修约为两位有效位数，即 1.4。

3. 乘方和开方

近似值乘方或开方时，原近似值有几位有效数字，计算结果就可以保留几位有效数字。

4. 对数和反对数

大近似值的对数计算中，所取对数的小数点后的位数（不包括首数）应与其数的有效数字位数相同。

求四个或四个以上准确度接近的数值的平均值时，其有效位数可增加一位。

二、可疑数据的取舍

由于偶然误差的存在，实际测定的数据总是有一定的离散性。其中偏离较大的数据可能是由未发现原因的过失误差所引起的。若保留势必影响所得平均值的可靠性，并会产生较大偏差；若随意舍去，则有人为挑选满意的数据之嫌，与实事求是的科学态度相违背。与正常数据不是来自同一分布总体，明显歪曲实验结果的测量数据称为离群数据，应舍去。可能是但未经检验的离群数据被称为可疑数据，取与否应经统计检验确定。常用的检验方法有"$4d$"检验法、Q 值检验法、Dixon（狄克逊）检验法和 Grubbs 检验法等。

（一）"4d"检验法

"$4d$"法是较早采用的一种检验可疑数据的方法，可用于实验过程中对测定数据可疑值的估测。检验步骤如下。

① 一组测定数据求可疑数据以外的其余数据的平均值（$\bar{X}$）和平均偏差（$\bar{d}$）；

② 计算可疑数据（X_i）与平均值（$\bar{X}$）之差的绝对值；

③ 判断：若 $X_i-\bar{X}>4\bar{d}$，则 X_i 应舍弃，否则保留。

使用 $4d$ 检验法检验可疑数据简单、易行，但该法不够严格，存在较大的误差，只能用于处理一些要求不高的实验数据。

【例 2-5】 测定某水样中铅含量，平行测定四次，分别得到结果如下：1.25、1.27、1.31，1.40（μg/g）。请问 1.40 这个数据是否应该保留？

解： 求排除可疑值 1.40 后其余三个数据的平均值（$\bar{X}$）和平均偏差（$\bar{d}$）

$\bar{X}=(1.25+1.27+1.31)/3=1.28$

$\bar{d}=(|1.25-1.28|+|1.27-1.28|+|1.31-1.28|)/3=0.023$

$|1.40-1.28|=0.12$，$4d=4\times0.023=0.092$

$0.12>0.092$，所以 1.40 为离群数据应舍去。

（二）Dixon 检验法

Dixon 检验法按不同的测定次数范围，采用不同的统计量计算公式，比较严密，检验方法如下。

（1）排序　将测定值按由小到大的顺序排列，X_1，X_2，…，X_n，其中 X_1 或 X_n 为可疑值。

（2）计算 Q 值　按表 2-12 所列测定次数公式计算统计量 Q 值。

表 2-12　狄克逊检验统计量 Q 计算公式

N 值范围	最小值 X_1 为可疑值	最大值 X_n 为可疑值
3～7	$Q=\frac{X_2-X_1}{X_n-X_1}$	$Q=\frac{X_n-X_{n-1}}{X_n-X_1}$
8～10	$Q=\frac{X_2-X_1}{X_{n-1}-X_1}$	$Q=\frac{X_n-X_{n-1}}{X_n-X_2}$
11～13	$Q=\frac{X_3-X_1}{X_{n-1}-X_1}$	$Q=\frac{X_n-X_{n-2}}{X_n-X_2}$
14～25	$Q=\frac{X_3-X_1}{X_{n-2}-X_1}$	$Q=\frac{X_n-X_{n-2}}{X_n-X_3}$

（3）查临界值　根据给定的显著性水平（α）和样本容量（n）查得临界值。

表 2-13　狄克逊检验临界值（Q_α）

n	显著性水平(α)		n	显著性水平(α)	
	0.05	0.01		0.05	0.01
3	0.941	0.988	15	0.525	0.616
4	0.765	0.889	16	0.507	0.595
5	0.642	0.780	17	0.490	0.577
6	0.560	0.698	18	0.475	0.561
7	0.507	0.637	19	0.462	0.547
8	0.554	0.683	20	0.450	0.535
9	0.512	0.635	21	0.440	0.524
10	0.477	0.597	22	0.430	0.514
11	0.576	0.679	23	0.421	0.505
12	0.546	0.642	24	0.413	0.497
13	0.521	0.615	25	0.406	0.489
14	0.546	0.641			

（4）判断　若 $Q \leqslant Q_{0.05}$ 则可疑值为正常值；若 $Q_{0.05} < Q \leqslant Q_{0.01}$ 则可疑值为偏离值；若 $Q > Q_{0.01}$ 则可疑值为离群值。

【例 2-6】 一组测定值按从小到大的顺序排列为：14.65，14.90，14.90，14.92，14.95，14.96，15.00，15.00，15.01，15.02。检验最小值 14.65 是否为离群值。

$$Q=\frac{X_2-X_1}{X_{n-1}-X_1}=\frac{14.90-14.65}{15.01-14.65}=0.694$$

解： 当 $n=10$，可疑值为 X_1 时，以 99%置信界限（显著水平为 0.01）和测定次数 $n=10$ 查 Dixon 检验临界值表，

得 $Q_\alpha=0.597$　　　$Q=0.694>Q_\alpha$

14.65 为离群值，应舍弃。

（三） Q 检验法（Dixon's Q test）

Q 检验法是 Dixon 与 Dean 合作提出的一种针对样本容量较小的简化的离群值检验方法，其检验步骤如下。

（1）排序　将测定值按由小到大的顺序排列，“X_1，X_2，X_3，…，X_n”，其中 X_1 或 X_n 为可疑值。

（2）计算 Q 值　计算可疑值与相邻值的差值，再除以极差，得统计值 Q。

$$Q=\frac{X_2-X_1}{X_n-X_1} \quad 或 \quad Q=\frac{X_n-X_{n-1}}{X_n-X_1}$$

（3）判断　根据测定次数 n 和要求的置信度（如 90%、95%）查 Q 值表（表 2-14）。若 $Q \geqslant Q_\alpha$，则舍弃可疑值，否则保留。

表 2-14　Q 值表

n	3	4	5	6	7	8	9	10
$Q_{0.90}$	0.94	0.76	0.64	0.56	0.51	0.47	0.44	0.41
$Q_{0.95}$	1.53	1.05	0.86	0.76	0.69	0.64	0.60	0.58

Q 值计算简单，适用于分析次数有限的指标监测工作中。

（四） Grubbs 检验法

Grubbs 检验法适用于一组测定数据中有两个或两个以上可疑数据的情况，如果可疑数

据都在同一侧，如 X_1 和 X_2 为可疑数据，应首先检验内侧的数据，若 X_2 为离群值，则 X_1 也应被舍去，若 X_2 应保留，再检验 X_1。在检验 X_2 时，平均值、标准偏差的计算中均不含 X_1，测定次数相应减一。如果可疑值在平均值的两侧，如 X_1 和 X_n 可疑，应分别检验 X_1 和 X_n 是否舍弃。如果有一个数据弃去，则在检验另一可疑值时，测定次数应作少一次来处理，此时选择99%的置信度。

Grubbs 检验法检验步骤如下。

（1）排序　测量数据按从小到大的顺序排列，X_1，X_2，…，X_n。

（2）计算　计算测量数据的平均值（$\bar{X}$）、标准偏差（s）及统计量（G）。

当 X_1 为可疑值时，$G=\dfrac{\bar{X}-X_1}{s}$

当 X_n 为可疑值时，$G=\dfrac{X_n-\bar{X}}{s}$

（3）判断　根据测定次数 n 和显著性水平查 Grubbs 检验临界值表（表 2-15），若 $G>G_\alpha$ 则可疑值舍去，否则保留。

表 2-15　Grubbs 检验临界值表

n	显著性水平			
	0.05	0.025	0.01	0.005
3	1.153	1.155	1.155	1.115
4	1.163	1.481	1.492	1.496
5	1.672	1.715	1.749	1.764
6	1.822	1.887	1.944	1.973
7	1.938	2.020	2.097	2.139
8	2.032	2.126	2.221	2.174
9	2.110	2.215	2.322	2.387
10	2.176	2.290	2.410	2.482
11	2.234	2.315	2.485	2.564
12	2.285	2.412	2.050	2.636
13	2.331	2.462	2.607	2.699
14	2.371	2.507	2.659	2.755
15	2.409	2.549	2.705	2.806
16	2.143	2.585	2.747	2.852
17	2.475	2.620	2.785	2.894
18	2.504	2.651	2.821	2.932
19	2.532	2.581	2.854	2.968
20	2.557	2.709	2.884	3.001
21	2.580	2.733	2.912	3.031
22	2.603	2.758	2.939	3.060
23	2.624	2.781	2.963	3.087
24	2.644	2.802	2.987	3.112
25	2.663	2.822	3.009	3.135

Grubbs 检验法除用于检验一组测量值中的可疑数据外，也可用于检验多组测量值的平均值中的可疑值。

【例 2-7】 10个实验室分析同一样品，各实验室5次测定的平均值从小到大的顺序为：4.41，4.49，4.50，4.51，4.64，4.75，4.81，4.95，5.01，5.39。检验5.39是否为离群值。

解：总体均值
$$\bar{\bar{X}}=\frac{1}{10}\sum_{i=1}^{10}\bar{X}=4.746$$

标准偏差
$$s=\sqrt{\frac{1}{10-1}\sum_{i=1}^{10}(\bar{X}_i-\bar{\bar{X}})^2}=0.305$$
$$\bar{X}_{max}=5.39$$

则统计量
$$G=\frac{\bar{X}_{max}-\bar{\bar{X}}}{s}=\frac{5.39-4.746}{0.305}=2.11$$

给定显著性水平 $\alpha=0.05$，$n=10$，查得 G_α 为 2.176

因为 $G<G_\alpha$，故测定值 5.39 不是离群值，应给予保留。

三、监测结果的数值表述

（一）监测数据集中趋势的表示方法

对一试样某一指标的测定，通常采用算数平均值、几何平均值、中位数来表示数据分布的集中趋势。

1. 算术平均值（$\bar{X}$）

在克服系统误差之后，当测定次数足够多（$n\rightarrow\infty$）时，其总体均值与真实值很接近。通常测定中，测定次数总是有限的，有限测定值的平均值只是近似等于真实值，算术平均值是代表集中趋势表达监测结果最常用的形式。

2. 几何平均值（X_g）

若一组数据呈偏态分布，此时可用几何平均值来表示该组数据：

$$X_g=\sqrt[n]{X_1X_2X_3\cdots X_n}=(X_1X_2X_3\cdots X_n)^{\frac{1}{n}}$$

3. 中位数

测定数据按大小顺序排列的中间值，即中位数。若测定次数为偶数，中位数是中间两个数据的平均值；若测定次数为奇数，中位数就是位于序列正中间的数值。

中位数最大的优点是简便、直观，但只有在两端数据分布均匀时，中位数才能代表最佳值。当测定次数较少时，平均值与中位数不完全符合。通常只有当平行测定次数较少而又有离群较远的可疑值时，才用中位数来代表分析结果。

（二）监测数据离散程度的表示方法

随机误差的存在影响测量的精密度，通常采用平均偏差或标准偏差来表示数据的分散程度。

1. 平均偏差（$\bar{d}$）

平均偏差（$\bar{d}$）是单次测量偏差的绝对值的平均值。

$$\bar{d}=\frac{\sum_{i}^{n}|d_i|}{n}=\frac{|d_1|+|d_2|+\cdots+|d_n|}{n}$$

2. 标准偏差（s）

在一般的分析工作中，有限测定次数时的标准偏差用 s 表示，计算公式为：

$$s=\sqrt{\frac{1}{n-1}\sum_{i=1}^{n}(X_i-\bar{X})^2}=\sqrt{\frac{\sum X_i^2-\frac{(\sum X_i^2)^2}{n}}{n-1}}$$

用标准偏差表示精密度比用算数平均偏差更合理，因为将单次测定值的偏差平方之后，较大的偏差能显著地反映出来，故能更好地反映数据的分散程度。

3. 相对标准偏差（C_V）

相对标准偏差又称为变异系数，是样本标准偏差在样本均值中所占的百分数，用 C_V 表示。

$$C_V=\frac{s}{\bar{X}}\times 100\%$$

标准偏差大小还与所测均数水平或测量单位有关，不同水平或单位的测定结果之间，其标准偏差是无法进行比较的，而相对标准偏差是相对值，故可在一定范围内用来比较不同水平或单位测定结果之间的变异程度。

常以算术平均值和标准偏差（$\bar{X}\pm s$）或算术平均值和相对偏差或相对标准偏差来表示监测结果。例如：土壤中含砷量 8 次测定结果的平均值为 16mg/kg，最大相对偏差 4.2%，相对标准偏差 5.1%。

（三）平均值的置信区间（置信界限）

实际监测工作中，分析测试次数是有限的，那么通过有限次的测量得到的数值能否代表真值？有多大把握呢？这就需要知道数据的置信度和平均值的置信区间。

由统计学可以推导出有限次测定的平均值与总体平均值（μ）的关系为：

$$\mu=\bar{X}\pm t\frac{s}{\sqrt{n}}$$

式中，s 为标准偏差；n 为测定次数；t 为在选定的某一置信度下的概率系数。

在选定的置信水平下，可以期望真值在以测定平均值为中心的某一范围内出现，这个范围叫平均值的置信区间（置信界限）。它说明了平均值和真实值之间的关系及平均值的可靠性。平均值不是真实值，但可以使真实值落在一定的区间内，并在一定范围内可靠。

各种置信水平和自由度下的 t 值列于表 2-16 中。当自由度（$f=n-1$）逐渐增大时，t 值随之减小。

表 2-16　t 值表

自由度(f)	P(双侧概率)				
	0.200	0.100	0.050	0.020	0.010
1	3.078	6.312	12.706	31.82	63.66
2	1.89	2.92	4.30	6.96	9.92
3	1.64	2.35	3.18	4.54	5.84
4	1.53	2.13	2.78	3.75	4.60
5	1.84	2.02	2.57	3.37	4.03
6	1.44	1.94	2.45	3.14	3.71
7	1.41	1.89	2.37	3.00	3.50
8	1.40	1.86	2.31	2.90	3.36
9	1.38	1.83	2.26	2.82	3.25
10	1.37	1.81	2.23	2.76	3.17
11	1.36	1.80	2.20	2.72	3.11
12	1.36	1.78	2.18	2.68	3.05

续表

自由度(f)	P(双侧概率)				
	0.200	0.100	0.050	0.020	0.010
13	1.35	1.77	2.16	2.65	3.01
14	1.35	1.76	2.14	2.62	2.98
15	1.34	1.75	2.13	2.60	2.95
16	1.34	1.75	2.12	2.58	2.92
17	1.33	1.74	2.11	2.57	2.90
18	1.33	1.73	2.10	2.55	2.88
19	1.33	1.73	2.09	2.54	2.86
20	1.33	1.72	2.09	2.53	2.85
21	1.32	1.72	2.08	2.52	2.83
22	1.32	1.72	2.07	2.51	2.82
23	1.32	1.71	2.07	2.50	2.81
24	1.32	1.71	2.06	2.49	2.80
25	1.32	1.71	2.06	2.49	2.79
26	1.31	1.71	2.06	2.48	2.78
27	1.31	1.70	2.05	2.47	2.77
28	1.31	1.70	2.05	2.47	2.76
29	1.31	1.70	2.05	2.46	2.76
30	1.31	1.70	2.04	2.46	2.75
40	1.30	1.68	2.02	2.42	2.70
60	1.30	1.67	2.00	2.39	2.66
120	1.29	1.66	1.98	2.36	2.62
∞	1.28	1.64	1.96	2.33	2.58
自由度(n')	0.100	0.050	0.025	0.010	0.005
	P(单侧概率)				

平均值的置信界限取决于标准偏差 s、测定次数 n 以及置信度。测定的精密度越高（s 越小），次数越多（n 越大），则置信界限 $\pm\frac{ts}{\sqrt{n}}$ 越小，即平均值越准确。

【例 2-8】 测定某废水中氰化物浓度得到下列数据，$n=4$，$\bar{X}=15.30\text{mg/L}$。求置信度分别为 90%和 95%时的置信区间。

酚含量 x/mg	0.005	0.010	0.020	0.030	0.040	0.050
吸光度 y	0.020	0.046	0.100	0.120	0.140	0.180

解：$n=4$　则 $f=n-1=3$　查表 2-16 置信度为 95%时，$t=3.182$

$$\mu=\bar{X}\pm\frac{ts}{\sqrt{n}}=15.30\pm\frac{3.18\times0.10}{\sqrt{4}}=15.30\pm0.16(\text{mg/L})$$

说明废水中氰化物浓度四次测定的平均值为 15.30mg/L，且有 95%的可能，废水中氰化物的真实浓度在 15.14～15.46mg/L 之间。

当置信度为 90%时，查表 2-16 得 $t=2.353$

$$\mu=\bar{X}\pm\frac{ts}{\sqrt{n}}=15.30\pm\frac{2.35\times0.10}{\sqrt{4}}=15.30\pm0.12(\text{mg/L})$$

说明真实浓度有 90%的可能在 15.18～15.42mg/L 之间。

四、监测数据的回归处理与相关分析

监测工作中经常遇到相互间存在一定联系的变量，如地表水体中污染物质浓度和水生生物体内该物质含量之间、土壤中污染物质含量和农作物内该物质含量之间均存在一定的关系。研究变量与变量间关系的统计方法称为回归分析和相关分析。回归分析是找出用以描述变量间关系的定量表达式，以便应用这种关系从一些变量所取的值去估测另一变量所取的值；相关分析是度量变量间关系的密切程度。

1. 一元线性回归方程

在环境监测中应用最广的是一元线性回归分析。它可以用于建立某种监测方法的校准曲线，研究不同污染指标之间的相互关系，比较不同方法之间的差别，评价不同实验室测定多种浓度水平样品的结果等。以建立校准曲线为例，如比色分析和原子吸收光度法中作吸光度与浓度关系的校准曲线。一般的做法是把实验点描在坐标纸上，横坐标表示被测物质的浓度，纵坐标表示测量仪表的读数（如吸光度），然后根据坐标纸上的这些实验点的走向，用直尺划出一条直线，即工作曲线，作为定量分析的依据。但是，在实际工作中，实验点全部落在一条直线上的情况是少见的。当实验点比较分散时，凭直观感觉作图往往会带来主观误差，此时需借助回归处理，求出工作曲线方程。

在简单的线性回归中，设 x 为已知的自变量（如标液中待测物质的含量），y 为实验中测得的因变量（如吸光度），两者的关系为：

$$b=\overline{y}-a\overline{x}$$

式中 b——截距；

a——斜率（或称 y 对 x 的回归系数）；

$\overline{x}$，$\overline{y}$——变量 x 和 y 的算术平均值。

根据最小二乘法原理，a 可由下式求得：

$$a=\frac{n\sum xy-\sum x\sum y}{n\sum x^2-(\sum x)^2}$$

式中 n——测定次数。

求得 a、b 后即可获得最佳直线方程的工作曲线。

【例 2-9】 绘制分光光度法测定酚的标准曲线，测定结果如表 2-17 所示。

求曲线的 a、b。

解： 将结果经计算列入表 2-17 中。

表 2-17 回归分析计算表

n	x_i	y_i	x_i^2	x_iy_i
1	0.005	0.02	0.000025	0.00010
2	0.01	0.046	0.00010	0.00046
3	0.02	0.10	0.00040	0.00200
4	0.03	0.12	0.00090	0.00360
5	0.04	0.14	0.00160	0.00560
6	0.05	0.18	0.00250	0.00900
$\sum$	0.155	0.606	0.00552	0.0208

由

$$a=\frac{n\sum xy-\sum x\sum y}{n\sum x^2-(\sum x)^2}$$

$$b=\overline{y}-a\overline{x}$$

故回归直线方程的表达式为：

$$y=3.39x+0.01$$

校准曲线的斜率和截距有时小数点后位数很多，最多保留 3 位有效数字，并以幂表示，如 0.0000234 →2.34×10^{-5}。

有了回归直线方程就可以由一个变量去估计另一个变量，需注意的是因变量的取值应在求取回归方程的点群范围之内，如无充分的依据，不可随意外推。

2. 相关系数

对于无论多么没有规律的一组（x_i，y_i）数据（$i=1，2，\cdots，n$），都可以根据最小二乘法的原则求出“回归方程”，配成唯一的一条直线。但这样的回归方程和直线是没有实际应用价值的。如，用校准曲线来估算指标浓度值，会有较大误差。如何判断所配出的直线方程是否具有实际意义，在统计学中有多种检验方法。监测工作中我们常采用相关系数检验法，探讨变量 x 与 y 之间有无线性关系以及线性关系的密切程度如何。

相关系数（r）是用来表示两个变量（y 及 x）之间有无固有的数学关系以及这种关系的密切程度如何的参数。相关系数可由下式求得：

$$r=\frac{\sum(x_i-\bar{x})(y_i-\bar{y})}{\sqrt{\sum(x_i-\bar{x})\sum(y_i-\bar{y})^2}}$$

x 与 y 的相关关系有如下几种情况：

① $r=0$，y 与 x 的变化无关，称 x 与 y 不相关。

② $|r|=1$，y 与 x 之间为完全线性相关。$r=1$ 时，称为完全正相关；$r=-1$ 时，称为完全负相关。

③ $0<|r|<1$，y 与 x 之间存在着一定的线性相关关系。当 $r>0$ 时，为正相关；$r<0$ 时，为负相关。

一般将相关系数分为四级来粗略估计两个变量之间相关的紧密程度：$|r|$为 0～0.3 时为微弱相关；0.3～0.5 为中等相关；0.5～0.7 为显著相关；0.7～1.0 为高度紧密相关。

对于环境监测工作中的校准曲线，应力求相关系数$|r|\geqslant0.999$，否则，应找出原因，加以纠正，并重新进行测定和绘制。校准曲线的相关系数只舍不入，保留到小数点后出现非 9 的一位，如 0.99989 修约为 0.9998。如果小数点后都是 9 时，最多保留 4 位。

严查环境监测数据弄虚作假

思考题

1. 监测质量控制包括哪些方面，要点是什么？

2. 监测实验室常用的纯水有哪几种？分别有什么特点？

3. 简述化学试剂的分级及其在监测分析中的选用规则。

4. 什么是准确度？什么是精密度？如何表示？

5. 环境监测误差产生的原因有哪些？怎样减少这些误差？

6. 滴定管的一次读数误差是±0.01mL，如果滴定时用去标准溶液 2.50mL，则相对误差为多少？如果滴定时用去标准溶液 25.10mL，相对误差又为多少？分析两次测定的相对误差，能够说明什么问题？

5 起监测数据造假案，三人被追究刑事责任

7. 某标准水样中氯化物含量为 110mg/L，以银量法测定 5 次，其结果为：112mg/L，115mg/L，114mg/L，113mg/L，115mg/L。求其中测定值 112mg/L 的绝对误差、相对误差、绝对偏差与相对偏差。求 5 次测定的标准

偏差、相对标准偏差。

8. 用分光光度法测得水样中总铬含量为0.15mg/L，进行加标回收率测定，当加入0.12mg/L含铬标准物后，加标样品测定值为0.28mg/L，请问此次加标回收试验是否合格？(此样品含量范围的加标回收率为90%～110%)。

9. 数字修约

(1) 将14.462修约保留一位小数。

(2) 将2.341修约保留两位小数。

(3) 将1.0501修约保留一位小数。

(4) 将1.0500修约保留一位小数。

(5) 将15.4546修约保留两位小数。

10. 有一组测量数值按从小到大的顺序排列为14.65、14.90、14.90、14.92、14.95、14.96、15.00、15.01、15.01、15.02，若置信度为95%，试检验最小值和最大值是否为离群值？

11. 某含铅控制水样，累积测定20个平行样，其结果如下表，试作该水样的均值控制图，并说明在质量控制时如何使用此图。

序号	$\overline{x_i}$/(mg/L)	序　号	$\overline{x_i}$/(mg/L)	序号	$\overline{x_i}$/(mg/L)
1	0.251	8	0.290	15	0.262
2	0.250	9	0.262	16	0.270
3	0.250	10	0.234	17	0.225
4	0.263	11	0.229	18	0.250
5	0.235	12	0.250	19	0.256
6	0.240	13	0.263	20	0.250
7	0.260	14	0.300		

12. 浓度为0.05mg/L的铅标准液，每天分析平行样一次，连续20次，数据如下，作均值-极差（$\overline{x}$-R）控制图。

序号	吸光度(A)				序号	吸光度(A)			
	平行样1#	平行样2#	$\overline{x}$	R		平行样1#	平行样2#	$\overline{x}$	R
1	0.117	0.120			11	0.120	0.120		
2	0.118	0.112			12	0.126	0.124		
3	0.117	0.116			13	0.123	0.127		
4	0.122	0.127			14	0.120	0.118		
5	0.125	0.123			15	0.128	0.113		
6	0.126	0.114			16	0.122	0.130		
7	0.120	0.125			17	0.120	0.122		
8	0.120	0.124			18	0.123	0.123		
9	0.125	0.118			19	0.122	0.127		
10	0.112	0.120			20	0.126	0.128		

第三章
水体监测

知识目标

1. 了解水体污染物的种类、特点及水质标准。
2. 熟悉水体监测方案的制订。
3. 掌握水样的采集、运输和保存的主要方法。
4. 掌握水样的主要预处理方法。
5. 掌握主要水质项目的监测分析方法。

能力目标

1. 能够制订水体监测方案。
2. 能够对水体主要水质项目进行监测。

素质目标

1. 坚定水资源稀缺性的环保信念；树立节约资源、节约用水的环保意识。
2. 认识环保人的责任和使命。
3. 培养环保人吃苦耐劳、艰苦朴素的工作作风。
4. 加强沟通协调能力、团队协作能力的培养。
5. 在学习过程中养成遵纪守法、严谨认真的良好习惯，并把这种习惯贯彻到之后的环境监测工作之中。

第一节　概述

一、水体与水体污染

（一）水体

1. 水体的概念

水体是指河流、湖泊、沼泽、地下水、冰川、海洋等地表与地下贮水体的总称。从自然地理角度来看，水体是指地表水覆盖地段的自然综合体，在这个综合体中，不仅有水，而且还包括水中的悬浮物及底泥、水生生物等。

2. 水体的分类

水体可以按“类型”区分，也可以按“区域”区分。按“类型”区分时，地表贮水体可分为海洋水体和陆地水体；陆地水体又可分为地表水体和地下水体。按区域划分的水体，是指某一具体的被水覆盖的地段，如太湖、洞庭湖、鄱阳湖是三个不同的水体，但按陆地水体类型划分，它们同属于湖泊。又如长江、黄河、珠江，它们同为河流，而按区域划分，则分属于三个流域的三条水系。

（二）水体污染

1. 水体污染及水体污染物的概念

（1）水体污染　是指排入水体的污染物在数量上超过了该物质在水体中的本底含量和水体的环境容量，从而导致水体的物理特征、化学特征和生物特征发生不良变化，破坏了水中固有的生态系统，破坏了水体的功能，从而影响水的有效利用和使用价值的现象。

（2）水体污染物　引起水体污染的物质叫水体污染物。

2. 水体污染的分类

水体污染分为两类：一类是自然污染；另一类是人为污染。

自然污染主要是指自然原因造成的水体污染，由于自然污染所产生的有害物质的含量一般称为自然“本底值”或“背景值”。

人为污染即指人为因素造成的水体污染。人为污染是水体污染的主要原因。

污染物进入水体后，发生两个相互关联的过程：一是水体污染恶化过程；二是水体污染的净化过程。水体污染恶化过程包括以下几个过程。

（1）溶解氧下降过程　排入水体中的有机物，在好氧细菌的作用下，复杂的有机物被分解为简单的有机物直至转化为无机物，要消耗大量溶解氧，使水体中溶解氧下降，水质恶化。水体底部多为厌氧条件，底泥中的有机物在厌氧细菌的作用下产生硫化氢、甲烷等还原性气体，水质恶化。水体中溶解氧的下降，威胁水生生物的生存。

（2）水生生态平衡破坏过程　由于水体中溶解氧的下降，营养物质增多，使耐污、耐毒、喜肥的低等水生动物、植物大量繁殖，鱼类等高等水生生物迁移、死亡。当水体中溶解氧低于 3mg/L 时，就会引起鱼类窒息死亡。因此，渔业水体中溶解氧（DO）不得低于 3mg/L。如鲤鱼要求溶解氧为 6～8mg/L，青鱼、草鱼、鲢鱼等均要求溶解氧保持在 5mg/L 以上。

（3）低毒变高毒过程　水体中 pH 值、氧化还原、有机负荷等条件的改变多使低毒化合物转化为高毒化合物，如三价铬、五价砷、无机汞可转化为更毒的六价铬、三价砷、甲基汞。

（4）低浓度向高浓度转化过程　由于物理堆积和生物富集作用，使污染物由低浓度向高浓度转化。如重金属、难分解有机物、营养物向底泥的积累过程，使底泥的污染物浓度升高。由于生物的食物链作用，使污染物在鱼类或其他水生生物体里富集，造成污染物的高浓度。

（三）水体中主要污染物

水体污染物常根据其性质的不同可分为化学性、物理性和生物性污染物三大类。

1. 化学性污染物

（1）无机无毒污染物　污水中的无机无毒物质大致可以分为三种类型：一是属于砂粒、矿渣一类的颗粒状的物质；二是酸、碱和无机盐类；三是氮、磷等营养物质。

水体中的
主要污染物

① 颗粒状污染物。砂粒、土粒及矿渣一类的污染物质和有机颗粒的污染物质混在一起统称悬浮物或悬浮固体。由于悬浮固体在污水中是能看到的，而且它能使水浑浊，因此，悬浮物属于感官性的污染指标。

悬浮物是水体的主要污染物之一。水体被悬浮物污染，可能造成以下主要危害：

a. 大大降低光的穿透能力，减少了水生植物的光合作用并妨碍水体的自净作用。

b. 对鱼类产生危害，可能堵塞鱼鳃，导致鱼的死亡。制浆造纸废水中的纸浆对此最为明显。

c. 水中的悬浮物又可能是各种污染物的载体，它可能吸附一部分水中的污染物并随水流动而迁移。

② 酸、碱和无机盐类污染物。水体中的酸主要来自矿山排水和工业废水，其他如金属加工、酸洗车间、黏胶纤维、染料及酸法造纸等工业都排放酸性废水。

水体中的碱主要来源于碱法造纸、化学纤维、制碱、制革及炼油等工业废水。

酸性废水与碱性废水相互中和产生各种盐类，它们与地表物质相互反应，也可能生成无机盐类，因此酸与碱的污染必然伴随着无机盐类的污染。

水体被酸、碱和无机盐类污染物污染后，可能造成以下主要危害：

a. 酸、碱污染水体，使水体的 pH 值发生变化，腐蚀船舶和水下建筑，破坏自然缓冲作用，消灭或抑制微生物生长，妨碍水体自净，如长期遭受酸、碱污染，水质逐渐恶化、周围土壤酸化，危害渔业生产。

b. 酸、碱污染不仅能改变水体的 pH 值，而且可大大增加水中的一般无机盐类和水的硬度。

c. 水中无机盐的存在能增加水的渗透压，对淡水生物和植物生长不利。水体的硬度增加，使工业用水的水处理费用提高。

③ 氮、磷等营养物质。营养物质是指促使水中植物生长，从而加速水体富营养化的各种物质，主要指氮和磷。

污水中的氮可分为有机氮和无机氮两类。前者是含氮化合物，如蛋白质、多肽、氨基酸和尿素等，后者指氨氮、亚硝酸态氮、硝酸态氮等，它们中大部分直接来自污水，但也有一部分是有机氮经微生物分解转化而形成的。

城市生活污水中含有丰富的氮、磷，粪便是生活污水中氮的主要来源。由于使用含磷洗涤剂，所以在生活污水中也含有大量的磷。另外，未被植物吸收利用的化肥绝大部分被农田排水和地表径流带至地下水和地表水中，农业废弃物（植物秸秆、牲畜粪便等）也是水体中氮化合物的主要来源。

植物营养物污染的危害是水体富营养化，如果氮、磷等植物营养物质大量而连续地进入湖泊、水库及海湾等缓流水体，将促进各种水生生物的活性，刺激藻类的异常繁殖，这样就带来一系列严重的后果。藻类在水体中占据的空间越来越大，减小了鱼类活动的空间。藻类过度生长繁殖，造成水体中溶解氧的急剧变化，藻类的呼吸作用和死亡藻类的分解作用消耗大量的氧，使水体处于缺氧状态，影响鱼类生存。严重的还可能导致水草丛生，湖泊退化，近海则形成大面积赤潮。

（2）无机有毒污染物　无机有毒污染物主要是重金属等有潜在长期不良影响的物质及氰化物等。

重金属污染系指我国《污水综合排放标准》（GB 8978—1996）规定的第一类污染物中的汞、烷基汞、总镉、总铬、六价铬、总砷、总铅、总镍及第二类污染中的铜、锌、锰等金属的污染。重金属在自然界分布很广泛，在自然环境的各部分均存在着本底含量，正常的天然水中重金属含量均很低，如汞的含量介于 10^{-3}～10^{-2}mg/L 量级之间。化石燃料的燃烧、采矿和冶炼是向环境释放重金属的最主要污染源。重金属污染物在水体中可以氢氧化物、硫化物、硅酸盐、配位化合物或离子状态存在，其毒性以离子态最为严重；重金属不能被生物降解，有时还可转化为极毒的物质，如无机汞转化为甲基汞；大多数重金属离子能被富集于生物体内，通过食物链危害人类。

水体中氰化物主要来源于电镀废水、焦炉和高炉的煤气洗涤冷却水、某些化工厂的含氰废水及金、银选矿废水等。氰化物是剧毒物质，急性中毒抑制细胞呼吸，造成人体组织严重缺氧。氰对许多生物有害，能毒死水中微生物，妨碍水体自净。

（3）有机无毒污染物（需氧有机污染物） 生活污水、牲畜污水，以及屠宰、肉类加工、罐头等食品工业和制革、造纸等工业废水中所含碳水化合物、蛋白质、脂肪等有机物可在微生物的作用下进行分解，在分解过程中需要消耗氧气，故称之为需氧有机物。如果这类有机物排入水体过多，将会大量消耗水体中的溶解氧，造成缺氧，从而影响水中鱼类和其他水生生物的生长。水中溶解氧耗尽后，有机物将进行厌氧分解，产生大量硫化氢、氨、硫醇等难闻物质，使水质变黑发臭，使水质进一步恶化。需氧污染物是目前水体中量最大、最常见和面最广的一种污染物质。

（4）有机有毒污染物 水体中有机有毒污染物的种类很多，大多属于人工合成的有机物质，如农药（DDT、六六六等有机氯农药）、醛、酮、酚以及多氯联苯、多环芳烃、芳香族氨基化合物等，这类物质主要来源于石油化学工业的合成生产过程及有关的产品使用过程中排放出的废水。这类污染物大多比较稳定，不易被微生物降解，所以又称为难降解有机污染物。如有机农药在环境中的半衰期为十几年到几十年，它们都危害人体健康，有些还具有致癌、致畸、致遗传变异作用。如多氯联苯是较强的致癌物质，水生生物对有机氯农药有很强的富集能力，在水生生物体内的有机氯农药含量可比水中含量高几千到几百万倍，通过食物链进入人体，达到一定浓度后，显示出对人体的毒害作用。

（5）石油类污染物 近年来，石油及石油类制品对水体的污染比较突出，在石油开采、运输、炼制和使用过程中，排出的废油和含油废水使水体遭受污染。石油化工、机械制造行业排放的废水中也含有各种油类。石油进入海洋后不仅影响海洋生物的生长、降低海滨环境的使用价值、破坏海岸设施，还可能影响局部地区的水文气象条件和降低海洋的自净能力。

2. 物理性污染物

（1）热污染 因能源的消费而引起环境增温效应的污染叫热污染。水体热污染主要来源于工矿企业向江河排放的冷却水。其中以电力工业为主，其次是冶金、化工、石油、建材、机械等工业，如一般以煤为燃料的大电站通常只有40%的热能转变为电能，剩余的热能则随冷却水带走进入水体或大气。

热污染致使水体水温升高，增大水体中化学反应速率，会使水体中有毒物质对生物的毒性提高，如当水温从8℃升高到18℃时，氰化钾对鱼类的毒性提高一倍；水温升高会降低水生生物的繁殖率。此外，水温升高可使一些藻类繁殖加快，加速水体“富营养化”的过程，使水体中溶解氧下降，破坏水体的生态和影响水体的使用价值。

（2）放射性污染 水中所含有的放射性核素构成一种特殊的污染，它们总称放射性污染。核武器试验是全球放射性污染的主要来源，原子能工业特别是原子能电力工业的发展致使水体中放射性物质含量日益增高，铀矿开采、提炼、转化、浓缩过程均产生放射性废水和废物。

污染水体最危险的放射性物质有锶（90）、铯（132）等，这些物质半衰期长，化学性能与组成人体的主要元素钙和钾相似，经水和食物进入人体后，能在一定部位积累，从而增加人体的放射线辐射，严重时可引起遗传变异或癌症。

3. 生物性污染物

各种病菌、病毒等致病微生物、寄生虫等都属于生物性污染物，它们主要来自生活污水、医院污水、制革污水、屠宰及畜牧污水。

生物性污染物的特点是数量大、分布广、存活时间长、繁殖速度快、易产生抗药性。一般的污水处理不能彻底消灭微生物，这类微生物进入人体后，一旦条件适合，会引起疾病。

常见的病菌有大肠杆菌、绿脓杆菌等；病毒有肝炎病毒、感冒病毒等；寄生虫有血吸虫、蛔虫等。对于人类，上述病原微生物引起传染病的发病率和死亡率都很高。水质监测中常用细菌总数和大肠杆菌总数作为致病微生物污染的衡量指标。

二、水质与水质指标

水广泛应用于工农业生产和人民生活之中。人们在利用水时，要求水必须达到一定的质量。由于水中含有各种成分，其含量不同时，水的感官性状（色、臭、浑浊度等）、物理化学性质（温度、pH、电导率、放射性、硬度等）、生物组成（种类、数量、形态等）和底质情况也就不同。

水质：由水和水中所含的杂质共同表现出来的综合特性即为水质。

水质指标：描述水质质量的参数就是水质指标。

水质指标数目繁多，因用途的不同而各异，根据杂质的性质不同可分为物理性水质指标、化学性水质指标和生物性水质指标三大类。

（一）物理性水质指标

1. 感官物理性状指标

感官物理性状指标如温度、色度、浑浊度。

2. 其他物理性指标

其他物理性指标如悬浮物、电导率、放射性等。

（二）化学性水质指标

1. 一般化学性水质指标

一般化学性水质指标如pH、硬度、各种阳离子、含盐量、一般有机物等。

2. 有毒的化学性水质指标

有毒的化学性水质指标如各种重金属、氰化物、多环芳烃、各种农药等。

3. 氧平衡指标

氧平衡指标如溶解氧（DO）、化学需氧量（COD）、生化需氧量（BOD）、总需氧量（TOD）等。

（三）生物性水质指标

生物性水质指标一般包括细菌总数、总大肠菌群数、各种病原细菌、病毒等。

三、水质监测的对象和目的

水质监测可分为环境水体监测和水污染源监测。环境水体包括地表水（江、河、湖、库、海洋等）和地下水；水污染源包括生活污水、医院污水及各种废水。

水质监测的目的可概括为以下几个方面：

① 对进入江、河、湖泊、水库、海洋等地表水体中的污染物质及渗透到地下水体中的污染物质进行经常性的监测，以掌握水质现状及其发展趋势。

② 对生产过程、生活设施及其他排放源排放的各种废水进行监视性监测，为污染源管理及排污收费提供依据。

③ 对水环境污染事故进行应急监测，为分析判断事故原因、危害及采取对策提供依据。

④ 为国家政府部门制定环境保护法规、标准和规划，全面开展环境保护管理工作提供有关数据和资料。

⑤ 为开展水环境质量评价、预测预报及进行环境科学研究提供基础数据和手段。

四、水环境标准

水的用途很广，无论是作为生活饮用水、工业用水、农业灌溉用水还是渔业用水等，都有一定的水质要求。由于用途不同，必须建立起相应的物理、化学、生物学的质量标准，对水中的杂质加以一定的限制，这就是水质的标准。水质标准包括水环境质量标准和排放标准。

（一）水环境质量标准

我国已颁布的水环境质量标准有《地表水环境质量标准》《海水水质标准》《生活饮用水卫生标准》《渔业水质标准》《景观娱乐用水水质标准》《农田灌溉水质标准》《地下水质量标准》等。本节以《地表水环境质量标准》（GB 3838—2002）为例介绍水环境质量标准。

地表水环境质量标准

本标准将标准项目分为地表水环境质量标准基本项目、集中式生活饮用水地表水源地补充项目和集中式生活饮用水地表水源地特定项目。地表水环境质量标准基本项目适用于全国江河、湖泊、运河、渠道、水库等具有使用功能的地表水水域；集中式生活饮用水地表水源地补充项目和特定项目适用于集中式生活饮用水地表水源地一级保护区和二级保护区。集中式生活饮用水地表水源地特定项目由县级以上人民政府环境保护行政主管部门根据本地区地表水水质特点和环境管理的需要进行选择，集中式生活饮用水地表水源地补充项目和选择确定的特定项目作为基本项目的补充指标。

本标准项目共计 109 项，其中地表水环境质量标准基本项目 24 项，集中式生活饮用水地表水源地补充项目 5 项，集中式生活饮用水地表水源地特定项目 80 项。

1. 标准适用范围

① 本标准按照地表水环境功能分类和保护目标，规定了水环境质量应控制的项目及限值，以及水质评价、水质项目的分析方法和标准的实施与监督。

② 本标准适用于中华人民共和国领域内江河、湖泊、运河、渠道、水库等具有使用功能的地表水水域。具有特定功能的水域，执行相应的专业用水水质标准。

2. 水域功能和标准分类

依据地表水水域环境功能和保护目标，按功能高低依次划分为五类。

Ⅰ类　主要适用于源头水、国家自然保护区。

Ⅱ类　主要适用于集中式生活饮用水地表水源地一级保护区、珍稀水生生物栖息地、鱼类产卵场、仔稚幼鱼的索饵场等。

Ⅲ类　主要适用于集中式生活饮用水地表水源地二级保护区、鱼虾类越冬场、洄游通道、产养殖区等渔业水域及游泳区。

Ⅳ类　主要适用于一般工业用水区及人体非直接接触的娱乐用水区。

Ⅴ类　主要适用于农业用水区及一般景观要求水域。

对应地表水上述五类水域功能，将地表水环境质量标准基本项目标准值分为五类，不同功能类别分为执行相应类别的标准值。水域功能类别高的标准值严于水域功能类别低的标准值。同一水域兼有多类使用功能的，执行最高功能类别对应的标准值。实现水域功能与功能类别标准为同一含义。

3. 标准值

① 地表水环境质量标准基本项目标准限值见表 3-1。

② 集中式生活饮用水地表水源地补充项目标准限值见表 3-2。

表 3-1 地表水环境质量标准基本项目标准限值

单位：mg/L（除水温、pH 值、粪大肠菌群外）

序号	标准值分类项目		Ⅰ类	Ⅱ类	Ⅲ类	Ⅳ类	Ⅴ类
1	水温/℃		人为造成的环境水温变化应限制在：周平均最大温升≤1 周平均最大温降≤2				
2	pH值(无量纲)		6～9				
3	溶解氧	≥	饱和率 90%（或 7.5）	6	5	3	2
4	高锰酸盐指数	≤	2	4	6	10	15
5	化学需氧量(COD)	≤	15	15	20	30	40
6	五日生化需氧量(BOD_5)	≤	3	3	4	6	10
7	氨氮(NH_3-N)	≤	0.15	0.5	1.0	1.5	2.0
8	总磷(以 P 计)	≤	0.02（湖、库 0.01）	0.1（湖、库 0.025）	0.2（湖、库 0.05）	0.3（湖、库 0.1）	0.4（湖、库 0.2）
9	总氮(湖、库，以 N 计)	≤	0.2	0.5	1.0	1.5	2.0
10	铜	≤	0.01	1.0	1.0	1.0	1.0
11	锌	≤	0.05	1.0	1.0	2.0	2.0
12	氟化物(以 F^- 计)	≤	1.0	1.0	1.0	1.5	1.5
13	硒	≤	0.01	0.01	0.01	0.02	0.02
14	砷	≤	0.05	0.05	0.05	0.1	0.1
15	汞	≤	0.00005	0.00005	0.0001	0.001	0.001
16	镉	≤	0.001	0.005	0.005	0.005	0.01
17	铬(六价)	≤	0.01	0.05	0.05	0.05	0.1
18	铅	≤	0.01	0.01	0.05	0.05	0.1
19	氰化物	≤	0.005	0.05	0.2	0.2	0.2
20	挥发酚	≤	0.002	0.002	0.005	0.01	0.1
21	石油类	≤	0.05	0.05	0.05	0.5	1.0
22	阴离子表面活性剂	≤	0.2	0.2	0.2	0.3	0.3
23	硫化物	≤	0.05	0.1	0.5	0.5	1.0
24	粪大肠菌群/(个/L)	≤	200	2000	10000	20000	40000

表 3-2 集中式生活饮用水地表水源地补充项目标准限值 单位：mg/L

序号	项目	标准值
1	硫酸盐(以 SO_4^{2-} 计)	250
2	氯化物(以 Cl^- 计)	250
3	硝酸盐(以 N 计)	10
4	铁	0.3
5	锰	0.1

（二）排放标准

我国现已颁布的排放标准包括《污水综合排放标准》和不同行业废水排放标准。本节以《污水综合排放标准》（GB 8978—1996）为例介绍排放标准。

1. 标准适用范围

本标准适用于现有单位水污染物的排放管理，以及建设项目的环境影响评价、建设项目环境保护设施设计、竣工验收及其投产后的排放管理的工业企业。

按照国家综合排放标准与国家行业排放标准不交叉执行的原则，造纸工业执行《制浆造纸工业水污染物排放标准》（GB 3544—2008），船舶执行《船舶水污染物排放控制标准》（GB 3552—2018），海洋石油开发工业执行《海洋石油勘探开发污染物排放浓度限值》（GB 4914—2008），纺织染整工业执行《纺织染整工业水污染物排放标准》（GB 4287—2012），肉类加工工业执行《肉类加工工业水污染物排放标准》(GB 13457—92)，合成氨工业执行《合成氨工业水污染物排放标准》(GB 13458—2013)，钢铁工业执行《钢铁工业水污染物排放标准》(GB 13456—2012)，航天推进剂使用执行《航天推进剂水污染物排放标准》(GB 14374—93)，兵器工业执行《兵器工业水污染物排放标准》(GB 14470—2002)，磷肥工业执行《磷肥工业水污染物排放标准》(GB 15580—2011)，烧碱、聚氯乙烯工业执行《烧碱、聚氯乙烯工业污染物排放标准》(GB 15581—2016)，其他水污染物排放均执行《污水综合排放标准》(GB 8978—1996)。

2. 标准分级

① 排入GB 3838Ⅲ类水域（划定的保护区和游泳区除外）和排入海水水质标准中二类海域的污水，执行一级标准。

② 排入GB 3838中Ⅳ、Ⅴ类水域和排入海水水质标准中三类海域的污水执行二级标准。

③ 排入设置二级污水处理厂的城镇排水系统的污水执行三级标准。

④ 排入未设置二级污水处理厂的城镇排水系统的污水，必须根据排水系统出水受纳水域的功能要求，分别执行①和②的规定。

⑤ GB 3838中Ⅰ、Ⅱ类水域和Ⅲ类水域中划定的保护区及海水水质标准中一类海域，禁止新建排污口，现有排污口应按水体功能要求，实行污染物总量控制，以保证受纳水体水质符合规定用途的水质标准。

第二节 水体监测方案的制订

监测方案是一项监测任务的总体构思和设计，制订时必须首先明确监测目的，然后在调查研究的基础上确定监测对象、设计监测网点，合理安排采样时间和采样频率，选定采样方法和分析测定技术，提出监测报告要求，制订质量保证程序、措施和方案的实施计划等。

监测是环境保护技术的重要组成部分，是为了解环境状况质量和评价环境状况质量提供数据、资料和信息；同时也为制定环境管理各项法律法规提供科学依据。环境水质监测是环境保护不可缺少的手段。

一、地面水监测方案的制订

（一）基础资料的收集

在制订监测方案之前，应尽可能完备地收集欲监测水体及所在区域的有关资料。

① 水体的水文、气候、地质和地貌资料。如水位、水量、流速及流向的变化；降雨量、蒸发量及历史水情；河流的宽度、深度、河床结构及地质状况；湖泊沉积物的特性、间温层分布、等深线等。

② 水体沿岸城市分布、工业布局、污染源及其排污情况、城市给排水情况等。

③ 水体沿岸的资源现状和水资源的用途、饮用水源分布和重点水源保护区、水体流域土地功能及近期使用计划等。

④ 历年的水质资料等。

⑤ 水资源的用途、饮用水源分布和重点水源保护区。

⑥ 实地勘察现场的交通情况、河宽、河床结构、岸边标志等。对于湖泊，还需了解生物、沉积物特点、间温层分布、容积、平均深度、等深线和水更新时间等。

⑦ 收集原有的水质分析资料或在需要设置断面的河段上设若干调查断面进行采样分析。

（二）监测断面和采样点的设置

在对调查研究结果和有关资料进行综合分析的基础上，根据监测目的和监测项目，并考虑人力、物力等因素确定监测断面和采样点。同时还要考虑实际采样时的可行性和方便性。

1. 监测断面的设置原则

在水域的下列位置应设置监测断面：

① 有大量废水排入河流的主要居民区、工业区的上游和下游。

② 湖泊、水库、河口的主要入口和出口。

③ 饮用水源区、水资源集中的水域、主要风景游览区、水上娱乐区及重大水利设施所在地等功能区。

④ 较大支流汇合口上游和汇合后与干流充分混合处、入海河流的河口处、受潮汐影响的河段和严重水土流失区。

⑤ 断面位置应避开死水区、回水区、排污口处，尽量选择顺直河段、河床稳定、水流平稳、水面宽阔、无急流、无浅滩处。

⑥ 国际河流出入国境线的出入口处。

⑦ 应尽可能与水文测量断面重合，实现水质监测与水量监测的结合，并要求交通方便，有明显岸边标志。

监测断面的设置数量，应根据掌握水环境质量状况的实际需要，考虑对污染物时空分布和变化规律的了解、优化的基础上，以最少的断面、垂线和测点取得代表性最好的监测数据。

2. 河流监测断面的设置

对于江、河水系或某个河段，要求设置三种断面，即对照断面、控制断面和削减断面，见图 3-1。

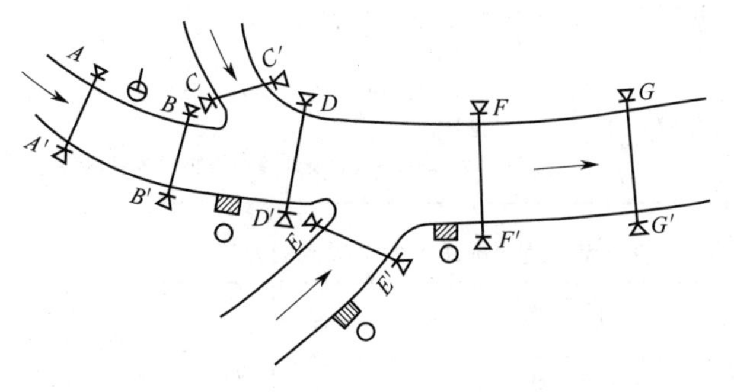

图 3-1　河流监测断面设置示意图

→ 水流方向；自来水厂取水点；○ 污染源；▨ 排污口；

A—A' 对照断面；G—G' 削减断面；B—B'、C—C'、D—D'、E—E'、F—F' 控制断面

河流监测断面的设置

（1）对照断面　为了解流入监测河段前的水体水质状况而设置。这种断面应设在河流进入城市或工业区以前的地方，避开各种废水、污水流入或回流处。一个河段一般只设一个对照断面，有主要支流时可酌情增加。

（2）控制断面　为评价、监测河段两岸污染源对水体水质影响而设置。控制断面的数目应根据城市的工业布局和排污口分布情况而定，断面的位置与废水排放口的距离应根据主要

污染物的迁移、转化规律，河水流量和河道水力学特征确定，一般设在排污口下游 500～1000m 处，因为在排污口下游 500m 横断面上的 1/2 宽度处重金属浓度一般出现高峰值。对特殊要求的地区，如水产资源区、风景游览区、自然保护区、与水源有关的地方病发病区、严重水土流失区及地球化学异常区等的河段上也应设置控制断面。

（3）削减断面　是指河流受纳废水和污水后，经稀释扩散和自净作用，使污染物浓度显著下降，其左、中、右三点浓度差异较小的断面，通常设在城市或工业区最后一个排污口下游 1500m 以外的河段上。水量小的小河流应视具体情况而定。

（4）背景断面　有时为了取得水系和河流的背景监测值，还应设置背景断面。这种断面上的水质要求基本上未受人类活动的影响，应设在清洁河段上。

（5）管理断面　为特定的环境管理需要而设置的断面。

3. 河流采样点位的确定

设置监测断面后，应根据水面的宽度确定断面上的采样垂线，再根据采样垂线的深度确定采样点位置和数目。

在一个监测断面上设置的采样垂线数与各垂线上的采样点数应符合表 3-3 和表 3-4 的要求，湖（库）监测垂线上的采样点的布设应符合表 3-5 的要求。

表 3-3　采样垂线数的设置

水面宽	垂线数	说明
≤50m	一条（中泓）	（1）垂线布设应避开污染带，要测污染带应另加一条线。 （2）确能证明该断面水质均匀时，可仅设中泓垂线。 （3）凡在该断面要计算污染通量时，必须按本表设置垂线
50～100m	二条（近左、右岸有明显水流处）	
＞100m	三条（左、中、右）	

表 3-4　采样垂线上的采样点数的设置

水深	采样点数	说明
≤5m	上层一点	（1）上层指水面下层 0.5m 处，水深不到 0.5m 时在水深 1/2 处采样。 （2）下层指河底以上 0.5m 处。 （3）中层指 1/2 水深处。 （4）封冻时在冰下 0.5m 处采样，水深不到 0.5m 时在水深 1/2 处采样。 （5）凡在该断面要计算污染物通量时，必须按本表设置采样点
5～10m	上、下层两点	
＞10m	上、中、下三层三点	

表 3-5　湖（库）监测垂线上的采样点的设置

水深	分层情况	采样点数	说明
≤5m		一点（水面下 0.5m 处）	（1）分层是指湖水温度分层状况。 （2）水深不足 1m，在 1/2 水深处设置测点。 （3）有充分数据证实垂线水质均匀时，可酌情减少测点
5～10m	不分层	二点（水面下 0.5m 处，水底上 0.5m 处）	
	分层	三点（水面下 0.5m 处，1/2 斜温层处，水底上 0.5m 处）	
＞10m		除水面下 0.5m 处、水底上 0.5m 处外，按每一斜温分层 1/2 处设置	

4. 湖泊、水库监测垂线的布设

湖泊、水库通常只设监测垂线，如有特殊情况可参照河流的有关规定设置监测断面，见图 3-2。

① 湖（库）区的不同水域，如进水区、出水区、深水区、浅水区、湖心区、岸边区，按水体类别设置监测垂线。

② 湖（库）区若无明显功能区别，可用网格法均匀设置监测垂线。

③ 受污染物影响较大的重要湖泊、水库，应在污染物的主要输送路线上设置控制断面。

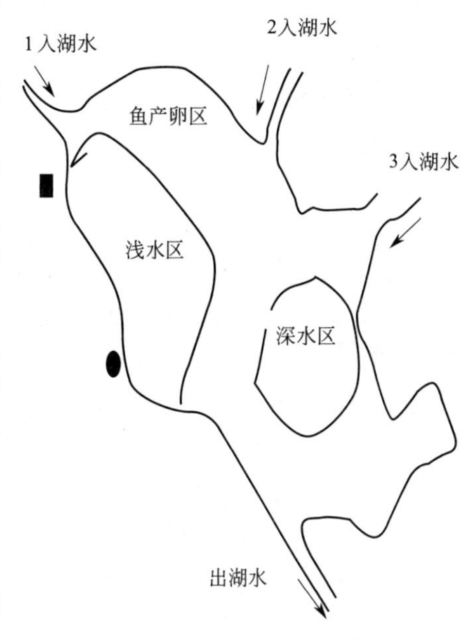

图 3-2 湖泊监测断面示意图

垂线上采样点位置和数目的确定方法与河流相同。如果存在间温层，应先测定不同水深处的水温、溶解氧等参数，确定成层情况后再确定垂线上采样点的位置，见图 3-3。

监测断面和采样点的位置确定后，其所在位置应该固定明显的岸边天然标志。如果没有天然标志物，则应设置人工标志物，如竖石柱、打木桩等。每次采样要严格以标志物为准，使采集的样品取自同一位置上，以保证样品的代表性和可比性。

（三）采样时间和采样频率的确定

为使采集的水样具有代表性，能够反映水质在时间和空间上的变化规律，必须确定合理的采样时间和采样频率，力求以最低的采样频次取得最有时间代表性的样品，既要满足能反映水质状况的要求，又要切实可行。一般原则是：

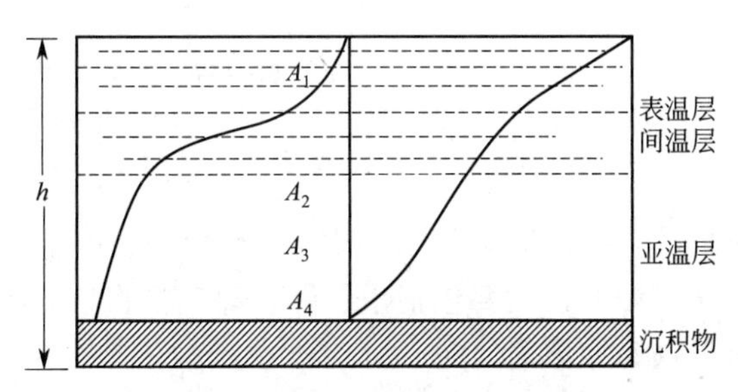

图 3-3 各温层采样点设置示意图

A_1—表温层中；A_2—间温层下；A_3—亚温层中；A_4—沉积物与水介质交界面上约 1m 处；h—水深

① 饮用水源地、省（自治区、直辖市）交界断面中需要重点控制的监测断面每月至少采样一次。

② 国控水系、河流、湖、库上的监测断面，逢单月采样一次，全年六次。

③ 水系的背景断面每年采样一次。

④ 受潮汐影响的监测断面采样，分别在大潮期和小潮期进行。每次采集涨、退潮水样分别测定。涨潮水样应在断面处水面涨平时采样，退潮水样应在水面退平时采样。

⑤ 如某必测项目连续三年均未检出，且在断面附近确定无新增排放源，而现有污染源排污量未增的情况下，每年可采样一次进行测定。一旦检出，或在断面附近有新的排放源或现有污染源有新增排污量时，即恢复正常采样。

⑥ 国控监测断面（或垂线）每月采样一次，在每月 5 日～10 日内进行采样。

⑦ 遇有特殊自然情况，或发生污染事故时，要随时增加采样频次。

二、水污染源监测方案的制订

水污染源包括工业废水源、生活污水源、医院污水源等。工业生产过程中排出的水称为废水，包括工艺过程用水、机器设备冷却水、烟气洗涤水、漂白水、设备和场地清洗水等。由居民区生活过程中排出物形成的含公共污物的水称为污水。污水中主要含有洗涤剂、粪便、细菌、病毒等，进入水体后，大量消耗水中的溶解氧，使水体缺氧，自净能力降低，其分解产物具有营养价值，引起水体富营养化，细菌、病毒还可能引发疾病。

废水和污水采样是污染源调查和监测的主要工作之一。而污染源调查和监测是监测工作的一个重要方面，是环境管理和治理的基础。

（一）采样前的调查研究

要保证采样地点、采样方法可靠并使水样有代表性，必须在采样前进行调查研究工作，包括以下几个方面的内容。

1. 调查工业用水情况

工业用水一般分生产用水和管理用水。生产用水主要包括工艺用水、冷却用水、漂白用水等。管理用水主要包括地面与车间冲洗用水、洗浴用水、生活用水等。

需要调查清楚工业用水量、循环用水量、废水排放量、设备蒸发量和渗漏损失量。可用水平衡计算和现场测量法估算各种用水量。

2. 调查工业废水类型

工业废水可分为物理污染废水、化学污染废水、生物及生物化学污染废水三种主要类型以及混合污染废水。通过生产工艺的调查，计算出排放水量并确定需要监测的项目。

3. 调查工业废水的排污去向

调查内容有：

① 车间、工厂或地区的排污口数量和位置；

② 直接排入还是通过渠道排入江、河、湖、库、海中，是否有排放渗坑。

（二）采样点的设置

水污染源一般经管道或沟、渠排放，水的截面积比较小，不需设置断面，而直接确定采样点位。

1. 工业废水

① 在车间或车间设备出口处应布点采样测定第一类污染物。所谓第一类污染物即毒性大、对人体健康产生长远不良影响的污染物，这些污染物主要包括汞、镉、砷、铅和它们的无机化合物，六价铬的无机化合物，有机氯和强致癌物质等。

② 在工厂总排污口处应布点采样测定第二类污染物。所谓第二类污染物即除第一类污染物之外的所有污染物，这些污染物有悬浮物、硫化物、挥发酚、氰化物、有机磷、石油类、铜、锌、氟及它们的无机化合物、硝基苯类、苯胺类等。

③ 有处理设施的工厂应在处理设施的排出口处布点。为了解对废水的处理效果，可在进水口和出水口同时布点采样。

④ 在排污渠道上，采样点应设在渠道较直、水量稳定、上游没有污水汇入处。

⑤ 某些二类污染物的监测方法尚不成熟，在总排污口处布点采样监测因干扰物质多而会影响监测结果。这时，应将采样点移至车间排污口，按废水排放量的比例折算成总排污口废水中的浓度。

2. 生活污水和医院污水

采样点设在污水总排放口，对污水处理厂，应在进、出口分别设置采样点采样监测。

（三）采样时间和频率的确定

1. 监督性监测

地方环境监测站对污染源的监督性监测每年不少于 1 次，如被国家或地方环境保护行政主管部门列为年度监测的重点排污单位，应增加到 2～4 次。因管理或执法的需要所进行的抽查性监测或企业的加密监测由各级环境保护行政主管部门确定。

生活污水每年采样监测 2 次，春夏季各一次；医院污水每年采样监测 4 次，每季度一次。

2. 企业自我监测

工业废水按生产周期和生产特点确定监测频率。一般每个生产日至少 3 次。

排污单位为了确认自行监测的采样频次，应在正常生产条件下的一个生产周期内进行加密监测。周期在 8h 以内的，每小时采 1 次样；周期大于 8h 的，每 2h 采 1 次样。但每个生产周期采样次数不少于 3 次，采样的同时测定流量，根据加密监测结果，绘制污水污染物排放曲线（浓度-时间，流量-时间，总量-时间），并与所掌握资料对照，如基本一致，即可据此确定企业自行监测的采样频次。根据管理需要进行污染源调查性监测时，也按此频次采样。

排污单位如有污水处理设施并能正常运转使污水稳定排放，则污染物排放曲线比较平稳，监督监测可以采瞬时样；对于排放曲线有明显变化的不稳定排放污水，要根据曲线情况分时间单元采样，再组成混合样品。正常情况下，混合样品的单元采样不得少于两次。如排放污水的流量、浓度甚至组分都有明显变化，则在各单元采样时的采样量应与当时的污水流量成比例，以使混合样品更有代表性。

3. 其他监测

对于污染治理、环境科研、污染源调查和评价等工作中的污水监测，其采样频次可以根据工作方案的要求另行确定。

三、地下水监测方案的制订

储存在土壤和岩石空隙（孔隙、裂隙、溶隙）中的水统称地下水。地下水埋藏在地层的不同深度，相对地面水而言，其流动性和水质参数的变化比较缓慢。地下水质监测方案的制订过程与地面水基本相同。

（一）调查研究和收集资料

① 收集、汇总监测区域的水文、地质、气象等方面的有关资料和以往的监测资料。例如，地质图、剖面图、测绘图、水井的成套参数、含水层、地下水补给、径流和流向，以及温度、湿度、降水量等。

② 调查监测区域内城市发展、工业分布、资源开发和土地利用情况，尤其是地下工程规模、应用等；了解化肥和农药的施用面积和施用量；查清污水灌溉、排污、纳污和地面水污染现状。

③ 测量或查知水位、水深，以确定采水器和泵的类型、所需费用和采样程序。

④ 在完成以上调查的基础上，确定主要污染源和污染物，并根据地区特点与地下水的主要类型把地下水分成若干个水文地质单元。

（二）采样点的设置

由于地质结构复杂，地下水采样点的设置也变得复杂，自监测井采集的水样只代表含水层平行和垂直的一小部分，所以必须合理地选择采样点，见图 3-4。

1. 地下水采样井布设的原则

① 全面掌握地下水资源质量状况，对地下水污染进行监视、控制。

② 根据地下水类型分区与开采强度分区，以主要开采层为主布设，兼顾深层和自流地

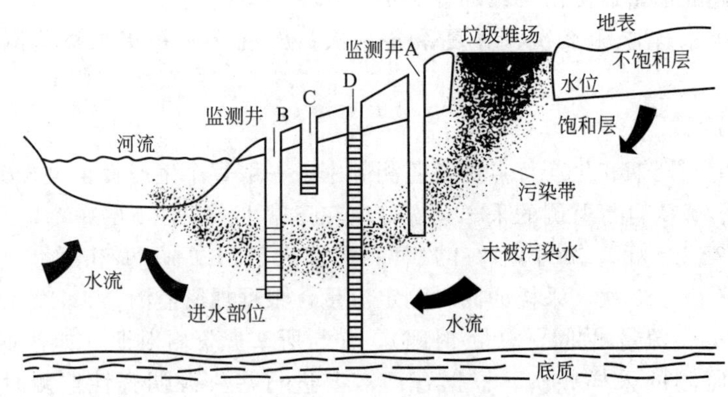

图 3-4 地下水监测采样点

下水。

③ 尽量与现有地下水水位观测井网相结合。

④ 采样井布设密度为主要供水区密，一般地区稀；城区密，农村稀；污染严重区密，非污染区稀。

⑤ 不同水质特征的地下水区域应布设采样井。

⑥ 专用站按监测目的与要求布设。

2. 地下水采样井布设方法与要求

① 在下列地区应布设采样井：a. 以地下水为主要供水水源的地区。b. 饮水型地方病（如高氟病）高发地区。c. 污水灌溉区、垃圾堆积处理场地区及地下水回灌区。d. 污染严重区域。

② 平原（含盆地）地区地下水采样井布设密度一般为 1 眼/200km^2，重要水源地或污染严重地区可适当加密；沙漠区、山丘区、岩溶山区等可根据需要选择典型代表区布设采样井。

③ 一般水资源质量监测及污染控制井根据区域水文地质单元状况，视地下水主要补给来源，可在垂直于地下水流的上方向设置一个至数个背景值监测井。或根据本地区地下水流向、污染源分布状况及活动类型与分布特征，采用网格法或放射法布设。

④ 多级深度井应沿不同深度布设数个采样点。

（三）采样时间与频率的确定

① 背景井点每年采样一次。

② 全国重点基本站每年采样二次，丰、枯水期各一次。

③ 地下水污染严重的控制井，每季度采样一次。

④ 在以地下水作生活饮用水源的地区每月采样一次。

⑤ 专用监测井按设置目的与要求确定。

四、沉积物监测方案的制订

沉积物是沉积在水体底部的堆积物质的统称，又称底质。沉积物是矿物、岩石、土壤的自然侵蚀产物，是生物活动及降解有机质等过程的产物。

由于我国部分流域水土流失较为严重，水中的悬浮物和胶态物质往往吸附或包藏一些污染物质，如辽河中游悬浮物中吸附的 COD_{Cr} 值达水样的 70%以上，此外还有许多重金属类污染物。由于沉积物中所含的腐殖质、微生物、泥沙及土壤微孔表面的作用，在底质表面发生一系列的沉淀吸附、释放、化合、分解、络合等物理化学和生物转化作用，对水中污染物的自净、降解、迁移、转化等过程起着重要作用。因此，水体底部沉积物是水环境中的重要组成部分。

（一）采样点位的确定

底质监测断面的设置原则与水质监测断面相同，其位置尽可能和水质监测断面重合，以便于将沉积物的组成及其物理化学性质与水质监测情况进行比较。

① 底质采样点应尽量与水质采样点一致。底质采样点位通常为水质采样点位垂线的正下方。当正下方无法采样时，如水浅时因船体或采泥器冲击搅动底质，或河床为砂卵石时，应另选采样点重采。采样点不能偏移原设置的断面（点）太远。采样后应对偏移位置作好记录。

② 底质采样点应避开河床冲刷、底质沉积不稳定、水草茂盛表层及底质易受搅动之处。

③ 湖（库）底质采样点一般应设在主要河流及污染源排放口与湖（库）水混合均匀处。

（二）采样时间与频率的确定

由于底质比较稳定，受水文、气象条件影响较小，故采样频率远较水样低，一般每年枯水期采样一次，必要时可在丰水期加采一次。

五、水生生物监测方案的制订

生态系统是指在一定时间和空间内，由生物群落与非生物环境组成的统一整体。在这个统一整体中，各组成要素间借助物种流动、能量流动、物质循环、信息传递，从而相互联系、相互影响、相互制约，在一定时期内处于相对稳定的动态平衡状态，是具有自调节功能的复合体。生态系统包括陆地生态系统、水生态系统、人工生态系统等等。水生态系统是生态系统的一部分，可分为淡水生态系统和海水生态系统，主要类型包括海洋、海岸、湿地、河流、河口和湖泊等。水生生物是生活在各类水体中的生物的总称，包括水体中的浮游生物、漂浮生物、自游生物和底栖生物等。

1. 水生生物监测

生物群落是反映整个环境条件的准确指标，水生生物监测是水生态监测的核心和重要组成。

美国环保署对生物监测（biological monitoring，or biomonitoring）的定义：利用生物体作为检测器，以其响应来度量环境的状况。毒性试验及环境生物调查是常用的生物监测方法。

根据我国环境监测系统生物监测的实际情况，从实用的角度对生物监测进行如下定义：生物监测是以生物为对象（例如水体中细菌总数、底栖动物等）或手段［例如用 PCR（聚合酶链式反应）技术测藻毒素，用生物发光技术测二噁英等］进行的环境监测。

水生生物监测就是以水生生物为监测对象，对水生生物的个体、种群和群落开展实验和调查，获取结果，以其响应来说明水体环境质量状况的过程。

2. 实施方案的制订

在开始水生生物监测采样前，制订详细的监测方案和工作计划，该部分主要明确方案和计划中需要包括的必要内容等，提出具体要求。

需根据监测目的及调查水体制订详细的实施方案，包括但不限于监测要素、监测频次与时间、点位布设、质量保证等。监测方案编制整体上需遵循科学、高效、简明、可行等原则，使方案能切实指导整个水生生物监测过程。

实施方案应包括但不限于以下内容，尤其需要注重各环节的质量控制措施。

① 项目概况，介绍项目基本情况。

② 整体实施流程，以流程图形式介绍项目实施的基本流程。

③ 调查监测任务，包括监测点位、监测项目、监测频次及预期成果。

④ 采样前准备，应包括调查前培训、采样仪器和工具准备、监测设备检定与校准。

⑤ 采样计划与任务分配，包含采样计划、采样人员及车船安排、项目进度安排。

⑥ 样品采集及现场监测操作规范，具体包括采样操作、质控样采集、现场记录等。

⑦ 样品运输和送检。

⑧ 质量保证与质量控制，详细制订仪器设备、采样、样品保存运输等环境的质量保证与质量控制措施。

⑨ 应急预案，制订应对车辆故障等事故、恶劣天气、仪器设备故障、人员伤病、样品遗失或信息不全、应急人员等相关预案。

第三节　水样的采集

一、水样的类型

采样技术要随具体情况而定，有些情况只需在某点瞬时采集样品，而有些情况要用复杂的采样设备进行采样。静态水体和流动水体的采样方法不同，应加以区别。瞬时采样和混合采样均适用于静态水体和流动水体，混合采样更适用于静态水体，周期采样和连续采样适用于流动水体。

（一）瞬时水样

从水体中不连续地随机采集的样品称为瞬时水样。对于组分较稳定的水体，或水体的组分在相当长的时间和相当大的空间范围内变化不大，采集瞬时样品具有很好的代表性。当水体的组成随时间发生变化时，则要在适当的时间间隔内进行瞬时采样，分别进行分析，测出水质的变化程度、频率和周期。当水体的组成发生空间变化时，就要在各个相应的部位采样。瞬时水样无论是在水面、规定深度还是底层，通常均可人工采集，也可用自动化方法采集。自动采样是以预定时间或流量间隔为基础的一系列瞬时采样，一般情况下所采集的样品只代表采样当时和采样点的水质。

下列情况适用瞬时采样：

① 流量不固定、所测参数不恒定时（如采用混合样，会因个别样品之间的相互反应而掩盖了它们之间的差别）；

② 不连续流动的水流，如分批排放的水；

③ 水或废水特性相对稳定时；

④ 需要考察可能存在的污染物，或要确定污染物出现的时间；

⑤ 需要污染物最高值、最低值或变化的数据时；

⑥ 需要根据较短一段时间内的数据确定水质的变化规律时；

⑦ 需要测定参数的空间变化时，例如某一参数在水流或开阔水域的不同断面（或深度）的变化情况；

⑧ 在制订较大范围的采样方案前；

⑨ 测定某些不稳定的参数，例如溶解气体、余氯、可溶性硫化物、微生物、油脂、有

机物和 pH 时。

（二）周期水样（不连续）

1. 在固定时间间隔下采集周期样品（取决于时间）

通过定时装置在规定的时间间隔下自动开始和停止采集样品。通常在固定的期间内抽取样品，将一定体积的样品注入一个或多个容器中。时间间隔的大小取决于待测参数。

人工采集样品时，按上述要求采集周期样品。

2. 在固定排放量间隔下采集周期样品（取决于体积）

当水质参数发生变化时，采样方式不受排放流速的影响，此种样品归于流量比例样品。例如，液体流量的单位体积（如 10000L），所取样品量是固定的，与时间无关。

3. 在固定排放量间隔下采集周期样品（取决于流量）

当水质参数发生变化时，采样方式不受排放流速的影响，水样可用此方法采集。在固定时间间隔下，抽取不同体积的水样，所采集的体积取决于流量。

（三）连续水样

1. 在固定流速下采集连续样品（取决于时间或时间平均值）

在固定流速下采集的连续样品，可测得采样期间存在的全部组分，但不能提供采样期间各参数浓度的变化情况。

2. 在可变流速下采集的连续样品（取决于流量或与流量成比例）

采集流量比例样品代表水的整体质量，即便流量和组分都在变化，而流量比例样品同样可以揭示利用瞬时样品所观察不到的这些变化。因此，对于流速和待测污染物浓度都有明显变化的流动水，采集流量比例样品是一种精确的采样方法。

（四）混合水样

在同一采样点上以流量、时间或体积为基础，按照已知比例（间歇的或连续的）混合在一起的样品，此样品称为混合水样。混合水样可自动或人工采集。

混合水样是混合几个单独样品，可减少监测分析工作量，节约时间，降低试剂损耗。

混合样品提供组分的平均值，因此在样品混合之前，应验证这些样品参数的数据，以确保混合后样品数据的准确性。如果测试成分在水样储存过程中易发生明显变化，则不适用混合水样，如测定挥发酚、油类、硫化物等。要测定这些物质，需采取单样储存方式。

下列情况适用混合水样：

① 需测定平均浓度时；

② 计算单位时间的质量负荷；

③ 为评价特殊的、变化的或不规则的排放和生产运转的影响。

（五）综合水样

把从不同采样点同时采集的瞬时水样混合为一个样品（时间应尽可能接近，以便得到所需要的资料），此样品称作综合水样。综合水样的采集包括两种情况：在特定位置采集一系列不同深度的水样（纵断面样品）；在特定深度采集一系列不同位置的水样（横截面样品）。综合水样是获得平均浓度的重要方式，有时需要把代表断面上的各点或几个污水排放口的污水按相对比例流量混合，取其平均浓度。

采集综合水样，应视水体的具体情况和采样目的而定。如几条排污河渠建设综合污水处理厂，从各个河道取单样分析不如综合样更为科学合理，因为各股污水的相互反应可能对设施的处理性能及其成分产生显著的影响，由于不可能对相互作用进行数学预测，因此取综合水样可能提供更加可靠的资料。而有些情况取单样比较合理，如湖泊和水库在深度和水平方向常常出现组分上的变化，此时大多数平均值或总值的变化不显著，局部变化明显。在这种情况下，综合水样就失去了意义。

（六）大体积水样

有些分析方法要求采集大体积水样，范围从 50L 到几立方米。例如，要分析水体中未知的农药和微生物时，就需要采集大体积的水样。水样可用通常的方法采集到容器或样品罐中，采样时应确保采样器皿的清洁；也可以使样品经过一个体积计量计后，再通过一个吸收筒（或过滤器），可依据监测要求选定。

随后的采样程序细节应依据水样类型和监测要求而定。用一个调节阀控制在一定压力下通过吸收筒（或过滤器）的流量，大多数情况下，应在吸收筒（或过滤器）和体积计后面安装一个泵。如果待测物具有挥发性，泵要尽可能安放在样品源处，体积计安放在吸收筒（或过滤器）后面。如果采集的水样浑浊且含有能堵塞过滤器（或吸收筒）的悬浮固体，或者分析要求的采样量超过了过滤器（或吸收筒）的最大容量，应将一系列过滤器（或吸收筒）安放在平行的位置，在出入口安装旋塞阀。采样初期，水样只通过一个过滤器（或吸收筒），其余的不采样；当流速显著减小时，使水样流经新的过滤器（或吸收筒）。注意不要超过过滤器（或吸收筒）的最大容量，因此要在第一个过滤器（或吸收筒）达最大容量之前将一系列新的过滤器（或吸收筒）排列起来准备替换。达到最大容量的过滤器（或吸收筒）应停止采样。若使用多个过滤器（或吸收筒）进行采样，应将它们采集的样品合并在一起作为一个混合样品。如果要将采样过程中多余的水倾倒回水体中，应选择距离采样点足够远的位置，以免影响采样点处的水质。

（七）平均污水样

对于排放污水的企业而言，生产的周期性影响着排污的规律性。为了得到有代表性的污水样（往往需要得到平均浓度），应根据排污情况进行周期性采样。不同的工厂、车间生产周期不同，排污的周期性差别也很大。一般应在一个或几个生产或排放周期内，按一定的时间间隔分别采样。对于性质稳定的污染物，可将分别采集的样品进行混合后一次测定；对于不稳定的污染物，可在分别采样、分别测定后取其平均值作为代表。

生产的周期性也影响污水的排放量，在排放流量不稳定的情况下，可将一个排污口不同时间的污水样，按照流量的大小，按比例混合，得到平均比例混合的污水样，这是获得平均浓度最常采用的方法。有时需将几个排污口的水样按比例混合，用以代表瞬时综合排污浓度。

在污染源监测中，随污水流动的悬浮物或固体微粒应看成是污水样的一个组成部分，不应在分析前滤除。油、有机物和金属离子等可能被悬浮物吸附，有的悬浮物中就含有被测定的物质，如选矿、冶炼废水中的重金属。所以，分析前必须摇匀取样。

二、采样设备

（一）采样设备要求

所采集样品的体积应满足分析和重复分析的需要。采集的体积过小会使样品没有代表性。另外，小体积的样品也会因比表面积大而使其吸附严重。

符合要求的采样设备应：

① 使样品和容器的接触时间降至最低；

② 使用不会污染样品的材料；

③ 容易清洗，表面光滑，没有弯曲物干扰流速，尽可能减少旋塞和阀的数量；

④ 有适合采样要求的系统设计。

（二）采样设备选择

① 采集表层水时，可用桶、瓶等容器直接采取。一般将其沉至水面下 0.3～0.5m 处采集。

② 采集深层水时，可使用重锤的采样器沉入水中采集。将采样容器沉降至所需深度（可从绳上的标度看出），上提细绳打开瓶塞，待水样充满容器后提出。

③ 对于水流急的河段，宜采用图 3-5 所示的急流采样器。它是将一根长钢管固定在铁框上，管内装一橡胶管，其上部用夹子夹紧，下部与瓶塞上的短玻璃管相连，瓶塞上另有一长玻璃管通至采样瓶底部。采样前塞紧橡胶塞，然后沿船身垂直伸入要求水深处，打开上部橡胶管夹，水样即沿长玻璃管流入样品瓶中，瓶内空气由短玻璃管沿橡胶管排出。这样采集的水样也可用于测定水中溶解性气体，因为它是空气隔绝的。

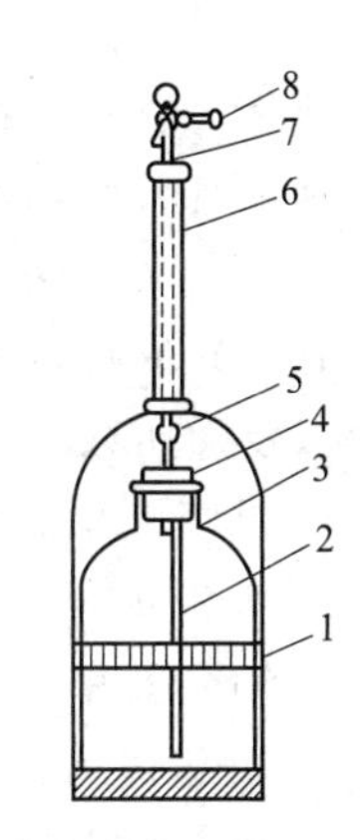

图 3-5 急流采样器

1—铁框；2—长玻璃管；3—采样瓶；4—橡胶塞；5—短玻璃管；6—钢管；7—橡胶管；8—夹子

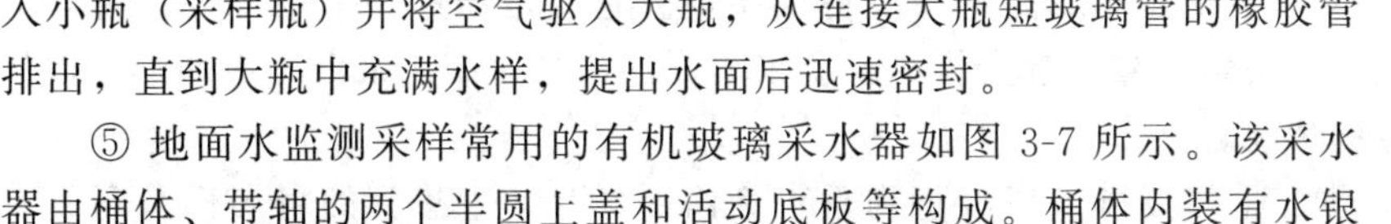

④ 测定溶解气体（如溶解氧）的水样常用图 3-6 所示的双瓶采样器采集。将采样器沉入要求水深处后，打开上部的橡胶管夹，水样进入小瓶（采样瓶）并将空气驱入大瓶，从连接大瓶短玻璃管的橡胶管排出，直到大瓶中充满水样，提出水面后迅速密封。

⑤ 地面水监测采样常用的有机玻璃采水器如图 3-7 所示。该采水器由桶体、带轴的两个半圆上盖和活动底板等构成。桶体内装有水银温度计。采水器桶体容积 1～5L 不等，常用的为 2L。有机玻璃采水器用途较广，除油类、细菌学指标等监测项目所需水样不能使用该采水器外，适用于水质、水生生物大部分监测项目测定用样品的采集。

溶解氧采水器

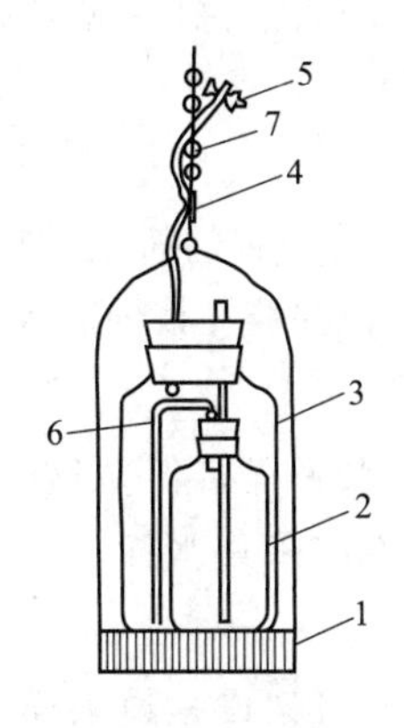

图 3-6 溶解氧双瓶采样器

1—带重锤的铁框；2—小瓶；3—大瓶；4—橡胶管；5—夹子；6—塑料管；7—绳子

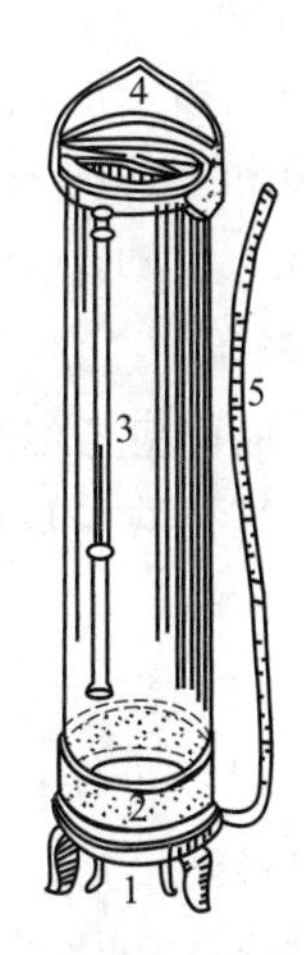

图 3-7 有机玻璃采水器（仿梅根福）

1—进水阀门；2—压重铅阀；3—温度计；4—溢水门；5—橡胶管

用有机玻璃采水器采样应注意如下事项：

a. 将有机玻璃采水器放入水体中时，应保持与水面垂直，因此当水流急时，应增加铅锤的重量。

b. 采水器到达指定水层后，稍停片刻即可提升出水面。在样品分装前，松开放水胶管夹子，先放掉少量水样，再分装。

c. 有机玻璃采水器强度较差，在采样过程中容易因碰撞或操作不当，导致采水器损坏。如果发现采水器活动底板漏水或上盖板脱落，应立即停止使用。

此外，还有多种结构较复杂的采样器，例如深层采水器、电动采水器、自动采水器、连续自动定时采水器等。

⑥ 采集沉积物的抓斗式采泥器。用自身重量或杠杆作用设计的深入泥层的抓斗式采泥器，其设计的特点不一，包括弹簧制动、重力或齿板锁合方法，随深入泥层的状况不同而不同，以及随所取样品的规模和面积而异。因此，所取样品的性质受下列因素的影响：

a. 贯穿泥层的深度。

b. 齿板锁合的角度。

c. 锁合效率（避免物体障碍的能力）。

d. 引起扰动和造成样品的流失，或者在泥水界面上洗掉样品组分或生物体。

e. 在急流中样品的稳定性。在选定采泥器时，对生境、水流情况、采样面积以及可使用船只设备均应考虑。

⑦ 抓斗式挖斗。抓斗式挖斗与地面挖斗设备很相似。它们是通过一个吊杆操作将其沉降到选定的采样点上，采集较大量的混合样品，所采集到的样品比使用采泥器更能准确地代表所选定的采样地点的情况。

⑧ 岩芯采样器。岩芯采样器可采集沉积物垂直剖面的样品。采集到的岩芯样品不具有机械强度，从采样器上取下样品时应小心保持泥样纵向的完整性，以便得到各层样品。

三、采样方法

1. 船只采样

利用船只到指定的地点，按深度要求，把采水器浸入水面下采样。该方法比较灵活，适用于一般河流和水库的采样，但不容易固定采样地点，往往使数据不具有可比性。同时，一定要注意采样人员的安全。

2. 桥梁采样

确定采样断面应考虑交通方便，并应尽量利用现有的桥梁采样。在桥上采样安全、可靠、方便、不受天气和洪水的影响，适合于频繁采样，并能在横向和纵向准确控制采样点位置。

3. 涉水采样

较浅的小河和靠近岸边水浅的采样点可涉水采样，但要避免搅动沉积物而使水样受污染。涉水采样时，采样者应站在下游，向上游方向采集水样。

4. 索道采样

在地形复杂、险要，地处偏僻处的小河流，可架设索道采样。

四、采样类型

（一）开阔河流的采样

在对开阔河流进行采样时，应包括下列几个基本点：

a. 用水地点的采样；

b. 污水流入河流后，应在充分混合的地点以及流入前的地点采样；

c. 支流合流后，对充分混合的地点及混合前的主流与支流地点的采样；

d. 主流分流后地点的选择；

e. 根据其他需要设定的采样地点。

各采样点原则上应在河流横向及垂向的不同位置采集样品。采样时间一般选择在采样前至少连续两天晴天，水质较稳定的时间（特殊需要除外）。采样时间是在考虑人类活动、工厂企业的工作时间及污染物到达时间的基础上确定的。另外，在潮汐区，应考虑潮的情况，确定把水质最坏的时刻包括在采样时间内。

（二）封闭管道的采样

在封闭管道中采样，也会遇到与开阔河流采样中所出现的类似问题。采样器探头或采样管应妥善地放在进水的下游，采样管不能靠近管壁。湍流部位，例如在“T”形管、弯头、阀门的后部，可充分混合，一般作为最佳采样点，但是对于等动力采样（等速采样）除外。

采集自来水或抽水设备中的水样时，应先放水数分钟，使积留在水管中的杂质及陈旧水排出，然后再取样。采集水样前，应先用水样洗涤采样器容器、盛样瓶及塞子 2～3 次（油类除外）。

（三）水库和湖泊的采样

水库和湖泊的采样，采样地点不同和温度的分层现象可引起水质很大的差异。

在调查水质状况时，应考虑到成层期与循环期的水质明显不同。了解循环期水质，可采集表层水样，了解成层期水质，应按深度分层采样。

在调查水域污染状况时，需进行综合分析判断，抓住基本点，以取得代表性水样。如废水流入前、流入后充分混合的地点，用水地点，流出地点等，有些可参照开阔河流的采样情况，但不能等同而论。在可以直接汲水的场合，可用适当的容器采样，如水桶。从桥上等地方采样时，可将系着绳子的聚乙烯桶或带有坠子的采样瓶投于水中汲水。要注意不能混入漂浮于水面上的物质。

在采集一定深度的水时，可用直立式或有机玻璃采水器。这类装置是在下沉的过程中，水就从采样器中流过，当到达预定深度时，容器能够闭合而汲取水样。在水流动缓慢的情况下，采用上述方法时，最好在采样器下系上适宜重量的坠子，当水流急时要系上相应重的铅鱼，并配备绞车。

采样过程应注意：

a. 采样时不可搅动水底部的沉积物。

b. 采样时应保证采样点的位置准确。必要时使用 GPS（全球定位系统）定位。

c. 认真填写采样记录表，字迹应端正清晰。

d. 保证采样按时、准确、安全。

e. 采样结束前，应核对采样方案、记录和水样，如有错误和遗漏，应立即补采或重新采样。

f. 如采样现场水体很不均匀，无法采到有代表性的样品，则应详细记录不均匀的情况和实际采样情况，供使用数据者参考。

g. 测定油类的水样，应在水面至水面下 300mm 处采集柱状水样，并单独采样，全部用于测定。采样瓶不能用采集的水样冲洗。

h. 测溶解氧、生化需氧量和有机污染物等项目时的水样，必须注满容器，不留空间，并用水封口。

i. 如果水样中含沉降性固体，如泥沙等，应分离除去。分离方法为将所采水样摇匀后倒入筒型玻璃容器，静置 30min，将已不含沉降性固体但含有悬浮性固体的水样移入盛样容器并加入保存剂（测定总悬浮物和油类的水样除外）。

j. 测定湖库水 COD、高锰酸盐指数、叶绿素 a、总氮、总磷时的水样，静置 30min 后，用吸管一次或几次移取水样，吸管进水尖嘴应插至水样表层 50mm 以下位置，再加保存剂保存。

k. 测定油类、BOD_5、溶解氧、硫化物、余氯、粪大肠菌群、悬浮物、放射性等项目要单独采样。

（四）底部沉积物的采样

沉积物可用抓斗、采泥器或钻探装置采集。

典型的沉积过程一般会出现分层或者组分的很大差别。此外，河床高低不平以及河流的局部运动都会引起各沉积层厚度的很大变化。

采泥地点除在主要污染源附近、河口部位外，应选择地形及潮汐原因造成堆积以及底泥恶化的地点。另外，也可选择在沉积层较薄的地点。

在底泥堆积分布状况未知的情况下，采泥地点要均衡设置。在河口部分，由于沉积物堆积分布容易变化，应适当增设采样点。采泥的方法，原则上在同一地方稍微变更位置进行采集。

混合样品可由采泥器或者抓斗采集。需要了解分层作用时，可采用钻探装置。

在采集沉积物时，不管是岩芯还是规定深度沉积物的代表性混合样品，必须知道样品的性质，以便正确地解释这些分析或检验。此外，如对底部沉积物的变化程度及性质难以预测或根本不可能知道时，应适当增设采样点。

采集单独样品，不仅能得到沉积物变化情况，还可以绘制组分分布图，因此，单独样品比混合样品的数据更有用。

（五）地下水的采样

地下水可分为上层滞水、潜水和承压水。

上层滞水的水质与地表水的水质基本相同。

潜水含水层通过包气带直接与大气圈、水圈相通，因此其具有季节性变化的特点。

承压水地质条件不同于潜水。其受水文、气象因素的直接影响小，含水层的厚度不受季节变化的支配，水质不易受人为活动污染。采集样品时，一般应考虑以下一些因素：

a. 地下水流动缓慢，水质参数的变化率小；

b. 地表以下温度变化小，因而当样品取出地表时，其温度发生显著变化，这种变化能改变化学反应速率，倒转土壤中阴阳离子的交换方向，改变微生物生长速度；

c. 由于吸收二氧化碳和随着碱性的变化，pH 值改变，某些化合物也会发生氧化作用；

d. 某些溶解于水的气体如硫化氢，当将样品取出地表时，极易挥发；

e. 有机样品可能会受到某些因素的影响，如采样器材料的吸收、污染和挥发性物质的逸失；

f. 土壤和地下水可能受到严重的污染，以致影响到采样工作人员的健康和安全。

监测井采样不能像地表水采样那样可以在水系的任一点进行，因此，从监测井采得的水样只能代表一个含水层的水平向或垂直向的局部情况。

如果采样只是为了确定某特定水源中有没有污染物，那么只需从自来水管中采集水样。当采样的目的是要确定某种有机污染物或一些污染物的水平及垂直分布，并做出相应的评价，那么需要组织相当的人力物力进行研究。

对于区域性的或大面积的监测，可利用已有的井、泉或者河流的支流，但要符合监测要求，如果时间很紧迫，则只选择有代表性的一些采样点。但是，如果污染源很小，如填埋废渣、咸水湖，或者是污染物浓度很低，比如含有机物，那就极有必要设立专门的监测井。增设的井的数目和位置取决于监测的目的、含水层的特点，以及污染物在含水层内的迁移情况。

如果潜在的污染源在地下水位以上，则需要在包气带采样，以得到地下水潜在威胁的真实情况。除了氯化物、硝酸盐和硫酸盐外，大多数污染物都能吸附在包气带的物质上，并在适当的条件下迁移。因此很有可能采集到已存在污染源很多年的地下水样，而且观察不到新的污染，这就会给人以安全的错觉，而实际上污染物正一直以极慢的速度通过包气带向地下水迁移。另外，还应了解水文方面的地质数据和地质状况及地下水的本底情况。采集水样还应考虑到：靠近井壁的水的组成几乎不能代表该采样区的全部地下水水质，因为靠近井的地方可能有钻井污染，以及某些重要的环境条件，如氧化还原电位，在近井处与地下水承载物质的周围有很大的不同。所以，采样前需抽取适量水。

对于自喷的泉水，可在涌口处直接采样。采集不自喷的泉水时，将停滞在抽水管中的水抽出，新水更替之后，再进行采样。从井水采集水样，必须在充分抽取后进行，以保证水样能代表地下水水源。

（六）污水的采样

1. 采样频次

① 监督性监测。地方环境监测站对污染源的监督性监测每年不少于1次，如被国家或地方环境保护行政主管部门列为年度监测的重点排污单位，应增加到每年2～4次。因管理或执法的需要所进行的抽查性监测由各级环境保护行政主管部门确定。

② 企业自控监测。工业污水按生产周期和生产特点确定监测频次，一般每个生产周期不得少于3次。

③ 对于污染治理、环境科研、污染源调查和评价等工作中的污水监测，其采样频次可以根据工作方案的要求另行确定。

④ 根据管理需要进行调查性监测，监测站事先应对污染源单位正常生产条件下的一个生产周期进行加密监测。周期在8h以内的1h采1次样，周期大于8h的每2h采1次样，但每个生产周期采样次数不少于3次。采样的同时测定流量。根据加密监测结果，绘制污水污染物排放曲线（浓度-时间、流量-时间、总量-时间），并与所掌握资料对照，如基本一致，即可据此确定企业自行监测的采样频次。

⑤ 排污单位如有污水处理设施并能正常运行使污水稳定排放，则污染物排放曲线比较平稳，监督检测可以采瞬时样；对于排放曲线有明显变化的不稳定排放污水，要根据曲线情况分时间单元采样，再组成混合样品。正常情况下，混合样品的采样单元不得少于两次。如排放污水的流量、浓度甚至组分都有明显变化，则在各单元采样时的采样量应与当时的污水流量成比例，以使混合样品更具代表性。

2. 采样方法

① 污水的监测项目根据行业类型有不同要求。在分时间单元采集样品时，测定pH、

COD、BOD_5、溶解氧、硫化物、油类、有机物、余氯、粪大肠菌群、悬浮物、放射性等项目的样品，不能混合，只能单独采样。

② 自动采样用自动采样器进行，有时间等比例采样和流量等比例采样。当污水排放量较稳定时，可采用时间等比例采样，否则必须采用流量等比例采样。

③ 采样的位置应在采样断面的中心，水深大于1m时应在表层下1/4深度处采样，水深小于或等于1m时在水深的1/2处采样。

（七）水生生物采样

1. 浮游生物的概念

浮游生物（plankton）按营养方式可分为浮游植物和浮游动物，按照体型大小一般可分为大型、中型、小型和微型。

浮游动物（zooplankton）是指悬浮于水中的水生动物。它们或者完全没有游泳能力，或者游泳能力微弱，不能做远距离的移动，也不足以抵抗水的流动力。一般有原生动物、轮虫、枝角类和桡足类（图3-8）。

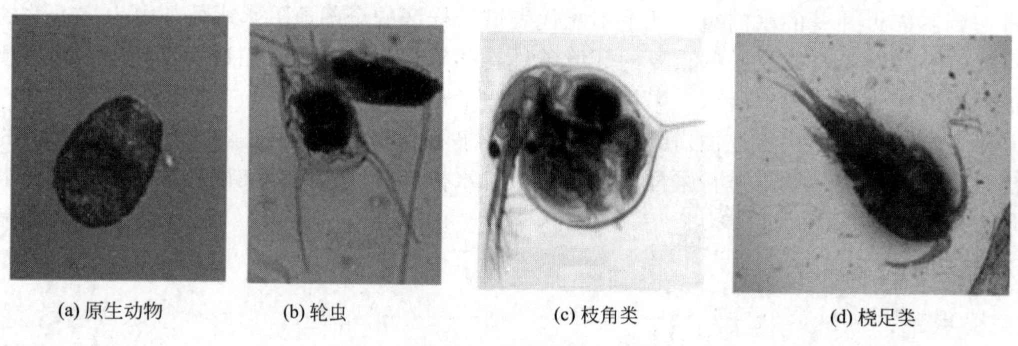

(a) 原生动物　(b) 轮虫　(c) 枝角类　(d) 桡足类

图3-8　浮游动物

原生动物是动物界中最低等的单细胞动物，或由单细胞集合而成的群体，个体十分微小。绝大多数的原生动物是显微镜下的小型动物，最小的种类体长仅有2～3μm。身体只由一个细胞组成，由多种细胞器来完成各种生理活动。常分为肉足虫纲、纤毛虫纲、鞭毛虫纲，见图3-9。

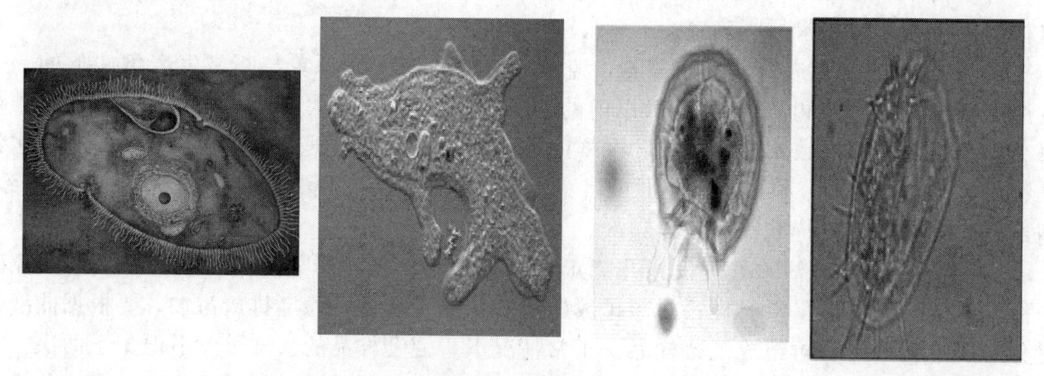

图3-9　原生动物

轮虫为小型的多细胞动物，体长通常只有100～200μm。构造复杂，具消化、生殖、神经等系统。头前方具圆形轮盘，它的不断运动使虫体得以运动和摄食。绝大多数轮虫广布于湖泊、池塘、河流和水库等各类水体中，为淡水浮游动物的主要组成部分。轮虫对水质的适应性强，无论是在清澈的高山湖泊还是污染的沟渠水中，都有它们的一些种类，见图 3-10。

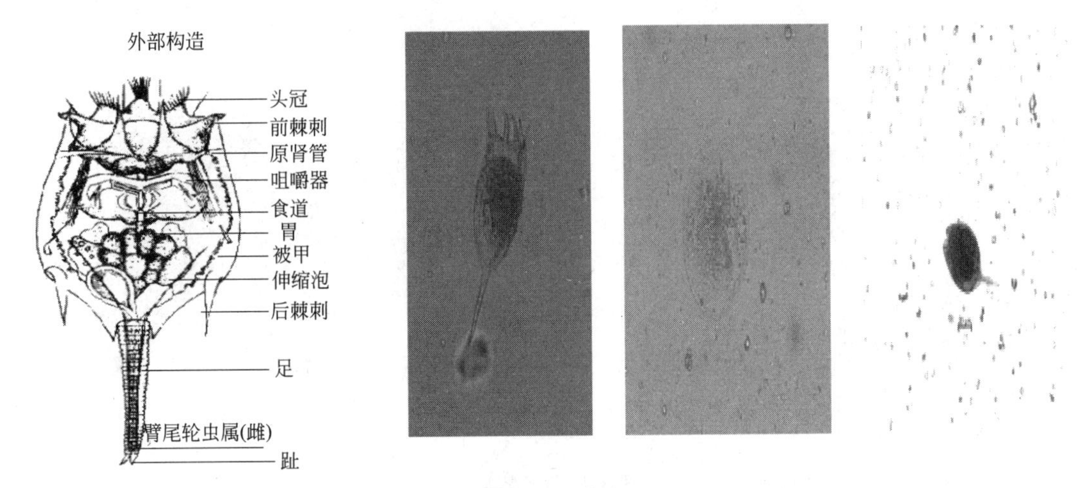

图 3-10　轮虫

枝角类属节肢动物门、甲壳纲、鳃足亚纲、枝角目。通常称水蚤，俗称红虫。体长 0.3～3mm，体短而左右侧扁，分节不明显，体被有两瓣透明的介壳，大多数种类的头部有显著的黑色复眼，第二触角发达呈枝角状，胸肢 4～6 对，体末端有一爪状尾叉，见图 3-11。

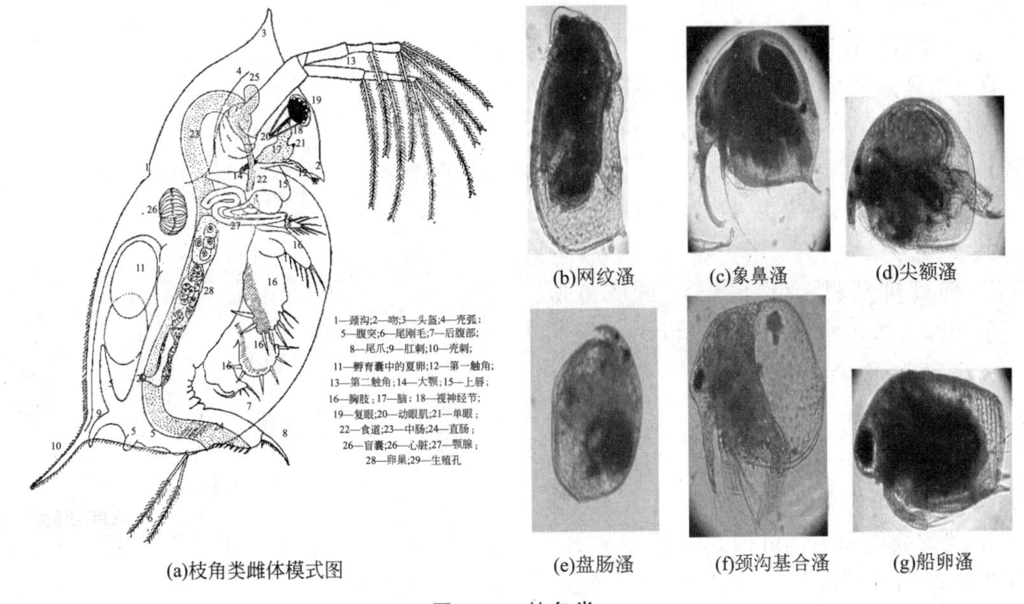

(a)枝角类雌体模式图　(b)网纹溞　(c)象鼻溞　(d)尖额溞　(e)盘肠溞　(f)颈沟基合溞　(g)船卵溞

图 3-11　枝角类

桡足类属节肢动物门、甲壳纲、桡足亚纲。身体纵长，分节明显，头胸部具附肢，腹部无附肢，末端有 1 对尾叉，雄性个体头部第一触角左或右，或左右都变形为执握肢（器），雌性腹部两侧或腹面常附有卵囊。淡水浮游桡足类分为 3 个目，分别为哲水蚤目、剑水蚤目和猛水蚤目，见图 3-12。

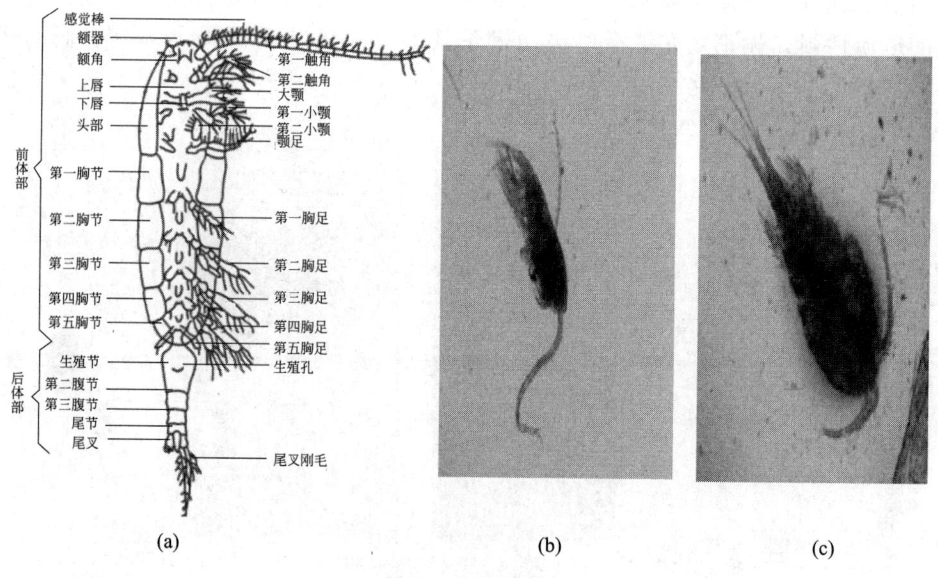

(a) (b) (c)

图 3-12 桡足类

2. 浮游植物采样准备

（1）试剂与材料 鲁哥试剂：称取 60g 碘化钾溶解在 1000mL 水中，再加入 40g 碘，充分搅拌使其溶解，静置 24h 以上。当溶液接近饱和时会有沉淀出现，使用前需去除沉淀。鲁哥试剂在室温避光条件下可保存 1 年。鲁哥试剂作为藻类固定剂，每次采样之前需检查试剂是否在有效期之内。

（2）仪器与设备

① 25 号浮游生物网，见图 3-13。

② 样品瓶：1～2L、50mL，材质为聚乙烯，用于盛装浮游植物样品。

③ 采水器：规格为 1L、5L。1 备 1 用，共 4 个。

④ 前处理器材：Φ2～3mm 硅胶虹吸管（若干）、1L 沉降浓缩器（若干）等。

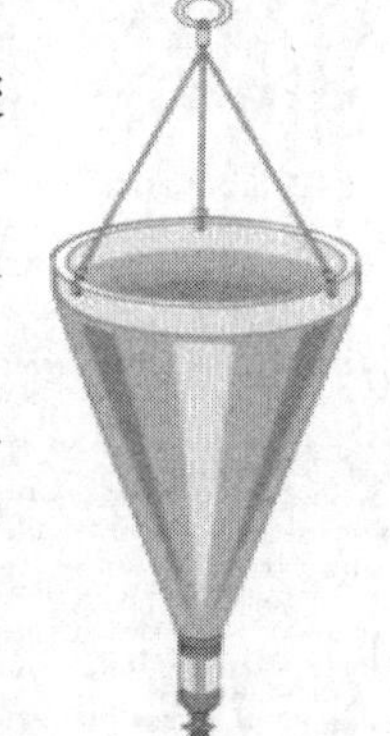
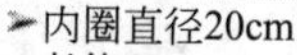

图 3-13 采样器

3. 浮游植物采样程序

（1）采样层次

① 水深小于 3m 或者混合均匀的水体，在水面下 0.5m 处布设一个采样点。

② 当水深在 3～10m 时，分别在水面下 0.5m 处和透光层底部各布设一个采样点（透光层深度以 3 倍透明度计，下同），进行分层采样或取混合样。

③ 当水深大于 10m 时，分别在水面下 0.5m、1/2 透光层处及透光层底部各布设 1 个采样点，进行分层采样或取混合样。也可以根据项目需要或者实际情况进行加密分层监测。浮游藻类定性样品原则上一个点位采集一个混合样，即在分层的情况下将上、中、下层所采集的样品进行混合，一条垂线只采集一个定性样品。

④ 当项目有特殊要求时，根据项目要求分层采样。

（2）采样量 采样量要根据藻类的密度和研究的需要量而定。一般原则是：水体中藻密度高，采水量可少；密度低，采水量则要多。常用于浮游藻类计数的采水量以 1L 为宜，若要测定藻类叶绿素和干重等，则需另外采样。

采集定性标本，用 25 号浮游生物网，在表层至 0.5m 深处以 20～30cm/s 的速度作∞形巡回缓慢拖动约 1～3min，或在水中沿表面拖滤 1.5～5.0m³ 体积水。

(3) 采样工具 采样工具见图 3-14。

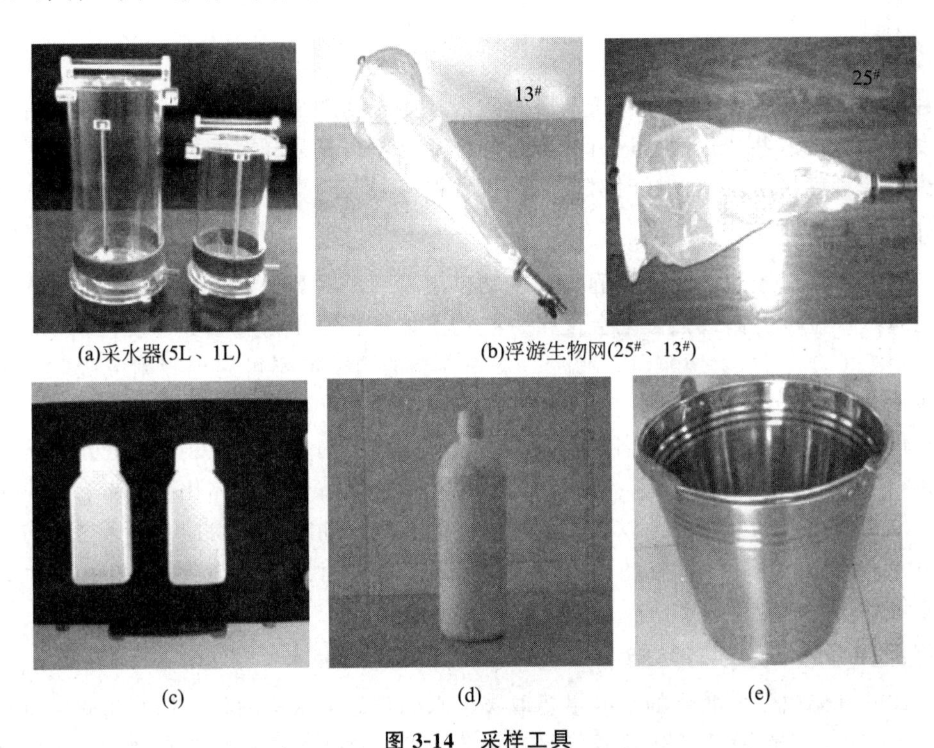

(a)采水器(5L、1L)
(b)浮游生物网(25#、13#)
(c)
(d)
(e)

图 3-14 采样工具

五、标志和记录

样品注入样品瓶后，按照国家标准《水质采样 样品的保存和管理技术规定》中规定执行。现场记录在水质调查方案中非常重要，应从采样点到结束分析制表的过程中始终伴随着样品。采样标签上应记录样品的来源和采集时的状况（状态）以及编号等信息，然后将其粘贴到样品容器上。采样记录、交接记录与样品一同交给实验室。

根据数据的最终用途确定所需要的采样资料。

1. 地面水

至少应该提供下列资料：a. 测定项目；b. 水体名称；c. 地点位置；d. 采样点；e. 采样方法；f. 水位或水流量；g. 气象条件；h. 水温；i. 保存方法；j. 样品的表观（悬浮物质、沉降物质、颜色等）；k. 有无臭气；l. 采样日期，采样时间；m. 采样人姓名。

2. 地下水

至少应提供下列资料：a. 测定项目；b. 地点位置；c. 采样深度；d. 井的直径；e. 保存方法；f. 采样方法；g. 含水层的结构；h. 水位；i. 水源的产水量；j. 水的主要用途；k. 气象条件；l. 采样时的外观；m. 水温；n. 采样日期，采样时间；o. 采样人姓名。

3. 补充资料

是否保存或加入稳定剂应加以记录。

第四节 水样的保存和运输

一、水样的保存

各种水质的水样，从采集到分析这段时间内，由于物理的、化学的、生物的作用会发生不同程度的变化，这些变化使得进行分析时的样品已不再是采样时的样品，为了使这种变化降低到最小的程度，必须在采样时对样品加以保护。

（一）水样变化的原因

（1）物理作用 光照、温度、静置或震动、敞露或密封等保存条件及容器材质都会影响水样的性质。如温度升高或强震动会使得一些物质如氧、氰化物及汞等挥发，长期静置会使 $Al(OH)_3$、$CaCO_3$、$Mg_3(PO_4)_2$ 等沉淀。某些容器的内壁能不可逆地吸附或吸收一些有机物或金属化合物等。

（2）化学作用 水样及水样各组分可能发生化学反应，从而改变某些组分的含量与性质。例如空气中的氧能使二价铁、硫化物等氧化，聚合物解聚，单体化合物聚合等。

（3）生物作用 细菌、藻类以及其他生物体的新陈代谢会消耗水样中的某些组分，产生一些新组分，改变一些组分的性质。生物作用会对样品中待测的一些项目如溶解氧、二氧化碳、含氮化合物、磷及硅等的含量及浓度产生影响。

（二）样品保存环节的预防措施

水样在贮存期内发生变化的程度主要取决于水的类型及水样的化学性和生物学性质，也取决于保存条件、容器材质、运输及气候变化等因素。这些变化往往非常快。样品常在很短的时间里明显地发生变化，因此必须在一切情况下采取必要的保存措施，并尽快地进行分析。保存措施在降低变化的程度或缓慢变化的速度方面是有作用的，但到目前为止所有的保存措施还不能完全抑制这些变化。而且对于不同类型的水，产生的保存效果也不同，如饮用水很易贮存，因其对生物或化学的作用很不敏感，一般的保存措施对地面水和地下水可有效地贮存，但对废水则不同。废水性质或废水采样地点不同，其保存的效果也不同，如采自城市排水管网和污水处理厂的废水其保存效果不同，采自生化处理厂的废水及未经处理的废水其保存效果也不同。分析项目决定废水样品的保存时间，有的分析项目要求单独取样，有的分析项目要求在现场分析，有些项目的样品能保存较长时间。由于采样地点和样品成分的不同，迄今为止还没有找到适用于一切场合和情况的绝对准则。在各种情况下，存储方法应与使用的分析技术相匹配。

（三）容器的选择

采集和保存样品的容器应充分考虑以下几方面（特别是被分析组分以微量存在时）：

① 最大限度地防止容器及瓶塞对样品的污染。一般的玻璃在贮存水样时可溶出钠、钙、镁、硅、硼等元素，在测定这些项目时应避免使用玻璃容器，以防止新的污染。一些有色瓶塞含有大量的重金属。

② 容器壁应易于清洗、处理，以减少如重金属或放射性核类的微量元素对容器的表面污染。

③ 容器或容器塞的化学和生物性质应该是惰性的，以防止容器与样品组分发生反应。如测氟时，水样不能贮存于玻璃瓶中，因为玻璃与氟化物发生反应。

④ 防止容器吸收或吸附待测组分，引起待测组分浓度的变化。微量金属易受这些因素的影响，其他如清洁剂、杀虫剂、磷酸盐同样也受到影响。

⑤ 深色玻璃能降低光敏作用。

（四）容器的准备

1. 一般规则

所有的准备都应确保不发生正负干扰。尽可能使用专用容器。如不能使用专用容器，那么最好准备一套容器进行特定污染物的测定，以减少交叉污染。同时应注意防止以前采集高浓度分析物的容器因洗涤不彻底污染随后采集的低浓度污染物的样品。对于新容器，一般应先用洗涤剂清洗，再用纯水彻底清洗。但是，用于清洁的清洁剂和溶剂可能引起干扰，例如当分析富营养化物质时，含磷酸盐清洁剂的残渣污染。如果使用，应确保洗涤剂和溶剂的质量。如果测定硅、硼和表面活性剂，则不能使用洗涤剂。所用的洗涤剂类型和选用的容器材质要根据待测组分来确定。测磷酸盐不能使用含磷洗涤剂；测硫酸盐或铬则不能用铬酸-硫酸洗液。测重金属的玻璃容器及聚乙烯容器通常用盐酸或硝酸（$c=1\mathrm{mol/L}$）洗净并浸泡1～2天后用蒸馏水或去离子水冲洗。

2. 清洁剂清洗塑料或玻璃容器

此程序如下：

a. 用水和清洁剂的混合稀释溶液清洗容器和容器帽；

b. 用实验室用水清洗两次；

c. 控干水并盖好容器帽。

3. 溶剂洗涤玻璃容器

此程序如下：

a. 用水和清洁剂的混合稀释溶液清洗容器和容器帽；

b. 用自来水彻底清洗；

c. 用实验室用水清洗两次；

d. 用丙酮清洗并干燥；

e. 用与分析方法匹配的溶剂清洗并立即盖好容器帽。

4. 酸洗玻璃或塑料容器

此程序如下：

a. 用自来水和清洁剂的混合稀释溶液清洗容器和容器帽；

b. 用自来水彻底清洗；

c. 用 10%硝酸溶液清洗；

d. 控干后，注满 10%硝酸溶液；

e. 密封，贮存至少 24h；

f. 用实验室用水清洗，并立即盖好容器帽。

5. 用于测定农药、除草剂等样品的容器的准备

因聚四氟乙烯外的塑料容器会对分析产生明显的干扰，故一般使用棕色玻璃瓶。按一般规则清洗（即用水及洗涤剂—铬酸-硫酸洗液—蒸馏水）后，在烘箱内 180℃下 4h 烘干。冷却后再用纯化过的己烷或石油醚冲洗数次。

6. 用于微生物分析的样品

用于微生物分析的容器及塞子、盖子应经高温灭菌，灭菌温度应确保在此温度下不释放或产生任何能抑制生物活性、灭活或促进生物生长的化学物质。

玻璃容器按一般清洗原则洗涤，用硝酸浸泡再用蒸馏水冲洗以除去重金属或铬酸盐残留物。在灭菌前可在容器里加入硫代硫酸钠（$Na_2S_2O_3$）以除去余氯对细菌的抑制作用（以每125mL 容器加入 0.1mL 的 10mg/L $Na_2S_2O_3$计量）。

（五）容器的封存

对需要测定物理-化学分析物的样品，应使水样充满容器至溢流并密封保存，以减少因与空气中氧气、二氧化碳的反应干扰及样品运输途中的振荡干扰。但当样品需要被冷冻保存时，不应溢满封存。

（六）生物检测的处理保存

用于化学分析的样品和用于生物分析的样品是不同的。加入生物检测的样品中的化学品能够固定或保存样品，“固定”是用于描述保存形态结构的，而“保存”是用于防止有机质的生物化学或化学退化的。保存剂，从定义上说，是有毒的，而且保存剂的添加可能导致生物的死亡。死亡之前，振动可引起那些没有强核壁的脆弱生物，在“固定”完成之前就瓦解。为使这种影响降低到最低，保存剂快速进入核中是非常重要的，有一些保存剂，例如鲁哥溶液可导致生物分类群的丢失，在特定范围的特定季节内可能就成为问题。如在夏季，当频繁检测硅-鞭毛虫时，就可以通过添加防腐剂，如鲁哥碱性溶液来解决。

生物检测样品的保存应符合下列标准：

a. 预先了解防腐剂对预防生物有机物损失的效果；

b. 防腐剂至少在保存期间能够有效地防止有机质的生物退化；

c. 在保存期内，防腐剂应保证能充分研究生物分类群。

（七）放射化学分析样品的处理、保存

用于化学分析的样品和用于放射化学分析的样品是不同的。安全措施依赖于样品的放射能的性质。这类样品的保存技术依赖放射类型和放射性核素的半衰期。

（八）样品的冷藏、冷冻

在大多数情况下，从采集样品后到运输到实验室期间，在 1～5℃下冷藏并于暗处保存，对保存样品就足够了。冷藏并不适用于长期保存，对废水的保存时间更短。

－20℃的冷冻温度一般能延长贮存期。分析挥发性物质不适用冷冻程序。如果样品包含细胞、细菌或微藻类，在冷冻过程中，会破裂、损失细胞组分，同样不适用冷冻。冷冻需要掌握冷冻和融化技术，以使样品在融化时能迅速地均匀地恢复其原始状态，用干冰快速冷冻是令人满意的方法。一般选用塑料容器，强烈推荐聚氯乙烯或聚乙烯等塑料容器。

（九）过滤和离心

采样时或采样后，用滤器（滤纸、聚四氟乙烯滤器、玻璃滤器）等过滤样品或将样品离心分离都可以除去其中的悬浮物、沉淀、藻类及其他微生物。滤器的选择要注意与分析方法相匹配，用前清洗及避免吸附、吸收损失。因为各种重金属化合物、有机物容易吸附在滤器表面，滤器中的溶解性化合物如表面活性剂会滤到样品中。一般测定有机项目时选用砂芯漏斗和玻璃纤维漏斗，而在测定无机项目时常用 0.45μm 的滤膜过滤。

过滤样品的目的就是区分被分析物的可溶性和不可溶性的比例（如可溶和不可溶金属部分）。

（十）添加保存剂

（1）控制溶液 pH 值　测定金属离子的水样常用硝酸酸化至 pH 1～2，既可以防止重金属的水解沉淀，又可以防止金属在器壁表面上的吸附，同时在 pH 1～2 的酸性介质中还能抑制生物的活动。用此法保存，大多数金属可稳定数周或数月。测定氰化物的水样需加氢氧化钠调至 pH 12。测定六价铬的水样应加氢氧化钠调至 pH 8，因在酸性介质中，六价铬的氧化电位高，易被还原。保存总铬的水样，则应加硝酸或硫酸至 pH 1～2。

（2）加入抑制剂　为了抑制生物作用，可在样品中加入抑制剂。如在测氨氮、硝酸盐氮和 COD 的水样中，加氯化汞或三氯甲烷、甲苯作防护剂以抑制生物对亚硝酸盐、硝酸盐、铵盐的氧化还原作用。在测酚水样中用磷酸调溶液的 pH 值，加入硫酸铜以控制苯酚分解菌的活动。

（3）加入氧化剂　水样中痕量汞易被还原，引起汞的挥发性损失，加入硝酸-重铬酸钾溶液可使汞维持在高氧化态，汞的稳定性大为改善。

（4）加入还原剂　测定硫化物的水样，加入抗坏血酸对保存有利。含余氯水样，能氧化氰离子，可使酚类、烃类、苯系物氯化生成相应的衍生物，因此在采样时加入适当的硫代硫酸钠予以还原，除去余氯干扰。样品保存剂如酸、碱或其他试剂在采样前应进行空白试验，其纯度和等级必须达到分析的要求。

加入一些化学试剂可固定水样中的某些待测组分，保存剂可事先加入空瓶中，亦可在采样后立即加入水样中。所加入的保存剂不能干扰待测成分的测定，如有疑义应先做必要的试验。加入保存剂的样品，经过稀释后，在分析计算结果时要充分考虑。但如果加入足够浓的保存剂，因加入体积很小，可以忽略其稀释影响。固体保存剂，因会引起局部过热，相应地影响样品，应该避免使用。

所加入的保存剂有可能改变水中组分的化学或物理性质，因此选用保存剂时一定要考虑到对测定项目的影响。如待测项目是溶解态物质，酸化会引起胶体组分和固体的溶解，则必须在过滤后酸化保存。必须要做保存剂空白试验，特别对微量元素的检测。要充分考虑加入保存剂所引起待测元素数量的变化。例如，酸类会增加砷、铅、汞的含量。因此，样品中加入保存剂后，应保留做空白试验。

二、样品标签设计

水样采集后，往往根据不同的分析要求，分装成数份，并分别加入保存剂，对每一份样品都应附一张完整的水样标签。水样标签应事先设计打印，内容一般包括：采样目的，项目唯一性编号，监测点数目、位置，采样时间，日期，采样人员，保存剂的加入量等。标签应用不褪色的墨水填写，并牢固地粘贴于盛装水样的容器外壁上。对于未知的特殊水样以及危险或潜在危险物质如酸，应用记号标出，并将现场水样情况做详细描述。对需要现场测试的项目，如 pH、电导率、温度、流量等应按表 3-6 进行记录，并妥善保管现场记录。

表 3-6　采样现场数据记录

<table>
<tr><td colspan="11">项目名称：</td></tr>
<tr><td colspan="11">样品描述：</td></tr>
<tr><td rowspan="2">采样地点</td><td rowspan="2">样品编号</td><td rowspan="2">采样日期</td><td colspan="2">时间</td><td rowspan="2">pH</td><td rowspan="2">温度</td><td colspan="3">其他参量</td><td rowspan="2">备注</td></tr>
<tr><td>采样开始</td><td>采样结束</td><td></td><td></td><td></td></tr>
<tr><td></td><td></td><td></td><td></td><td></td><td></td><td></td><td></td><td></td><td></td><td></td></tr>
<tr><td></td><td></td><td></td><td></td><td></td><td></td><td></td><td></td><td></td><td></td><td></td></tr>
<tr><td></td><td></td><td></td><td></td><td></td><td></td><td></td><td></td><td></td><td></td><td></td></tr>
</table>

采样人：　　　　交接人：　　　　复核人：　　　　审核人：

需要注意的是备注中应根据实际情况填写如下内容：水体类型、气象条件（气温、风向、风速、天气状态）、采样点周围环境状况、采样点经纬度、采样点水深、采样层次等。

三、样品的运输

水样采集后必须立即送回实验室，根据采样点的地理位置和每个项目分析前最长可保存时间，选用 适当的运输方式。在现场工作开始之前，就要安排好水样的运输工作，以防延误。水样运输前应将容器的外（内）盖盖紧。装箱时应用泡沫塑料等分隔，以防破损。同一采样点的样 品应装在同一包装箱内，如需分装在两个或几个箱子中时，则需在每个箱内放入相同的现场采样记录表。运输前应检查现场记录上的所有水样是否全部装箱。要用醒目色彩在包装箱顶部和侧面标上“切勿倒置”的标记。每个水样瓶均需贴上标签，内容包括采样点位编号、采样日期和时间、测定项目、保存方法，并写明 用何种保存剂。

装有水样的容器必须加以妥善地保存和密封，并装在包装箱内固定，以防在运输途中破损。保存时除了防震、避免日光照射和低温运输外，还要防止新的污染物进入容器和沾污瓶口使水样变质。在水样运送过程中，应有押运人员，每个水样都要附有一张管理程序管理卡。在转交水样时，转交人和接受人都必须清点和检查水样并在登记卡上签字，注明日期和时间。管理程序登记卡是水样在运输过程中的文件，应防止差错并妥善保管以备查。尤其是通过第三者把水样从采样地点转移到实验室分析人员手中时，这张管理程序登记卡就显得更为重要了。在运输途中如果水样超过了保质期，管理员应对水样进行检查。如果决定仍然进行分析，那么在出报告时，应明确标出采样和分析时间。

四、样品的接收和质量控制

水样送至实验室时，首先要检查水样是否冷藏，冷藏温度是否保持 1～5℃。其次要验明标签，清点样品数量，确认无误时签字验收。如果不能立即进行分析，应尽快采取保存措施，防止水样被污染。

样品保存剂如酸、碱或其他试剂在采样前应进行空白试验，其纯度和等级必须达到分析的要求。

第五节 样品的预处理

一、水样的预处理

环境水样的组成是相当复杂的，并且多数污染组分含量低，存在形态各异，所以在分析测定之前需要进行适当的预处理，以得到欲测组分适于测定方法要求的形态、浓度和消除共存组分干扰的试样体系。下面介绍主要预处理方法。

（一）水样的消解

适用场合：当测定含有机物水样中的无机元素时，需进行消解处理。

消解处理的目的：破坏有机物，溶解悬浮性固性，将各种价态的欲测元素氧化成单一高价态或转变成易于分离的无机化合物。

消解处理后的效果：消解后的水样应清澈、透明、无沉淀。

消解水样的方法：湿式消解法和干式分解法（干灰化法）。

1\. 湿式消解法

（1）硝酸消解法 对于较清洁的水样，可用硝酸消解。其方法要点是：取混匀的水样

50～200mL 于烧杯中，加入 5～10mL 浓硝酸，在电热板上加热煮沸，蒸发至小体积，试液应清澈透明，呈浅色或无色，否则应补加硝酸继续消解。蒸至近干，取下烧杯，稍冷后加 2%HNO_3（或 HCl）20mL，温热溶解可溶盐。若有沉淀，应过滤，滤液冷至室温后于 50mL 容量瓶中定容备用。

（2）硝酸-高氯酸消解法 两种酸都是强氧化性酸，联合使用可消解含难氧化有机物的水样。方法要点是：取适量水样于烧杯或锥形瓶中，加 5～10mL 硝酸，在电热板上加热、消解至大部分有机物被分解。取下烧杯，稍冷，加 2～5mL 高氯酸，继续加热至开始冒白烟，如试液呈深色，再补加硝酸，继续加热至冒浓厚白烟将尽（不可蒸至干涸）。取下烧杯冷却，用 2% HNO_3 溶解，如有沉淀，应过滤，滤液冷至室温定容备用。

注意：因为高氯酸能与羟基化合物反应生成不稳定的高氯酸酯，有发生爆炸的危险，故先加入硝酸，氧化水样中的羟基化合物，稍冷后再加高氯酸处理。

（3）硝酸-硫酸消解法 两种酸都有较强的氧化能力，其中硝酸沸点低，而硫酸沸点高，二者结合使用，可提高消解温度和消解效果。常用的硝酸与硫酸的比例为 5∶2。消解时，先将硝酸加入水样中，加热蒸发至小体积，稍冷，再加入硫酸、硝酸，继续加热蒸发至冒大量白烟，冷却，加适量水，温热溶解可溶盐，若有沉淀，应过滤。为提高消解效果，常加入少量过氧化氢。该方法不适用于处理测定易生成难溶硫酸盐组分（如铅、钡、锶）的水样。

（4）硫酸-磷酸消解法 两种酸的沸点都比较高，其中，硫酸氧化性较强，磷酸能与一些金属离子如 Fe^{3+} 等络合，故二者结合消解水样，有利于测定时消除 Fe^{3+} 等离子的干扰。

（5）硫酸-高锰酸钾消解法 该方法常用于消解测定汞的水样。高锰酸钾是强氧化剂，在中性、碱性、酸性条件下都可以氧化有机物。消解要点是：取适量水样，加适量硫酸和 5%高锰酸钾，混匀后加热煮沸，冷却，滴加盐酸羟胺溶液破坏过量的高锰酸钾。

（6）多元消解方法 为提高消解效果，在某些情况下需要采用三元以上酸或氧化剂消解体系。例如，处理测总铬的水样时，用硫酸、磷酸和高锰酸钾消解。

（7）碱分解法 当用酸体系消解水样造成易挥发组分损失时，可改用碱分解法。方法是在水样中加入氢氧化钠和过氧化氢溶液，或者氨水和过氧化氢溶液，加热煮沸至近干，用水或稀碱溶液温热溶解。

2. 干灰化法

干灰化法又称高温分解法。其处理过程是：取适量水样于白瓷或石英蒸发皿中，置于水浴上蒸干，移入马弗炉内，于 450～550℃下灼烧到残渣呈灰白色，使有机物完全分解除去。取出蒸发皿，冷却，用适量 2% HNO_3（或 HCl）溶解样品灰分，过滤，滤液定容后供测定。本方法不适用于处理测定含易挥发组分（如砷、汞、镉、硒、锡等）的水样。

3. 消解操作的注意事项

① 选用的消解试剂能使样品完全分解。

② 消解过程中不得使待测组分因产生挥发性物质或沉淀而造成损失。

③ 消解过程中不得引入待测组分或任何其他干扰物质，为后续操作引入干扰和困难。

④ 消解过程应平稳，升温不宜过猛，以免反应过于激烈造成样品损失或人身损害。

⑤ 使用高氯酸进行消解时，不得直接向含有有机物的热溶液中加入高氯酸。

⑥ 消解操作必须在通风橱内进行。

（二）富集与分离

当水样中的欲测组合含量低于分析方法的检测限时，就必须进行富集或浓缩；当有共存干扰组分时，就必须采取分离或掩蔽措施。富集和分离往往是不可分割、同时进行的。常用的方法有过滤、挥发、蒸馏、溶剂萃取、离子交换、吸附、共沉淀、色谱分离（层析）、低温浓缩等，要结合具体情况选择使用。

1. 挥发和蒸发浓缩

挥发分离法是利用某些污染组分挥发度大，或者将欲测组分转变成易挥发物质，然后用惰性气体带出而达到分离的目的。例如，用冷原子荧光法测定水样中的汞时，先将汞离子用氯化亚锡还原为原子态汞，再利用汞易挥发的性质，通入惰性气体将其带出并送入仪器测定；用分光光度法测定水中的硫化物时，先使之在磷酸介质中生成硫化氢，再用惰性气体载入乙酸锌-乙酸钠溶液吸收，从而达到与母液分离的目的，使用的吹气分离装置如图3-15所示；测定废水中的砷时，将其转变成砷化氢气体（H_3As），用吸收液吸收后供分光光度法测定。

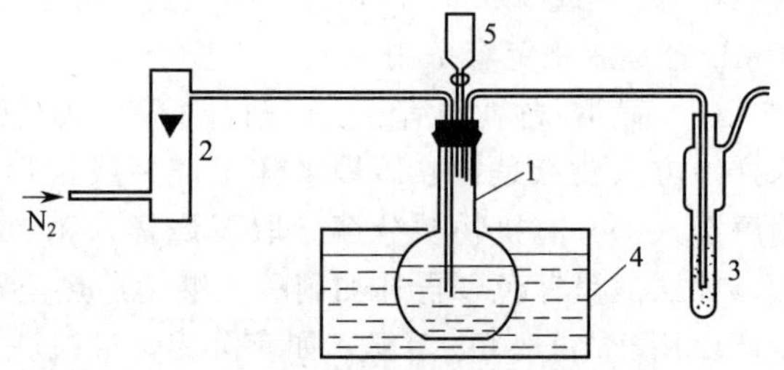

图 3-15 测定硫化物的吹气分离装置

1—500mL 平底烧瓶（内装水样）；2—流量计；3—吸收管；4—50～60℃恒温水浴；5—分液漏斗

蒸发浓缩是指在电热板上或水浴中加热水样，使水分缓慢蒸发，达到缩小水样体积，浓缩欲测组分的目的。该方法无须化学处理，简单易行，尽管存在缓慢、易造成吸附损失等缺点，但无更适宜的富集方法时仍可采用。据有关资料介绍，用这种方法浓缩饮用水样，可使铬、锂、钴、铜、锰、铅、铁和钡的浓度提高30倍。

2. 蒸馏法

蒸馏法是利用水样中各污染组分具有不同的沸点而使其彼此分离的方法。测定水样中的挥发酚、氰化物、氟化物时，均需先在酸性介质中进行预蒸馏分离，在此，蒸馏具有消解、富集和分离三种作用。图3-16为挥发酚和氰化物蒸馏装置示意图。氟化物可用直接蒸馏装置，也可用水蒸气蒸馏装置，后者虽然对控温要求较严格，但排除干扰效果好，不易发生暴沸，使用较安全，如图3-17所示。测定水中的氨氮时，需在微碱性介质中进行预蒸馏分离，图3-18为蒸馏装置的示意图。

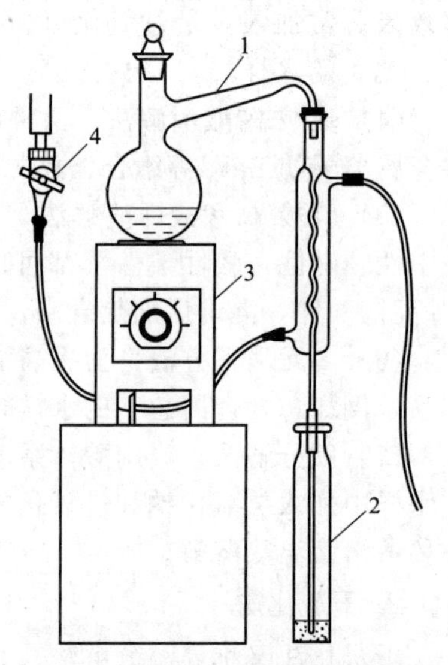

图 3-16 挥发酚、氰化物的蒸馏装置

1—500mL 全玻璃蒸馏器；2—接收瓶；3—电炉；4—水龙头

3. 溶剂萃取法

（1）原理 溶剂萃取法是基于物质在不同的溶剂相中分配系数不同，从而达到组分富集与分离目的的方法。在水相-有机相中的分配系数（K）用下式表示：

$$K=\frac{\text{有机相中被萃取物浓度}}{\text{水相中被萃取物浓度}}$$

当溶液中某组分的K值大时，容易进入有机相，而K值很小的组分仍留在溶液中。

分配系数（K）中所指欲分离组分在两相中的存在形式相同，而实际并非如此，故通常用分配比（D）表示：

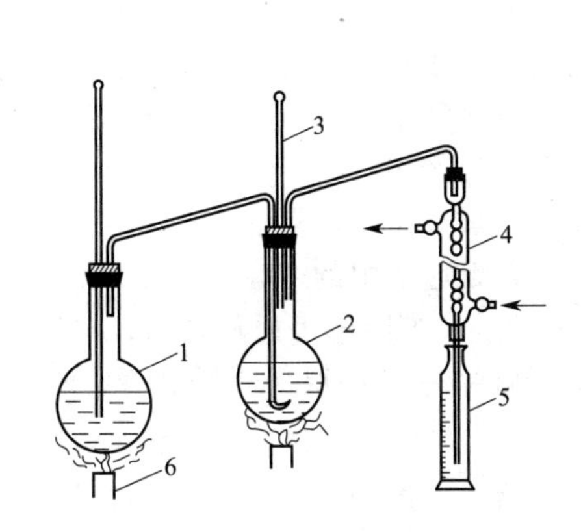

图 3-17　氟化物水蒸气蒸馏装置

1—水蒸气发生瓶；2—烧瓶（内装水样）；
3—温度计；4—冷凝管；5—接收瓶；6—热源

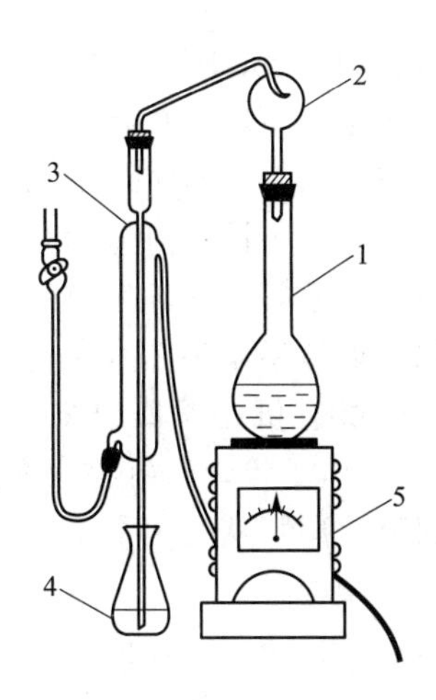

图 3-18　氨氮蒸馏装置

1—凯氏烧瓶；2—定氮球；
3—直形冷凝管及导管；4—收集瓶；5—电炉

$$D=\frac{\sum[\mathrm{A}]_{有机相}}{\sum[\mathrm{A}]_{水相}}$$

式中　$\sum[\mathrm{A}]_{有机相}$——欲分离组分 A 在有机相中各种存在形式的总浓度；

$\sum[\mathrm{A}]_{水相}$——组分 A 在水相中各种存在形式的总浓度。

分配比和分配系数不同，它不是一个常数，随被萃取物的浓度、溶液的酸度、萃取剂的浓度及萃取温度等条件而变化。只有在简单的萃取体系中，被萃取物质在两相中存在形式相同时，K 才等于 D。分配比反映萃取体系达到平衡时的实际分配情况，被萃取物质在两相中的分配还可以用萃取率（E）表示，其表达式为：

$$E=\frac{有机相中被萃取物的量}{水相和有机相中被萃取物的总量}\times 100\%$$

分配比（D）和萃取率（E）的关系如下：

$$E=\frac{100D}{D+\frac{V_{水}}{V_{有机}}}\times 100\%$$

式中　$V_{水}$——水相的体积；

$V_{有机}$——有机相的体积。

当水相和有机相的体积相同时，二者的关系如图 3-19 所示。可见，当 $D=\infty$时，$E=100\%$，一次即可萃取完全；$D=100$ 时，$E=99\%$，一次萃取不完全，需要萃取几次；$D=10$ 时，$E=90\%$，需连续萃取才趋于完全；$D=1$ 时，$E=50\%$，要萃取完全相当困难。

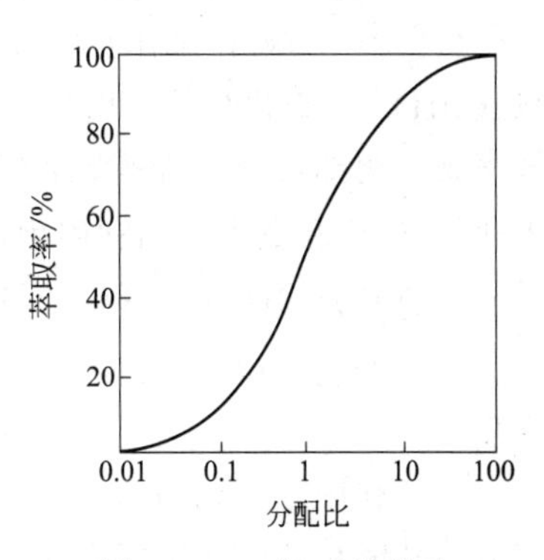

图 3-19　D 与 K 的关系

（2）类型

① 有机物质的萃取。分散在水相中的有机物质易被有机溶剂萃取，利用此原理可以富集分散在水样中的有机污染物质。例如，用 4-氨基安替比林光度法测定水样中的挥发酚，当酚含量低于 0.05mg/L 时，则水样经蒸馏分离后需再用三氯甲烷进行萃取浓缩；用紫外光度法测定水中的油和用气相色谱法测定有机农药（666、DDT）时，需先用石油醚萃取等。

② 无机物的萃取。由于有机溶剂只能萃取水相中以非离子状态存在的物质（主要是有

机物质），而多数无机物质在水相中均以水合离子状态存在，故无法用有机溶剂直接萃取。为实现用有机溶剂萃取无机物，需先加入一种试剂，使其与水相中的离子态组分相结合，生成一种不带电、易溶于有机溶剂的物质。该试剂与有机相、水相共同构成萃取体系。根据生成可萃取物类型的不同，可分为螯合物萃取体系、离子缔合物萃取体系、三元络合物萃取体系和协同萃取体系等。在环境监测中，螯合物萃取体系用得较多。

螯合物萃取体系是指在水相中加入螯合剂，与被测金属离子生成易溶于有机溶剂的中性螯合物，从而被有机相萃取出来。例如，用分光光度法测定水中的 Cd^{2+}、Hg^{2+}、Zn^{2+}、Pb^{2+}、Ni^{2+}、Bi^{2+} 等，双硫腙（螯合剂）能使上述离子生成难溶于水的螯合物，可用三氯甲烷（或四氯化碳）从水相中萃取后测定，三者构成双硫腙-三氯甲烷-水萃取体系。

4. 离子交换法

离子交换是利用离子交换剂与溶液中的离子发生交换反应进行分离的方法。离子交换剂可分为无机离子交换剂和有机离子交换剂，目前广泛应用的是有机离子交换剂即离子交换树脂。

离子交换树脂是可渗透的三维网状高分子聚合物，在网状结构的骨架上含有可电离的或可被交换的阳离子或阴离子活性基团。

强酸性阳离子树脂含有活性基团—SO_3H、—SO_3Na 等，一般用于富集金属阳离子。

强碱性阴离子交换树脂含有—$N(CH_3)_3^+X^-$ 基团，其中 X^- 为 OH^-、Cl^-、NO_3^- 等，能在酸性、碱性和中性溶液中与强酸或弱酸性阴离子交换，应用较广泛。

用离子交换树脂进行分离的操作程序包括交换柱的制备、交换、洗脱等过程。

5. 共沉淀法

共沉淀系指溶液中一种难溶化合物在形成沉淀过程中，将共存的某些痕量组分一起载带沉淀出来的现象。共沉淀现象在常量分离和分析中是力图避免的，但却是一种分离富集微量组分的手段。例如，在形成硫酸铜沉淀的过程中，可使水样中浓度低至 0.02μg/L 的 Hg^{2+} 共沉淀出来。

共沉淀的原理基于表面吸附、形成混晶、异电核胶态物质相互作用及包藏等。

（1）利用吸附作用的共沉淀分离　该方法常用的载体有 $Fe(OH)_3$、$Al(OH)_3$、$Mn(OH)_2$ 及硫化物等。由于它们是表面积大、吸附力强的非晶形胶体沉淀，故吸附和富集效率高。例如，分离含铜溶液中的微量铝，仅加氨水不能使铝以 $Al(OH)_3$ 沉淀析出，若加入适量 Fe^{3+} 和氨水，则利用生成的 $Fe(OH)_3$，沉淀作载体，吸附 $Al(OH)_3$ 转入沉淀，与溶液中的 $Cu(NH_3)_4^{2+}$ 分离；用吸光光度法测定水样中的 Cr^{6+} 时，当水样有色、浑浊、Fe^{3+} 含量低于 200mg/L 时，可于 pH 8～9 条件下用氢氧化锌作共沉淀剂吸附分离干扰物质。

（2）利用生成混晶的共沉淀分离　当欲分离微量组分及沉淀剂组分生成沉淀时，如具有相似的晶格，就可能生成混晶而共同析出。例如，硫酸铅和硫酸锶的晶形相同，如分离水样中的痕量 pb^{2+}，可加入适量 Sr^{2+} 和过量可溶性硫酸盐，则生成 $PbSO_4$-$SrSO_4$ 的混晶，将 Pb^{2+} 共沉淀出来。有资料介绍，以 $SrSO_4$ 作载体，可以富集海水中 10^{-8} 的 Cd^{2+}。

（3）用有机共沉淀剂进行共沉淀分离　有机共沉淀剂的选择性较无机沉淀剂高，得到的沉淀也较纯净，并且通过灼烧可除去有机共沉淀剂，留下欲测元素。例如，在含痕量 Zn^{2+} 的弱酸性溶液中，加入硫氰酸铵和甲基紫，由于甲基紫在溶液中电离成带正电荷的大阳离子 B^+，它们之间发生如下共沉淀反应：

$$Zn^{2+} + 4SCN^- \longrightarrow Zn(SCN)_4^{2-}$$

$$2B^+ + Zn(SCN)_4^{2-} \longrightarrow B_2Zn(SCN)_4\text{（形成缔合物）}$$

$$B^+ + SCN^- \longrightarrow BSCN\downarrow\text{（形成载体）}$$

$B_2Zn(SCN)_4$ 与 BSCN 发生共沉淀，因而将痕量 Zn^{2+} 富集于沉淀之中。又如，痕量 Ni^{2+} 与丁二酮肟生成螯合物，分散在溶液中，若加入丁二酮肟二烷酯（难溶于水）的乙醇溶液，则析出固相的丁二酮肟二烷酯，便将丁二酮肟镍螯合物共沉淀出来。丁二酮肟二烷酯只起载体作用，称为惰性共沉淀剂。

6. 吸附法

吸附是利用多孔性的固体吸附剂将水样中一种或数种组分吸附于表面，以达到分离的目的。常用的吸附剂有活性炭、氧化铝、分子筛、大网状树脂等。被吸附富集于吸附剂表面的污染组分可用有机溶剂或加热解吸出来供测定。例如，用某国产 DA201 大网状树脂富集海水中 10^{-9} 级有机氯农药，用无水乙醇解吸，石油醚萃取两次，经无水硫酸钠脱水后，用气相色谱电子捕获检测器测定，对农药的各种异构体均得到满意的分离，其回收率均在 80% 以上，且重复性好，一次能富集几升甚至几十升海水。

二、底质样品的预处理

底质样品送交实验室后，应在低温冷冻条件下保存，并尽快进行处理和分析。如放置时间较长，则应在约 −20℃ 冷冻柜中保存。处理方法应视待测污染物组分性质而定，处理过程应尽量避免沾污和污染物损失。

（一）底质样品的脱水

底质中含大量的水分，应采用下列方法之一除去，不可直接置于日光下曝晒或高温烘干。

1. 自然风干

待测组分较稳定时，样品可置于阴凉、通风处晾干。

2. 离心分离

待测组分如为易挥发或易发生各种变化的污染物（如硫化物、农药及其他有机污染物），可用离心分离脱水后立即取样进行分析，同时另取一份烘干测定水分，对结果加以校正。

3. 真空冷冻干燥

真空冷冻干燥适用于各种类型的样品，特别适用于含有对光、热、空气不稳定的污染物的样品。

4. 无水硫酸钠脱水

无水硫酸钠脱水适用于油类等有机污染物的测定。

（二）底质样品的筛分制备

将脱水干燥后的底质样品平铺于硬质白纸板上，用玻璃棒等压散（勿破坏自然粒径）。剔除大小砾石及动植物残体等杂物（必要时取此样品做泥沙颗粒粒径分布分析）。样品过 20 目筛，直至筛上物不含泥土，弃去筛上物，筛下物用四分法缩分，至获得所需量样品（四分法弃去的那部分样品也应用另一瓶分装备查）。用玛瑙研钵（或玛瑙粉碎机）研磨至样品全部通过 80～200 目筛（粒度要求按项目分析方法确定，但对 Hg、As 等易挥发元素和需要测低价铁、硫化物等时，样品不可用粉碎机粉碎），装入棕色广口瓶中，贴上标签后取样分析或冷冻保存待用。

所用筛网材质，在测定金属时应使用尼龙制品，测定有机污染物时使用铜或不锈钢制品。

（三）柱状样品处理

柱状样品从管式泥芯采样器中小心挤出时，尽量不要使其分层状态破坏，按要求填写好记录，经干燥后，用不锈钢小刀刮去样柱表层，然后按上述表层底质方法处理。如为了了解各沉积阶段污染物质的成分及含量变化，可将柱状样品用不锈钢制小刀沿横断面截取不同部位（如泥质性状分层明显，按性状相同段截取；分层不明显，可分段截取。一般上部段间距小，下部段间距大）样品分别进行预处理及测定。

（四）底质样品的分解与浸提

1. 选择样品分解方法的原则

（1）监测目的　样品分解方法随监测目的的不同而异。例如要调查底质中元素含量水平及随时间的变化和空间的分布，一般宜用全量分解方法；要了解底质受污染的状况，用硝酸分解法就可使水系中由于水解和悬浮物吸附而沉淀的大部分重金属溶出；要摸清底质对水体的二次污染，如要评价底质向水体中释放出重金属的量，则用蒸馏水按一定的固液比做溶出（或浸出）试验；要监测底质中元素存在的价态和形态则要用特殊的溶样方法。

（2）元素的性质　分解样品中的砷，由于有卤化物存在，加热时，As^{3+} 易挥发损失（$AsCl_3$ 沸点 130.2℃），因此最好的选择是用 HNO_3-$HClO_4$-H_2SO_4 体系，使砷保持在五价状态（As^{5+}），即不易挥发损失。用 HNO_3-HF-H_2SO_4 和 HNO_3-HF-$HClO_4$ 体系分解样品中锌、锰、钴等，获得结果相近。但对于铅则不然，因为 Pb^{2+} 与 Ca^{2+}、Sr^{2+}、Ba^{2+} 硫酸盐产生共沉淀，用 HNO_3-HF-$HClO_4$ 体系分解会使铅的结果严重偏低；铬、镍、铜、铅等元素的一部分存在于矿物晶格中，用不含氢氟酸的混合酸分解时，结果普遍偏低；而镉和锌易从底质中溶出，采用王水或王水-高氯酸体系也能得到与全量分解法相似的结果。若用 HNO_3-HF-$HClO_4$ 体系分解样品中铬，会导致测定结果偏低，因为铬会挥发损失，应选用 HNO_3-HF-H_2SO_4 体系。

（3）试液介质对测定的影响　经过样品分解制备的试液必须对以后的测定没有干扰，或干扰很小，且易于消除。例如碱熔融法是全量分解的经典方法，但由于引入大量碱金属盐，对以后原子吸收测定会产生基体干扰，因此一般不采用碱熔法。相反，用 HNO_3-HF-$HClO_4$ 分解样品，除去了大量的硅，对原子吸收测定是有利的。

2. 全分解方法

（1）HNO_3-HF-$HClO_4$ 分解法　称取 0.1000～0.5000g 样品，置于聚四氟乙烯坩埚中，用少量水冲洗内壁润湿试样后，加入硝酸 10mL [若底质呈黑色，说明含有机质很高，则改加（1+1）硝酸，防止剧烈反应，发生飞溅]。待剧烈反应停止后，在低温电热板上加热分解。若反应还产生棕黄色烟，说明有机质还多，要反复补加适量的硫酸，加热分解至液面平静，不产生棕黄色烟。取下，稍冷，加入氢氟酸 5mL，加热煮沸 10min。取下，冷却，加入高氯酸 5mL，蒸发至近干。然后再加高氯酸 2mL，再次蒸发至近干（不能干涸），残渣为灰白色。冷却，加入 1% HNO_3 25mL，煮沸溶解残渣，移至 50～100mL 容量瓶中，加水至标线，摇匀备测。

（2）王水-HF-$HClO_4$ 分解法　称取 0.5000～1.000g 样品，置于聚四氟乙烯烧杯中，加少量水润湿，加王水 10mL 盖好盖子，在室温下放置过夜。置 120℃电热板上分解 1h，待溶液透明，液面平稳后（否则应补加适量的王水继续分解），取下稍冷，加 $HClO_4$ 5mL，逐渐升温至 200℃，加热至冒浓厚白烟，残液剩 0.5mL 左右，取下冷却。再加 HF 5mL，去盖，在 120℃下加热挥发除去硅，蒸至近干，冷却。再加 $HClO_4$ 1mL，继续加热蒸至近干（但不要干涸），以驱除 HF。加 1%HNO_3 10mL，温热溶解，定容至 50mL，立即移入干燥洁净的聚四氟乙烯瓶中，保存备用。

以上两种分解方法制得的试液可用于底质中全量 Cu、Pb、Zn、Cd、Ni、Mn 等的分析。

（3）高压釜酸分解法　称取 1.000～2.000g 试样于内套聚四氟乙烯坩埚中，加少量水润湿试样，再加入 HNO_3、$HClO_4$ 各 5mL，摇匀后把坩埚放入不锈钢套筒中，拧紧。放在 180℃的烘箱中分解 2h。取出，冷却至室温后，取出坩埚，用水冲坩埚盖的内壁，加入 3mL HF，置于电热板上，在 100～120℃下加热分解，待坩埚内剩下约 2～3mL 分解物溶液时，调高温度至 150℃，蒸至冒浓白烟后再蒸至近干，用 1%HNO_3 定容后进行测定。

高压釜耐压是有一定限度的，且一般加热温度不要超过 180℃，烘箱温度要在加热前进行校正，一旦超过 180℃，高压釜有爆炸的可能，聚四氟乙烯内筒也会变形，导致密封不严，造成试样损失或污染。在分解含有机质较多的试样时，可先在 80～90℃下加热 2h，使有机质充分分解，再升温至 150～180℃，以免有机质和 $HClO_4$ 发生强烈反应。在分解红壤等含铝较高的底质试样时，可适当延长加热时间。聚四氟乙烯坩埚内的试样及消解用酸的总体积不得超过坩埚容积的 2/3，分解完后要放置冷却 30min 以上。如果聚四氟乙烯内筒带电，称取干燥试样时容易飞散，可用金属电极放电处理。

（4）微波酸分解法　称取 0.1000～0.2000g 试样于洗净的 Teflon-PFA 消解罐中，用少量水润湿后加入 9mL HCl、3mL HNO_3 和 2mL HF 盖上压力释放阀和瓶盖，用锁盖机将容器盖锁紧，将容器放到有排气管与中央接收器相连的旋转台上，用 Teflon-PFA 排气管与消解罐相连。设置微波消解功率和时间参数（例如 240～450W，3～30min）进行消解，同时打开转盘开关，使试样均匀消解。消解程序完成后，关闭转盘开关，打开微波炉门，将消解罐从转盘上取下，冷却后放入锁盖机中拧松瓶盖。向罐内加入 10mL 4%的硼酸后，将消解液移入 50mL 容量瓶中，用蒸馏水定容至刻度（如减压阀内有少量试液，应用少量水冲洗罐内壁，以免损失试液）。

3. 浸溶法

（1）硝酸浸溶法　称取 0.5000g 样品于 50mL 校正过的硼酸玻璃管中，加 4～5 粒沸石（防止受热暴沸），加 1mL 水润湿样品，加浓硝酸 6mL，待剧烈反应停止后，徐徐加热至沸并回流 15min。取下冷却，加水至 50mL，摇匀，放置澄清。取上清液进行分析。

（2）0.1mol/L HCl 浸提法　称取约 10.00g 风干过筛的试样放入 150mL 硬质玻璃锥形瓶中，加入 50.0mL 0.1mol/L HCl 提取液，用水平振荡器振荡 1.5h，干滤纸过滤，滤液用于分析测定。

（3）DTPA 浸提法

① DTPA 浸提液可测定有效态（即易释放于水体中）Cu、Zn、Fe 等。

浸提液的配制：其成分为 0.005mol/L DTPA-0.01mol/L $CaCl_2$-0.1mol/L 1.492% TEA。称取 1.967g DTPA（二乙三胺五乙酸）溶于 14.92g TEA（三乙醇胺）和少量水中，再将 1.47g $CaCl_2 \cdot 2H_2O$ 溶于水，一并转入 1000mL 容量瓶中。加水至约 950mL，用 6mol/L HCl 调节 pH 值至 7.30（每升提取液约需加 6mol/L HCl 8.5mL），最后用水定容。贮存于塑料瓶中，三个月内不会变质。

② 浸提程序：称取约 25.00g 风干过筛的试样放入 150mL 硬质玻璃锥形瓶中，加入

50.0mL DTPA浸提剂，在25℃下用水平振荡机振荡提取2h。用干滤纸过滤，滤液用于分析。

（4）水浸法　称取5.00～10.00g样品置于150mL磨口锥形瓶中，加水50mL，密塞。置于往复式振荡器上，于室温下振摇4h，放置0.5h，用干滤纸过滤，滤液供各成分测定用。

4. 其他消解方法

因汞和砷在用前述方法消解试样时容易挥发损失，必须用专门的试样预处理方法。

（1）测汞的试样消解

① 硫硝混酸-$KMnO_4$法。称取经粉碎过筛（80目）的样品0.1000～2.000g于150mL锥形瓶中，加硫酸、硝酸（1+1）混合酸2mL，待剧烈反应停止后，加水20mL、2%高锰酸钾溶液5mL，在瓶口插一三角漏斗，在低温电热板上加热分解，并煮沸5min。若紫红色褪去，应及时补加高锰酸钾溶液，以保持有过量高锰酸钾的存在。取下冷却，在临测定前，滴加盐酸羟胺溶液至高锰酸钾和二氧化锰褪色，移入100mL容量瓶中，加水稀释至标线，混匀。

② HNO_3-H_2SO_4-V_2O_5法。称取风干底质样品1.000～3.000g于150mL锥形瓶中，加入V_2O_5约50mg，瓶口插一小漏斗。加入硝酸10mL，摇匀，置于145℃电热板上加热，保持微沸5min，冷却。加入硫酸10mL，继续加热煮沸15min，此时试样为浅灰白色（若试样色深应适当补加硝酸再进行分解）。冷却后，用水冲洗漏斗及瓶壁，煮沸溶液片刻以驱除氮氧化物，试液为蓝绿色。冷却，将试液移入100mL容量瓶中，用少量水洗残渣几次，洗涤液并入容量瓶中，滴加5%$KMnO_4$数滴至紫色不褪，加水定容。在临测定前用盐酸羟胺还原。

（2）测砷的试样消解　称取样品0.2000～1.000g于150mL锥形瓶中，加（1+1）H_2SO_4 7mL、浓HNO_3 10mL、高氯酸2mL，置电热板上加热分解，破坏有机物（若试液颜色变深，应及时补加硝酸）。蒸至冒浓厚高氯酸白烟，取下放冷，用水冲洗瓶壁，再加热至冒浓白烟，以驱尽硝酸。取下锥形瓶，瓶底仅剩下少量白色残渣（若有黑色颗粒物应补加HNO_3继续分解），加水至50mL，全量用于分光光度法测定。若用原子荧光法测定必须准确定容至100mL。

思考题

1. 什么叫水体、水体污染和水体污染物？

2. 水体污染分为哪几种类型？

3. 根据地表水环境质量标准，我国地表水根据环境功能和保护目标不同，分为哪几类？分别适用于哪些功能水域？

4. 地面水监测断面的设置有何原则？

5. 工业废水采样点的设置有何原则？

6. 怎样确定地下水采样时间和频率？

7. 怎样确定底质监测的采样断面和采样点的位置？

8. 容器材质与水样之间有哪些相互作用？怎样选择水样储存容器？

9. 地面水样的采集有哪些主要方法？有哪些常用的水样采集器？

10. 采集地表水样时一般要注意哪些事项？

11. 废水样品的采集有哪些主要的采样方法？

12. 水样的运输要注意哪些问题？
13. 影响水样变化的因素有哪些？
14. 水样的保存有哪些主要方法？
15. 水样预处理有什么目的？有哪些主要的水样预处理方法？

实训一、色度的测定

一、稀释倍数法测定色度

（一）实训目的及要求

① 根据水样情况选择测定色度的方法。

② 掌握稀释倍数法测定水样色度的方法。

（二）仪器与试剂

① 50mL 比色管（其标线高度要一致）及配套的比色管架。

② 移液管；烧杯。

（三）操作步骤

① 观察水样，用文字描述水样颜色深浅。取一定量（100～150mL）澄清水样置于烧杯中，以白色瓷板为背景，观察并描述其颜色种类及程度，如浅黄色、深蓝色、浅棕色等。

② 确定稀释倍数。取一定量澄清的水样，用蒸馏水逐级稀释成不同的倍数，分别置于50mL 比色管中，管底部衬一白瓷板，由上向下观察稀释后水样的颜色，并与蒸馏水相比较，直至刚好看不出水样颜色，记录此时的稀释倍数。

③ 数据记录见表 3-7。

表 3-7 水样色度分析（稀释倍数法）原始记录

样品名称：　　　　分析方法标准：　　　　　　　　分析日期：　　年　　月　　日

采样编号	空白	第一次稀释			第二次稀释			第三次稀释			总稀释倍数	备注（颜色等）
		取样体积/mL	稀释后体积/mL	稀释倍数 D_1	取样体积/mL	稀释后体积/mL	稀释倍数 D_2	取样体积/mL	稀释后体积/mL	稀释倍数 D_3		
	50	50										

注：总稀释倍数 $=D_1D_2D_3$。

二、铂钴标准比色法测定色度

（一）实训目的及要求

① 掌握铂钴标准比色法测定色度的原理和操作。

② 掌握色度标准溶液的配制。

（二）实训原理

用氯铂酸钾和氯化钴配成标准色列，与水样进行目视比色来确定水样的色度。规定每升水中含有 1mg 铂和 0.5mg 钴时所产生的颜色为 1 度。

（三）仪器与试剂

① 50mL 具塞比色管若干，其标线高度应一致。

② 容量瓶、移液管、量筒等常用玻璃仪器。

③ 铂钴标准溶液：称取 1.246g 氯铂酸钾（K_2PtCl_6）（相当于 500mg 铂）及 1.000g 氯化钴（$CoCl_2 \cdot 6H_2O$）（相当于 250mg 钴）溶于约 100mL 水中，加 100mL 盐酸，用水定容至 1000mL。此溶液色度为 500 度。保存在密塞玻璃瓶中，存放于暗处。

（四）操作步骤

1. 采样

用至少 1L 的清洁无色的玻璃瓶按采样要求采集具有代表性的水样。所取水样应无树叶、枯枝等漂浮杂物。水样应尽快测定，否则应于 4℃左右冷藏保存，48h 内测定。

2. 标准色列的配制

向一组 50mL 比色管中分别加入 0、0.50mL、1.00mL、1.50mL、2.00mL、2.50mL、3.00mL、3.50mL、4.00mL、4.50mL、5.00mL、6.00mL 及 7.00mL 铂钴标准溶液，用水稀释至标线，混匀。各管的色度依次为 0、5 度、10 度、15 度、20 度、25 度、30 度、35 度、40 度、45 度、50 度、60 度和 70 度。密塞保存。

3. 水样处理

将水样倒入 250mL 量筒中，静置 15min。

4. 测定

① 分取 50.0mL 澄清透明水样于比色管中。如水样色度≥70 度，可酌情少取水样，用水稀释至 50.0mL，使色度落在标准溶液的色度范围内。

② 将水样与标准色列进行目视比较。观测时，将比色管置于白瓷板或白纸上，使光线从管底部向上透过液柱，目光自管口垂直向下观察，记下与水样颜色相同的铂钴标准色列的色度。

5. 计算

$$\text{色度} = A \times \frac{50}{B}$$

式中 A——稀释后水样相当于铂钴标准色列的色度；

B——水样的体积，mL。

（五）注意事项

① 可用重铬酸钾代替氯铂酸钾配制标准色列。方法：称取 0.0437g 重铬酸钾和 1.000g 硫酸钴（$CoSO_4 \cdot 7H_2O$），溶于少量水中，加入 0.50mL 硫酸，用水稀释至 500mL。此溶液的色度为 500 度。不宜久存。

② 如果样品中含有泥土或其他分散很细的悬浮物，经预处理仍得不到透明水样时，则只测“表观颜色”。

实训二、水中悬浮物的测定

一、实训目的及要求

① 掌握水中悬浮物的测定方法。

② 掌握烘箱、滤膜、分析天平的使用。

二、实训原理

悬浮固体系指剩留在滤料上并于103～105℃下烘至恒重的固体。测定的方法是将水样通过滤料后，烘干固体残留物及滤料，将所称重量减去滤料重量，即为悬浮固体（总不可滤残渣）重量。

三、仪器与试剂

① 烘箱。

② 分析天平。

③ 干燥器。

④ 孔径为0.45μm的滤膜及相应的滤器或中速定量滤纸。

⑤ 玻璃漏斗。

⑥ 内径为30～50mm的称量瓶。

四、操作步骤

① 将滤膜放在称量瓶中，打开瓶盖，在103～105℃下烘干2h，取出冷却后盖好瓶盖称重，直至恒重（两次相差小于0.4mg）。

② 去除漂浮物后振荡水样，量取均匀水样（使悬浮物大于2.5mg），通过上面称至恒重的滤膜过滤，用蒸馏水洗去残渣3～5次。如样品中含油脂，用10mL石油醚分两次淋洗残渣。

③ 小心取下滤膜，放入原称量瓶内，在103～105℃烘箱中，打开瓶盖烘2h，冷却后盖好盖称重，直至恒重为止。

④ 计算。

$$\text{悬浮固体(mg/L)}=\frac{(A-B)\times 1000\times 1000}{V}$$

式中　A——悬浮固体＋滤膜及称量瓶重，g；

B——滤膜及称量瓶重，g；

V——水样体积，mL。

五、注意事项

① 树叶、木棒、水草等杂质应先从水中除去。

② 废水黏度高时，可加2～4倍蒸馏水稀释，振荡均匀，待沉淀物下降后再过滤。

③ 也可采用石棉坩埚进行过滤。

实训三、水中溶解氧的测定

一、实训目的及要求

① 熟练掌握碘量法测定溶解氧的原理及过程。

② 掌握水样中氧的固定方法。

③ 为水质指标BOD_5的测定打下基础。

二、实训原理

溶解于水中的分子态氧称为溶解氧。水中溶解氧的含量与大气压力、水温及含盐量等因素有关。大气压力下降、水温升高、含盐量增加，都会导致溶解氧含量降低。清洁地表水溶解氧接近饱和。当有大量藻类繁殖时，溶解氧可能过饱和；当水体受到有机物质、无机物质污染时，会使溶解氧含量降低，甚至趋于零，此时厌氧细菌繁殖活跃，水质恶化。水中溶解氧低于 3～4mg/L 时，许多鱼类呼吸困难；继续减少，则会窒息死亡。在这种情况下，厌氧菌繁殖并活跃起来，有机物发生腐败作用，会使水源有臭味。一般规定水体中的溶解氧在 4mg/L 以上。在废水生化处理过程中，溶解氧也是一项重要的控制指标。

测定水中溶解氧的方法有碘量法及其修正法和氧电极法。清洁水可用碘量法；受污染的地面水和工业废水必须用修正的碘量法或氧电极法。

水样中加入硫酸锰和碱性碘化钾，在溶解氧的作用下，生成氢氧化锰沉淀，此时氢氧化锰性质极不稳定，继续氧化生成锰酸。

$$4MnSO_4+8NaOH \longrightarrow 4Mn(OH)_2+4Na_2SO_4$$

$$2Mn(OH)_2+O_2 \longrightarrow 2H_2MnO_3$$

$$H_2MnO_3+Mn(OH)_2 \longrightarrow 2H_2O+MnMnO_3$$

锰酸锰呈棕黄色沉淀，溶解氧越多，沉淀颜色越深。加酸后使已经化合的溶解氧（以 $MnMnO_3$ 的形式存在）与溶液中所存在的碘化钾起氧化作用而释出碘。

$$4KI+2H_2SO_4(\text{浓}) \longrightarrow 4HI+2K_2SO_4$$

$$MnMnO_3+2H_2SO_4(\text{浓})+2HI \longrightarrow 2MnSO_4+I_2+3H_2O$$

以淀粉作指示剂，用硫代硫酸钠标准溶液滴定，可以计算出水样中溶解氧的含量。滴定反应如下。

$$2Na_2S_2O_3+I_2 \longrightarrow Na_2S_4O_6+2NaI$$

三、仪器与试剂

① 具塞碘量瓶。

② 酸式滴定管。

③ 移液管。

④ 锥形瓶。

⑤ 硫酸锰溶液：称取 480g 硫酸锰（$MnSO_4 \cdot 4H_2O$ 或 364g $MnSO_4 \cdot H_2O$）溶于水，用水稀释至 1000mL。此溶液加至酸化过的碘化钾溶液中，遇淀粉不得产生蓝色（即此溶液中不得含有高价锰）。

⑥ 碱性碘化钾溶液：称取 500g 氢氧化钠溶解于 300～400mL 水中，另称取 150g 碘化钾（或 135g NaI）溶于 200mL 水中，待氢氧化钠溶液冷却后，将两溶液合并，混匀，用水稀释至 1000mL。如有沉淀，则放置过夜后，倾出上清液，储于棕色瓶中。用橡胶塞塞紧，避光保存。此溶液酸化后，遇淀粉应不呈蓝色。

⑦ 浓硫酸。

⑧ （1+5）硫酸溶液。

⑨ 1%淀粉溶液：称取 1g 可溶性淀粉，用少量水调成糊状，再用刚煮沸的水冲稀至 100mL 冷却后，加入 0.1g 水杨酸或 0.4g 氯化锌防腐。

⑩ $c(1/6K_2Cr_2O_7)=0.02500mol/L$ 的重铬酸钾标准溶液：称取于 105～110℃ 烘干 2h 并冷却的重铬酸钾 1.2258 g 溶于水，移入 1000mL 容量瓶中，用水稀释至标线，摇匀。

⑪ 硫代硫酸钠溶液：称取 6.2g 硫代硫酸钠（$Na_2S_2O_3 \cdot 5H_2O$）溶于煮沸放冷的水中，加入 0.2g 碳酸钠，用水稀释至 1000mL 储于棕色瓶中，使用前用 0.02500mol/L 重铬酸钾标准溶液标定。

标定方法为：于 250mL 碘量瓶中加入 100mL 水和 1g 碘化钾，加入 10.00mL 浓度为 0.02500mol/L 的重铬酸钾标准溶液、5mL 硫酸溶液（1+5），密塞，摇匀，此时发生如下反应。

$$K_2Cr_2O_7+6KI+7H_2SO_4 \longrightarrow 4K_2SO_4+3I_2+Cr_2(SO_4)_3+7H_2O$$

$$I_2+2Na_2S_2O_3 \longrightarrow 2NaI+Na_2S_4O_6$$

于暗处静置 5min 后，用待标定的硫代硫酸钠溶液滴定至溶液呈淡黄色，加入 1mL 淀粉指示剂，继续滴定至蓝色刚好褪去为止。记录用量 V，则硫代硫酸钠的浓度为：

$$c\left(\frac{1}{2}Na_2S_2O_3\right)=\frac{10\times 0.0250}{V}$$

四、操作步骤

1. 水样采集

对于人不易下去的深井、废水池及地下水，取样容器的选择可参见水质采样中相关内容；对于管路、明渠及地表可直接用溶解氧瓶采集水样。采集水样时，要注意不使水样曝气或有气泡残存在采样瓶中。可用水样冲洗溶解氧瓶后，沿瓶壁直接倾注水样，或用虹吸法将细管插入溶解氧瓶底部，注入水样至溢流出瓶容积的 1/3～1/2 左右。水样采集后，为防止溶解氧的变化，应立即加固定剂于水样中，并存于冷暗处，同时记录水温和大气压力。

2. 水样测定

（1）溶解氧的固定　将吸管插入溶解氧瓶的液面下，加入 1mL 硫酸锰溶液、2mL 碱性碘化钾溶液，盖好瓶塞，颠倒混合数次，静置。待棕色沉淀物降至瓶内一半时，再颠倒混合一次，待沉淀物下降到瓶底。一般在取样现场固定。

（2）溶解　打开瓶塞，立即将吸管插入液面下加入 2.0mL 浓硫酸。小心盖好瓶塞，颠倒混合摇匀，至沉淀物全部溶解为止（若沉淀溶解不完全，应再补加浓硫酸），放置暗处 5min。

（3）滴定　吸取 100.0mL 上述溶液于 250mL 锥形瓶中，用硫代硫酸钠溶液滴定至溶液呈淡黄色，加入 1mL 淀粉溶液，继续滴定至蓝色刚好褪去为止，记录硫代硫酸钠溶液用量。

3. 计算

$$溶解氧(O_2,mg/L)=\frac{V\times 0.0250\times 8\times 1000}{水样的体积}$$

五、注意事项

① 水样中亚硝酸盐氮含量高于 0.05mg/L 时，采用叠氮化钠修正法（除了将碱性碘化钾改为碱性碘化钾-叠氮化钠以外，其他与普通碘量法相同），此法适用于多数污水及生化处理出水。三价铁较高时，干扰测定，可加入氟化钾或用磷酸代替硫酸酸化来消除。

② 水样中二价铁含量高于 1mg/L 时，采用高锰酸钾修正法（即用高锰酸钾消除还原性物质的干扰后，再用叠氮化钠修正法测定）；水样有色或有悬浮物，采用明矾絮凝修正法（在合适 pH 值条件下，用硫酸铝钾将悬浮物混凝沉淀后，再按照叠氮化钠修正法测定）；含有活性污泥悬浮物的水样，采用硫酸铜-氨基磺酸絮凝修正法。

③ 膜电极法是根据分子氧透过薄膜的扩散速率来测定水中溶解氧的方法。方法简便、快速，干扰少，可用于现场测定。

④ 如果水样中含有氧化性物质（如游离氯气大于 0.1mg/L 时），应预先于水样中加入硫代硫酸钠除去。即用两个溶解氧瓶，各取一瓶水样，在其中一瓶中加入 5mL（1+5）硫酸和 1g 碘化钾，摇匀，此时游离出碘。以淀粉作指示剂，用硫代硫酸钠溶液滴定至蓝色刚褪，记下用量（相当于去除游离氯的量）。于另一瓶水样中加入同样量的硫代硫酸钠溶液，摇匀后，按操作步骤测定。

⑤ 如果水样呈强酸性和强碱性，可用氢氧化钠和硫酸溶液调至中性后再测定。

⑥ 在固定溶解氧时，若没有棕色沉淀，说明溶解氧含量低。

⑦ 在溶解棕色沉淀时，酸度要足够，否则碘的析出不彻底，影响测定结果。

实训四、生化需氧量的测定

一、实训目的及要求

微生物膜式
BOD 监测仪
工作原理

① 熟练掌握稀释法测定生化需氧量的原理和操作方法。

② 掌握各种不同水质下稀释水与接种液的配制及使用方法。

二、实训原理

生化需氧量是指在有溶解的条件下，好氧微生物分解水中有机物的生物化学氧化过程中消耗溶解氧的量。分别测定水样培养前的溶解氧含量和在（20±1)℃下培养五天后的溶解氧含量，二者之差即为五日生化过程所消耗的氧量（BOD_5）。

对于某些地面水及大多数工业废水、生活污水，因含较多的有机物，需要稀释后再培养测定，以降低其浓度，保证降解过程在有足够溶解氧的条件下进行。其具体水样稀释倍数可借助于高锰酸钾指数或化学需氧量（COD_{Cr}）推算。

对于不含或含少量微生物的工业废水，在测定 BOD_5 时应进行接种，以引入能分解废水中有机物的微生物。当废水中存在难以被一般生活污水中的微生物以正常速度降解的有机物或含有剧毒物质时，应接种经过驯化的微生物。

三、仪器与试剂

① 恒温培养箱。

② 5～20L 细口玻璃瓶。

③ 200～1000mL 量筒。

④ 玻璃棒：棒长应比所用量筒高度长 20cm。在棒的底端固定一个直径比量筒直径略小，并带有几个小孔的硬橡胶板。

⑤ 溶解氧瓶：200～300mL，带有磨口玻璃塞并具有水封作用的钟形口。

⑥ 虹吸管：供分取水样和添加稀释水用。

⑦ 磷酸盐缓冲溶液：将 8.5g 磷酸二氢钾（KH_2PO_4）、21.75g 磷酸氢二钾（K_2HPO_4）、33.4g 磷酸氢二钠（$Na_2HPO_4 \cdot 7H_2O$）和 1.7g 氯化铵（NH_4Cl）溶于水中，稀释至 1000mL。此溶液的 pH 值应为 7.2。

⑧ 硫酸镁溶液：将 22.5g 硫酸镁（$MgSO_4 \cdot 7H_2O$）溶于水中，稀释至 1000mL。

⑨ 氯化钙溶液：将 27.5g 无水氯化钙溶于水，稀释至 1000mL。

⑩ 氯化铁溶液：将 0.25g 氯化铁（$FeCl_3 \cdot 6H_2O$）溶于水，稀释至 1000mL。

⑪ 盐酸溶液（0.5mol/L）：将 40mL（ρ=1.18g/mL）盐酸溶于水，稀释至 100mL。

⑫ 氢氧化钠溶液（0.5mol/L）：将 20g 氢氧化钠溶于水，稀释至 1000mL。

⑬ 亚硫酸钠溶液（$1/2Na_2SO_3$＝0.025mol/L）：将1.575g亚硫酸钠溶于水，稀释至1000mL。此溶液不稳定，需每天配制。

⑭ 葡萄糖-谷氨酸标准溶液：将葡萄糖（$C_6H_{12}O_6$）和谷氨酸（$HOOC—CH_2—CH_2—CHNH_2—COOH$）在103℃下干燥1h后，各称取150mg溶于水中，移入1000mL容量瓶内并稀释至标线，混合均匀。此标准溶液临用前配制。

⑮ 稀释水：在5～20L玻璃瓶内装入一定量的水，控制水温在20℃左右。然后用无油空气压缩机或薄膜泵将此水曝气2～8h，使水中的溶解氧接近饱和，也可以鼓入适量纯氧。瓶口盖以两层经洗涤晾干的纱布，置于20℃培养箱中放置数小时，使水中溶解氧含量达8mg/L左右。临用前于每升水中加入氯化钙溶液、氯化铁溶液、硫酸镁溶液、磷酸盐缓冲溶液各1mL，并混合均匀。稀释水的pH值应为7.2，其BOD_5应小于0.2mg/L。

⑯ 接种液：可选用以下任一方法，以获得适用的接种液。

a. 城市污水，一般采用生活污水，在室温下放置一昼夜，取上层清液供用。

b. 表层土壤浸出液，取100g花园土壤或植物生长土壤，加入1L水，混合并静置10min，取上清液供用。

c. 用含城市污水的河水或湖水。

d. 污水处理厂的出水。

e. 当分析含有难降解物质的废水时，在排污口下游3～8km处取水样作为废水的驯化接种液。如无此种水源，可取中和或经适当稀释后的废水进行连续曝气，每天加入少量该种废水，同时加入适量表层土壤或生活污水，使能适应该种废水的微生物大量繁殖。当水中出现大量絮状物，或检查其化学需氧量的降低值出现突变时，表明适用的微生物已进行繁殖，可用作接种液。一般驯化过程需要3～8d。

⑰ 接种稀释水：取适量接种液加于稀释水中，混匀。每升稀释水中接种液加入量生活污水为1～10mL，表层土壤浸出液为20～30mL，河水、湖水为10～100mL。

接种稀释水的pH值应为7.2，BOD_5值以在0.3～1.0mg/L之间为宜。接种稀释水配制后应立即使用。

四、操作步骤

1. 水样的预处理

① 水样的pH值若超出6.5～7.5范围时，可用盐酸或氢氧化钠稀溶液调节至近于7，但用量不要超过水样体积的0.5%。若水样的酸度或碱度很高，可改用高浓度的碱或酸液进行中和。

② 水样中含有铜、铅、锌、镉、铬、砷、氰等有毒物质时，可使用经驯化的微生物接种液的稀释水进行稀释，或增大稀释倍数，以减小毒物的浓度。

③ 含有少量游离氯的水样，一般放置1～2h，游离氯即可消失。对于游离氯在短时间不能消散的水样，可加入亚硫酸钠溶液除去。其加入量的计算方法是：取中和好的水样100mL，加入1+1乙酸10mL、10%（质量体积比）碘化钾溶液1mL，混匀。以淀粉溶液作指示剂，用亚硫酸钠标准溶液滴定游离碘。根据亚硫酸钠标准溶液消耗的体积及其浓度，计算水样中所需加亚硫酸钠溶液的量。

④ 从水温较低的水域中采集的水样，可能含有过饱和溶解氧，此时应将水样迅速升温至20℃左右，充分振摇，以赶出过饱和的溶解氧。从水温较高的水域或废水排放口取得的水样，则应迅速将其冷却至20℃左右，并充分振摇，使与空气中氧分压接近平衡。

2. 水样的测定

（1）不经稀释水样的测定　溶解氧含量较高、有机物含量较少的地面水，可不经稀释，直接以虹吸法将约20℃的混匀水样转移至两个溶解氧瓶内，转移过程中应注意不使其产生气泡。以同样的操作使两个溶解氧瓶充满水样，加塞水封。立即测定其中一瓶的溶解氧。将另一瓶放入培养箱中，在（20±1)℃下培养5d后，测其溶解氧。

（2）需经稀释水样的测定　稀释倍数的确定：地面水可由测得的高锰酸盐指数乘以适当的系数求出稀释倍数（见表3-8）。

表3-8　稀释倍数

高锰酸盐指数/(mg/L)	系数
＜5	—
5～10	0.2、0.3
10～20	0.4、0.6
＞20	0.5、0.7、1.0

工业废水可由重铬酸钾法测得的COD值确定。通常需做三个稀释比，即：使用稀释水时，由COD值分别乘以系数0.075、0.15、0.225，即获得三个稀释倍数；使用接种稀释水时，则分别乘以0.075、0.15和0.25，获得三个稀释倍数。

稀释倍数确定后按下法之一测定水样。

① 一般稀释法。按照选定的稀释比例，用虹吸法沿筒壁先引入部分稀释水（或接种稀释水）于1000mL量筒中，加入需要量的均匀水样，再引入稀释水（或接种稀释水）至800mL，用带胶板的玻璃棒小心上下搅匀。搅拌时勿使搅棒的胶板露出水面，防止产生气泡。

按不经稀释水样的测定步骤，进行装瓶，测定当天和培养5d后的溶解氧含量。

另取两个溶解氧瓶，用虹吸法装满稀释水（或接种稀释水）作为空白，分别测定5d前、后的溶解氧含量。

② 直接稀释法。直接稀释法是在溶解氧瓶内直接稀释。在已知两个容积相同（其差小于1mL）的溶解氧瓶内，用虹吸法加入部分稀释水（或接种稀释水），再加入根据瓶容积和稀释比例计算出的水样量，然后引入稀释水（或接种稀释水）至刚好充满，加塞，勿留气泡于瓶内。其余操作与上述稀释法相同。

在BOD_5测定中，一般采用叠氮化钠改良法测定溶解氧。如遇干扰物质，应根据具体情况采用其他测定法。

3. 计算

① 不经稀释直接培养的水样：

$$BOD_5(mg/L)=C_1-C_2$$

式中　C_1——水样在培养前的溶解氧浓度，mg/L；

C_2——水样经5d培养后，剩余溶解氧浓度，mg/L。

② 经稀释后培养的水样：

$$BOD_5(mg/L)=\frac{(C_1-C_2)-(B_1-B_2)f_1}{f_2}$$

式中 B_1——稀释水（或接种稀释水）在培养前的溶解氧浓度，mg/L；

B_2——稀释水（或接种稀释水）在培养后的溶解氧浓度，mg/L；

f_1——稀释水（或接种稀释水）在培养液中所占比例；

f_2——水样在培养液中所占比例。

五、注意事项

① 测定一般水样的 BOD_5 时，硝化作用很不明显或根本不发生。但对于生物处理池出水，因其含有大量硝化细菌，因此，在测定 BOD_5 时也包括了部分含氮化合物的需氧量。对于这种水样，如只需测定有机物的需氧量，应加入硝化抑制剂，如丙烯基硫脲（ATU，$C_4H_8N_2S$）等。

② 在两个或三个稀释比的样品中，凡消耗溶解氧大于2mg/L和剩余溶解氧大于1mg/L都有效，计算结果时，应取平均值。

③ 为检查稀释水和接种液的质量，以及化验人员的操作技术，可将20mL葡萄糖-谷氨酸标准溶液用接种稀释水稀释至1000mL，测其 BOD_5，其结果应在180～230mg/L之间。否则，应检查接种液、稀释水或操作技术是否存在问题。

实训五、化学需氧量的测定

一、实训目的及要求

① 掌握蒸馏冷凝回流装置的使用。

② 掌握容量法、库仑滴定法测定化学需氧量的原理和技术。

二、实训原理

在强酸性溶液中，准确加入过量的重铬酸钾标准溶液，加热回流，将水样中还原性物质（主要是有机物）氧化，过量的重铬酸钾以试亚铁灵作指示剂，用硫酸亚铁铵标准溶液回滴，根据所消耗的重铬酸钾标准溶液量计算水样的化学需氧量。

三、仪器与试剂

① 500mL全玻璃回流装置。

② 加热装置（电炉）。

③ 25mL或50mL酸式滴定管、锥形瓶、移液管、容量瓶等。

④ 重铬酸钾标准溶液（$c_{1/6K_2Cr_2O_7}=0.2500mol/L$）：称取预先在120℃下烘干2h的基准或优质纯重铬酸钾12.258g溶于水中，移入1000mL容量瓶中，稀释至标线，摇匀。

⑤ 试亚铁灵指示液：称取1.485g邻菲啰啉、0.695g硫酸亚铁溶于水中，稀释至100mL，贮于棕色瓶内。

⑥ 硫酸亚铁铵标准溶液：称取39.5g硫酸亚铁铵溶于水中，边搅拌边缓慢加入20mL浓硫酸，冷却后移入1000mL容量瓶中，加水稀释至标线，摇匀。临用前，用重铬酸钾标准溶液标定。

标定方法：准确吸取10.00mL重铬酸钾标准溶液于500mL锥形瓶中，加水稀释至110mL左右，缓慢加入30mL浓硫酸，混匀。冷却后，加入3滴试亚铁灵指示液（约0.15mL），用硫酸亚铁铵溶液滴定，溶液的颜色由黄色经蓝绿色至红褐色即为终点。

$$c=\frac{0.2500\times 10.00}{V}$$

式中 c——硫酸亚铁铵标准溶液的浓度，mol/L；

V——硫酸亚铁铵标准溶液的用量，mL。

⑦ 硫酸-硫酸银溶液：于500mL浓硫酸中加入5g硫酸银，放置1～2d，不时摇动使其溶解。

⑧ 硫酸汞：结晶或粉末。

四、操作步骤

① 取20.00mL混合均匀的水样（或适量水样稀释至20.00mL）置于250mL磨口回流锥形瓶中，准确加入10.00mL重铬酸钾标准溶液及数粒小玻璃珠或沸石，连接磨口回流冷凝管，从冷凝管上口慢慢地加入30mL硫酸-硫酸银溶液，轻轻摇动锥形瓶使溶液混匀，加热回流2h（自开始沸腾时计时）。

对于化学需氧量高的废水样，可先取上述操作所需体积1/10的废水样和试剂于15×150mm硬质玻璃试管中，摇匀，加热后观察是否显绿色。如溶液显绿色，再适当减少废水取样量，直至溶液不变绿色为止，从而确定废水样分析时应取用的体积。稀释时，所取废水样量不得少于5mL，如果化学需氧量很高，则废水样应多次稀释。废水中氯离子含量超过30mg/L时，应先把0.4g硫酸汞加入回流锥形瓶中，再加20.00mL废水（或适量废水稀释至20.00mL），摇匀。

② 冷却后，用90mL水冲洗冷凝管壁，取下锥形瓶。溶液总体积不得少于140mL，否则因酸度太大，滴定终点不明显。

③ 溶液再度冷却后，加3滴试亚铁灵指示液，用硫酸亚铁铵标准溶液滴定，溶液的颜色由黄色经蓝绿色至红褐色即为终点，记录硫酸亚铁铵标准溶液的用量。

④ 测定水样的同时，取20.00mL重蒸馏水，按同样的操作步骤做空白试验。记录滴定空白时硫酸亚铁铵标准溶液的用量。

⑤ 计算。

$$\text{COD}(O_2,\text{mg/L})=\frac{(V_0-V_1)\times c\times 8\times 1000}{V}$$

式中 c——硫酸亚铁铵标准溶液的浓度，mol/L；

V_0——滴定空白时硫酸亚铁铵标准溶液用量，mL；

V_1——滴定水样时硫酸亚铁铵标准溶液的用量，mL；

V——水样的体积，mL；

8——氧（1/2O）的摩尔质量，g/mol。

五、注意事项

① 使用0.4g硫酸汞络合氯离子的最高量可达40mg，如取用20.00mL水样，即最高可络合2000mg/L氯离子浓度的水样。若氯离子的浓度较低，也可少加硫酸汞，保持硫酸汞：氯离子=10：1（质量比）。若出现少量氯化汞沉淀，并不影响测定。

② 水样取用体积可在10.00～50.00mL范围内，但试剂用量及浓度需按表3-9进行相应

调整，也可得到满意的结果。

表 3-9　水样取用量和试剂用量表

水样体积/mL	0.2500mol/L $K_2Cr_2O_7$ 溶液/mL	H_2SO_4-Ag_2SO_4 溶液/mL	$HgSO_4$/g	$(NH_4)_2Fe(SO_4)_2$ 浓度/(mol/L)	滴定前总体积/mL
10.0	5.0	15	0.2	0.050	70
20.0	10.0	30	0.4	0.100	140
30.0	15.0	45	0.6	0.150	210
40.0	20.0	60	0.8	0.200	280
50.0	25.0	75	1.0	0.250	350

③ 对于化学需氧量小于 50mg/L 的水样，应改用 0.0250mol/L 重铬酸钾标准溶液，回滴时用 0.01mol/L 硫酸亚铁铵标准溶液。

④ 水样加热回流后，溶液中重铬酸钾剩余量以加入量的 1/5～4/5 为宜。

⑤ 用邻苯二甲酸氢钾标准溶液检查试剂的质量和操作技术时，由于每克邻苯二甲酸氢钾的理论 COD_{Cr} 为 1.176g，所以溶解 0.4251g 邻苯二甲酸氢钾于重蒸馏水中，转入 1000mL 容量瓶，用重蒸馏水稀释至标线，使之成为 500mg/L 的 COD_{Cr} 标准溶液，用时新配。

⑥ COD_{Cr} 的测定结果应保留三位有效数字。

⑦ 每次实训时，应对硫酸亚铁铵标准滴定溶液进行标定，室温较高时尤其注意其浓度的变化。

实训六、水中氨氮的测定

一、实训目的及要求

① 掌握纳氏试剂比色法的原理及操作。

② 熟悉水样中干扰组分的去除方法。

③ 进一步熟练分光光度计的使用及标准曲线制作方法。

二、实训原理

在水样中加入碘化钾和碘化汞的强碱性溶液（纳氏试剂），与氨反应生成淡红棕色胶态化合物，此颜色在较宽的波长范围内具有强烈吸收。通常于 410～425nm 波长范围内测吸光度，利用标准曲线法求出水样中氨氮的含量。本法最低检出浓度为 0.025mg/L，测定上限为 25mg/L。水样做适当的预处理后，本法适用于地面水、地下水、工业废水和生活污水中氨氮的测定。

三、仪器与试剂

① 分光光度计。

② 50mL 比色管及常用的玻璃仪器。

③ 无氨水（水样稀释及试剂配制均用无氨水）。

④ 10%硫酸锌溶液：称取 10g 硫酸锌溶于水，稀释至 100mL。

⑤ 25%氢氧化钠溶液：称取 25g 氢氧化钠溶于水，稀释至 100mL，贮于聚乙烯瓶中。

⑥ 1mol/L 盐酸溶液，用于调节水样 pH 值。

⑦ 1mol/L 氢氧化钠溶液，用于调节水样 pH 值。

⑧ 淀粉-碘化钾试纸。

⑨ 纳氏试剂：称取 16g 氢氧化钠溶于 50mL 水中，充分冷却至室温。另称取 7g 碘化钾和 10g 碘化汞（HgI_2）溶于水，然后将此溶液在搅拌下徐徐注入氢氧化钠溶液中，用水稀释至 100mL，贮于聚乙烯瓶中，密塞保存。

⑩ 酒石酸钾钠溶液：称取 50g 酒石酸钾钠（$KNaC_4H_4O_6 \cdot 4H_2O$）溶于 100mL 水中，加热煮沸以除去氨，放冷，定容至 100mL。

⑪ 铵标准贮备液：称取 3.819g 经 100℃干燥过的优级纯氯化铵（NH_4Cl）溶于水中，移入 1000mL 容量瓶中，稀释至标线。此溶液每毫升含 1.00mg 氨氮。

⑫ 铵标准使用液：移取 5.00mL 铵标准贮备液于 500mL 容量瓶中，用水稀释至标线。此溶液每毫升含氨氮 0.010mg。

四、操作步骤

1. 样品采集与保存

采集具有代表性的水样于聚乙烯瓶或玻璃瓶中。采样后尽快分析，否则应在 2～5℃下存放，或用硫酸（加入量要少）将样品酸化，使其 pH 值小于 2（应注意防止酸化后的样品吸收空气中的氨而被污染）。

2. 水样预处理

对于较清洁水样，采用絮凝沉淀法；对于污染严重的地面水或工业废水，则用蒸馏法消除干扰。此处采用絮凝沉淀法。

步骤：取 100mL 水样于具塞比色管中，加入 10％硫酸锌溶液 1mL 和 25％氢氧化钠溶液 0.1～0.2mL，调节 pH 值至 10.5 左右，混匀。放置使之沉淀，用经无氨水充分洗涤过的中速滤纸过滤，弃去初滤液 20mL。若样品中含有余氯，可在絮凝沉淀前加入适量硫代硫酸钠溶液，用淀粉-碘化钾试纸检验。若絮凝沉淀法处理后仍浑浊或有色，应采用蒸馏法处理水样，用硼酸水溶液吸收。

3. 标准曲线的绘制

吸取 0、0.50mL、1.00mL、3.00mL、5.00mL、7.00mL 和 10.00mL 铵标准使用液分别于一组 50mL 比色管中，加水至标线，加 1.0mL 酒石酸钾钠溶液，混匀。加 1.5mL 纳氏试剂，混匀。放置 10min 后，在波长 420nm 处，用光程 20mm 的比色皿，以水为参比测定吸光度。经空白校正后，得到校正吸光度，绘制以氨氮含量（mg）对校正吸光度的标准曲线。

4. 水样测定

① 对于经絮凝沉淀预处理后的水样，分取适量该水样（使氨氮含量不超过 0.1mg），加入 50mL 比色管中，稀释至标线。对于经蒸馏预处理后的馏出液，分取适量，加入 50mL 比色管中，加一定量 1mol/L 氢氧化钠溶液以中和硼酸，稀释至标线。

② 向上述比色管中分别加入 1.0mL 酒石酸钾钠溶液，混匀。再加入 1.5mL 纳氏试剂，混匀。放置 10min 后，按标准曲线绘制的条件测定水样的吸光度。

5. 空白测定

以 50mL 无氨水代替水样，做全程序空白测定。

6. 结果计算

由水样测得的吸光度减去空白测定的吸光度后，从标准曲线上查得氨氮含量（mg）。

$$氨氮(mg/L)=\frac{m\times 1000}{V_{样}}$$

式中　m——由标准曲线查得的氨氮含量，mg；

$V_{样}$——水样体积，mL。

五、注意事项

① 纳氏试剂中碘化汞与碘化钾的比例对显色反应的灵敏度有较大影响，因此静置后生成的沉淀应除去。

② 滤纸中常含有痕量铵盐，使用时注意用无氨水洗涤。所用玻璃器皿应避免实验室空气中氨的沾污。

实训七、水中总氮的测定（碱性过硫酸钾消解紫外分光光度法）

一、实训目的及要求

① 掌握用碱性过硫酸钾消解紫外分光光度法测定水中总氮的方法。

② 本方法适用于地表水、地下水、工业废水和生活污水中总氮的测定。

③ 当样品量为 10mL 时，本方法的检出限为 0.05mg/L，测定范围为 0.20～7.00mg/L。

二、实训原理

在 120～124℃下，碱性过硫酸钾溶液使样品中含氮化合物的氮转化为硝酸盐，采用紫外分光光度法于波长 220nm 和 275nm 处，分别测定吸光度 A_{220} 和 A_{275}，按下列公式计算校正吸光度 A，总氮（以 N 计）含量与校正吸光度 A 成正比。

$$A=A_{220}-2A_{275}$$

三、仪器与试剂

除非另有说明，分析时均使用符合国家标准的分析纯试剂，实训用水为无氨水。

① 无氨水：每升水中加入 0.10mL 浓硫酸蒸馏，收集馏出液于具塞玻璃容器中。也可使用新制备的去离子水。

② 氢氧化钠溶液 [$\rho(NaOH)=100g/L$]：称取 10.0g 氢氧化钠溶于少量水中，冷却后定容至 100mL。

③ 过硫酸钾溶液 [$\rho(K_2S_2O_8)=30g/L$]：称取 3.0g 过硫酸钾溶于少量水中，定容至 100mL。

④ 硝酸钾（KNO_3）：基准试剂或优级纯。在 105～110℃下烘干 2h，在干燥器中冷却至室温。

⑤ 浓盐酸：$\rho(HCl)=1.19g/mL$。

⑥ 浓硫酸：$\rho(H_2SO_4)=1.84g/mL$。

⑦ 盐酸溶液：1+9。

⑧ 硫酸溶液：1+35。

⑨ 氢氧化钠溶液：[$\rho(NaOH)=200g/L$]：称取 20.0g 氢氧化钠溶于少量水中，稀释至 100mL。

⑩ 氢氧化钠溶液 [$\rho(NaOH)=20g/L$]：量取⑨制备的氢氧化钠溶液 10.0mL，用水稀

释至 100mL。

⑪ 碱性过硫酸钾溶液：称取 40.0g 过硫酸钾溶于 600mL 水中（可置于 50℃水浴中加热至全部溶解），另称取 15.0g 氢氧化钠溶于 300mL 水中。待氢氧化钠溶液温度冷却至室温后，混合两种溶液定容至 1000mL，存放于聚乙烯瓶中，可保存一周。

⑫ 硝酸钾标准贮备液［$\rho(N)=100mg/L$］：称取 0.7218g 硝酸钾溶于适量水中，移至 1000mL 容量瓶中，用水稀释至标线，混匀。加入 1～2mL 三氯甲烷作为保护剂，在 0～10℃下于暗处保存，可稳定存放 6 个月。也可直接购买市售有证标准溶液。

⑬ 硝酸钾标准使用液［$\rho(N)=10.0mg/L$］：量取⑫制备的 10.00mL 硝酸钾标准贮备液至 100mL 容量瓶中，用水稀释至标线，混匀，临用现配。

⑭ 紫外分光光度计：具 10mm 石英比色皿。

⑮ 高压蒸汽灭菌器：最高工作压力不低于 1.1～1.4kg/cm^2；最高工作温度不低于 120～124℃。

⑯ 具塞磨口玻璃比色管：25mL。

四、操作步骤

1. 样品的采集和保存

将采集好的样品贮存在聚乙烯瓶或硬质玻璃瓶中，用浓硫酸⑥调节 pH 值至 1～2，常温下可保存 7d。贮存在聚乙烯瓶中，－20℃下冷冻，可保存一个月。

2. 试样的制备

取适量样品用氢氧化钠溶液⑩或硫酸溶液⑧调节 pH 值至 5～9，待测。

3. 分析步骤

（1）校准曲线的绘制　分别量取 0.00、0.20mL、0.50mL、1.00mL、3.00mL 和 7.00mL 硝酸钾标准使用液⑬于 25mL 具塞磨口玻璃比色管中，其对应的总氮（以 N 计）含量分别为 0.00、2.00μg、5.00μg、10.0μg、30.0μg 和 70.0μg。加水稀释至 10.00mL，再加入 5.00mL 碱性过硫酸钾溶液⑪，塞紧管塞，用纱布和线绳扎紧管塞，以防弹出。将比色管置于高压蒸汽灭菌器中，加热至顶压阀吹气，关阀，继续加热至 120℃开始计时，保持温度在 120～124℃之间 30min。自然冷却，开阀放气，移去外盖，取出比色管冷却至室温，按住管塞将比色管中的液体颠倒混匀 2～3 次（注：若比色管在消解过程中出现管口或管塞破裂的情况，应重新取样分析。）

每个比色管中分别加入 1.0mL 盐酸溶液⑦，用水稀释至 25mL 标线，盖塞混匀。使用 10mm 石英比色皿，在紫外分光光度计上，以水作参比，分别于波长 220nm 和 275nm 处测定吸光度。零浓度的校正吸光度 A_b、其他标准系列的校正吸光度 A_s 及其差值 A_r 按下面公式进行计算。以总氮（以 N 计）含量（μg）为横坐标，对应的 A_r 值为纵坐标，绘制校准曲线。

$$A_b=A_{b220}-2A_{b275}$$

$$A_s=A_{s220}-2A_{s275}$$

$$A_r=A_s-A_b$$

式中　A_b——零浓度（空白）溶液的校正吸光度；

A_{b220}——零浓度（空白）溶液于波长 220nm 处的吸光度；

A_{b275}——零浓度（空白）溶液于波长 275nm 处的吸光度；

A_s——标准溶液的校正吸光度；

A_{s220}——标准溶液于波长 220nm 处的吸光度；

A_{s275}——标准溶液于波长 275nm 处的吸光度；

A_r——标准溶液校正吸光度与零浓度（空白）溶液校正吸光度的差。

（2）测定　量取 10.00mL 试样于 25mL 具塞磨口玻璃比色管中，按照标准曲线绘制步骤进行测定。

注：试样中的含氮量超过 70μg 时，可减少取样量并加水稀释至 10.00mL。

（3）空白测定　用 10.00mL 水代替试样，按照测定步骤进行测定。

（4）结果计算与表示　参照上面公式计算试样校正吸光度和空白试验校正吸光度差值 A_r，样品中总氮的质量浓度 ρ（mg/L）按下面公式进行计算。

$$\rho=\frac{(A_r-a)\times f}{bV}$$

式中　ρ——样品中总氮（以 N 计）的质量浓度，mg/L；

A_r——试样的校正吸光度与空白试验校正吸光度的差值；

a——校准曲线的截距；

b——校准曲线的斜率；

V——试样体积，mL；

f——稀释倍数。

（5）结果表示　当测定结果小于 1.00mg/L 时，保留到小数点后两位；大于等于 1.00mg/L 时，保留三位有效数字。

五、注意事项

① 某些含氮有机物在本标准规定的测定条件下不能完全转化为硝酸盐。

② 测定应在无氨的实验室环境中进行，避免环境交叉污染对测定结果产生影响。

实训八、水中总磷的测定

一、实训目的及要求

① 掌握测定水中总磷的原理和方法。

② 掌握水样预处理的方法。

二、实训原理

水中磷的测定，通常按其存在形式而分别测定总磷、溶解性正磷酸盐和总溶解性磷，见图 3-20。

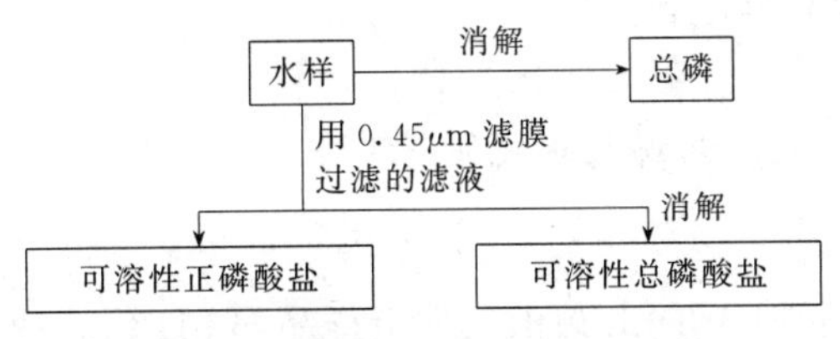

图 3-20　测定水中各种磷的流程图

总磷的测定是在中性条件下用过硫酸钾（或硝酸-高氯酸）将水样直接消解，将所含磷全部氧化为正磷酸盐。在酸性介质中，正磷酸盐与钼酸铵反应，在锑盐存在下生成磷钼杂多酸后，立即被抗坏血酸还原，生成蓝色的络合物。

三、试剂

本标准所用试剂除另有说明外，均应使用符合国家标准或专业标准的分析试剂和蒸馏水或同等纯度的水。

① 硫酸（H_2SO_4），密度为1.84g/mL。

② 硝酸（HNO_3），密度为1.4g/mL。

③ 高氯酸（$GClO_4$），优级纯，密度为1.68g/mL。

④ 硫酸（H_2SO_4），1+1。

⑤ 硫酸，约$c\left(\frac{1}{2}H_2SO_4\right)=1mol/L$，将27mL硫酸①加入937mL水中。

⑥ 氢氧化钠（NaOH），1mol/L溶液：将40g氢氧化钠溶于水并稀释至1000mL。

⑦ 氢氧化钠（NaOH），6mol/L溶液：将240g氢氧化钠溶于水并稀释至1000mL。

⑧ 过硫酸钾，50g/L溶液：将5g过硫酸钾（$K_2S_2O_8$）溶解于水，并稀释至100mL。

⑨ 抗坏血酸，100g/L溶液：溶解10g抗坏血酸（$C_6H_6O_6$）于水中，并稀释至100mL。此溶液贮于棕色的试剂瓶中，在冷处可稳定几周。如不变色可长时间使用。

⑩ 钼酸盐溶液：溶解13g钼酸铵［$(NH_4)6Mo_7O_{24}\cdot 4H_2O$］于100mL水中。溶解0.35g酒石酸锑钾$\left(KSbC_4H_4O_7\cdot\frac{1}{2}H_2O\right)$于100mL水中。在不断搅拌下把钼酸铵溶液徐徐加到300mL（1+1）硫酸中，加酒石酸锑钾溶液并且混合均匀。此溶液贮存于棕色试剂瓶中，在冷处可保存两个月。

⑪ 浊度-色度补偿液：混合两个体积（1+1）和一个体积抗坏血酸溶液。使用当天配制。

⑫ 磷标准贮备溶液：称取（0.2197+0.001)g于110℃下干燥2h在干燥器中放冷的磷酸二氢钾（KH_2PO_4），用水溶解后转移至1000mL容量瓶中，加入大约800mL水，加5mL（1+1）硫酸，用水稀释至标线并混匀。1.00mL此标准溶液含50.0μg磷。本溶液在玻璃瓶中可至少贮存六个月。

⑬ 磷标准使用溶液：将10.0mL的磷标准溶液转移至250mL容量瓶中，用水稀释至标线并混匀。1.00mL此标准使用溶液含2.0μg磷。使用当天配制。

⑭ 酚酞，10g/L溶液：0.5g酚酞溶于50mL95%乙醇中。

四、仪器

实验室常用仪器设备如下。

① 医用手提式蒸汽消毒器或一般压力锅（1.1～1.4kg/cm^2）。

② 50mL具塞（磨口）刻度管。

③ 分光光度计。

【注意】所有玻璃器皿均应用稀盐酸或稀硝酸浸泡。

五、采样和样品

① 采取500mL水样后加入1mL硫酸①调节样品的pH值，使之低于或等于1，或不加任何试剂于冷处保存。

注：含磷量较少的水样，不要用塑料瓶采样，因磷酸盐易吸附在塑料瓶壁上。

② 试样的制备。取25mL样品于具塞刻度管中。取时应仔细摇匀，以得到溶解部分均具有代表性的试样。如样品中含磷浓度较高，试样体积可以减少。

六、操作步骤

(一) 空白试样

按样品测定方法进行空白试验，用水代替试样，并加入与测定时相同体积的试剂。

(二) 样品测定

1. 消解

过硫酸钾消解：向试样中加 4mL 过硫酸钾，将具塞刻度管的盖塞紧后，用一小块布和线将玻璃塞扎紧（或用其他方法固定），放在大烧杯中置于高压蒸汽消毒器中加热，待压力达 1.1kg/cm^2，相应温度为 120℃时，保持 30min 后停止加热。待压力表读数降至零后，取出放冷。然后用水稀释至标线。

【注意】如用硫酸保存水样。当用过硫酸钾消解时，需先将试样调至中性。

硝酸-高氯酸消解：取 25mL 试样于锥形瓶中，加数粒玻璃珠，加 2mL 硝酸在电热板上加热浓缩至 10mL。冷后加 5mL 硝酸，再加热浓缩至 10mL，放冷。加 3mL 高氯酸，加热至高氯酸冒白烟，此时可在锥形瓶上加小漏斗或调节电热板温度，使消解液在锥形瓶内壁保持回流状态，直至剩下 3～4mL，放冷。加水 10mL，加 1 滴酚酞指示剂。滴加氢氧化钠溶液至刚呈微红色，再滴加硫酸溶液使微红色刚好褪去，充分混匀。移至具塞刻度管中，用水稀释至标线。

注：① 用硝酸-高氯酸消解需要在通风橱中进行，高氯酸和有机物的混合物经加热易发生危险，需将试样先用硝酸消解，然后再加入硝酸-高氯酸进行消解。

② 绝不可把消解的试样蒸干。

③ 如消解后有残渣时，用滤纸过滤于具塞刻度管中，并用水充分清洗锥形瓶及滤纸，一并移到具塞刻度管中。

④ 水样中的有机物用过硫酸钾氧化不能完全破坏时，可用此法消解。

2. 发色

分别向各份消解液中加入 1mL 抗坏血酸溶液混匀，30s 后加 2mL 钼酸盐溶液充分混匀。

注：① 如试样中有浊度或色度时，需配制一个空白试样（消解后用水稀释至标线），然后向试样中加入 3mL 浊度-色度补偿液⑪，但不加抗坏血酸溶液和钼酸盐溶液。然后从试样的吸光度中扣除空白试样的吸光度。

② 砷大于 2mg/L 干扰测定，用硫代硫酸钠去除。硫化物大于 2mg/L 干扰测定，通氮气去除。铬大于 50mg/L 干扰测定，用亚硫酸钠去除。

3. 分光光度测量

室温下放置 15min 后，使用光程为 30mm 的比色皿，在 700nm 波长下，以水作参比，测定吸光度。扣除空白试样的吸光度后，从工作曲线上查得磷的含量。

注：如显色时室温低于 13℃，可在 20～30℃水浴上显色 15min 即可。

4. 工作曲线的绘制

取 7 支具塞刻度管分别加入 0.0、0.50mL、1.00mL、3.00mL、5.00mL、10.0mL、15.0mL 磷酸盐标准溶液。加水至 25mL。然后按测量步骤进行处理。以水作参比，测定吸光度。扣除空白试样的吸光度后，和对应的磷的含量绘制工作曲线。

七、结果的表示

总磷含量以 c（mg/L）表示，按下式计算：

$$c=\frac{m}{V}$$

式中 m——试样测得含磷量，μg；

V——测定用试样体积，mL。

实训九、水中铅的测定（原子吸收法）

一、实训目的及要求

① 掌握原子吸收法测定金属元素的原理和操作技术。

② 熟悉测量条件的选择。

③ 熟悉原子吸收分光光度计的使用方法。

原子吸收

原子吸收分光光度计的组成系统

二、实训原理

将水样或消解处理好的试样直接吸入火焰，火焰中形成的原子蒸气对光源发射的特征辐射产生吸收。将测得的样品吸光度和标准溶液的吸光度进行比较，确定样品中被测元素的含量。本法适用于测定地下水、地表水和废水中的铅。适用浓度范围与仪器的特性有关。

三、仪器与试剂

① 原子吸收分光光度计。

② 空心阴极灯：铅空心阴极灯。

③ 硝酸（优级纯）。

④ 高氯酸（优级纯）。

⑤（1+1）硝酸溶液，（1+499，即0.2%）硝酸溶液。

⑥ 助燃气：空气。由空气压缩机供给，进入燃烧器之前要过滤，以除去其中的水、油和其他杂质。

⑦ 燃气：乙炔，纯度不低于99.6%。

⑧ 金属标准贮备液（1.0000g/L）：准确称取经（1+499）稀硝酸清洗并干燥后的0.5000g光谱纯金属，用50mL（1+1）硝酸溶液溶解，必要时加热直至溶解完全，然后用水稀释定容至500.0mL。此溶液每毫升含1.00mg金属。

⑨ 混合标准溶液：用（1+499）硝酸溶液稀释金属标准贮备液，使配成的混合标准溶液每毫升含铅为100.0μg，即浓度为100.00 mg/L。

四、操作步骤

1. 样品采集与保存

按采样要求采集具有代表性的水样，样品贮存于聚乙烯塑料瓶中。

2. 样品预处理

取100.0mL水样放入200mL烧杯中，加入5mL硝酸，在电热板上加热消解，确保样品不沸腾，蒸发至10mL左右，加入5mL硝酸和2mL高氯酸，继续消解，直至1mL左右。如果消解不完全，再加入5mL硝酸和2mL高氯酸，再蒸至1mL左右。取下冷却，加水溶解残渣，定容至100mL容量瓶中。

取0.2%硝酸100mL，按上述相同的程序操作，以此为空白样。

3. 开机

选择铅元素的空心阴极灯，按表3-10的工作条件将仪器调试到工作状态（调试操作按仪器说明书进行）。

表 3-10　元素的特征谱线

元素	特征谱线/nm	非特征吸收谱线/nm
铅	283.3	283.7(锆)

4. 样品测定

仪器用0.2%硝酸调零，然后吸入空白样和试样，测量其吸光度。扣除空白样吸光度后，从校准曲线上查出试样中的金属浓度。如可能，也可从仪器上直接读出试样中的金属浓度。

5. 校准曲线

吸取混合标准溶液0、0.50mL、1.00mL、3.00mL、5.00mL和10.00mL，分别放入6个100mL容量瓶中，用0.2%硝酸溶液稀释定容。此混合标准溶液系列各金属的浓度见表3-11。接着按样品测定的步骤测量吸光度。用经空白校正的各标准溶液的吸光度对相应的浓度作图，绘制校准曲线。

表 3-11　标准工作溶液

混合标准溶液体积/mL	0	0.50	1.00	3.00	5.00	10.00
铅金属标准系列浓度/(mg/L)	0	0.50	1.00	3.00	5.00	10.00

五、注意事项

① 采样用的聚乙烯瓶、采样瓶应先酸洗，使用前用水洗净。

② 为了检验是否存在基体干扰或背景吸收，可通过测定标样的回收率判断基体干扰的程度；通过测定特征谱线附近1nm内的一条非特征吸收谱线处的吸收可判断背景吸收的大小。

③ 在测定过程中，要定期复测空白和工作标准溶液，以检查基线的稳定性和仪器的灵敏度是否发生了变化。根据检验结果，如果存在基体干扰，用标准加入法测定并计算结果。如果存在背景吸收，用自动背景校正装置或邻近非特征吸收法进行校正，后一种方法是从特征谱线处测得的吸收值中扣除邻近非特征吸收谱线处的吸收值，得到被测元素原子的真正吸收。此外，也可使用螯合萃取法或样品稀释法降低或排除产生基体干扰或背景吸收的组分。

④ 整个消解应在通风柜中进行。

实训十、水中汞的测定

一、实训目的及要求

① 学会测汞仪的使用方法。

② 学会水样的消解预处理方法。

③ 掌握冷原子吸收法测定水体中的汞的方法。

二、实训原理

汞原子蒸气对波长为253.7nm的紫外线具有选择性吸收，在一定浓度范围内汞浓度与吸光度值成正比。在硫酸-硝酸介质及加热条件下，用高锰酸钾和过硫酸钾将水样消解，使水样中所含汞全部转化为二价汞。用盐酸羟胺将过剩的氧化剂还原，再用氯化亚锡将二价汞还原成金属汞。在室温下通入空气或氮气流，将金属汞气化，载入冷原子吸收测汞仪，测量吸收值，可求得水样中汞的含量。

三、仪器与试剂

① 测汞仪。

② 台式自动平衡记录仪，量程与测汞仪匹配。

③ 汞还原器：总容积分别为 50mL、75mL、100mL、250mL、500mL，具有磨口带莲蓬形多孔吹气头的玻璃翻泡瓶。

④ U 形管（Φ5mm×110mm），内填变色硅胶 60～80mm。

⑤ 三通阀。

⑥ 汞吸收塔：250mL 玻璃干燥塔，内填经碘化处理的柱状活性炭。

⑦ 实验室常用仪器。

⑧ 优级纯试剂：浓硫酸（$\rho=1.84$）、浓盐酸（$\rho=1.19$）、浓硝酸（$\rho=1.42$）、重铬酸钾。

⑨ 无汞蒸馏水：二次重蒸馏水或电渗析去离子水通常可达到此纯度。也可将蒸馏水加盐酸酸化至 pH=3，然后通过巯基棉纤维管除汞。

⑩ (1+1) 硝酸溶液。

⑪ 50g/L 高锰酸钾溶液：将 50g 高锰酸钾（优级纯，必要时重结晶精制）用水溶解，稀释至 1000mL。

⑫ 50g/L 过硫酸钾溶液：将 50g 过硫酸钾（$K_2S_2O_8$）用无汞蒸馏水溶解，稀释至 1000mL。

⑬ 溴酸钾（0.1mol/L）-溴化钾（10g/L）溶液（简称溴化剂）：用水溶解 2.7848g（准确到 0.001g）溴酸钾（优级纯），加入 10g 溴化钾，用无汞蒸馏水稀释至 1000mL，置棕色瓶中保存。若见溴释出，则应重新配制。

⑭ 200g/L 盐酸羟胺溶液：将 200g 盐酸羟胺（$NH_2OH \cdot HCl$）用无汞蒸馏水溶解，稀释至 100mL。盐酸羟胺常含有汞，必须提纯。当汞含量较低时，采用巯基棉纤维管除汞法；汞含量高时，先按萃取法除掉大量汞，再按巯基法除尽汞。

⑮ 200g/L 氯化亚锡溶液：将 20g 氯化亚锡（$SnCl_2 \cdot 2H_2O$）置于干烧杯中，加入 20mL 浓盐酸，微微加热。待完全溶解后，冷却，再用无汞蒸馏水稀释至 100 mL。若有汞，可通入氮气鼓泡除汞。

⑯ 汞标准固定液（简称固定液）：将 0.5g 重铬酸钾溶于 950mL 蒸馏水中，再加 50mL 硝酸。

⑰ 汞标准储备溶液：准确称取放置在硅胶干燥器中充分干燥过的氯化汞（$HgCl_2$）0.1354g，用固定液溶解后，转移到 1000mL 容量瓶（A 级）中，再用固定液稀释至标线摇匀。此溶液每 1mL 含 100μg 汞。

⑱ 汞标准中间溶液：用吸管（A 级）吸取汞标准储备溶液 10.00mL，注入 100mL 容量瓶（A 级）中，加固定液稀释至标线，摇匀。此溶液 1 mL 含 10.0μg 汞。

⑲ 汞标准使用溶液：用吸管（A 级）吸取汞标准中间溶液 10.00mL，注入 1000mL 容量瓶（A 级）中。用固定液稀释至标线，摇匀（室温下阴凉处放置，可稳定 100 天左右）。此溶液 1mL 含 0.100μg 汞。

⑳ 稀释液：将 0.2g 重铬酸钾溶于 972.2mL 无汞蒸馏水中，再加入 27.8mL 硫酸。

㉑ 变色硅胶 ϕ3～4mm，干燥用。

㉒ 经碘化处理的活性炭：称取 1 质量份碘、2 质量份碘化钾和 20 质量份蒸馏水，在玻

璃烧杯中配成溶液，然后向溶液中加入 10 质量份的柱状活性炭，用力搅拌至溶液脱色后，从烧杯中取出活性炭，用玻璃纤维把溶液滤出，然后在 100℃左右烘干 1～2h 即可。

四、操作步骤

1. 采样及样品的保存

（1）采样　按采样方法采取具有代表性足够分析用量的水样（采取污水量不应少于 500mL，地表水不少于 1000mL）。水样采用硼硅玻璃瓶或高密度聚乙烯塑料壶盛装，样品尽量充满容器，以减少器壁吸附。

（2）保存方法　采样后应立即按每升水样中加 10mL 的比例加入浓硫酸（检查 pH 值应小于 1，否则应适当增加硫酸），然后加入 0.5g 重铬酸钾（若橙色消失，应适当补加，使水样呈持久的淡橙色）。密塞，摇匀后，置室内阴凉处，可保存一个月。

2. 水样制备

（1）高锰酸钾-过硫酸钾消解法　一般污水或地表水、地下水按以下方法（近沸保温法）处理。将实验室样品充分摇匀后，立即准确吸取 10～50mL 污水（或 100～200L 清洁地表水或地下水）注入 125mL（或 500mL）锥形瓶中，取样量少者，应补充适量无汞蒸馏水。依次加 1.5mL 浓硫酸（对清洁地表水或地下水应加 2.5～5.0mL，使硫酸浓度约为 0.5mol/L）、1.5mL 硝酸溶液（对地表水或地下水应加 2.5～5.0mL）、4mL 高锰酸钾溶液（如果不能至少在 15min 内维持紫色，则混合后再补加适量高锰酸钾溶液，以使颜色维持紫色，但总量不超过 30mL）。然后，再加 4mL 过硫酸钾溶液，插入小漏斗。置于沸水浴中使样液在近沸状态下保温 1h，取下冷却。临近测定时，边摇边滴加盐酸羟胺溶液，直至刚好将过剩的高锰酸钾及器壁上的二氧化锰全部褪色为止。

（2）煮沸法　含有机物、悬浮物较多，组成复杂的污水，按以下方法处理。将实验室样品充分摇匀后，立即根据样品中汞含量，准确吸取 5～50mL 污水，置于 125mL 锥形瓶中。取样量少者，应补加无汞蒸馏水，使总体积约 50mL。按近沸保温法步骤加入试剂。向样液中加数粒玻璃珠或沸石，插入小漏斗，擦干瓶底，然后置高温电炉或高温电热板上加热煮沸 10min，取下冷却。以下操作步骤同近沸保温法。

3. 制备空白水样

用无汞蒸馏水代替样品，按水样制备消解方法步骤的相同操作制备两份空白水样，并把采样时加的试剂量考虑在内。

4. 安装仪器

连接好仪器气路，更换 U 形管中硅胶，按说明书安装好测汞仪及记录仪，选择好灵敏度档及载气流速。将三通阀旋至“校零”端。取出汞还原器吹气头，逐个吸取 10.00mL 经消解的水样或空白样注入汞还原器中，加入 1mL 氯化亚锡溶液，迅速插入吹气头，然后将三通阀旋至“进样”端，使载气通入汞还原器。此时水样中汞被还原气化成汞蒸气，随载气流载入测汞仪的吸收池，表头指针和记录笔迅速上升，记下最高读数或峰高。待指针和记录笔重新回零后，将三通阀旋回“校零”端，取出吹气头，弃去废液，用蒸馏水洗汞还原器两次，再用稀释液洗一次，以氧化可能残留的二价锡，然后进行另一水样的测定。

对汞含量低的样品，为提高精度，应适当增加水样体积（最大体积为 220mL），并按每 10mL 水样中加 1mL 的比例加入氯化亚锡溶液，然后迅速插入吹气头，先在闭气条件下，用手将汞还原器沿前后或左右方向强烈振摇 1min，然后才将三通阀旋至“进样”端，其余操作均相同。

5. 校准曲线的制作

① 取100mL容量瓶（A级）8个，用5 mL的刻度吸管（A级）准确吸取每毫升含汞0.10μg的汞标准使用溶液0、0.50mL、1.00mL、1.50mL、2.00mL、2.50mL、3.00mL、4.00mL注入容量瓶中，用稀释液稀释至标线，摇匀，然后完全按照测定水样步骤对每一个系列标准溶液进行测定（注：测定清洁地表水时，应当天吸取汞标准使用溶液，用汞标准固定液配制汞浓度为10μg/mL的汞标准使用液，用作制备汞浓度为0、0.025μg/L、0.050μg/L、0.100μg/L、0.150μg/L、0.200μg/L、0.250μg/L的标准系列）。

② 以扣除空白后的标准系列溶液测定值为纵坐标，以相应的汞浓度（μg/L）为横坐标，绘制测定值-浓度校准曲线。

6. 计算

按下式计算水样中汞的质量浓度

$$\rho=c_1\frac{V_0}{V}\times\frac{V_1+V_2}{V_1}$$

式中 ρ——水样中汞的质量浓度，μg/L；

c_1——被测样品水样中汞的质量浓度（由校准曲线上查得），μg/L；

V——制备水样时分取样品体积，mL；

V_0——消解制备水样时定容体积，mL；

V_1——采取的水样体积，mL；

V_2——采样时向水中加入硫酸的体积，mL。

如果对采样时加入的试剂体积忽略不计，则上列公式中，等号后第三项 $(V_1+V_2)/V_1$ 可以略去。结果应视含量高低，分别以三位或两位有效数字表示。

五、注意事项

消解是一个关键，有机物高时不利本法测定。使用盐酸羟胺时要特别注意过量的盐酸羟胺易使汞丢失。注意汞对实验室的污染。

实训十一、酵母菌的形态观察与大小测定技术

一、实训目的及要求

① 观察并掌握酵母菌个体形态和菌落特征以及繁殖方式。

② 学习测微技术，测量酵母菌的大小。

二、实训原理

1. 酵母菌细胞的形态、繁殖方式及菌落特征

酵母菌是单细胞真核微生物，细胞核与细胞质有明显的分化，细胞形态一般呈圆形、卵圆形、圆柱形或柠檬形，其大小是细菌的几倍至几十倍。有的酵母菌形成藕节状或竹节状的假菌丝。酵母菌的无性繁殖主要是芽殖，有性繁殖则形成子囊和子囊孢子。酵母菌的菌落一般较细菌菌落大且厚，圆形、湿润、较光滑，多数呈乳白色，少数呈红色，偶见黑色。

2. 利用测微技术测量微生物细胞大小的原理

微生物细胞的大小可使用测微尺测量。测微尺由目镜测微尺和镜台测微尺两部分组成。镜台测微尺是一块在中央有精确刻度尺的载玻片。刻度尺总长1mm，等分为100小格，每

小格为 0.01mm，专门用来标定目镜测微尺在不同放大倍数下每小格的实际长度。

目镜测微尺是一块圆形的特制玻片，其中央是一个带刻度的尺，等分成 50 或 100 小格。每小格的长度随显微镜的不同放大倍数而定，测定时需用镜台测微尺进行校正，求出在某一放大倍数时目镜测微尺每小格代表的实际长度，然后用校正好的目镜测微尺测量菌体大小（图 3-21）。

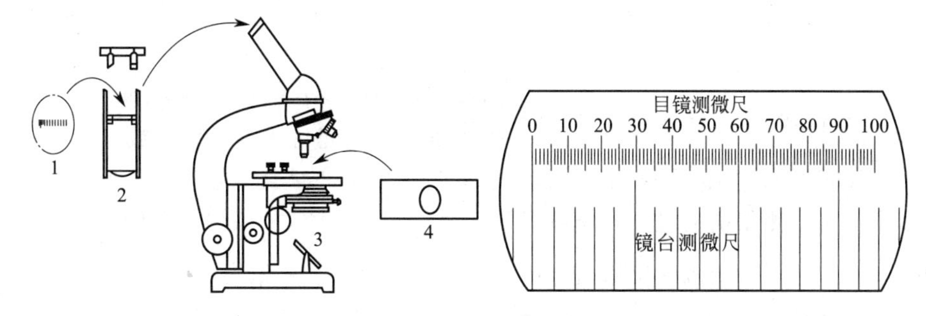

图 3-21 目镜测微尺和镜台测微尺装置法及用镜台测微尺校正目镜测微尺

1—目镜测微尺；2—目镜；3—显微镜；4—镜台测微尺

三、仪器与材料

1. 菌种

酿酒酵母、红酵母、假丝酵母（酿酒酵母和红酵母菌平板各一个；酿酒酵母和酿酒酵母醋酸钠斜面各一支；假丝酵母加盖片培养的平板一个）。

2. 染液

0.1%亚甲蓝液，孔雀绿染液。

3. 仪器及其他用具

镜台测微尺、目镜测微尺、显微镜、载玻片及盖玻片、接种针等。

四、操作步骤

1. 菌落特征观察

① 接种与培养：将酿酒酵母、红酵母划线接种在平板上，28～30℃下培养 3 天。

② 观察菌落表面是湿润还是干燥、有无光泽、隆起形状、边缘整齐度、菌落的大小及颜色等特征。

2. 酵母菌形状与出芽繁殖的观察

（1）酿酒酵母观察

① 制片。在载玻片上滴一小滴 0.1%亚甲蓝液（或一滴无菌水），无菌操作用接种环取酿酒酵母少许（并注意酵母菌与培养基结合是否紧密），与亚甲蓝液混合均匀，染色 2～3min。

② 加盖玻片。先将盖玻片一端与菌液接触，然后慢慢放下使其盖在菌液上。

③ 镜检。先低倍镜，后高倍镜，观察酵母细胞的形态、构造和出芽情况，并注意区分死细胞（蓝色）与活细胞（不着色）。

（2）假丝酵母观察（示范） 将假丝酵母划线接种在麦芽汁或豆芽汁平板上，在画线部分加无菌盖玻片，28～30℃下培养 3 天。将假丝酵母的平板放在显微镜下，用高倍镜观察假丝酵母的形状和大小。

3. 利用测微尺测量酵母细胞的大小

（1）目镜测微尺的标定

① 放置测微尺。将目镜测微尺（刻度朝下）放入目镜中的隔板上（图 3-21），镜台测微尺（刻度朝上）放在载物台上，并对准聚光器。

② 镜检标定。先用低倍镜，观察时，光线不宜太强，调好焦距后，将镜台测微尺移入视野中央。然后转动目镜，使目镜测微尺的刻度与镜台测微尺的刻度平行，并使两尺左边的一条线重合，向右寻找另一条两尺的重合线。最后记录两重合线间两尺各自所占的格数（图 3-21）。

③ 计算方法。

$$\text{目镜测微尺每格长度}(\mu m)=\frac{\text{两条重合线间镜台测微尺格数}\times 10}{\text{两条重合线间目镜测微尺格数}}$$

以同样的方法可分别标出使用高倍镜和油镜时每小格的实际长度。

④ 计算示例。测得高倍镜下目镜测微尺 50 格相当于镜台测微尺的 7 格，则

$$\text{目镜测微尺每格长度}(\mu m)=\frac{7\times 10}{50}=1.4(\mu m/\text{格})$$

（2）酿酒酵母菌细胞大小的测量　取下镜台测微尺，换上酿酒酵母染色涂片或水浸片，在高倍镜下测出 10 个酿酒酵母细胞的直径（球状体），或长和宽（椭球状体的长轴方向和短轴方向的尺寸）。测定时，转动目镜测微尺或移动载玻片，记录测定值。

测定完毕，取出目镜测微尺，将接目镜放回镜筒，再将目镜测微尺和镜台测微尺用擦镜纸擦拭干净，放回盒内保存。

五、实训报告

① 描述酿酒酵母和红酵母菌的菌落特征。

② 绘图

a. 绘酿酒酵母细胞和芽体形态结构图，并注明各部分名称。

b. 绘酿酒酵母菌的子囊和子囊孢子形态图。

③ 测定结果填入表 3-12 和表 3-13。

表 3-12　目镜测微尺标定结果

物镜倍数	目镜倍数	目尺格数	台尺格数	目尺每格长度/μm
10				
40				

表 3-13　酵母菌直径（宽度）测定记录

菌号	1	2	3	4	5	6	7	8	9	10	目尺平均格数	实际直径/μm
目尺格数												

六、思考题

1. 显微镜下，如何区别酵母菌和细菌？

2. 在同一平板培养基上，如何识别细菌和酵母菌的菌落？

3. 酵母菌的假菌丝是如何形成的？它与真菌菌丝有何区别？

4. 为什么更换不同放大倍数的目镜和物镜后，必须重新用镜台测微尺对目镜测微尺进行校正？

七、注意事项

① 为了提高测量的准确率，一般需测定 10～20 个菌体后再求平均值。

② 通常用处于对数生长期的菌体进行测量，因为此时菌体的形态较为一致。

实训十二、活性污泥和生物膜生物相的观察

一、实训目的和原理

活性污泥和生物膜中生物相比较复杂，以细菌、原生动物为主，还有真菌、后生动物等，某些细菌能分泌胶黏物质形成菌胶团，成为活性污泥和生物膜的主要组分。原生动物常作为污水净化指标。当固着型纤毛虫占优势时，一般认为污水处理池运转正常。丝状微生物构成污泥絮绒体的骨架，少数伸出絮绒体外，当其大量出现时，常可造成污泥膨胀或污泥松散，使污泥池运转失常。当后生动物轮虫等大量出现时，意味着污泥极度衰老。

本实验的目的是学习观察活性污泥中的絮绒体及生物相，初步分析生物处理池内运转是否正常。

二、材料与器皿

① 活性污泥：取自污水处理厂曝气池。

② 量筒、载玻片、盖玻片、玻璃小吸管、橡胶吸头、镊子。

③ 显微镜、目镜测微尺。

三、操作步骤

1. 肉眼观察

取曝气池的混合液置于量筒内，观察活性污泥在量筒中呈现的絮绒体外观及沉降性能(30min 沉降后的污泥体积)。

2. 制片镜检

取混合液 1～2 滴于载玻片上，加盖玻片制成水浸标本片，在显微镜下观察生物相。

(1) 污泥菌胶团絮绒体　形状、大小、稠密度、折光性、游离细菌多少等。

(2) 丝状微生物　伸出絮绒体外的多少，观察哪一类占优势。

(3) 微型动物　识别其中原生动物、后生动物的种类。

四、思考题

① 将镜检和计数结果填入表 3-14。

表 3-14　镜检表

絮绒体形态	圆形、不规则形
絮绒体结构	开放；封闭
絮绒体紧密度	紧密；疏松
丝状菌数量	0；±；+；++；+++
游离细菌	几乎不见；少；多
优势种动物名称及状态描述	
其他动物种名称	
每滴稀释液中的动物数	
每毫升混合液中的动物数	

② 绘制所观察原生动物和微型后生动物的形态图。

③ 根据实训观察情况，试对污水厂活性污泥质量及运行情况作初步评价。

第四章
大气监测

知识目标

1. 了解大气污染物的种类及特点。
2. 理解大气污染、一次污染物、二次污染物、酸雨、指示生物等基本概念。
3. 理解生物对大气的监测方法。
4. 掌握气态污染物的监测方法。
5. 掌握颗粒态污染物的监测方法。

能力目标

1. 能够制订大气监测方案。
2. 能够对固定污染源进行监测。
3. 能够对室内空气污染物进行监测。
4. 能够对酸雨进行监测。

素质目标

1. 树立正确的职业观、人生观、价值观，和坚定的环保理念。
2. 认识环保人的责任和使命。
3. 培养环保人吃苦耐劳、艰苦朴素的工作作风。
4. 加强沟通协调能力、团队协作能力的培养。
5. 在学习过程中养成遵纪守法、严谨认真的良好习惯，并把这种习惯贯彻到之后的环境监测工作之中。

第一节　大气污染

一、大气污染的基本概念

大气系指包围在地球周围的气体，其厚度达 1000～1400km，对人类及生物生存起着重要作用的是近地面约 10km 内的气体层，通称这层气体为空气。空气的质量占大气质量的 95%，在环境污染领域中，通常“大气”和“空气”作为同义词使用。清洁干燥的空气主要组分是氮 78.6%，氧 20.95%，氩 0.93%。这三种气体的体积和约占大气总体积的 99.94%。

大气污染：大气中有害物质浓度超过环境所能允许的极限并持续一定时间后，会改变大气特别是空气的正常组成，破坏自然的物理、化学和生态平衡体系，从而危害人们的生活、工作和健康，损害自然资源、财产及器物等，这种情况称为大气污染。

大气是最宝贵的自然资源之一。没有空气，植物不能生长，动物不能生存。月球上之所以没有发现任何生命体，其中最主要的原因是它周围没有空气。每个人每时每刻都要呼吸空气。一个成年人 1h 内大约需要 400～500L 空气。资料表明，一个人 5 周不吃食物或 5 天不喝水可以维持生命，而 5min 不呼吸空气，将会导致生命的终结。可见，空气特别是清洁的空气，对于动植物的生长和人类生存起着十分关键的作用。然而，人类自从用火以来，就已经开始在一种被污染了的空气中生活了。尤其进入 20 世纪以来，随着现代工业和交通运输的迅猛发展，工业和人口高度集中，烟囱排出的大量废气，汽车排出的大量尾气，使城市空气质量恶化。20 世纪 40～50 年代接连出现的烟雾事件，严重危害城市居民的健康。据卫生部门统计，城市呼吸道疾病如肺癌、喉癌和心血管疾病都急剧上升，这不能不考虑与大气污染有关。

全球大气污染问题的介绍

1. 大气污染对人和动物的危害

大气污染对人和动物的危害可分为急性作用和慢性作用。急性作用指人体受到污染的空气侵袭后，在短时间内即表现出不适或中毒症状的现象，如伦敦烟雾事件、洛杉矶光化学烟雾事件等。慢性作用指人体在低污染物浓度的空气长期作用下产生的慢性危害。近年世界各国肺癌发病率和死亡率明显上升，特别美、日、英等国近 30 多年患呼吸道疾病的人数和死亡率不断增加，而且城市高于农村，虽然肺癌的病因至今不完全清楚，但大量事实说明空气污染是重要致病因素之一，且空气污染程度与居民肺癌死亡率之间呈一定正相关关系。

2. 大气污染对植物的危害

大气污染对植物的危害可分为急性危害、慢性危害和不可见危害三种。

急性危害可导致作物产量显著降低，甚至枯死。慢性危害可影响作物生长发育，但症状一般不明显。不可见危害只造成植物生理上的障碍，使植物生长受抑制，但从外观上一般看不出症状。欲判断大气污染对植物造成的慢性危害和不可见危害情况，需采用植物生产力、受害叶片内污染物分析等方法。

二、大气污染物的种类和存在状态

大气污染物种类很多，已发现有危害作用而被人们注意的有一百多种，其中大部分是有机物。大气污染物的分类方法很多，可按污染物的存在状态和来源、主要污染物的化学性质、污染物的形成过程以及其他方法进行分类。

（一）根据污染物存在状态分类

大气污染物按存在状态可分为两大类：气体状态污染物和粒子状态污染物。其中粒子状态污染物只占 10%左右，而 90%左右的污染物是气体状态污染物。

1. 气体状态污染物

某些物质如二氧化硫、氮氧化物、氯化氢、氯气、卤素化合物、碳的氧化物、气态有机化合物、臭氧等沸点都很低，在常温、常压下以气体分子形式分散于大气中。还有些物质如苯、苯酚等，虽然在常温、常压下是液体或固体，但因其挥发性强，故能以蒸气态进入大气中。无论是气体分子还是蒸气分子，都具有运动速度较大、扩散快、在大气中分布比较均匀的特点。它们的扩散情况与自身的密度有关：密度大者向下沉降，如汞蒸气等；密度小者向上飘浮，并受气象条件的影响，可随气流扩散到很远的地方。

大气污染物的种类及其危害

2. 粒子状态污染物

粒子状态污染物（或颗粒物）是分散在大气中的微小液体和固体颗粒，粒径多在 0.01～100μm 之间，是一个复杂的非均匀体系。通常根据颗粒物在重力作用下的沉降特性将其分为降尘和飘尘。粒径大于10μm的颗粒物能较快地沉降到地面上，称为降尘，如水泥粉尘、金属粉尘、飞尘等，一般颗粒大，分子量也大，在重力作用下易沉降，危害范围较小。粒径小于10μm的颗粒可长期飘浮在大气中，称为飘尘。飘尘具有胶体性质，又称为气溶胶，气溶胶是由气体介质和悬浮在其中的固体或液体粒子所组成的气体分散系。它易随呼吸进入人体肺脏，在肺泡内积累，并可进入血液输往全身，对人体健康危害大，因此也称为可吸入颗粒物（IP）。通常用烟、雾、灰尘、液滴等来描述飘尘存在的形式。

（1）粉尘　粉尘指悬浮于气体介质中的小固体颗粒，受重力作用可发生沉降，但在一定的时间内能保持悬浮状态。粉尘通常是由固体物质的破碎、研磨、筛分、输送等机械过程，或土壤、岩石的风化等自然过程形成的，其形状往往是不规则的。粉尘粒子的粒径在气体除尘技术中，一般为1～100μm左右。粉尘的种类很多，如黏土粉尘、石英粉尘、煤粉、水泥粉尘及各种金属粉尘等。

（2）烟　烟一般指冶金过程形成的固体粒子的气溶胶。它是熔融物质挥发后生成的气态物质的冷凝物，生成过程中总是伴随着氧化之类的化学反应。烟粒子很小，一般在0.01～1μm左右。有色冶炼过程中产生的氧化铅烟、氧化锌烟，核燃料后处理中的氧化钙烟等都属于这一类污染物。

（3）飞灰　飞灰指随燃烧产生的烟气排出的分散得很细的无机灰分。

（4）黑烟　黑烟通常指燃料燃烧产生的能见气溶胶，是燃料不完全燃烧的产物，除炭粒外，还有碳、氢、氧、硫等组成的化合物。在某些情况下，粉尘、烟、飞灰和黑烟等小固体粒子气溶胶的界限很难明确区分，特别是在工程运用中，也没有严格的规范。根据我国的习惯，一般将冶金过程或化学过程形成的固体粒子气溶胶称为烟尘；燃烧过程产生的飞灰和黑烟，在不必细分时，也称为烟尘。在其他情况或泛指固体粒子气溶胶时，则通称为粉尘。

（5）雾　是指气体中液滴悬浮体的总称。气象学中指造成能见度小于1km的小水滴悬浮体。工程中，雾一般泛指小液体粒子悬浮体，液体蒸气的凝结、液体的雾化等过程都可形成雾，如水雾、酸雾、碱雾和油雾等。

（二）根据污染物形成过程分类

大气污染物按形成的过程可分为一次污染物和二次污染物。

一次污染物是指直接从污染源排放到大气中的有害物质，其物理和化学性质均未发生变化的污染物，又称原发性污染物。常见的有二氧化硫、二氧化氮、一氧化碳、碳氢化合物、颗粒性物质等。还原型的大气污染物主要是一次污染物。

二次污染物是一次污染物在大气中相互作用或它们与大气中的正常组分发生反应所产生的新污染物。这些新污染物与一次污染物的化学、物理性质完全不同，多为气溶胶，具有颗粒小、毒性一般比一次污染物大等特点。常见的二次污染物有硫酸盐、硝酸盐、臭氧、醛类、过氧乙酰硝酸酯（PAN）等。大气中污染物质的存在状态是由其自身的理化性质及形成过程决定的，气象条件也起一定的作用。目前受普遍重视的二次污染物主要是硫酸烟雾和光化学烟雾。

三、大气污染源及污染物

大气污染物按来源可分为自然源和人为源两类。

（一）自然源

在未受人为污染的大气中，由自然原因产生的大气污染物的污染源，称为自然源。经扩散混匀后的污染物浓度即为大气的自然背景值，比如火山爆发、森林火灾、地震、海啸等自然灾害形成的尘埃、硫、硫化氢、硫氧化物、氮氧化物、盐类以及恶臭气体等。

（二）人为源

由于人类活动而产生的大气污染物污染源，称为人为源。几乎所有的人类活动都能产生或多或少的大气污染物。由于人类的生产和生活活动形成的煤烟、尘、硫氧化物、氮氧化物等是造成大气污染的主要根源。人为源按种类及其产生的主要来源可分为以下几种。

1. 交通污染源

在交通运输工具中，汽车数量最大，排放的污染物也最多，并且集中在城市，故对大气环境特别是城市大气环境影响大。在一些发达国家，汽车排气已成为一个严重的大气污染源。如美国的大气污染80%来自汽车的排气；光化学烟雾在洛杉矶屡有发生就是汽车排气中的污染物与适宜的气象条件相结合的产物。表4-1列出了有代表性的汽车排气中的化学组分。

表4-1　有代表性的汽车排气中的化学组分

项目	空档	加速	定速	减速
碳氢化合物(以己烷计)/(mg/L)	300～1000	300～800	250～550	3000～12000
乙炔/(mg/L)	710	170	178	1096
醛/(mg/L)	15	27	34	199
氮氧化物(以 NO_2 计)/(mg/L)	10～50	1000～4000	1000～3000	5～50
一氧化碳/%	4.9	1.8	1.7	3.4
二氧化碳/%	10.2	12.1	12.4	6.0
氧气/%	1.8	1.5	1.7	8.1
排气量/(L/min)	142～708	1133～5660	708～1699	142～703
未燃燃料(以己烷计)占供应燃料的质量分数/%	2.88	2.12	1.95	18.0

注：摘自《环境监测》P_{83}，自编讲义，2003。

2. 工业污染源

在工业企业排放的废气中，排放量最大的是以煤和石油为燃料，在燃烧过程中排放的粉尘、SO_2、NO_x、CO、CO_2 等，其次是工业生产过程中排放的多种有机和无机污染物质。表4-2列出了各类工业企业向大气中排放的主要污染物。

表4-2　各类工业企业向大气中排放的主要污染物

部门	企业类别	排出主要污染物
电力	火力发电厂	烟尘、SO_2、NO_x、CO、苯并芘等
冶金	钢铁厂	烟尘、SO_2、CO、氧化铁尘、氧化锰尘、锰尘等
	有色金属冶炼厂	粉尘(Cu、Cd、Pb、Zn 等重金属)、SO_2 等
	焦化厂	烟尘、SO_2、CO、H_2S、酚、苯、萘、烃类等
化工	石油化工厂	SO_2、H_2S、NO_x、氰化物、氯化物、烃类等
	氮肥厂	烟尘、NO_x、CO、NH_3、硫酸气溶胶等
	磷肥厂	烟尘、氟化氢、硫酸气溶胶等
	氯碱厂	氯气、氯化氢、汞蒸气等
	化学纤维厂	烟尘、H_2S、NH_3、CS_2、甲醇、丙酮等
	硫酸厂	SO_2、NO_x、砷化物等
	合成橡胶厂	烯烃类、丙烯腈、二氯乙烷、二氯乙醚、乙硫醇、氯化甲烷等
	农药厂	砷化物、汞蒸气、氯气、农药等
	冰晶石厂	氟化氢等
机械	机械加工厂	烟尘等
	造纸厂	烟尘、硫醇、H_2S 等
	灯泡厂	烟尘、汞蒸气等
	仪表厂	汞蒸气、氰化物等
建材	水泥厂	水泥尘、烟尘等

3. 室内污染源

随着人们生活水平的提高，室内装修越来越复杂。加上现代化技术的发展，人们在室内活动的时间越来越长，生活在城市中的人 80%以上的时间在室内度过。因此，近年来建筑物室内空气质量的监测在国内外越来越引起广泛的重视。一般室内污染物的浓度为室外污染物浓度的 2～5 倍。室内环境污染直接威胁着人们的身体健康。据医学调查，室内环境污染将提高呼吸道疾病的发病率，特别使咽喉癌、肺癌、白血病等发生率和死亡率上升。室内污染物的主要来源有：建筑材料、装饰材料中的有机物，如苯、甲醛、挥发性有机物等；大理石、地砖材料中的放射性物质；人类活动引起的 CO_2 过高，霉菌、真菌和病毒过多等。

大气污染物与其他环境中的污染物相比，污染物具有随时间和空间变化大的特点。了解污染物的特点对监测布点具有实际的指导作用。

大气污染物的时空分布及其浓度变化与污染物排放源的分布、排放量及地形、地貌、气象等条件密切相关。同一污染源对同一地点在不同时间所造成的地面空气污染浓度往往相差数倍至数十倍；同一时间不同地点也相差甚大。一次污染物和二次污染物在大气中的浓度由于受气象条件的影响，在一天内的变化也不同。一次污染物因受逆温层、气温、气压等的限制，在清晨和黄昏时浓度较高，中午即降低；而二次污染物如光化学烟雾等由于与太阳光的照射有关，故在中午时浓度增加，清晨和夜晚时降低。

污染源的类型、排放规律及污染物的性质不同，其时空分布特点也不同。根据污染源在空间的几何形状，可将其分为点源、线源、面源。例如：点源，如燃烧化石燃料的发电厂和大城市的供暖锅炉；线源，如汽车、火车、飞机等在公路、铁路、跑道或航空线附近构成的大气污染；面源，如石油化工区或居民住宅区的众多小炉灶构成的大气污染。我国北方地区冬季采暖，在 1、2、11、12 月 SO_2 浓度比其他月份高；一天之内 6:00～8:00 和 18:00～21:00 为采暖高峰时间，SO_2 浓度高。就污染物的性质而言，质量轻的分子和气溶胶态的污染物易在空气中扩散、稀释，随时间变化快；质量重的尘、汞蒸气等扩散能力差，影响范围小。

四、大气环境标准

为了防止大气污染，我国已颁发的大气标准主要有：《环境空气质量标准》(GB 3095—2012)；《大气污染物综合排放标准》(GB 16297—1996)；《室内空气质量标准》(GB 18883—2002)；《饮食业油烟排放标准》(GB 18483—2001)；《锅炉大气污染物排放标准》(GB 13271—2014)；《工业炉窑大气污染物排放标准》(GB 9078—1996)；《水泥工业大气污染物排放标准》(GB 4915—2013)；以及一些行业排放标准中有关气体污染物排放限值等。

（一）环境空气质量标准

环境空气相关标准及其关系

我国已颁布的大气环境质量标准有《环境空气质量标准》《室内空气质量标准》《乘用车内空气质量评价指南》等。本节以 2012 年更新的《环境空气质量标准》(GB 3095—2012) 为例介绍大气环境质量标准。

1. 标准适用范围

本标准规定了环境空气功能区分类、标准分级、污染物项目、平均时间及浓度限值、监测方法、数据统计的有效性规定及实施与监督等内容。本标准适用于环境空气质量评价与管理。各省、自治区、直辖市人民政府对本标准中未作规定的污染物项目，可以制定地方环境空气质量标准。

2. 环境空气功能区分类和质量要求

① 环境空气功能区分类。环境空气功能区分为两类：一类区为自然保护区、风景名胜区和其他需要特殊保护的区域；二类区为居住区、商业交通居民混合区、文化区、工业区和农村地区。

② 环境空气功能区质量要求。一类区适用一级浓度限值，二类区适用二级浓度限值。一、二类环境空气功能区质量要求见表 4-3 和表 4-4。

表 4-3 环境空气污染物基本项目浓度限值

序号	污染物项目	平均时间	浓度限值		单位
			一级	二级	
1	二氧化硫(SO_2)	年平均	20	60	$\mu g/m^3$
		24 小时平均	50	150	
		1 小时平均	150	500	
2	二氧化氮(NO_2)	年平均	40	40	
		24 小时平均	80	80	
		1 小时平均	200	200	
3	一氧化碳(CO)	24 小时平均	4	4	mg/m^3
		1 小时平均	10	10	
4	臭氧(O_3)	日最大 8 小时平均	100	160	$\mu g/m^3$
		1 小时平均	160	200	
5	颗粒物(粒径小于等于 10 μm)	年平均	40	70	
		24 小时平均	50	150	
6	颗粒物(粒径小于等于 2.5μm)	年平均	15	35	
		24 小时平均	35	75	

表 4-4 环境空气污染物其他项目浓度限值

序号	污染物项目	平均时间	浓度限值		单位
			一级	二级	
1	总悬浮颗粒物(TSP)	年平均	80	200	$\mu g/m^3$
		24 小时平均	120	300	
2	氮氧化物(NO_x)	年平均	50	50	
		24 小时平均	100	100	
		1 小时平均	250	250	
3	铅(Pb)	年平均	0.5	0.5	
		季平均	1	1	
4	苯并[*a*]芘(B*a*P)	年平均	0.001	0.001	
		24 小时平均	0.0025	0.0025	

③ 本标准自 2016 年 1 月 1 日起在全国实施。基本项目（表 4-3）在全国范围内实施；其他项目（表 4-4）由国务院环境保护行政主管部门或者省级人民政府根据实际情况确定具体实施方式。

④ 在全国实施本标准之前，国务院环境保护行政主管部门可根据《关于推进大气污染联防联控工作改善区域空气质量的指导意见》等文件要求指定部分地区提前实施本标准，具体实施方案（包括地域范围、时间等）另行公告；各省级人民政府也可根据实际情况和当地环境保护的需要提前实施本标准。

（二）排放标准

我国已颁布的大气环境排放标准包括大气污染物综合排放标准和各行业排放标准，行业排放标准主要有《水泥工业大气污染物排放标准》《饮食业油烟排放标准》《锅炉大气污染物排放标准》《工业炉窑大气污染物排放标准》《炼钢工业大气污染物排放标准》《石油化学工业污染物排放标准》等。本节以《大气污染物综合排放标准》为例介绍大气污染物排放标准。

在我国现有的国家大气污染物排放标准体系中，按照综合排放标准与行业性排放标准不交叉执行的原则，锅炉大气污染物执行（GB 13271—2014）排放标准；恶臭污染物执行（GB 14554—93）排放标准等，非行业的大气污染物排放均执行本标准。表 4-5 为现有污染源大气污染物部分排放限值。

表 4-5 现有污染源大气污染物部分排放限值

<table>
<tr><th rowspan="2">序号</th><th rowspan="2">污染物</th><th rowspan="2">最高允许排放浓度/(mg/m³)</th><th colspan="4">最高允许排放速率/(kg/h)</th><th colspan="2">无组织排放监控浓度限值</th></tr>
<tr><th>排气筒高度/m</th><th>一级</th><th>二级</th><th>三级</th><th>监控点</th><th>浓度/(mg/m³)</th></tr>
<tr><td rowspan="10">1</td><td rowspan="10">二氧化硫</td><td rowspan="5">1200
（硫、二氧化硫、硫酸和其他含硫化合物生产）</td><td>15</td><td>1.6</td><td>3.0</td><td>4.1</td><td rowspan="10">无组织排放源上风向设参照点，下风向设监控点</td><td rowspan="10">0.50
（监控点与参照点浓度差值）</td></tr>
<tr><td>20</td><td>2.6</td><td>5.1</td><td>7.7</td></tr>
<tr><td>30</td><td>8.8</td><td>17</td><td>26</td></tr>
<tr><td>40</td><td>15</td><td>30</td><td>45</td></tr>
<tr><td>50</td><td>23</td><td>45</td><td>69</td></tr>
<tr><td rowspan="5">700
（硫、二氧化硫、硫酸和其他含硫化合物使用）</td><td>60</td><td>33</td><td>64</td><td>98</td></tr>
<tr><td>70</td><td>47</td><td>91</td><td>140</td></tr>
<tr><td>80</td><td>63</td><td>120</td><td>190</td></tr>
<tr><td>90</td><td>82</td><td>160</td><td>240</td></tr>
<tr><td>100</td><td>100</td><td>200</td><td>310</td></tr>
<tr><td rowspan="10">2</td><td rowspan="10">氮氧化物</td><td rowspan="4">1700
（硝酸、氮肥和火炸药生产）</td><td>15</td><td>0.47</td><td>0.91</td><td>1.4</td><td rowspan="10">无组织排放源上风向设参照点，下风向设监控点</td><td rowspan="10">0.15
（监控点与参照点浓度差值）</td></tr>
<tr><td>20</td><td>0.77</td><td>1.5</td><td>2.3</td></tr>
<tr><td>30</td><td>2.6</td><td>5.1</td><td>7.7</td></tr>
<tr><td>40</td><td>4.6</td><td>8.9</td><td>14</td></tr>
<tr><td rowspan="6">420
（硝酸使用和其他）</td><td>50</td><td>7.0</td><td>14</td><td>21</td></tr>
<tr><td>60</td><td>9.9</td><td>19</td><td>29</td></tr>
<tr><td>70</td><td>14</td><td>27</td><td>41</td></tr>
<tr><td>80</td><td>19</td><td>37</td><td>56</td></tr>
<tr><td>90</td><td>24</td><td>47</td><td>72</td></tr>
<tr><td>100</td><td>31</td><td>61</td><td>92</td></tr>
<tr><td rowspan="14">3</td><td rowspan="14">颗粒物</td><td rowspan="4">22
（炭黑尘、染料尘）</td><td>15</td><td rowspan="4">禁排</td><td>0.60</td><td>0.87</td><td rowspan="4">周界外浓度最高点</td><td rowspan="4">肉眼不可见</td></tr>
<tr><td>20</td><td>1.0</td><td>1.5</td></tr>
<tr><td>30</td><td>4.0</td><td>5.9</td></tr>
<tr><td>40</td><td>6.8</td><td>10</td></tr>
<tr><td rowspan="4">80
（玻璃棉尘、石英粉尘、矿渣棉尘）</td><td>15</td><td rowspan="4">禁排</td><td>2.2</td><td>3.1</td><td rowspan="4">无组织排放源上风向设参照点，下风向设监控点</td><td rowspan="4">2.0
（监控点与参照点浓度差值）</td></tr>
<tr><td>20</td><td>3.7</td><td>5.3</td></tr>
<tr><td>30</td><td>14</td><td>21</td></tr>
<tr><td>40</td><td>25</td><td>37</td></tr>
<tr><td rowspan="6">150
（其他）</td><td>15</td><td>2.1</td><td>4.1</td><td>5.9</td><td rowspan="6">无组织排放源上风向设参照点，下风向设监控点</td><td rowspan="6">5.0
（监控点与参照点浓度差值）</td></tr>
<tr><td>20</td><td>3.5</td><td>6.9</td><td>10</td></tr>
<tr><td>30</td><td>14</td><td>27</td><td>40</td></tr>
<tr><td>40</td><td>24</td><td>46</td><td>69</td></tr>
<tr><td>50</td><td>36</td><td>70</td><td>110</td></tr>
<tr><td>60</td><td>51</td><td>100</td><td>150</td></tr>
</table>

第二节 大气污染监测方案的制订

制订大气监测方案，首先要根据监测的目的进行调查研究，收集资料，然后进行综合分析，确定监测项目，根据所监测对象的特点设计布点网络，选定采样频率、采样方法和监测技术，建立质量保证程序和措施，提出监测结果报告要求及进度计划等。下面结合我国现行技术规范，对监测方案等内容加以介绍。

一、大气污染监测规划与设计

（一）大气污染监测目的及项目

① 通过对大气环境中主要污染物质进行定期或者连续性的监测，判断大气质量是否符合国家制定的大气质量标准，并为编写大气环境质量状况评价报告提供数据。

② 为研究大气质量的变化规律和发展趋势，开展大气污染的预测预报，为研究污染物迁移、转化等工作提供依据。

③ 为政府环保部门执行有关环境保护法规，开展环境质量管理、环境科学研究及修订大气环境质量标准提供基础资料和依据。

大气中的污染物多种多样，应根据优先监测的原则，选择那些危害大、涉及范围广，已建立成熟方法，并有标准可比的项目进行监测。在我国环境监测技术规范中规定的监测项目分两种。

① 必测项目：二氧化硫、氮氧化物、总悬浮颗粒物、硫酸盐化速率、灰尘自然沉积量。

② 选测项目：一氧化碳、可吸入颗粒物、光化学氧化剂、氟化物、铅、汞、苯并芘、总烃及非甲烷烃。

（二）资料收集及调研

1. 污染源分布及排放情况

调查监测区域内的污染源类型、数量、位置、排放的主要污染物及排放量等情况，同时还应了解所用原料、燃料及消耗量。注意要将高烟囱排放的较大污染源与低烟囱排放的小污染源区别开来。因为小污染源的排放高度低，对周围地区地面大气中污染物浓度的影响比大型工业污染源大。另外，对于交通运输污染较重和有石油化工企业的地区，应区别一次污染物和二次污染物。因为二次污染物是在大气中形成的，其高浓度可能在远离污染源的地方，在布设监测点时应加以考虑。

2. 气象资料

污染物在大气中的扩散、输送和一系列的物理、化学变化在很大程度上取决于当时当地的气象条件。因此，要收集监测区域的风向、风速、扬沙、气温、气压、降水量、日照时间、相对湿度、雾日、温度的垂直分布和逆温层底部高度等资料。

主要气象要素的介绍

3. 地形资料、土地利用和功能分区情况

地形对当地的风向、风速和大气稳定情况等有影响，因此，在设置监测网点时应当作为重要考虑的因素。例如，城市与乡村之间的城市热岛效应的影响；位于丘陵地区的城市，市区内大气污染物的浓度梯度会相当大；位于海边的城市会受海陆风的影响，而位于山区的城市会受山谷风的影响等。为掌握污染物的实际分布状况，监测区域的地形越复杂，要求布设的监测点越多。监测区域内土地利用情况及功能区划分也是设置监测网点应考虑的重要因素之一。不同功能区的污染状况是不同的，如工业区、商业区、居民区等。

4. 人口分布及人群健康情况

环境保护的目的是维护自然环境的生态平衡，保护人群的健康，因此，掌握监测区域的人口分布、居民和动植物受大气污染危害情况及流行性疾病等资料，对制定监测方案、分析判断监测结果是有益的。此外，对于监测区域以往的大气监测资料等也应尽量收集，供制定监测方案参考。

（三）采样点布设的原则

① 采样点应设在整个监测区域的高、中、低三种不同污染物浓度的地方。

② 在污染源比较集中、主导风向比较明显的情况下，应将污染源的下风向作为主要监测范围，布设较多的采样点，上风向布设少量点作为对照。

③ 工业较密集的城区和工矿区，人口密度及污染物超标地区，要适当增设采样点；城市郊区和农村，人口密度小及污染物浓度低的地区，可酌情少设采样点。

④ 采样点的周围应开阔，采样口水平线与周围建筑物高度的夹角应不大于 30°。测点周围无局部污染源，并应避开树木及吸附能力较强的建筑物。交通密集区的采样点应设在距人行道边缘至少 1.5m 远处。

⑤ 各采样点的设置条件要尽可能一致或标准化，使获得的监测数据具有可比性。

⑥ 采样高度根据监测目的而定。研究大气污染对人体的危害，采样口应在离地面 1.5～2m 处；研究大气污染对植物或器物的影响，采样口高度应与植物或器物高度相近。连续采样例行监测采样口高度应距地面 3～15m；SO_2、NO_x、TSP、硫酸盐化速率的采样高度以 5～10m 为宜；降尘的采样高度以 8～12m 为宜；若置于屋顶采样，采样口应与基础面有 1.5m 以上的相对高度，以减小扬尘的影响。特殊地形地区可视实际情况选择采样高度。

（四）布点方法及数目

1. 功能区布点法

按功能区划分布点法多用于区域性常规监测。先将监测区域划分为工业区、商业区、居住区、工业和居住混合区、交通稠密区、清洁区等，再根据具体污染情况和人力、物力条件，在各功能区设置一定数量的采样点。各功能区的采样点数不要求平均，一般在污染较集中的工业区和人口较密集的居住区多设采样点。

2. 网格布点法

网格布点法是将监测区域地面划分成若干均匀网状方格，采样点设在两条直线的交点处或方格中心（图 4-1）。网格大小视污染源强度、人口分布及人力、物力条件等确定。若主导风向明显，下风向监测点多设一些，一般占采样点总数的 60%。对于有多个污染源，且污染源分布较均匀的地区多采用网格布点法。

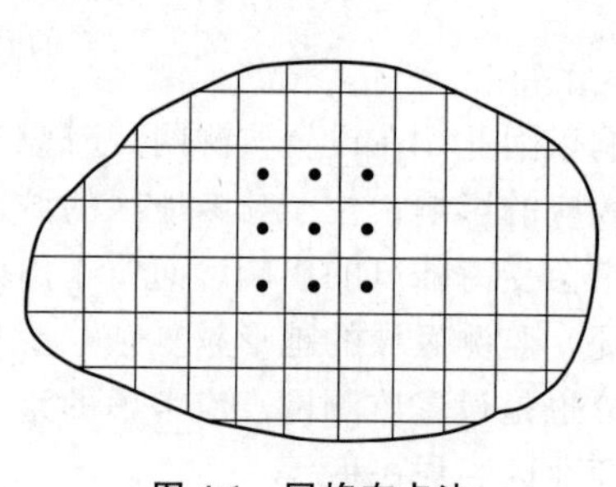

图 4-1　网格布点法

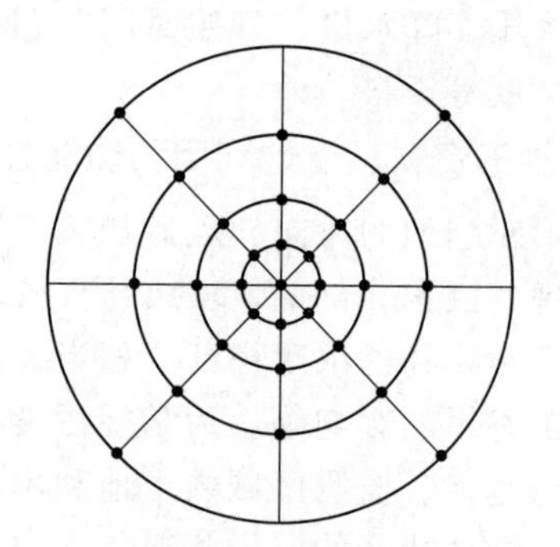

图 4-2　同心圆布点法

（摘自奚旦立，环境监测，高等教育出版社，2005 年 4 月）

3. 同心圆布点法

这种方法主要用于多个污染源构成污染群，且大污染源较集中的地区。先找出污染群的中心，以此为圆心在地面上画若干个同心圆，再从圆心作若干条放射线，将放射线与圆周的交点作为采样点（图 4-2）。不同圆周上的采样点数目不一定相等或均匀分布，常年主导风向的下风向比上风向多设一些点。例如，同心圆的半径分别取 5km、10km、15km、20km，从里向外的圆周上分别设 4、8、8、4 个采样点。

4. 扇形布点法

扇形布点法适用于孤立的高架点源，且主导风向明显的地区。以点源为顶点，成 45°扇形展开，夹角可大些，但不能超过 90°，采样点设在扇形平面内距点源不同距离的若干弧线上。每条弧线上设 3～4 个采样点，相邻两点与顶点连线的夹角一般取 10°～20°（图 4-3）。在上风向应设对照点。

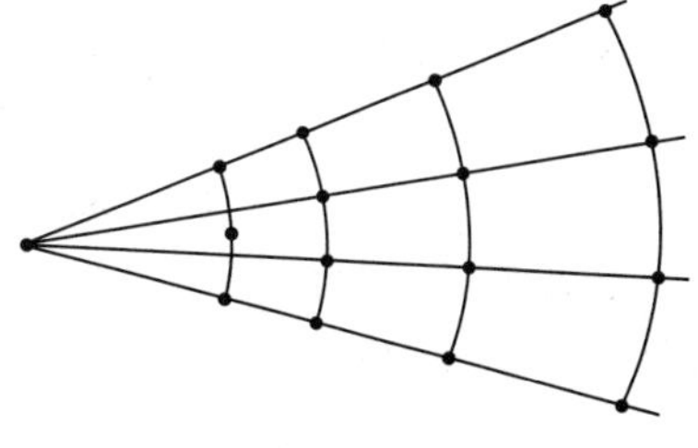

图 4-3 扇形布点法

采用同心圆和扇形布点法时，应考虑高架点源排放污染物的扩散特点。在不计污染物本底浓度时，点源脚下的污染物浓度为零，污染物浓度随着距离增加，很快出现浓度最大值，然后按指数规律下降。因此，同心圆或弧线不宜等距离划分，而是靠近最大浓度值的地方密一些，以免漏测最大浓度的位置。至于污染物最大浓度出现的位置，与源高、气象条件和地面状况密切相关。例如，对平坦地面上 50m 高的烟囱，污染物最大地面浓度出现的位置与气象条件有关。随着烟囱高度的增加，最大地面浓度出现的位置随之增大，如在大气稳定时，高度为 100m 烟囱排放污染物的最大地面浓度出现位置约在烟囱高度的 100 倍处。

5. 平行布点法

平行布点法适用于线性污染源。对于公路等线性污染源，一般在距公路两侧 1m 左右布设监测网点，然后再距公路 100m 左右的距离布设与前面监测点对应的监测点，目的是了解污染物经过扩散后对环境产生的影响。在前后两点对比采样的时候注意污染物组分的变化。

在实际工作中，为做到因地制宜，使采样网点布设得完善合理，往往采用以一种布点方法为主，兼用其他方法的综合布点法。

在一个监测区域内，采样点设置数目是与经济投资和精度要求相应的一个效益函数，应根据监测范围大小、污染物的空间分布特征、人口分布及密度、气象、地形及经济条件等因素综合考虑确定。我国对大气环境污染例行监测采样点规定的设置数目见表 4-6。

表 4-6 中国对大气环境污染例行监测采样点规定的设置数目

市区人口/万人	SO_2、NO_x、TSP	灰尘自然降尘量	硫酸盐化速率
＜50	3	≥3	≥6
50～100	4	4～8	6～12
100～200	5	8～11	12～18
200～400	6	12～20	18～30
＞400	7	20～30	30～40

注：摘自《环境监测》P_{160}，王英健、杨永红主编，化学工业出版社，2004。

（五）采样时间和采样频率

采样时间系指每次采样从开始到结束所经历的时间，也称采样时段。采样频率系指在一定时间范围内的采样次数。这两个参数要根据监测目的、污染物分布特征及人力物力等因素确定。采样时间短，试样缺乏代表性，监测结果不能反映污染物浓度随时间的变化，仅适用于事故性污染、初步调查等情况的应急监测。

为增加采样时间，目前采用两种办法。第一种是增加采样频率，即每隔一定时间采样测定一次，取多个试样测定结果的平均值为代表值。这种方法适用于受人力、物力限制而进行人工采样测定的情况，是目前进行大气污染常规监测、环境质量评价现状监测等广泛采用的方法。若采样频率安排合理、适当，积累足够多的数据，具有较好的代表性。第二种增加采样时间的办法是使用自动采样仪器进行连续自动采样，若再配用污染组分连续或间歇自动监测仪器，其监测结果能很好地反映污染物浓度的变化，得到任何一段时间的代表值（平均值），这是最佳采样和测定方式。显然，连续自动采样监测频率可以选得很高，采样时间很长，如一些发达国家为监测空气质量的长期变化趋势，要求计算年平均值的积累采样时间在6000h以上。我国监测技术规范对大气污染例行监测规定的采样时间和采样频率见表4-7。

表4-7 我国对大气污染例行监测规定的采样时间和采样频率

监测项目	采样时间和频率
二氧化硫	隔日采样，每天连续采(24±0.5)h，每月14～16天，每年12个月
氮氧化物	同二氧化硫
总悬浮颗粒物	隔双日采样，每天连续采(24±0.5)h，每月5～6天，每年12个月
灰尘自然降尘量	每月采样(30±2)天，每年12个月
硫酸盐化速率	每月采样(30±2)天，每年12个月

注：摘自《环境监测》P_{161}，王英健、杨永红主编，化学工业出版社，2004。

二、大气采样方法和技术

根据大气污染物的存在状态、浓度、物理和化学性质的特点，选择相应的采样方法和监测技术对大气进行监测。对于大气样品的采集方法可归纳为直接采样法和富集（浓缩）采样法两类。

（一）直接采样法

当空气中的被测组分浓度较高，或者监测方法灵敏度高时，直接采集少量气样即可满足监测分析要求时采用直接采样法。例如，用紫外荧光法测定空气中的二氧化硫，用气相色谱测定空气中的甲醛等都可用直接采样法。直接采样法测得的结果是瞬时浓度或短时间内的平均浓度，能较快地测得结果。常用的采样容器有注射器、塑料袋、真空瓶（管）等。

1. 注射器采样

常用100mL注射器采集有机蒸气样品。采样时，先用现场气体抽洗3次，然后抽取100mL气体，密封进气口，带回实验室分析。样品存放时间不宜过长，一般需当天分析完。

2. 塑料袋采样

用塑料袋采集现场气体，取样量以塑料袋略呈正压为宜。选择塑料袋时应注意，选择与气样中污染组分既不发生化学反应，也不吸附、不渗漏的塑料袋。常用的有聚四氟乙烯袋、聚乙烯袋及聚酯袋等。为减小对被测组分的吸附，可在袋的内壁衬银、铝等金属膜。采样时，先用双联球打进现场气体冲洗3次，再充满气样，密封进气口，带回尽快分析。

3. 采气管采样

采气管是两端具有旋塞的管式玻璃容器，其容积为100～500mL。采样时，打开两端旋塞，将双联球或抽气泵接在管的一端，迅速抽进比采气管容积大6～10倍的欲采气体，使采气管中原有气体被完全置换出，关上两端旋塞，采气体积即为采气管的容积。

4. 采气瓶采样

采气瓶是一种用耐压玻璃制成的固定容器，容积为500～1000mL。采样前，先用抽真空装置将采气瓶内抽至剩余压力达1.33kPa左右。例如，瓶内预先装入吸收液，可抽至溶液冒泡为止，关闭旋塞。采样时，打开旋塞，被采空气即充入瓶内，关闭旋塞，则采样体积为真空采气瓶的容积。如果采气瓶内真空度达不到1.33kPa实际采样体积应根据剩余压力进行计算。

当用闭口压力计测量剩余压力时，现场状况下的采样体积按下式计算：

$$V=V_0\times\frac{p-p_B}{p}$$

式中 V——现场状况下的采样体积，L；

V_0——真空采气瓶容积，L；

p——大气压力，kPa；

p_B——闭管压力计读数，kPa。

（二）富集（浓缩）采样法

大气中的污染物质浓度一般都比较低（10^{-9}～10^{-6}数量级），直接采样法往往不能满足分析方法检测限的要求，故需要用富集采样法对大气中的污染物进行浓缩。富集采样时间一般比较长，测得的结果代表采样时段的平均浓度，更能反映大气污染的真实情况。这类采样方法有溶液吸收法、低温冷凝法、固体阻留法及自然沉降法等。

1. 溶液吸收法

该方法是采集大气中气态、蒸气态及某些气溶胶态污染物质的常用方法。采样时用抽气装置将欲测大气以一定流量抽入装有吸收液的吸收管或吸收瓶。采样结束后，倒出吸收液进行测定，根据测得结果及采样体积计算空气中污染物的浓度。

溶液吸收法的吸收效率主要取决于吸收速率和样气与吸收液的接触面积。欲提高吸收速率，必须根据被吸收污染物的性质选择效能好的吸收液。常用的吸收液有水溶液和有机溶剂等。按照吸收原理可分为两种类型：一种是物理吸收，即气体分子溶解于溶液，如用水吸收空气中的氯化氢，用10%乙醇吸收甲苯等；另一种是化学吸收，即发生化学反应，例如用氢氧化钾溶液吸收空气中的硫化氢。理论和实践证明，伴有化学反应的吸收溶液的吸收速度比单靠溶解作用的吸收液的吸收速度快得多。因此，除采集溶解度非常大的气态物质外，一般都选用伴有化学反应的吸收液。

选择吸收液的原则是：与被采集的污染物质发生化学反应快或对其溶解度大；污染物质被吸收液吸收后，要有足够的稳定时间，以满足分析测定所需时间的要求；污染物质被吸收后，应有利于下一步分析测定，最好能直接用于测定；吸收液毒性小、价格低、易于购买，且尽可能回收利用。

增大被采气体与吸收液接触面积的有效措施是减小采气气泡的体积、选用结构适宜的吸收装置。下面介绍几种常用吸收装置（图4-4）。

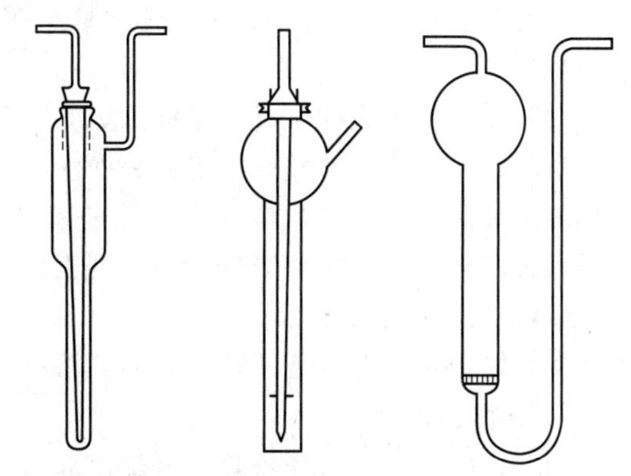
(a) 气泡吸收管 (b) 冲击式吸收管 (c) 多孔筛板吸收管

图4-4 气体吸收管

（1）气泡吸收管 气泡吸收管可装5～

10mL 吸收液，采样流量为 0.5～2.0 L/min，适用于采集气态和蒸气态物质。对于气溶胶态物质，因不能像气态分子那样快速扩散到气液界面上，故吸收效率差。

（2）冲击式吸收管　冲击式吸收管有小型（装 5～10mL 吸收液，采样流量为 3.0L/min）和大型（装 50～100mL 吸收液，采样流量为 30 L/min）两种规格，适宜采集气溶胶态物质。因为该吸收管的进气管喷嘴孔径小，距瓶底又很近，当被采气样快速从喷嘴喷出冲向管底时，气溶胶颗粒因惯性作用冲击到管底被分散，从而易被吸收液吸收。冲击式吸收管不适合采集气态和蒸气态物质，因为气体分子的质量小，在快速抽气情况下容易随大气一起跑掉。

（3）多孔筛板吸收管（瓶）　多孔筛板吸收管可装 5～10mL 吸收液，采样流量为 0.1～1.0 L/min。吸收瓶有小型（装 10～30mL 吸收液，采样流量为 0.5～2.0 L/min）和大型（装 50～100mL 吸收液，采样流量为 30L/min）两种。气样通过吸收管（瓶）的筛板后被分散成很小的气泡，使阻留时间变长，大大增加了气液接触面积，从而提高了吸收效果。它们可以采集气态、蒸气态物质和气溶胶态物质。

2. 填充柱阻留法

填充柱是用一根长 6～10 cm、内径 3～5mm 的玻璃管或塑料管，内装颗粒状或纤维状填充剂制成的。采样时，让气样以一定流速通过填充柱，则欲测组分因吸附、溶解或化学反应等作用被阻留在填充剂上，达到浓缩采样的目的。采样后，通过解吸或溶剂洗脱，使被测组分从填充剂上释放出来进行测定。根据填充剂阻留作用的原理，填充柱可分为吸附型、分配型和反应型三种类型。

（1）吸附型填充柱　填充剂是颗粒状固体吸附剂，如活性炭、硅胶、分子筛、高分子多孔微球等多孔性物质，它们具有较大的比表面积和较强的吸附能力，对气体和蒸气分子有较强的吸附性。吸附的机理有两种：一种是由分子间引力引起的物理吸附；另一种是由剩余价键力引起的化学吸附。一般来说极性吸附剂对极性化合物有较强的吸附能力，非极性吸附剂对非极性化合物有较强的吸附能力。吸附能力越强，采样效率越高，但这往往会给解吸带来困难。因此，在选择吸附剂时，既要考虑吸附效率，又要考虑解吸。

（2）分配型填充柱　分配型填充柱的填充剂是表面涂高沸点有机溶剂（如异十三烷）的惰性多孔颗粒物（如硅藻土），表面涂的高沸点有机溶剂类似于气液色谱柱中的固定液，惰性多孔颗粒物类似于气液色谱柱中的担体，只是有机溶剂的用量比色谱用量大。当被采集气样通过填充柱时，在有机溶剂（固定液）中分配系数大的组分保留在填充剂上而被富集。例如，空气中的有机氯农药 DDT 和多氯联苯等污染物被阻留富集，分析前要用甲醛等有机溶剂溶出。

（3）反应型填充柱　反应型柱的填充剂是由惰性多孔颗粒物（如石英砂、玻璃微球等）或纤维状物（如滤纸、玻璃棉等）表面涂渍能与被测组分发生化学反应的试剂制成的。也可以用能和被测组分发生化学反应的纯金属（如 Au、Ag、Cu 等）丝毛或细粒作填充剂。当气样通过填充柱时，被测组分在填充剂表面因发生化学反应而被阻留。采样后，将反应产物用适宜溶剂洗脱或加热吹气而解吸下来进行分析。反应型填充柱采样量和采样速度都比较大，富集物稳定，对气态、蒸气态和气溶胶态物质都有较高的富集效率。

3. 滤料过滤法

滤料过滤法是将过滤材料（滤纸或滤膜等）放在采样夹上，用抽气装置抽气，则大气中的颗粒物被阻留在滤料上，称量滤料上富集的颗粒物的质量，根据采样体积，即可计算出大气中颗粒物的浓度。

滤料采集大气中颗粒物的机理有直接阻截、惯性碰撞、扩散沉降、静电引力和重力沉降等。滤料的采集效率除与自身性质有关外，还与采样速度、颗粒物的大小等因素有关。高速采样，以惯性碰撞作用为主，对较大颗粒物的采集效率高；低速采样，以扩散沉降为主，对细小颗粒物的采集效率也高。

常用的滤料有：筛孔状滤料，如微孔滤膜、核孔滤膜、银薄膜等；纤维状滤料，如滤纸、玻璃纤维滤膜、过氯乙烯滤膜等。滤纸的孔隙不规则且较少，适用于金属尘粒的采集。因滤纸吸水性较强，不宜用于重量法测定颗粒物浓度。微孔滤膜是由硝酸（或醋酸）纤维素制成的多孔性薄膜，孔径细小、均匀，重量轻，金属杂质含量极微，溶于多种有机溶剂，尤其适用于采集分析金属的气溶胶。核孔滤膜是将聚碳酸酯薄膜覆盖在铀箔上，用中子流轰击，使铀核分裂产生的碎片穿过薄膜形成微孔，再经化学腐蚀处理制成的。这种膜薄而光滑，机械强度好，孔径均匀，不亲水，适用于精密的重量分析，但因微孔呈圆柱状，采样效率较微孔滤膜低。银薄膜由微细的银粒烧结制成，结构与微孔滤膜相似，它能耐 400℃高温，抗化学腐蚀性强，适用于采集酸、碱气溶胶及含煤焦油、沥青等挥发性有机物的气样。

4. 低温冷凝法

低温冷凝采样法是将 U 形或蛇形采样管插入冷阱中，当空气流经采样管时，被测组分因冷凝而凝结在采样管底部（图 4-5）。对于大气中某些沸点比较低的气态污染物质，如烯烃类、醛类等，在常温下用固体填充剂等方法富集效果不好，而低温冷凝法可提高采集效率。常用制冷剂有冰-盐水（－10℃）、干冰-乙醇（－72℃）、干冰（－78.5℃）、液氧（－183℃）、液氮（－196℃）等。

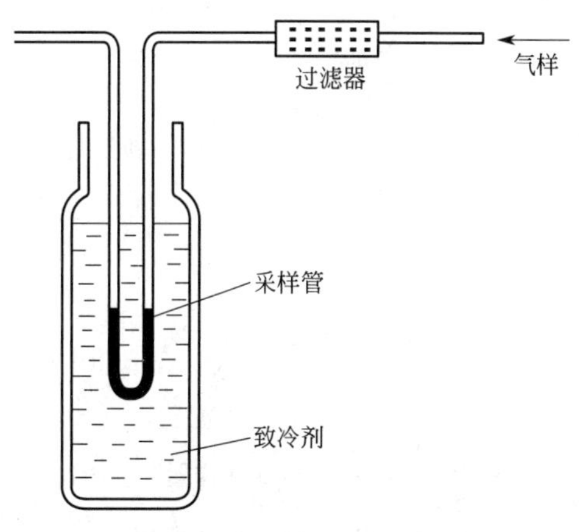

图 4-5 低温冷凝采样装置

低温冷凝采样法具有效果好、采样量大、利于组分稳定等优点，但也存在干扰组分，如水蒸气、二氧化碳，甚至氧也会同时冷凝下来干扰测定。因此，应在采样管的进气端装置选择性过滤器（内装过氯酸镁、碱石棉、氯化钙等），以除去空气中的水蒸气和二氧化碳等。但所用干燥剂和净化剂不能与被测组分发生作用，以免引起被测组分的损失。

5. 静电沉降法

大气样品通过 12000～20000V 电场时，气体分子被电离，所产生的离子附着在气溶胶颗粒上，使颗粒带电，并在电场作用下沉降到收集极上，然后将收集极表面的沉降物收集，供分析用。这种采样方法不能用于易燃、易爆的气体。

6. 扩散法

扩散法采样时不需要抽气动力，而是利用被测污染物质分子自身扩散或渗透到达吸收层（吸收剂、吸附剂或反应性材料）被吸附或吸收，又称无动力采样法。这种采样器体积小、轻便，可以佩戴在人身上，跟踪人的活动，用于人体接触有害物质量的监测。该方法适用于个体采样器中，采集气态和蒸气态有害物质。

7. 自然积集法

自然积集法是利用物质的自然重力、气体动力和浓差扩散作用采集大气中的被测物质，如测定自然降尘量、硫酸盐化速率、氟化物等大气样品的采集。采样不需动力设备，简单易行，且采样时间长，测定结果能较好地反映大气污染情况。

（1）降尘试样采集　采集大气中降尘的方法分为湿法和干法两种，其中湿法应用更为普遍。湿法采样是在一定大小的圆筒形玻璃（或塑料、瓷、不锈钢）缸中加入一定量的水，放置在距地面 5～12m 高，附近无高大建筑物及局部污染源的地方，采样口距基础面 1～1.5m，以避免基础面扬尘的影响。我国集尘缸的尺寸为内径 15cm±0.5cm、高 30cm，一般加水 100～300mL。冬季为防止冰冻保持缸底湿润，需加入适量乙二醇。夏季为抑制微生物及藻类的生长，需加入适量硫酸铜。采样时间为（30±2）天，多雨季节注意及时更换集尘缸，防止水满溢出。干法采样一般使用标准采样器（见图 4-6），夏季也需加除藻剂。我国干法采样用的集尘缸（见图 4-7），在缸底放入塑料圆环，圆环上再放置塑料筛板。

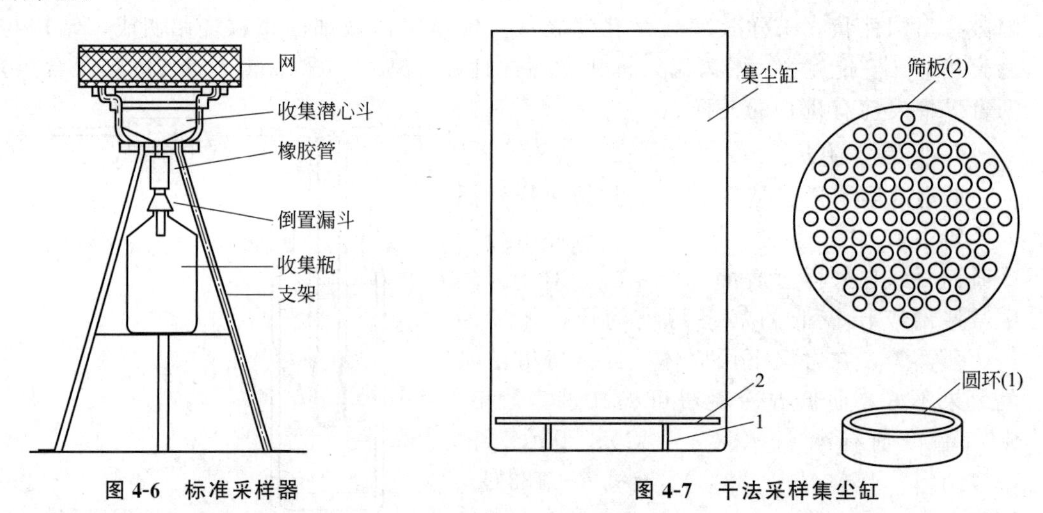

图 4-6　标准采样器　　**图 4-7　干法采样集尘缸**

（2）硫酸盐化速率试样的采集　硫酸盐化速率常用的采样方法有碱片法和二氧化铅法。碱片法是将用碳酸钾溶液浸渍过的玻璃纤维滤膜置于采样点上，大气中的二氧化硫、硫酸雾等与碳酸盐反应生成硫酸盐而被采集。二氧化铅采样法是将涂有二氧化铅糊状物的纱布绕贴在素瓷管上，制成二氧化铅采样管，将其放置在采样点上，大气中的二氧化硫、硫酸雾等与二氧化铅反应生成硫酸铅。

（三）大气采样仪器

1. 大气采样仪器的组成

大气污染物监测可分直接采样法（注射器、塑料袋等）和富集采样法（溶液吸收、填充柱阻留法、滤料过滤法等）。富集采样法的采样器主要由收集器、流量计和采样动力三部分组成。

（1）收集器　收集器是捕集大气中欲测污染物的装置。例如前面介绍的气体吸收管（瓶）、填充柱、滤料、冷凝采样管等都是收集器，需根据被捕集物质的存在状态、理化性质等选用。

（2）流量计　流量计是测量气体流量的仪器，而流量是计算采气体积的参数。常用的流量计有皂膜流量计、转子流量计、孔口流量计和临界孔流量计等（图 4-8）。

皂膜流量计是一根标有体积刻度的玻璃管，管的下端有一支管和装满肥皂水的橡胶球，当挤压橡胶球时，肥皂水液面上升，由支管进来的气体便吹起皂膜，并在玻璃管内缓慢上升，准确记录通过一定体积气体所需的时间，即可得知流量。这种流量计常用于校正其他仪器流量的测量，在很宽的流量范围内，误差皆小于1%。

转子流量计由一个上粗下细的锥形玻璃管和一个金属制转子组成。当气体由玻璃管下端进入时，由于转子下端的环形孔隙截面积小于转子上端的环形孔隙截面积，所以转子下端气体的流速大于上端的流速，下端的压力大于上端的压力，使转子上升，直到上、下两端压力差与转子的重量相等时，转子停止不动。气体流量越大，转子升得越高，可直接从转子上升的位置读出流量。当空气湿度大时，需在进气口前连接一个干燥管，否则，转子吸附水分后重量增加，影响测量结果。

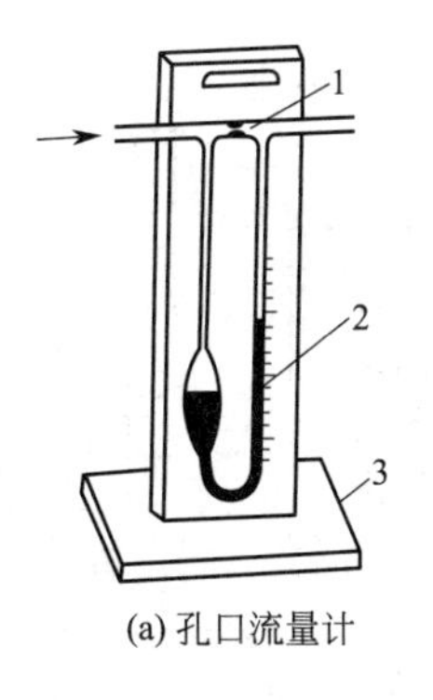

(a) 孔口流量计

1—隔板；2—液柱；3—支架

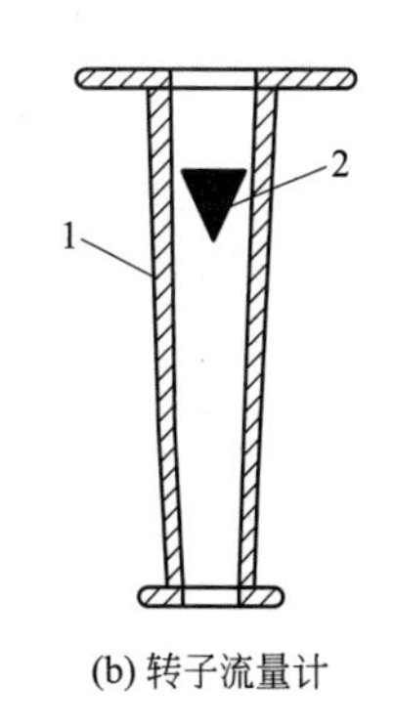

(b) 转子流量计

1—锥形玻璃管；2—转子

图 4-8 流量计

孔口流量计有隔板式和毛细管式两种。当气体通过隔板或毛细管小孔时，因阻力而产生压力差。气体流量越大，阻力越大，产生的压力差也越大，由下部的U形管两侧的液柱差可直接读出气体的流量。

临界孔流量计是一根长度一定的毛细管，当空气流通过毛细孔时，如果两端维持足够的压力差，则通过小孔的气流就能保持恒定，此时为临界状态流量，其大小取决于毛细管孔径大小。这种流量计使用方便，广泛用于空气采样器和自动监测仪器上控制流量。

（3）采样动力　采样动力为抽气装置，要根据所需采样流量、收集器类型及采样点的条件进行选择，并要求其抽气流量稳定、连续运行能力强、噪声小和能满足抽气速度要求。

注射器、连续抽气筒、双联球等手动采样动力适用于采气量小的情况。对于采样时间较长和采样速度要求较大的场合，需要使用电动抽气泵，如薄膜泵、电磁泵、刮板泵及真空泵等。

薄膜泵的工作原理是：用微电机通过偏心轮带动夹持在泵体上的橡胶膜进行抽气。当电机转动时，橡胶膜就不断地上下移动。上移时，空气经过进气活门吸入，出气活门关闭；下移时，进气活门关闭，空气由出气活门排出。薄膜泵是一种轻便的抽气泵，采气流量为0.5～3.0L/min，广泛用于空气采样器和空气自动分析仪器上。

电磁泵是一种将电磁能量直接转换成被输送流体能量的小型抽气泵，其工作原理是：由于电磁力的作用，振动杆带动橡胶泵室做往复振动，不断地开启或关闭泵室内的膜瓣，使泵室内造成一定的真空或压力，从而起到抽吸和压送气体的作用，其抽气流量为0.5～1.0L/min。这种泵不用电机驱动，克服了电机电刷易磨损、线圈发热等缺点，提高了连续运行能力，广泛用于抽气阻力不大的采样器和自动分析仪器上。

2. 专用采样仪器

将收集器、流量计、抽气泵及气样预处理、流量调节、自动定时控制等部件组装在一起，就构成专用采样装置。有多种型号的商品空气采样器出售，按其用途可分为大气采样器、颗粒物采样器和个体采样器。

（1）大气采样器　用于采集空气中气态和蒸气态物质，采样流量为0.5～2.0L/min，一般可用交、直流两种电源供电，其工作原理如图4-9所示。

（2）颗粒物采样器　颗粒物采样器有总悬浮颗粒物（TSP）采样器和可吸入颗粒物

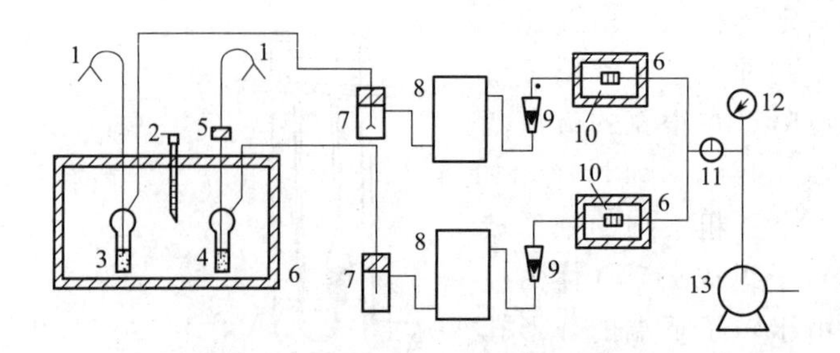

图 4-9 恒温恒流采样器工作原理

1—进气口；2—温度计；3—二氧化硫吸收瓶；4—氮氧化物吸收瓶；
5—三氧化铬-沙子氧化管；6—恒温装置；7—滤水井；8—干燥器；
9—转子流量计；10—尘过滤膜及限流孔；11—三通阀门；12—真空表；13—泵

(PM_{10}) 采样器。

① 总悬浮颗粒物采样器。这种采样器按其采气流量大小分为大流量（1.1～1.7m^3/min)、中流量（50～150L/min）和小流量（10～15L/min）三种类型。大流量采样器由滤料采样夹、抽气风机、流量记录仪、计时器及控制系统、壳体等组成，见图 4-10。滤料夹可安装 20×25cm^2 的玻璃纤维滤膜，以 1.1～1.7m^3/min 流量采样 8～24h。当采气量达 1500～2000m^3 时，样品滤膜可用于测定颗粒物中的金属、无机盐及有机污染物等组分。

图 4-10 大流量 TSP/SO_2/NO_2 采样器

中流量采样器由采样夹、流量计、采样管及采样泵等组成。这种采样器的工作原理与大流量采样器相同，只是采样夹面积和采样流量比大流量采样器小。我国规定采样夹有效直径为 80mm 或 100mm。当用有效直径 80mm 滤膜采样时，采气流量控制在 7.2～9.6m^3/h；用 100mm 滤膜采样时，流量控制在 11.3～15m^3/h。

② 可吸入颗粒物采样器。采集可吸入颗粒物（PM_{10}）广泛使用可吸入颗粒物采样器。在连续自动监测仪器中，可采用静电捕集法、β 射线吸收法或光散射法直接测定 PM_{10} 浓度。但无论哪种采样器都装有分离粒径大于 10μm 颗粒物的装置（称为分尘器或切割器）。分尘器有旋风式、向心式、撞击式等多种。它们又分为二级式和多级式。前者用于采集粒径 10μm 以下的颗粒物；后者可分级采集不同粒径的颗粒物，用于测定颗粒物的粒度分布。

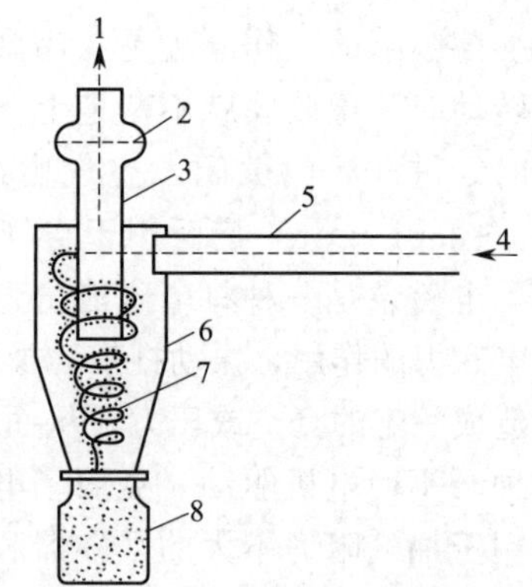

图 4-11 二级旋风分尘器的工作原理

1—空气出口；2—滤膜；3—气体排出管；
4—空气入口；5—气体导管；6—圆筒体；
7—旋转气流轨迹；8—大粒子收集器

二级旋风分尘器的工作原理见图 4-11。空气以高速度沿 180°渐开线进入旋风分尘器，旋转气流入分尘器的圆筒内，形成旋转气流，在离心力的作用下将颗粒物甩到筒壁上并继续向下运动，粗颗粒在不断与筒壁撞击中失去前进的能量而落入大颗粒物收集器内，细颗粒随气流沿气体排出管上升，被过滤器的滤膜捕集，从而将粗、细颗粒物分开。

向心式分尘器的原理：当气流从小孔高速喷出时，因所携带的颗粒物大小不同，惯性也不同，颗粒物质量越大，惯性越大。不同粒径的颗粒物各有一定的运动轨线，其中，质量较大的颗粒物运动轨线接近中心轴线，最后进入锥形收集器被底部的滤膜收集；小颗粒物惯性小，离中心轴线较远，偏离锥形收集器入口，随气流进入下一级。第二级的喷嘴直径和锥形收集器的入口孔径变小，二者之间距离缩短，使小一些的颗粒物被收集。第三级的喷嘴直径和锥形收集器的入口孔径又比第二级小，其间距更短，所收集的颗粒物更细。如此经过多级分离，剩下的极细颗粒物到达最底部，被底部的滤膜收集。

(3) 个体采样器 个体采样器主要用在研究空气污染对人体健康的危害方面。其特点是体积小、重量轻，佩戴在人体上可以随人的活动连续地采样，反映人体实际吸入的污染物量。个体采样器由外壳、扩散层和收集剂三部分组成。

第三节 环境空气质量监测点的布设技术

一、监测点周围环境和采样口位置的具体要求

(一) 监测点周围环境应符合下列要求

① 应采取措施保证监测点附近 1000m 内的土地使用状况相对稳定。

② 点式监测仪器采样口周围、监测光束附近或开放光程监测仪器发射光源到监测光束接收端之间不能有阻碍环境空气流通的高大建筑物、树木或其他障碍物。从采样口或监测光束到附近最高障碍物之间的水平距离，应为该障碍物与采样口或监测光束高度差的两倍以上，或从采样口至障碍物顶部与地平线夹角应小于 30°。

③ 采样口周围水平面应保证 270°以上的捕集空间，如果采样口一边靠近建筑物，采样口周围水平面应有 180°以上的自由空间。

④ 监测点周围环境状况相对稳定，所在地质条件需长期稳定和足够坚实，所在地点应避免受山洪、雪崩、山林火灾和泥石流等局地灾害影响，安全和防火措施有保障。

⑤ 监测点附近无强大的电磁干扰，周围有稳定可靠的电力供应和避雷设备，通信线路容易安装和检修。

⑥ 区域点和背景点周边向外的大视野需 360°开阔，1～10km 方圆距离内应没有明显的视野阻断。

⑦ 应考虑监测点位设置在机关单位及其他公共场所时，保证通畅、便利的出入通道及条件，在出现突发状况时，可及时赶到现场进行处理。

(二) 采样口位置应符合下列要求

① 对于手工采样，其采样口离地面的高度应在 1.5～15m 范围内。

② 对于自动监测，其采样口或监测光束离地面的高度应在 3～20m 范围内。

③ 对于路边交通点，其采样口离地面的高度应在 2～5m 范围内。

④ 在保证监测点具有空间代表性的前提下，若所选监测点位周围半径 300～500m 范围内建筑物平均高度大于 25m，无法按满足①、②条的高度要求设置时，其采样口高度可以在 20～30m 范围内选取。

⑤ 在建筑物上安装监测仪器时，监测仪器的采样口离建筑物墙壁、屋顶等支撑物表面的距离应大于 1m。

⑥ 使用开放光程监测仪器进行空气质量监测时，在监测光束能完全通过的情况下，允许监测光束从日平均机动车流量少于10000辆的道路上空、对监测结果影响不大的小污染源和少量未达到间隔距离要求的树木或建筑物上空穿过，穿过的合计距离不能超过监测光束总光程长度的10%。

⑦ 当某监测点需设置多个采样口时，为防止其他采样口干扰颗粒物样品的采集，颗粒物采样口与其他采样口之间的直线距离应大于1m。若使用大流量总悬浮颗粒物（TSP）采样装置进行并行监测，其他采样口与颗粒物采样口的直线距离应大于2m。

⑧ 对于环境空气质量评价城市点，采样口周围至少50m范围内无明显固定污染源，为避免车辆尾气等直接对监测结果产生干扰，采样口与道路之间最小间隔距离应按表4-8的要求确定。

表4-8 仪器采样口与交通道路之间最小间隔距离

道路日平均机动车流量（日平均车辆数）/辆	采样口与交通道路边缘之间最小距离/m	
	PM_{10}、$PM_{2.5}$	SO_2、NO_2、CO 和 O_3
≤3000	25	10
3000～6000	30	20
6000～15000	45	30
15000～40000	80	60
＞40000	150	100

⑨ 开放光程监测仪器的监测光程长度的测绘误差应在±3m内（当监测光程长度小于200m时，光程长度的测绘误差应小于实际光程的±1.5%）。

⑩ 开放光程监测仪器发射端到接收端之间的监测光束仰角不应超过15°。

二、监测点布设要求

（一）环境空气质量监测点位布设原则

1. 代表性

监测点位应具有较好的代表性，能客观反映一定空间范围内的环境空气质量水平和变化规律，客观评价城市、区域环境空气状况，污染源对环境空气质量的影响，满足为公众提供环境空气状况健康指引的需求。

2. 可比性

同类型监测点设置条件尽可能一致，使各个监测点获取的数据具有可比性。

3. 整体性

环境空气质量评价城市点应考虑城市自然地理、气象等综合环境因素，以及工业布局、人口分布等社会经济特点，在布局上应反映城市主要功能区和主要大气污染源的空气质量现状及变化趋势，从整体出发合理布局，监测点之间相互协调。

4. 前瞻性

应结合城乡建设规划考虑监测点的布设，使确定的监测点能兼顾未来城乡空间格局变化趋势。

5. 稳定性

监测点位置一经确定，原则上不应变更，以保证监测资料的连续性和可比性。

（二）环境空气质量监测点位布设要求

1. 环境空气质量评价城市点

① 位于各城市的建成区内，并相对均匀分布，覆盖全部建成区。

② 采用城市加密网格点实测或模式模拟计算的方法，估计所在城市建成区污染物浓度的总体平均值。全部城市点的污染物浓度的算术平均值应代表所在城市建成区污染物浓度的总体平均值。

③ 城市加密网格点实测是指将城市建成区均匀划分为若干加密网格点，单个网格不大于2km×2km（面积大于200km^{2}的城市也可适当放宽网格密度），在每个网格中心或网格线的交点上设置监测点，了解所在城市建成区的污染物整体浓度水平和分布规律，监测项目包括GB 3095—2012中规定的6项基本项目（可根据监测目的增加监测项目），有效监测天数不少于15天。

④ 模式模拟计算是通过污染物扩散、迁移及转化规律，预测污染分布状况进而寻找合理的监测点位的方法。

⑤ 拟新建城市点的污染物浓度的平均值与同一时期用城市加密网格点实测或模式模拟计算的城市总体平均值估计值的相对误差应在10%以内。

⑥ 用城市加密网格点实测或模式模拟计算的城市总体平均值计算出30、50、80和90百分位数的估计值。拟新建城市点的污染物浓度平均值计算出的30、50、80和90百分位数与同一时期城市总体估计值计算的各百分位数的相对误差在15%以内。

2. 环境空气质量评价区域点、背景点

环境空气质量评价

① 区域点和背景点应远离城市建成区和主要污染源，区域点原则上应离开城市建成区和主要污染源20km以上，背景点原则上应离开城市建成区和主要污染源50km以上。

② 区域点应根据我国的大气环流特征设置在区域大气环流路径上，反映区域大气本底状况，并反映区域间和区域内污染物输送的相互影响。

③ 背景点设置在不受人为活动影响的清洁地区，反映国家尺度空气质量本底水平。

④ 区域点和背景点的海拔高度应合适。在山区应位于局部高点，避免受到局地空气污染物的干扰和近地面逆温层等局地气象条件的影响；在平缓地区应保持在开阔地点的相对高地，避免空气沉积的凹地。

3. 污染监控点

① 污染监控点原则上应设在可能对人体健康造成影响的污染物高浓度区以及主要固定污染源对环境空气质量产生明显影响的地区。

② 污染监控点依据排放源的强度和主要污染项目布设，应设置在源的主导风向和第二主导风向（一般采用污染最重季节的主导风向）下风向的最大落地浓度区内，以捕捉到最大污染特征为原则进行布设。

③ 对于固定污染源较多且比较集中的工业园区等，污染监控点原则上应设置在主导风向和第二主导风向（一般采用污染最重季节的主导风向）下风向的工业园区边界，兼顾排放强度最大的污染源及污染项目的最大落地浓度。

④ 地方环境保护行政主管部门可根据监测目的确定点位布设原则，增设污染监控点，并实时发布监测信息。

4. 路边交通点

① 对于路边交通点，一般应在行车道的下风侧，根据车流量的大小、车道两侧的地形、建筑物的分布情况等确定路边交通点的位置，采样口距道路边缘距离不得超过20m。

② 由地方环境保护行政主管部门根据监测目的确定点位布设原则设置路边交通点，并实时发布监测信息。

三、环境空气质量监测点位布设数量要求

1. 环境空气质量评价城市点

各城市环境空气质量评价城市点的最少监测点位数量应符合表4-9的要求。按建成区城市人口和建成区面积确定的最少监测点位数不同时，取两者中的较大值。

表4-9 环境空气质量评价城市点设置数量要求

建成区城市人口/万人	建成区面积/km^2	最少监测点数
＜25	＜20	1
25～50	20～50	2
50～100	50～100	4
100～200	100～200	6
200～300	200～400	8
＞300	＞400	按每50～60km^2建成区面积设1个监测点，并且不少于10个点

2. 环境空气质量评价区域点、背景点

① 区域点的数量由国家环境保护行政主管部门根据国家规划，兼顾区域面积和人口因素设置。各地方应可根据环境管理的需要，申请增加区域点数量。

② 背景点的数量由国家环境保护行政主管部门根据国家规划设置。

③ 位于城市建成区之外的自然保护区、风景名胜区和其他需要特殊保护的区域，其区域点和背景点的设置优先考虑监测点位代表的面积。

3. 污染监控点

污染监控点的数量由地方环境保护行政主管部门组织各地环境监测机构根据本地区环境管理的需要设置。

4. 路边交通点

路边交通点的数量由地方环境保护行政主管部门组织各地环境监测机构根据本地区环境管理的需要设置。

四、增加、变更和撤销环境空气质量评价城市点的具体要求

1. 可增加、变更和撤销环境空气质量评价城市点的情况

① 城市建成区面积扩大或行政区划变动，导致现有城市点已不能全面反映城市建成区总体空气质量状况的，可增设点位。

② 城市建成区建筑发生较大变化，导致现有城市点采样空间缩小或采样高度提升而不符合本标准要求的，可变更点位。

③ 城市建成区建筑发生较大变化，导致现有城市点采样空间缩小或采样高度提升而不符合本标准的，可撤销点位，否则应按本条第二款的要求，变更点位。

2. 增加环境空气质量评价城市点应遵守的要求

① 新建或扩展的城市建成区与原城区不相连，且面积大于10km^2时，可在新建或扩展区独立布设城市点；面积小于10km^2的新、扩建成区原则上不增设城市点。

② 新建或扩展的城市建成区与原城区相连成片，且面积大于25km^2或大于原城市点平均覆盖面积的，可在新建或扩展区增设城市点。

③ 按照现有城市点布设时的建成区面积计算，平均每个点位覆盖面积大于25km^2的，可在原建成区及新、扩建成区增设监测点位。

3. 变更环境空气质量评价城市点应遵守的要求

① 变更后的城市点与原城市点应位于同一类功能区。

② 点位变更时应就近移动点位，点位移动的直线距离不应超过1000m。

③ 变更后的城市点与原城市点平均浓度偏差应小于15%。

4. 撤销环境空气质量评价城市点应遵守的要求

① 在最近连续3年城市建成区内用包括拟撤销点位在内的全部城市点计算的各监测项目的年平均值与剔除拟撤销点后计算出的年平均值的最大误差小于5%。

② 该城市建成区内的城市点数量在撤销点位后仍能满足本标准要求。

五、监测项目

环境空气质量评价城市点的监测项目依据GB 3095—2012确定，分为基本项目和其他项目。环境空气质量评价区域点、背景点的监测项目除GB 3095—2012中规定的基本项目外，由国务院环境保护行政主管部门根据国家环境管理需求和点位实际情况增加其他特征监测项目，包括湿沉降、有机物、温室气体、颗粒物组分和特殊组分等，具体见表4-10。污染监控点和路边交通点可根据监测目的及所针对污染源的排放特征，由地方环境保护行政主管部门确定监测项目。

表4-10　环境空气质量评价区域点、背景点监测项目

监测类型	监测项目
基本项目	二氧化硫(SO_2)、二氧化氮(NO_2)、一氧化碳(CO)、臭氧(O_3)、可吸入颗粒物(PM_{10})、细颗粒物($PM_{2.5}$)
湿沉降	降雨量、pH、电导率、氯离子、硝酸根离子、硫酸根离子、钙离子、镁离子、钾离子、钠离子、铵离子等
有机物	挥发性有机物(VOCs)、持久性有机物(POPs)等
温室气体	二氧化碳(CO_2)、甲烷(CH_4)、氧化亚氮(N_2O)、六氟化硫(SF_6)、氢氟碳化物(HFCs)、全氟化碳(PFCs)
颗粒物主要物理化学特性	颗粒物浓度谱分布，$PM_{2.5}$或PM_{10}中的有机碳、元素碳、硫酸盐、硝酸盐、氯盐、钾盐、钙盐、钠盐、镁盐、铵盐等

第四节　固定污染源的测定

固定污染源是指工业生产和居民生活所用的烟道、烟囱及排气筒等。它们排放的废气中既包含固态的烟尘和粉尘，也包含气态和气溶胶态等多种有害物质。大气中固定污染源的监测，应遵循《固定源废气监测技术规范》(HJ/T 397—2007)和《固定污染源排气中颗粒物测定与气态污染物采样方法》(GB/T 16157—1996)的规定。它们主要规定了大气固定污染源中颗粒物和气态污染物的采样测定及计算方法。采样时，还应遵守有关排放标准和气态污染物分析方法标准的有关规定。该标准适用于各种炼炉、工业炉窑及其他固定污染源排气中颗粒物的测定和气态污染物的采样。

一、采样基本要求

1. 采样工况

应在生产设备处于正常运行状态下进行，或根据有关污染物排放标准的要求，在所规定的工况条件下测定。

2. 采样位置和采样点

采样位置应优先选择在垂直管段，应避开烟道弯头和断面急剧变化的部位。采样位置应

设置在距弯头、阀门、变径管下游方向不小于6倍直径和距上述位置部件上游方向不小于3倍直径处。对矩形烟道，其当量直径 $D=2AB/(A+B)$，式中 A、B 为边长。

对于气态污染物，由于混合比较均匀，其采样位置可不受上述规定限制，但应避开涡流区。如果同时测定排气流量，采样位置仍按上述规则选取。采样位置应避开对测试人员操作有危险的场所。

在选定的测定位置上开设采样孔，采样孔内径应不小于80mm，采样孔管长应不大于50mm。不使用时应用盖板、管堵或管帽封闭。当采样孔仅用于采集气态污染物时，其内径应不小于40mm。

对正压下输送高温或有毒气体的烟道应采用带有闸板阀的密封采样孔，如图4-12所示。

对于圆形烟道，采样孔应设在包括各测定点在内的互相垂直的直径线上（图4-13）。对矩形或方形烟道，采样孔应设在包括各测定点在内的延长线上（图4-14、图4-15）。

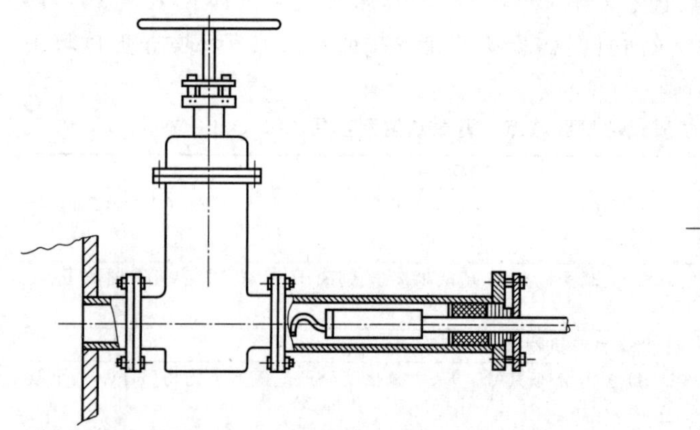

图4-12　带有闸板阀的密封采样孔

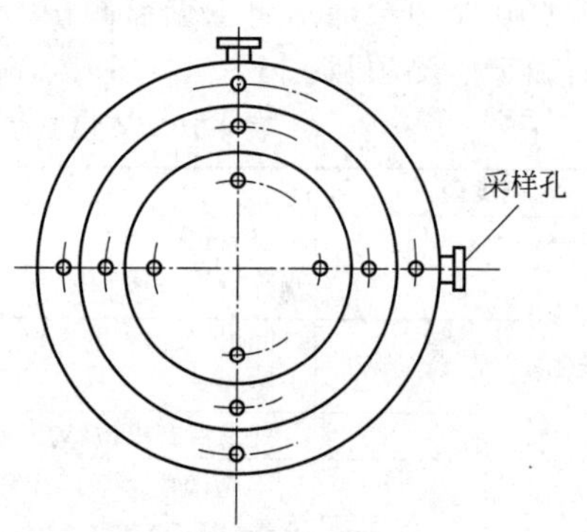

图4-13　圆形断面的测定点

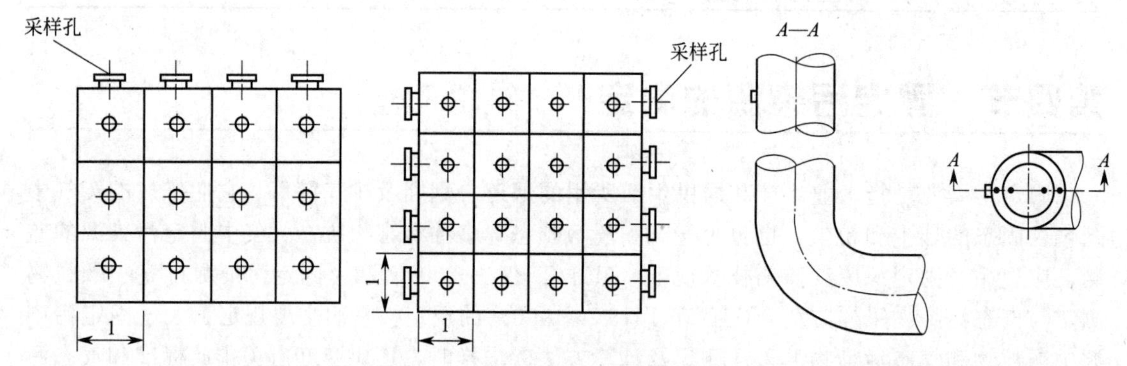

图4-14　长方形断面的测定点　图4-15　正方形断面的测定点　图4-16　圆形烟道弯头后的测点

采样平台为检测人员采样设置，应有足够的工作面积，使工作人员安全、方便地操作。平台面积应不小于 $1.5m^2$，并设有1.1m高的护栏，采样孔距平台面约为1.2～1.3m。

对采样点位置和数目的要求，圆形烟道要求将烟道分成适当数量的等面积同心环，各测点选在各环等面积中心线与呈垂直相交的两条直径线的交点上，其中一条直径线应在预期浓度变化最大的平面内，当测点在弯头后时，该直径线应位于弯头所在平面内，见图4-16。

对符合要求的烟道，可只选预期浓度变化最大的一条直径线上的测点。对直径小于0.3m、流速分布比较均匀、对称并符合要求的小烟道，可取烟道中心作为测点。不同直径的圆形烟道的等面积环数、测量直径数及测点数见表4-11，原则上测点不超过20个。

表 4-11　圆形烟道分环数及测点数的确定

烟道直径/m	等面积环数	测量直径数	测点数
<0.3			1
0.3～0.6	1～2	1～2	2～8
0.6～1.0	2～3	1～2	4～12
1.0～2.0	3～4	1～2	6～16
2.0～4.0	4～5	1～2	8～20
>4.0	5	1～2	10～20

矩形或方形烟道，将烟道断面分成适当数量的等面积小块，各块中心即为测点，小块的数量按表 4-12 的规定选取。原则上测点不超过 20 个。

表 4-12　矩（方）形烟道的分块和测点数

烟道断面面积/m^2	等面积小块长边长度/m	测点总数
<0.1	<0.32	1
0.1～0.5	<0.35	1～4
0.5～1.0	<0.50	4～6
1.0～4.0	<0.67	6～9
4.0～9.0	<0.754	9～16
>9.0	≤1.0	≤20

烟道断面面积小于 0.1m^2、流速分布比较均匀、对称性符合要求的，可取断面中心作为测点。当烟道布置不能满足要求时，应增加采样线和测点。

二、排气参数的测定

烟气的温度、压力、流速和含湿量是烟气的基本状态参数，也是计算烟尘及烟气中有害物质浓度的依据。通过采样流量和采样时间的乘积可以求得烟气体积，而采样流量可由测点烟道断面乘以烟气流速得到，流速由烟气压力和温度计算求得。

1. 温度的测量

测温仪器有热电偶、电阻温度计和玻璃温度计等。测定温度时，将温度计插入烟道中测量点处，封闭测孔，待温度稳定后读数。对于直径小、温度不高的烟道，可使用长杆水银温度计。测量时，应将温度计球部放在靠近烟道的中心位置处读数。对于直径大、温度高的烟道，要用热电偶测温毫伏计测量。测温原理是将两根金属导线连成闭合回路，当两接点处于不同温度环境时，便产生热电势。两接点温差越大，热电势越大。如果热电偶一个接点（自由端）温度保持恒定，则热电偶的热电势大小便完全取决于另一个接点（工作端）的温度。用测温毫伏计测出热电偶的热电势，便可知工作端所处的环境温度。根据测温高低，选用不同材料的热电偶。测量 800℃以下的烟气用镍铬-康铜热电偶；测量 1300℃以下的烟气用镍铬-镍铝热电偶；测量 1600℃以下的烟气用铂-铂铑热电偶。

2. 压力的测量

烟道的压力分为全压 p（指气体在管道中流动具有的总能量）、静压 p_s（指单位体积气体所具有的势能，表现为气体在各个方向上作用于器壁的压力）和动压 p_a（单位体积气体具有的动能，是气体流动的压力），它们之间的关系如下：$p=p_s+p_a$。

只要测出三项中任意两项，即可求出第三项。测量烟气压力的仪器由测压管和压力计组成。

（1）测压管　常用的测压管有标准型皮托管和 S 形皮托管两种。

标准型皮托管的结构见图 4-17(a)。标准型皮托管由于测压孔小，易被堵塞，所以用于测量含尘量少的较清洁的烟气，用于测定排气静压。

S形皮托管结构见图 4-17(b)。由两根相同的金属管并联组成，其测量端有两个大小相等、方向相反的开口，测量烟气压力时，一个开口面向气流，测量气流的全压，另一个开口背向气流，测量气流的静压。因开口较大，适用于测烟尘含量较高的烟气。

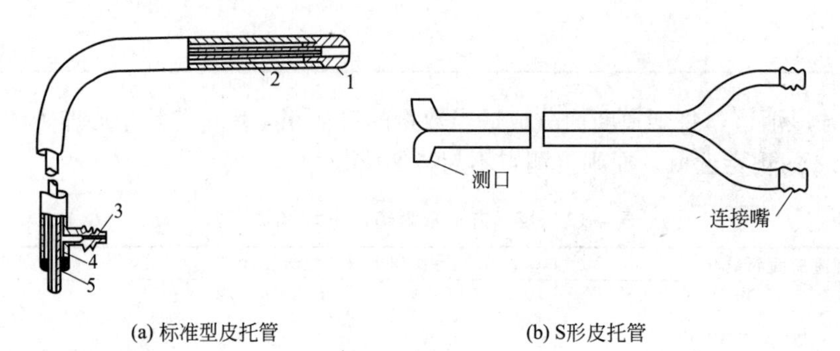

(a) 标准型皮托管　　(b) S形皮托管

图 4-17　皮托管

1—全压测孔；2—静压测孔；3—静压管接口；4—全压管；5—全压管接口

（摘自王英健，环境监测，化学工业出版社，2004 年 3 月）

(2) 压力计　常用的压力计有U形压力计和斜管式微压计。

① U形压力计。它是一个内装工作液体的U形玻璃管。常用的工作液体可选用水、乙醇和汞。使用时，将两端或一端与测压系统连接，压力（p）用下式计算：

$$p=\rho gh$$

式中　ρ——工作液体的密度，kg/m^3；

g——重力加速度，m/s^2；

h——两液面高度差，m。

上式中的压力单位为Pa，但在实际工作中，常用毫米汞柱表示压力。U形压力计的测量误差可达 1～2mmH_2O（1mmH_2O=9.8Pa），不适宜测量微小压力。

② 斜管式微压计。由一截面积（F）较大的容器和一截面积（f）很小的玻璃管连接而成，内装工作溶液，玻璃管上的刻度表示压力读数（图 4-18）。测压时，将微压计容器开口与测压系统中压力较高的一端相连，斜管与压力较低的一端相连，作用在两个液面上的压力差使液柱沿斜管上升，压力（p）可按下式计算：

$$p=L(\sin\alpha+f/F)\rho g$$

$$p=LK$$

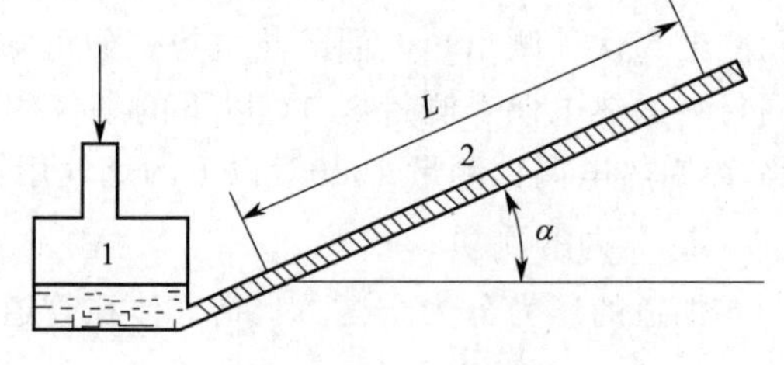

图 4-18　斜管式微压计

1—容器；2—玻璃管

式中　L——斜管内液柱长度，m；

α——斜管与水平面夹角；

f——斜管截面积，mm^2；

F——容器截面积，mm^2；

ρ——工作液密度，kg/m^3；

g——重力加速度，m/s^2；

K——修正系数，等于（$\sin\alpha+f/F)\rho g$，

以 mmH_2O 表示压力，压力计的修正系数一般为 0.1、0.2、0.3、0.6 等，用于测量 150mmH_2O 以下的压力。

(3) 测定步骤 测量时，先把仪器调整到水平状态，检查液柱内是否有气泡，并将液面调至零点；将皮托管与压力计连接，把测压管的测压口伸进烟道内测点上，并对准气流方向，从U形压力计上读出液面差，或从微压计上读出斜管液柱长度；按相应公式计算得到压力。

3. 烟气流速的计算

烟气流速与烟气压力和温度有关，烟气的流速与其动压力平方根成正比，根据测得的某点处的动压、静压以及温度等参数，可以计算该测点的排气流速（V_s）：

$$V_s=128.9K_p\sqrt{\frac{(273+t_s)p_d}{M_s(p_a+p_s)}}$$

当烟气成分与空气相近、烟气露点温度在35～55℃间，烟气的绝对压力在97～103kPa之间时，排气流速计算式可简化为下列形式：

$$V_a=1.29K_p\sqrt{p_d}$$

式中 V_s——湿排气的气体流速，m/s；

V_a——常温常压下通风管道的空气流速，m/s；

p_d——排气动压，Pa；

p_s——排气静压，Pa；

M_s——湿排气的分子量，kg/kmol；

t_s——排气温度，℃；

p_a——大气压力，Pa；

K_p——皮托管修正系数。

4. 烟气流量的计算

工况下的烟气流量为测点烟道断面乘以烟气流速，按下式计算：

$$Q_s=3600F\overline{V}_s$$

式中 Q_s——工况下湿气排气流量，m^3/h；

F——测定断面面积，m^2；

$\overline{V}_s$——测定断面的湿气平均流速，m/s。

若换算成干烟气，计算公式为：

$$Q_m=Q_S\times\frac{p_a+p_s}{101300}\times\frac{273}{273+t_s}(1-X_{sw})$$

式中 Q_m——标准状态下干气流量，m^3/h；

X_{sw}——排气中水分含量（体积分数）。

5. 烟气中含湿量的测定

烟气中水分含量的测定方法有冷凝法、重量法或干湿球法，可根据不同条件、不同测量对象选择其中一种。

(1) 冷凝法（图4-19） 烟道中抽出一定量的气体，通过冷凝器，根据冷凝出的水量，加上从冷凝器排出的饱和气体中含有的水蒸气量，计算排气中的水分。

含湿量按下式计算：

$$X_{sw}=\frac{1.24G_w+V_s\times\frac{p_z}{p_a+p_r}\times\frac{273}{273+t_r}\times\frac{p_a+p_r}{101.3}}{1.24G_w+V_s\times\frac{273}{273+t_r}\times\frac{p_a+p_r}{101.3}}\times100\%$$

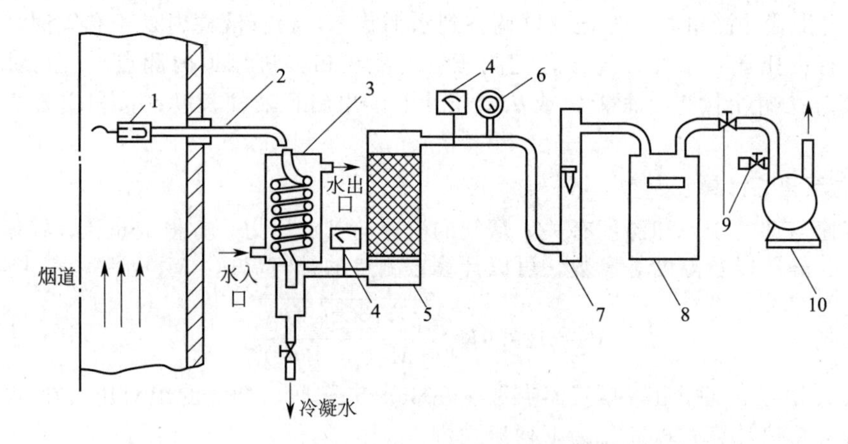

图 4-19　冷凝法测定含湿量装置

1—滤筒；2—采样管；3—冷凝器；4—温度计；5—干燥器；6—真空压力计；
7—转子流量计；8—累计流量计；9—调解阀；10—抽气泵

式中　X_{sw}——烟气中的水分含量，%；

G_w——冷凝器中的冷凝水量，g；

t_r——流量计前温度，℃；

V_s——测量状态下抽取烟气的体积，L；

p_r——流量计前气体压力，Pa；

p_a——大气压力，Pa；

p_z——冷凝出口处饱和水蒸气压，Pa。

（2）重量法　抽取一定量的烟道气，使之通过装有吸湿剂的吸湿管，则烟气中的水分被吸湿剂吸收，称量吸湿管的重量变化，增重部分就是烟气中的水分含量。

烟气中水分含量按下式计算：

$$X_{sw}=\frac{1.24G_m}{V_d\left(\frac{273}{273+t_r}\times\frac{p_a+p_r}{101300}\right)+1.24G_m}\times 100\%$$

式中　X_{sw}——排气中水分含量，%；

G_m——吸湿管吸收的水分质量，g；

V_d——测量状况下抽取的干气体体积；

t_r——流量计前温度，℃；

p_a——大气压力，Pa；

p_r——流量计前排气表压，Pa。

（3）干湿球法　气体在一定流速下流经干湿温度计，根据干、湿球温度计读数及有关压力，计算烟气的水分含量。

计算公式如下：

$$X_{sw}=\frac{p_{bv}-0.00067(t_c-t_b)(p_a+p_b)}{p_a+p_s}\times 100\%$$

式中　p_{bv}——温度为 t_0 时饱和水蒸气压，Pa；

t_b——湿球温度，℃；

t_c——干球温度，℃；

p_a——大气压力，Pa；

p_b——通过湿球温度计表面的气体压力，Pa；

p_s——测点处排气静压，Pa。

三、排气密度和分子量的计算

1. 排气密度的计算

排气密度和其分子量、气温、压力的关系为：

$$\rho_s=\frac{M_s(B_a+p_s)}{8312(273+t_s)}$$

式中　ρ_s——排气的密度，kg/m^3；

M_s——排气气体的分子量，kg/kmol；

B_a——大气压力，Pa；

p_s——排气的静压，Pa；

t_s——排气的温度，℃。

标准状态下湿排气的密度按下式计算：

$$\rho_n=\frac{M_s}{22.4}=\frac{1}{22.4}[(M_{O_2}X_{O_2}+M_{CO}X_{CO}+M_{CO_2}X_{CO_2}+M_{N_2}X_{N_2})(1-X_{sw})+M_{H_2O}X_{sw}]$$

式中　ρ_n——标准状态下湿排气的密度，kg/m^3；

M_s——湿排气气体的分子量，kg/kmol；

M_{O_2}、M_{CO}、M_{CO_2}、M_{N_2}、M_{H_2O}——排气中氧、一氧化碳、二氧化碳、氮气和水的分子量，kg/kmol；

X_{O_2}、X_{CO}、X_{CO_2}、X_{N_2}——干排气中氧、一氧化碳、二氧化碳、氮气的体积分数，%；

X_{sw}——排气中水分含量的体积分数，%。

测量状态下烟道内湿排气的密度按下式计算：

$$\rho_s=\rho_n\frac{273}{273+t_s}\times\frac{B_a+p_s}{101300}$$

式中　ρ_s——测量状态下烟道内湿排气的密度，kg/m^3；

p_s——排气的静压，Pa。

2. 排气气体分子量的计算

已知各成分气体的体积百分数 X，和其分子量 M，排气气体的分子量按下式计算：

$$M_s=\sum X_iM_i$$

式中　M_s——排气气体的分子量，kg/kmol；

X_i——某一成分气体的体积分数，%；

M_i——某一成分气体的分子量，kg/kmol。

干排气气体分子量的计算如下式：

$$M_{sd}=X_{O_2}M_{O_2}+X_{CO}M_{CO}+X_{CO_2}M_{CO_2}+X_{N_2}M_{N_2}$$

湿排气气体分子量的计算如下式：

$$M_s=(X_{O_2}M_{O_2}+X_{CO}M_{CO}+X_{CO_2}M_{CO_2}+X_{N_2}M_{N_2})(1-X_{sw})+X_{sw}M_{H_2O}$$

四、排气流速和流量的测定

排气的流速与其动压平方根成正比，根据测得某测点处的动压、静压以及温度等参数，计算出排气流速。

（一）测量装置及主要仪器

1. 标准型皮托管

标准型皮托管的构造如图4-20所示，是一个弯成90°的双层同心圆管，前端呈半圆形，正前方有一开孔，与内管相通，用来测定全压。在距离前端6倍直径处外管壁上开有一圆孔径为1mm的小孔，通至后端的侧出口，用于测定排气静压。按照上述尺寸制作的皮托管其修正系数为0.99±0.01，如果未经标定，使用时可取修正系数K_p为0.99。标准型皮托管的测孔很小，当烟道内颗粒物浓度大时，易被堵塞。它适用于测量较清洁的排气。

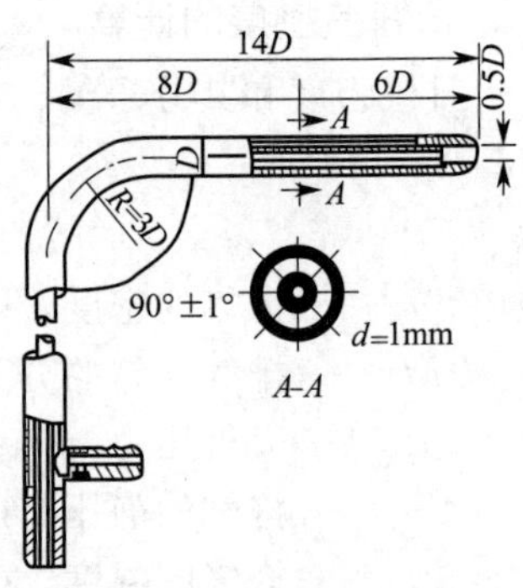

图4-20 标准型皮托管

2. S形皮托管

S形皮托管的结构见图4-21，是由两根相通的金属管并联组成的。测量端有方向相反的两个开口，测定时，面向气流的开口测得的压力为全压，背向气流的开口测得的压力为静压。按照图4-21设计要求制作的S形皮托管，其修正系数K_p为0.84±0.01。制作尺寸与上述要求有差别的S形皮托管的修正系数需要进行校正。其正、反方向修正系数相差应不大于0.01。S形皮托管的测压孔开口较大，不易被颗粒物堵塞，且便于在厚壁烟道中使用。

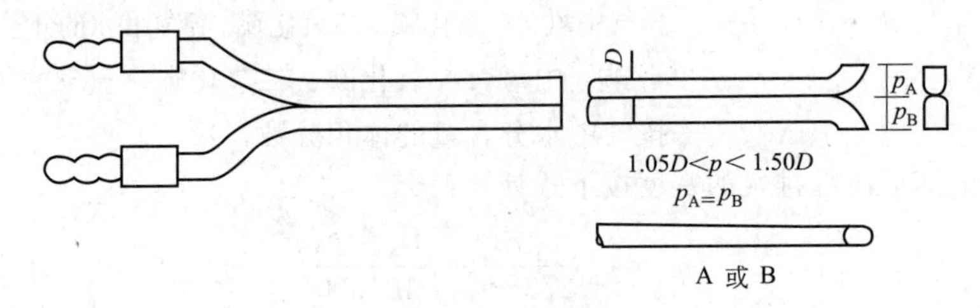

图4-21 S形皮托管

3. 斜管微压计

斜管微压计用于测定排气的动压，其精确度应不低于2%，最小分度值应不大于2Pa。

4. U形压力计

U形压力计用于测定排气的全压和静压，其最小分度值应不大于10Pa。

5. 大气压力计

大气压力计的最小分度值应不大于0.1kPa。

（二）准备工作

① 将微压计调整至水平位置，检查微压计液柱中有无气泡。

② 检查微压计是否漏气。向微压计的正压端（或负压端）入口吹气（或吸气），迅速封闭该入口，如微压计的液柱位置不变，则表明该通路不漏气。

③ 检查皮托管是否漏气。用橡胶管将全压管的出口与微压计的正压端连接，静压管的出口与微压计的负压端连接。由全压管测孔吹气后，迅速堵严该测孔，如微压计的液柱位置不变，则表明全压管不漏气。此时再将静压测孔用橡胶管或胶布密封，然后打开全压测孔，此时微压计液柱将跌落至某一位置，如液面不继续跌落，则表明静压管不漏气。

（三）测量步骤

① 测量气流的动压，见图 4-22。将微压计的液面调整到零点。在皮托管上标出各测点应插入采样孔的位置，将皮托管插入采样孔。使用S形皮托管时，应在开孔平面垂直于测量断面插入。如断面上无涡流，微压计读数应在零点左右。使用标准皮托管时，在插入烟道前，切断皮托管和微压计的通路，以避免微压计中的酒精被吸入连接管中，使压力测量产生错误。在各测点上，使皮托管的全压测孔正对着气流方向，其偏差不得超过 10°，测出各点的动压，分别记录在表中。重复测定一次，取平均值。测定完毕后，检查微压计的液面是否回到原点。

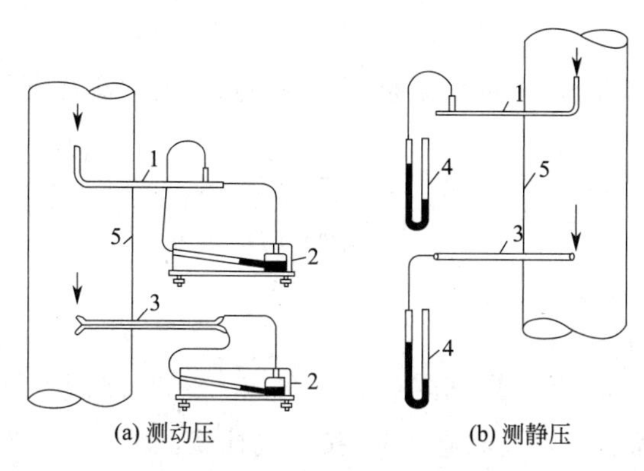

图 4-22　动压及静压的测定装置

1—标准皮托管；2—斜管微压计；3—S形皮托管；4—U形压力计；5—烟道

② 测量排气的静压，见图 4-22。将皮托管插入烟道近中心处的一个测点。使用S形皮托管测量时只用其一路测压管。其出口端用胶管与U形压力计一端相连，将S形皮托管插入烟道近中心处，使其测量端开口平面平行于气流方向，所测得的压力即为静压。使用标准型皮托管时，用胶管将其静压管出口端与U形压力计一端相连，将皮托管伸入烟道近中心处，使其全压测孔正对气流方向，所测得的压力即为静压。

③ 测量排气的温度。

④ 测量大气压力。使用大气压力计直接测出。也可以根据当地气象站给出的数值，加或减因测点与气象站标高不同所需的修正值，即标高每增加 10cm，大气压力约减小 110Pa。

（四）排气流速和流量的计算

1. 排气流速的计算

测点气流速度 V_s 按下式计算：

$$V_s=K_p\sqrt{\frac{2p_d}{\rho_s}}=128.9K_p\sqrt{\frac{(273+t_s)p_d}{M_s(B_a+p_s)}}$$

当干排气成分与空气近似、排气露点温度在 35～55℃之间、排气的绝对压力在 97～103Pa 之间时，V_s 可按下式计算：

$$V_s=0.076K_p\sqrt{273+t_s}\times\sqrt{p_d}$$

对于接近常温、常压条件下（$t=20$℃，$B_a+p_s=101300$Pa），通风管道的空气流速 V_a 按下式计算：

$$V_a=1.29K_p\sqrt{p_d}$$

式中　V_s——湿排气的气体流速，m/s；

V_g——常温常压下通风管道的空气流速，m/s；

B_a——大气压力，Pa；

K_p——皮托管修正系数；

p_d——排气动压，Pa；

p_s——排气静压，Pa；

ρ_s——湿排气的密度，kg/m^3；

M_s——湿排气的分子量，kg/kmol；

t_s——排气温度，℃。

2. 平均流速的计算

烟道某一断面的平均流速 $\overline{V}_s$ 可根据断面上各测点测出的流速 V_{si}，由下式计算：

$$\overline{V}_s=\frac{\sum_{i=1}^{n}V_{si}}{n}=128.9K_p\sqrt{\frac{273+t_s}{M_s(B_a+p_s)}}\times\frac{\sum_{i=1}^{n}\sqrt{p_{di}}}{n}$$

式中 p_{di}——某一测点的动压，Pa；

n——测点的数目。

当干排气成分与空气接近、排气露点温度在 35～55℃之间、排气的绝对压力在 97～103Pa 之间时，某一断面的平均气流速度 $\overline{V}_s$ 按下式计算：

$$\overline{V}_s=0.076K_p\sqrt{273+t_s}\times\frac{\sum_{i=1}^{n}\sqrt{p_{di}}}{n}$$

对于接近常温、常压条件下（$t=20$℃，$B_a+p_s=101300$Pa），通风管道中某一断面的平均空气流速按下式计算：

$$\overline{V}_a=1.29K_p\frac{\sum_{i=1}^{n}\sqrt{p_{di}}}{n}$$

3. 排气流量的计算

工况下的湿排气流量 Q_s 按下式计算：

$$Q_s=3600F\overline{V}_s$$

式中 Q_s——工况下湿排气流量，m^3/h；

F——测定断面面积，m^2；

$\overline{V}_s$——测定断面的湿排气平均流速，m/s。

标准状态下干排气流量 Q_{sn} 按下式计算：

$$Q_{sn}=Q_s\times\frac{B_a+p_s}{101300}\times\frac{273}{273+t_s}(1-X_{sw})$$

式中 Q_{sn}——标准状态下干排气流量，m^3/h；

B_a——大气压力，Pa；

p_s——排气静压，Pa；

t_s——排气温度，℃；

X_{sw}——排气中水分含量（体积分数），%。

常温常压条件下，通风管道中的空气流量按下式计算：

$$Q_a = 3600F\overline{V}_a$$

式中　Q_a——通风管道中的空气流量，m^3/h。

五、排气中颗粒物的测定

采样位置和采样点按照“一、采样基本要求”确定。

（一）测定方法概要

1. 颗粒物等速采样方法原理

将烟尘采样管由采样孔插入烟道中，使采样嘴置于测点上，正对气流，按颗粒物等速采样原理，即采样嘴的吸气速度与测点处气流速度相等（其相对误差应在10%以内），抽取一定量的含尘气体。根据采样管滤筒上所捕集到的颗粒物量和同时抽取的气体量，计算出排气中颗粒物浓度。

维持颗粒物等速采样的方法有普通型采样管法（即预测流速法）、皮托管平行测速采样法、动压平衡型采样管法和静压平衡型采样管法等四种。可根据不同测量对象的状况，选用其中的一种方法。本章以普通型采样管法为例进行介绍。

2. 移动采样

用一个滤筒在已确定的采样点上移动采样，各点采样时间相等，求出采样断面的平均浓度。

3. 定点采样

每个测点上采一个样，求出采样断面的平均浓度，并可了解烟道断面上颗粒物浓度变化状况。

4. 间断采样

对有周期性变化的排放源，根据工况变化及其延续时间，分段采样，然后求出其时间加权平均浓度。

（二）普通型采样管法（预测流速法）

普通型采样管法适用于工况比较稳定的污染源的采样，尤其是在烟道气流速度低、高温、高湿、高粉尘浓度的情况下均有较好的适应性，并可配用惯性尘粒分级仪测量颗粒物的粒径分级组成。

1. 原理

采样前预先测出各采样点处的排气温度、压力、水分含量和气流速度等参数，结合所选用的采样嘴直径，计算出等速采样条件下各采样点所需的采样流量，然后按该流量在各测点采样。

2. 计算公式

等速采样的流量按下式计算：

$$Q_r' = 0.00047d^2V_s\left(\frac{B_a + p_s}{273 + t_s}\right)\left[\frac{M_{sd}(273 + t_r)}{B_a + p_r}\right]^{1/2}(1 - X_{sw})$$

式中　Q_r'——等速采样流量的转子流量计读数，L/min；

d——采样嘴直径，mm；

V_s——测点气体流速，m/s；

B_a——大气压力，Pa；

p_s——排气静压，Pa；

p_r——转子流量计前气体压力，Pa；

t_s——排气温度，℃；

M_{sd}——干排气的分子量，kg/kmol；

X_{sw}——排气中的水分含量（体积分数），%。

当干排气成分和空气近似时，等速采样流量按下式计算：

$$Q'_r = 0.0025 d^2 V_s \left(\frac{B_a + p_s}{273 + t_s}\right)\left(\frac{273 + t_r}{B_a + p_r}\right)^{1/2}(1 - X_{sw})$$

3. 采样装置和仪器

普通型采样管采样装置如图 4-23 所示，由普通型采样管、颗粒物捕集器、冷凝器、干燥器、流量计量和控制装置、抽气泵等几部分组成。当排气中含有二氧化硫等腐蚀性气体时，在采样管出口还应设置腐蚀性气体的净化装置（如双氧水洗涤瓶等）。

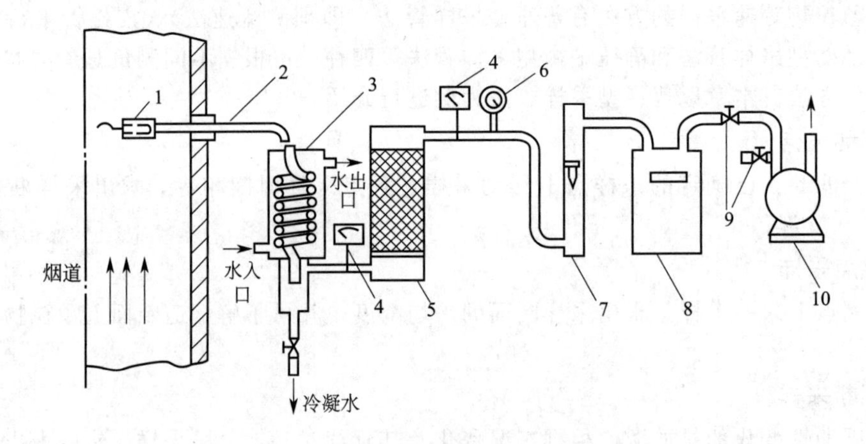

图 4-23 普通型采样管法颗粒物采样装置

1—滤筒；2—采样管；3—冷凝器；4—温度计；5—干燥器；6—真空压力计；7—转子流量计；8—累积流量计；9—调节阀；10—抽气泵

（1）采样管 采样管有玻璃纤维滤筒采样管和刚玉滤筒采样管两种。玻璃纤维滤筒采样管由采样嘴、前弯管、滤筒夹、滤筒、采样管主体等部分组成，见图 4-24。

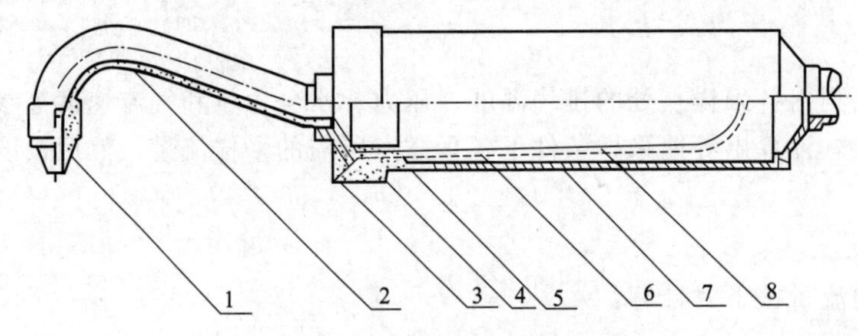

图 4-24 玻璃纤维滤筒采样管

1—采样嘴；2—前弯管；3—滤筒夹压盖；4,5—滤筒夹；6—不锈钢托；7—采样管主体；8—滤筒

滤筒由滤筒夹顶部装入，靠入口处两个锥度相同的圆锥环夹紧固定。在滤筒外部有一个与滤筒外形一样而尺寸稍大的多孔不锈钢托，用以承托滤筒，以防采样时滤筒破裂。采样管各部件均用不锈钢制作及焊接。

刚玉滤筒采样管由采样嘴、前弯管、滤筒夹、刚玉滤筒、滤筒托、耐高温弹簧、石棉垫圈、采样管主体等部分组成，见图 4-25。刚玉滤筒由滤筒夹后部放入，借滤筒托、耐高温弹簧和滤筒夹可调后体压紧在滤筒夹前体上。滤筒进口与滤筒夹前体接触部位，滤筒夹与采样管接口部位均用石棉或石墨垫圈密封。采样管各部件均用不锈钢制作和焊接。

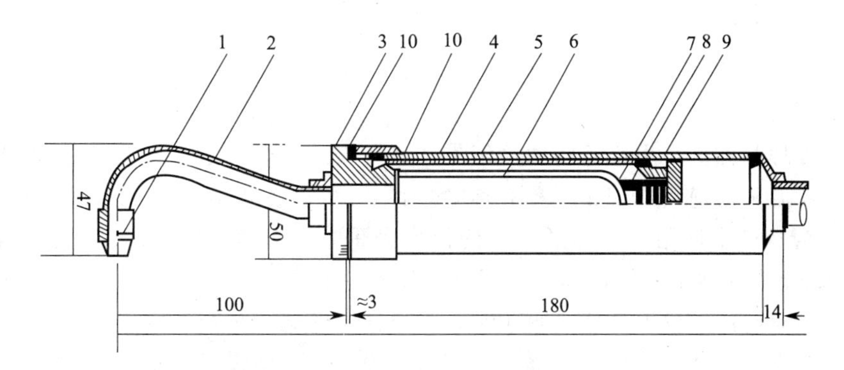

图 4-25 刚玉滤筒采样管

1—采样嘴；2—前弯管；3—滤筒夹前体；4—采样管主体；5—滤筒夹中体；6—刚玉滤筒；
7—滤筒托；8—耐高温弹簧；9—滤筒夹后体；10—石棉垫圈

(2) 采样嘴 采样嘴入口角度应不大于 45°，与前弯管连接的一端的内径应与连接管内径相同，不得有急剧的断面变化和弯曲，见图 4-26。入口边缘厚度应不大于 0.2mm，入口直径变差应不大于 0.1mm，其最小直径应不小于 5mm。

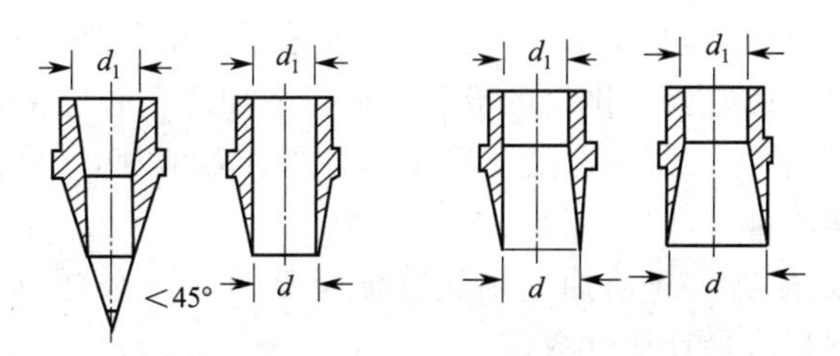

图 4-26 采样嘴

(3) 滤筒 玻璃纤维滤筒由玻璃纤维制成，有直径 32mm 和 25mm 两种；对 0.5μm 的粒子捕集效率应不低于 99.9%；失重应不大于 2mg，适用温度为 500℃以下。刚玉滤筒由刚玉砂等烧结而成；规格为 ϕ28mm（外径）×100mm，壁厚（1.5±0.3)mm；对 0.5μm 的粒子捕集效率应不低于 99.9%；失重应不大于 2mg，适用温度为 1000℃以下；空白滤筒阻力，当流量为 20L/min 时，应不大于 4kPa。

(4) 流量计量箱 包括冷凝水收集器、干燥器、温度计、真空压力表、转子流量计和根据需要加装的累积流量计等。冷凝水收集器用于分离、贮存在采样管、连接管中冷凝下来的水。冷凝水收集器容积应不小于 100mL，放水开关关闭时应不漏气。出口处应装有温度计，用于测定排气的露点温度。干燥器容积应不小于 0.8L，高度不小于 150mm，内装硅胶。气体出口应有过滤装置，装料口处应有密封圈。干燥器用于干燥进入流量计前的湿排气。温度计精确度应不低于 2.5%，温度范围−10～60℃，最小分度值应不大于 2℃，用于测量气体的露点和进入流量计的气体温度。真空压力表精确度应不低于 4%，最小分度值应不大于 0.5kPa，用于测量进入流量计的气体压力。转子流量计精确度不低于 2.5%，最小分度值应不大于 1L/min，用于控制和测量采样时的瞬时流量。累积流量计精确度应不低于 2.5%，用于测量采样时段的累积流量。

（5）冷凝器

（6）抽气泵　当流量为40L/min时，其抽气能力应能克服烟道及采样系统阻力。如流量计量装置放在抽气泵出口，抽气泵应不漏气。

（7）天平　感量0.1mg。

（8）秒表

4. 采样准备

① 滤筒处理和称重。用铅笔将滤筒编号，在105～110℃烘箱中烘烤1h，取出放入干燥器中冷却至室温，用感量0.1mg天平称量，两次重量之差应不超过0.5mg。当滤筒在400℃以上高温排气中使用时，为了减少滤筒本身重量，应预先在400℃高温箱中烘烤1h，然后放入干燥箱中冷却至室温，称量至恒重，放入专用的容器中保存。

② 检查所有的测试仪器功能是否正常，干燥器中的硅胶是否失效。

③ 检查系统是否漏气，如发现漏气，应再分段检查、堵漏，直到合格。

5. 采样步骤

① 记下滤筒编号，将滤筒装入采样管，用滤筒压盖或滤筒托将滤筒进口压紧。

② 对采样系统进行检测。

③ 根据烟道断面大小确定采样点数和位置，然后将各采样点的位置用胶布在皮托管和采样管上作出记号。

④ 打开烟道的采样孔，清除孔中的积灰。

⑤ 按顺序测定排气温度、水分含量、静压和各采样点的气体动压。如干排气成分与空气的成分有较大差异时，还应测定排气的成分，进行各项测定时应将采样孔封闭。

⑥ 根据测得的排气温度、水分含量、静压和各采样点流速，结合选用的采样嘴直径算出各采样点的等速采样流量。

⑦ 装上所选定的采样嘴，开动抽气泵调整流量至第一个采样点所需的等速采样流量，关闭抽气泵。记录下累积流量计初读数。

⑧ 将采样管插入烟道中第一个采样点处，将采样孔封闭，使采样嘴对准气流方向，然后开动抽气泵，并迅速调整流量到第一个采样点的采样流量。

⑨ 采样期间，由于颗粒物在滤筒上逐渐聚集，阻力会逐渐增加，需随时调节控制阀以保持等速采样流量，并记下流量计前的温度、压力和各点的采样延续时间。

⑩ 一点采样后，立即将采样管按顺序移到第二个采样点，同时调节流量至第二个采样点所需的等速采样流量。依次类推，顺序在各点采样。每点采样时间视颗粒物而定，原则上每点采样时间应不少于3min。各点采样时间应相等。

⑪ 采样结束后，关闭抽气泵，小心地从烟道中取出采样管，注意不要倒置。记录累积流量计终读数。如采样管倒置采样，采样结束时，应及时记下采样时间及累积流量计终读数，并迅速从烟道中取出采样管，正置后，再关闭抽气泵。

⑫ 用镊子将滤筒取出，轻轻敲打前弯管，并用细毛刷将附着在前弯管内的尘粒刷到滤筒中，将滤筒用纸包好，放入专用盒中保存。

⑬ 每次采样，至少采取三个样品，取其平均值。

⑭ 采样后应再测量一次采样点的流速，与采样前的流速相比，如相差大于20%，样品作废，重新取样。

6. 样品分析

采样后的滤筒放入 105℃ 烘箱中烤 1h，取出置于干燥器中冷却至室温，用感量 0.1mg 天平称量至恒重。采样前后滤筒重量之差，即为采取的颗粒物量。

六、气态污染物的采样方法

（一）采样位置和采样点

采样位置原则上应符合“一、采样基本要求”中的要求。

由于气态污染物在采样断面内一般是混合均匀的，可取靠近烟道中心的一点作为采样点。

（二）采样方法

根据测试分析方法不同，气态污染物的采样方法分化学法和仪器直接测试法。

1. 化学法采样

原理是通过采样管将样品抽入装有吸收液的吸收瓶或装有固体吸附物的吸附管、真空瓶、注射器或气袋中，样品溶液或气态样品经化学分析或仪器分析得出污染物含量。

采样系统主要有以下几种。

动压平衡型等速管法采样装置

（1）吸收瓶或吸附管采样系统　由采样管、连接导管、吸收瓶或吸附管、流量计量箱和抽气泵等部分组成，见图 4-27。当流量计量箱放在抽气泵出口时，抽气泵应严密不漏气。

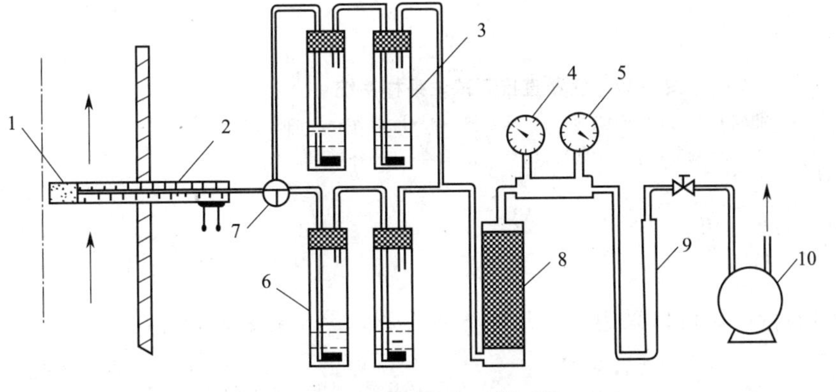

图 4-27　烟气吸收瓶采样系统

1—烟道；2—加热采样管；3—旁路吸收瓶；4—温度计；5—真空压力表；6—吸收瓶；7—三通阀；8—干燥器；9—流量计；10—抽气泵

注射器采样烟气装置

（2）真空瓶或注射器采样系统　由采样管、真空瓶或注射器、洗涤瓶、干燥器和抽气泵等组成，见图 4-28。

包括有机物在内的某些污染物，在不同烟气温度下，或以颗粒物或以气态污染物形式存在。采样前应根据污染物状态，确定采样方法和采样装置，如是颗粒物则按颗粒物等速采样方法采样。

2. 仪器直接测试法采样

原理是通过采样管和除湿器，用抽气泵将样气送入分析仪器中，直接指示被测气态污染物的含量。

采样系统由采样管、除湿器、抽气泵、测试仪和校正用气瓶等部分组成，见图 4-29。

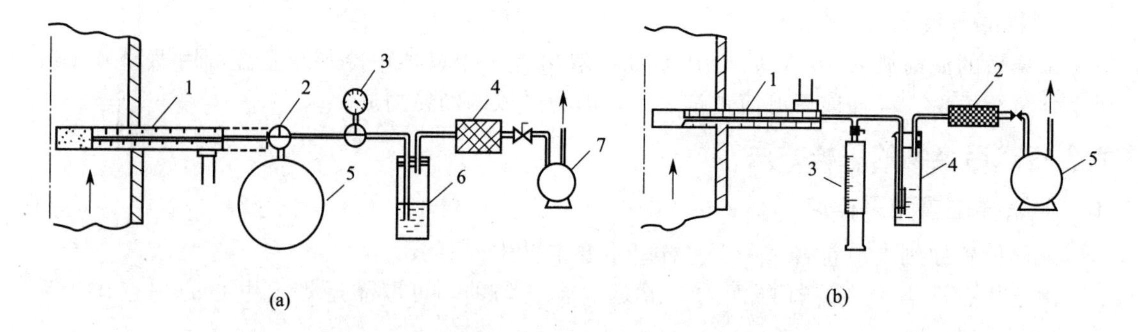

1—加热采样管；2—三通阀；3—真空压力表；
4—过滤器；5—真空瓶；6—洗涤瓶；7—抽气泵

1—加热采样管；2—过滤器；3—注射器；
4—洗涤瓶；5—抽气泵

图 4-28 真空瓶采样系统（a）和注射器采样系统（b）

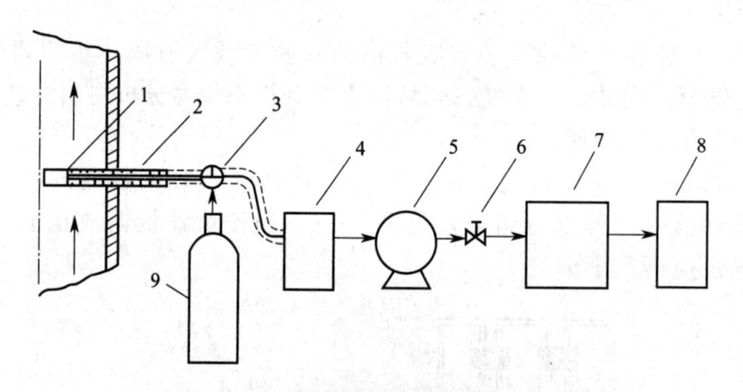

图 4-29 仪器直接测试法采样系统

1—滤料；2—加热采样管；3—三通阀；4—除湿器；5—抽气泵；
6—调节阀；7—分析仪；8—记录器；9—标准气瓶

（三）采样装置

1. 采样管

根据被测污染物的特征，可以采用以下几种类型的采样管，见图 4-30。

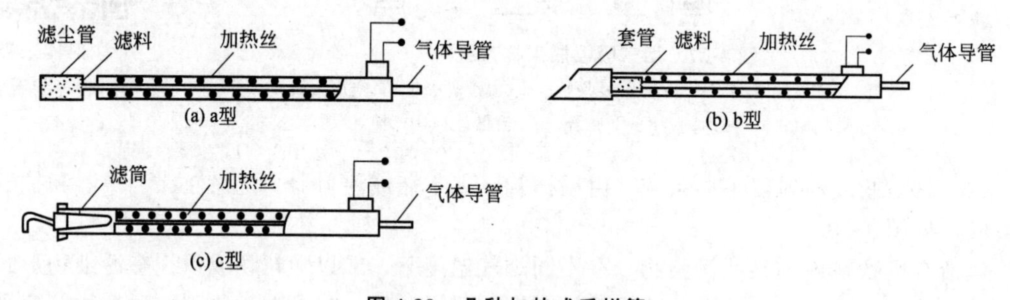

图 4-30 几种加热式采样管

（1）a 型采样管 适用于不含水雾的气态污染物的采样。

（2）b 型采样管 在气体入口处装有斜切口的套管，同时装滤料的过滤管也应进行加热。套管的作用是防止排气中水滴进入采样管内。过滤管加热是防止近饱和状态的排气将滤料浸湿，影响采样的准确性。

（3）c 型采样管 适用于既有颗粒物又有气态污染物的低湿烟气的采样，滤筒采集颗粒物，串联在系统中的吸收瓶则采集气态污染物。

采样管材质应满足以下条件：不吸收亦不与待测污染物起化学反应；不被排气中腐蚀成分腐蚀；能在排气温度和流速下保持足够的机械强度。

为了防止烟尘进入试样干扰测定，在采样管入口或出口处装入阻挡尘粒的滤料。滤料应选择不吸收亦不与待测污染物起化学反应的材料，并能耐受高温排气。

考虑到采气流量、机械强度和便于清洗，采样管内径应大于6mm，长度应能插到所需的采样点处，一般不宜小于800mm。

为了防止采集的气体中的水分在采样管内冷凝，避免待测污染物溶于水中产生误差，需将采样管加热。加热可用电加热或蒸汽加热，使用电加热时，为安全起见，宜采用低压电源，并有良好的绝缘性能。保温材料可用石棉或矿渣棉。

2. 连接管

应选择不吸收亦不和待测污染物起化学反应并便于连接与密封的材料。为了避免采样气体中水分在连接管中冷凝，从采样管到吸收瓶或从采样管到除湿器之间要进行保温，连接管线较长时要进行加热。连接管内径应大于6mm，管长应尽可能短。

3. 除湿和气液分离

在使用仪器直接监测污染物时，为防止采样气体中水分在连接管线和仪器中冷凝干扰测定，需要在采样管气体出口处进行除湿和气液分离。对含有少量水分不影响测试结果，只是为了避免连接管线、仪器内部管路和部件产生冷凝水时，可根据条件利用自然空气冷却。对水分干扰测定的监测仪器，应采用冷冻液或其他类型的冷却装置进行除湿，冷冻温度应使气样中水分不结冰。也可使用干燥剂或其他方式除湿。除湿装置的设计、选定，应使除湿装置除湿后气体中污染物的损失不大于5%。除湿时，如能使通过除湿器气体中的水气含量保持恒定，其对测量值的影响经测定得出后，可作为常数进行修正，以减少水气对测定值干扰所产生的误差。

4. 吸收瓶

根据待测污染物不同可选用图4-31所列的吸收瓶。

① 多孔筛板吸收瓶。鼓泡要均匀，在流量为0.5L/min时，其阻力应在(5±0.7)kPa。

② 冲击式吸收瓶。应按照图4-31(c)尺寸加工。

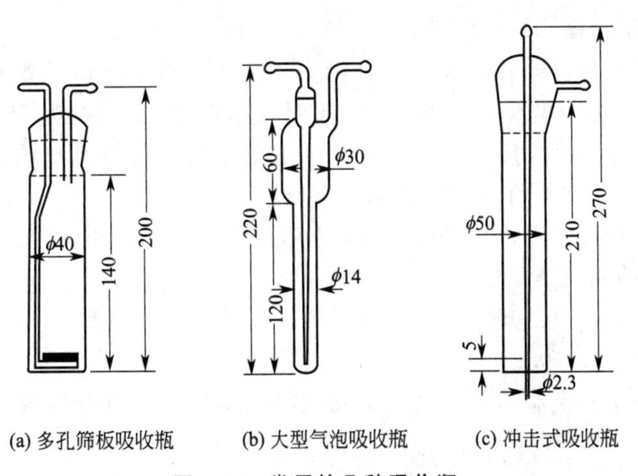

(a) 多孔筛板吸收瓶　(b) 大型气泡吸收瓶　(c) 冲击式吸收瓶

图4-31 常用的几种吸收瓶

③ 吸收瓶应采用标准磨口，应严密不漏气。

④ 吸收瓶连接嘴应做成球形或锥形。

5. 吸附管

吸附剂，可根据被测污染物性质选用硅胶、活性炭或高分子多孔微球等颗粒状吸附剂。吸附管内吸附剂填充要紧密，不得松动或有隙流，采样前后，吸附管两端要密封。吸附剂填充柱长度应根据被测污染物浓度、采样时间确定。

6. 流量计量装置

流量计量装置用于控制和计量采样流量，主要部件应包括：

(1) 干燥装置　为了保护流量计和抽气泵，并使气体干燥。干燥装置容积应不少于200mL，干燥剂可用变色硅胶或其他相应的干燥剂。

(2) 温度计　测量通过转子流量计或累积流量计的气体温度，可用水银温度计或其他类型的温度计，其精度应不低于2.5%，温度范围−10～60℃，最小分度值应不大于2℃。

(3) 真空压力表　测量通过转子流量计或累积流量计的气体压力，其精确度应不低于4%。

(4) 转子流量计　控制和计量采气流量。当用多孔筛板吸收瓶时，流量范围为0～1.5L/min；当用其他类型的吸收瓶时，流量计流量范围要与吸收瓶最佳采样流量相匹配。精确度应不低于2.5%。

(5) 累积流量计　用以计量总的采气体积，精确度应不低于2.5%。

(6) 流量调节装置　用针形阀或其他相应阀门调节采样流量，流量波动应保持在±10%以内。

7. 抽气泵

抽气泵即采样动力，可用隔膜泵或旋片式抽气泵，抽气能力应能克服烟道及采样系统阻力。当流量计量装置放在抽气泵出口端时，抽气泵应不漏气。

8. 采样用真空瓶

采样用真空瓶应用硬质玻璃瓶或不与待测物质起化学反应的金属材料制作，容积为2L。

9. 采样用注射器

采样用注射器用硬质玻璃制作，容积为100mL或200mL，最小分度值1mL。

10. 仪器法采样装置的其他部件

① 滤膜。为了保护仪器和抽气泵不被污染，可在分析仪入口装置滤纸、微孔滤膜或玻璃纤维滤膜以去除气体中尘粒，所用滤料应不吸收亦不与待测污染物起化学反应。

② 干燥剂和去除干扰物质。为防止水分或其他干扰成分对测定结果的影响，所用干燥剂或去除干扰物质应不影响待测物质的测量精度。

③ 当抽气泵装在仪器入口一侧时，要使用无油、不漏气的隔膜泵，制作泵的材料应不吸收亦不与待测物质起化学反应。

④ 校正用气体。采用已知浓度的标准气体，高浓度应在量程80%～95%，中浓度应在50%～60%，零气应小于0.25%。

⑤ 测量仪器性能。仪器的灵敏度、精确度等技术指标应符合国家标准或经过有关部门认可。

(四) 安装及采样

以使用吸收瓶或吸附管采样系统为例介绍。

1. 采样管的准备与安装

① 清洗采样管。使用前清洗采样管内部，干燥后再用。

② 更换滤料。当充填无碱玻璃棉或其他滤料时，充填长度为20～40mm。

③ 采样管插入烟道近中心位置，进口与排气流动方向成直角。如用b型采样管，其斜切口应背向气流。

④ 采样管固定在采样孔上，应不漏气。

⑤ 在不采样时，采样孔要用管堵或法兰封闭。

2. 吸收瓶或吸附管与采样管、流量计量箱的连接

① 吸收瓶、吸收液与吸收瓶贮存，按实验室化学分析操作要求进行准备，并用记号笔记上顺序号。

② 按图4-27所示用连接管将采样瓶、吸收瓶或吸附管、流量计量箱和抽气泵连接，连接管应尽可能短。

③ 采样管与吸收瓶和流量计量箱连接，应使用球形接头或锥形接头连接。

④ 准备一定量的吸收瓶，各装入规定量的吸收液，其中两个作为旁路吸收瓶使用。

⑤ 为防止吸收瓶磨口处漏气，可以用硅密封脂涂抹。

⑥ 吸收瓶和旁路吸收瓶在入口处用玻璃三通阀连接。

⑦ 吸收瓶或吸附管应尽量靠近采样管出口处，当吸收液温度较高而对吸收效率有影响时，应将吸收瓶放入冷水槽内冷却。

⑧ 采样管出口至吸收瓶或吸附管之间连接管要用保温材料保温，当管线长时，必须采取加热保温措施。

⑨ 当用活性炭、高分子多孔微球作吸附剂时，如烟气中水分含量（体积分数）＞3％，为了减少烟气中水分对吸附剂吸附性能的影响，应在吸附管前串一硅胶干燥管。硅胶吸附的被测污染物含量，应计入样品中去。

3. 漏气试验

① 将各部件按图4-27连接。

② 关上采样管出口三通阀，打开抽气泵抽气，使真空压力表负压上升到13kPa，关闭抽气泵一侧阀门，如压力计压力在1min内下降不超过0.15kPa，则视为系统不漏气。

③ 如发现漏气，要重新检查、安装，再次检漏，确认系统不漏气后方可采样。

4. 采样操作

① 预热采样管。打开采样管加热电源，将采样管加热到所需温度。

② 置换吸收瓶前采样管路内的空气。正式采样前令排气通过旁路吸收瓶，采样5min，将吸收瓶前管路内的空气置换干净。

③ 采样。接通采样管路，调节采样流量至所需流量，采样期间应保持流量恒定，波动应不大于±10％。

④ 采样时间。视待测污染物浓度而定，但每个样品采样时间一般不少于10min。

⑤ 采样结束。切断采样管至吸收瓶之间气路，防止烟道负压将吸收液与空气抽入采样管。

⑥ 样品贮存。采集的样品应放在不与被测物产生化学反应的玻璃或其他容器内，容器要密封并注明样品号。

5. 记录

采样时应详细记录采样时工况条件、环境条件和样品采集数据。

6. 采样后检查

采样后应再次进行漏气检查，如发现漏气，应重新取样。

7. 样品分析

在样品贮存过程中，如污染物浓度随时间衰减时，应在现场随时进行分析。

七、采样体积的计算

1. 使用转子流量计时的体积计算

当转子流量计前装有干燥器时，标准状态下干排气采气体积按下式计算：

$$V_{nd}=0.27Q'_r\sqrt{\frac{B_a+p_r}{M_{sd}(273+t_r)}}\times t$$

式中 V_{nd}——标准状态下干采气体积，L；

Q'_r——采样流量，L/min；

M_{sd}——干排气气体分子量，kg/kmol；

p_r——转子流量计前气体压力，Pa；

B_a——大气压力，Pa；

t_r——转子流量计前气体温度，℃；

t——采样时间，min。

当被测气体的干气体分子量近似于空气时，标准状态下干气体体积按下式计算：

$$V_{nd}=0.05Q'_r\sqrt{\frac{B_a+p_r}{273+t_r}}\times t$$

2. 使用干式累积流量计时的体积计算

使用干式累积流量计，流量计前装有干燥器，标准状态下干采气体积按下式计算：

$$V_{nd}=K(V_2-V_1)\frac{273}{273+t_d}\times\frac{B_a+p_d}{101300}$$

式中 V_1，V_2——采样前后累积流量计的读数，L；

t_d——流量计前气体温度，℃；

p_d——流量计前气体压力，Pa；

K——流量计的修正系数。

3. 使用注射器采样时的体积计算

使用注射器采样时，标准状态下干采气体积按下式计算：

$$V_{nd}=V_f\frac{273}{273+t_f}\times\frac{B_a-p_{fv}}{101300}$$

式中 V_f——室温下注射器采样体积，L；

t_f——室温，℃；

p_{fv}——在 t_f 时饱和水蒸气压力，Pa。

4. 使用真空瓶采样时的体积计算

使用真空瓶采样时，标准状态下干采气体积按下式计算：

$$V_{nd}=(V_b-V_1)\frac{273}{101300}\left(\frac{p_f-p_{fv}}{273+t_f}-\frac{p_i-p_{iv}}{273+t_i}\right)$$

式中 V_b——真空瓶容积，L；

V_1——吸收液容积，L；

p_f——采样后放置至室温时真空瓶内压力，Pa；

t_f——测 p_f 时的室温，℃；

p_i——采样前真空瓶内压力，Pa；

t_i——测 p_i 时的室温，℃；

p_{fv}——在 t_f 时的饱和水蒸气压力，Pa；

p_{iv}——在 t_i 时的饱和水蒸气压力，Pa。

注：被吸收液吸收的样品，由于体积很小而忽略不计。

八、颗粒物和气态污染物浓度的计算

① 颗粒物和气态污染物的浓度按下式计算：

$$C_i' = \frac{m}{V_{nd}} \times 10^6$$

式中　C_i'——颗粒物和气态污染物浓度，mg/m^3；

m——采样所得的颗粒物和气态污染物的质量，g；

V_{nd}——标准状态下干采样体积，L。

② 颗粒物和气态污染物的平均浓度按下式计算：

$$\overline{C}' = \frac{\sum_{i-1}^{n} C_i'}{n}$$

式中　$\overline{C}'$——颗粒物和气态污染物的平均浓度，mg/m^3；

n——采集的样品数。

③ 定点采样时，颗粒物和气态污染物的平均浓度按下式计算：

$$\overline{C}' = \frac{C_1'V_1F_1 + C_2'V_2F_2 + \cdots + C_n'V_nF_n}{V_1F_1 + V_2F_2 + \cdots + V_nF_n}$$

式中　$\overline{C}'$——颗粒物和气态污染物的平均浓度，mg/m^3；

$C_1', C_2', \cdots, C_n'$——各采样点颗粒物和气态污染物浓度，mg/m^3；

$V_1, V_2, \cdots, V_n$——各采样点排气流速，m/s；

$F_1, F_2, \cdots, F_n$——各采样点所代表的面积，m^2。

④ 周期性变化的生产设备，若需确定时间加权平均浓度，则按下式计算：

$$\overline{C}' = \frac{C_1't_1 + C_2't_2 + \cdots + C_n't_n}{t_1 + t_2 + \cdots + t_n}$$

式中　$\overline{C}'$——时间加权平均浓度，mg/m^3；

$C_1', C_2', \cdots, C_n'$——颗粒物和气态污染物在 $t_1, t_2, \cdots, t_n$ 时段内的浓度，mg/m^3；

$t_1, t_2, \cdots, t_n$——颗粒物和气态污染物浓度为 $C_1', C_2', \cdots, C_n'$ 时的时间段，min。

⑤ 颗粒物和气态污染物折算排放浓度按下式计算：

$$\overline{C} = C' \frac{\alpha'}{\alpha}$$

式中　$\overline{C}$——折算成过量空气系数为 α' 时的颗粒物和气态污染物的排放浓度，mg/m^3；

C'——颗粒物和气态污染物实测浓度，mg/m^3；

α'——在测点实测的过量空气系数；

α——有关排放标准中规定的过量空气系数。

九、仪器校正

① 测定仪器应定期送有关计量检定单位检定。

② 为保证测量的准确，下列仪器至少每半年自行校正一次。

a. 排气温度测量仪表，用标准水银温度计或用冰点和水的沸点校正。对测量温度超过400℃的温度计，可用经过计量部门校准的热电偶温度计或电阻温度计校正。

b. S形皮托管，如出厂时已经校正，使用时不需要再进行校正。如使用中测量端损坏或变形，检修后，应送有关计量部门或其授权单位校正。

c. 斜管微压计，用精确度为0.2Pa的补偿式微压计校正。

d. 空盒大气压力计，用水银大气压力计校正。

e. 真空压力表或压力计，用U形水银压力计或精确度不低于0.5%的真空压力表（或压力计）校正。

f. 转子流量计，可用经计量部门检定，作为校准用的转子流量计、湿式气体流量计或皂膜流量计校正。最好在气温为20℃左右的实验室内进行。校正点应不少于5个流量值。

g. 干式累积流量计，用标定过的湿式气体流量计校准。干式累积流量计和湿式气体流量计均放在无油抽气泵（最好是隔膜泵）的正压端。其连接顺序为：抽气泵（作鼓气用），温度计，压力计，干式累积流量计，湿式气体流量计。

h. 对采样管加热温度，将进入采样管的气体温度加热到经常要测的排气温度，以常用的采样流量抽气，在不同的温度调节下，用热电偶温度计或其他相当的温度计测量采样管出口气体温度，以校正采样管的加热温度，如采样管出口装有温度指示仪表，则不需要进行校正。

i. 分析天平，用标准砝码校正。

j. 采样嘴，用精度为0.05mm的卡尺测量其内径，取三次测量的算术平均值。

第五节　室内空气监测

近年来，随着国民环保意识的提高，人类对自身生活环境的重视达到前所未有的程度。室内环境污染日益受到人们的重视，空气中的微粒、细菌、病毒和其他有害物质日积月累地损害着人们的身体健康，特别是长期处于封闭室内环境的人尤其如此。人们迫切地希望有一个安全、舒适、健康的生活空间。

室内空气污染可以定义为：由于室内引入能释放有害物质的污染源或室内环境通风不佳而导致室内空气中有害物质无论是数量上还是种类上不断增加，并引起人的一系列不适症状，称为室内空气受到了污染。

一、室内空气污染的特征及污染物

（一）室内空气污染的特征

室内空气污染与大气空气污染由于所处的环境不同，其污染特征也不同。室内空气污染具有如下特征。

1. 累积性

室内环境是相对封闭的空间，其污染形成的特征之一是累积性。从污染物进入室内导致浓度升高，到排出室外浓度逐渐趋于零，大都需要经过较长的时间。室内的各种物品，包括建筑装饰材料、家具、地毯、复印机、打印机等都可能释放出一定的化学物质，如不采取有效措施，它们将在室内逐渐积累，导致污染物浓度增大，构成对人体的危害。而在通风环境较好的室内环境中污染物的浓度一般较低。

2. 长期性

一些调查表明，大多数人大部分时间处于室内环境。即使浓度很低的污染物，在长期作用于人体后，也会影响人体健康。因此，长期性也是室内污染的重要特征之一。

3. 多样性

室内空气污染的多样性既包括污染物种类的多样性，又包括室内污染物来源的多样性。

（二）室内空气污染物

室内空气污染物的来源及危害见表 4-13。

表 4-13 室内空气污染物的来源及危害

污染源	产生的污染物	危 害
建筑材料、砖瓦、混凝土、板材、石材、保温材料、涂料、黏结剂	氨、甲醛、氡、放射性核素、石棉纤维、有机物	头昏、尘肺（肺尘埃沉着病）、诱发冠心病、肺水肿、致癌
清洁剂、除臭剂、杀虫剂、化妆品	苯及同系物、醇、氯仿、脂肪烃类、多种挥发有机物	致癌
燃料燃烧	CO、TSP、NO_2、SO_2	呼吸道强烈刺激，鼻、咽部疾病
吸烟	CO、O_2、NO_x、烷烯烃、尼古丁、焦油、芳香烃	呼吸系统疾病，致癌
呼吸、皮肤、汗腺代谢活动	CO_2、NH_3、CO、甲醇、乙醇、醚	头昏、头痛、神经系统疾病
室内微生物（来源于人体病原微生物及宠物）	结核杆菌、白喉、霉菌、螨虫、溶血性链球菌、金黄色葡萄球菌	各种传染病
家电、空调	O_3、有机物	刺激眼睛、头痛、致癌

1. 生物性污染物来源及其危害

生物性污染源主要包括：a. 房屋密闭或使用中央空调系统造成各种细菌、真菌、霉菌、病毒的繁殖；b. 饲养家庭宠物造成的细菌、病菌等污染；c. 室内装饰如地毯、壁纸以及床单、布帘等因不及时清洗和日照不足造成大量螨虫滋生、病菌繁殖。

显而易见，室内产生的各种细菌、真菌、霉菌、病毒、螨虫会导致人体患不同的疾病，特别是老人、小孩等体质较弱的人群。

2. 化学性污染物来源及其危害

（1）装饰装修材料引发的室内污染 装饰装修材料引发的室内污染相对比较严重，其主要污染物有甲醛、总挥发性有机化合物、氨等，这些物质会对人体健康产生较大影响。

① 甲醛。甲醛是一种无色易溶的刺激性气体，其主要来源是室内装饰使用胶合板、甲醛黏合剂、贴墙纸、涂料、吸烟等。

甲醛可经呼吸道吸收，对人体健康的影响主要表现在刺激、过敏、嗅觉异常、肺功能异常、肝功能异常、免疫功能异常等方面。其作用浓度在空气中达到 $0.06 \sim 0.07mg/m^3$ 时，儿童就会发生气喘；当室内空气中甲醛含量为 $0.1mg/m^3$ 时就有异味和不适感；$0.5mg/m^3$ 时可刺激眼睛引起流泪；$0.6mg/m^3$ 时引起咽喉不适或疼痛；浓度再高可引起恶心、呕吐、咳嗽、胸闷、气喘甚至肺气肿；长期接触低浓度甲醛，可出现头痛、头晕、乏力、感觉障碍和视力障碍，能抑制汗腺分泌，导致皮肤干燥，还会引起慢性呼吸道疾病，女性月经紊乱、妊娠综合征，引起新生儿体质降低、染色体异常，甚至引起癌症。

② 总挥发性有机化合物（TVOC）。TVOC 是指在指定的试验条件下，所测得材料或空气中挥发性有机化合物的总量。TVOC 的主要成分为芳香烃、卤代烃、脂肪烃等，常见的有苯、甲苯、二甲苯、三氯乙烯、三氯甲烷、萘、二异氰酸酯类等。家庭和办公楼里的 TVOC 主要来源于室内装修过程中使用的产品，包括装饰材料、胶黏剂、空气清新剂和油漆涂料等。苯化合物主要从油漆及其添加剂和稀释剂中挥发出来，在油漆中，苯、甲苯、二甲苯是不可或缺的溶剂；在各种溶剂型胶黏剂中，使用的溶剂多数为甲苯。

TVOC 可有臭味，表现出毒性、刺激性，而且有的化合物具有基因毒性。TVOC 对人体健康的影响主要是刺激眼睛和呼吸道，能造成人体免疫水平失调，影响中枢神经系统功能，并出现头晕、头痛、嗜睡、无力、胸闷等症状。TVOC 中含有多种致癌物如苯、氯乙烯、多环芳烃等。当空气中 TVOC 含量达到 $0.025mg/m^3$ 时人体会产生头痛、疲倦和瞌睡等症状，当浓度高于 $35mg/m^3$ 时可能导致昏迷、抽搐甚至死亡。即使室内空气中单种 TVOC 含量远远低于其限制浓度，但由于多种室内 TVOC 的混合存在及其相互作用，会使危害强度增大，对人体健康造成严重的影响。

③ 氨。氨是一种极易溶于水的气体，室内环境中氨主要来自建筑施工中使用的混凝土外加剂。这些含有大量氨类物质的外加剂在墙体中随着环境因素的变化而还原成氨气从墙体中缓慢释放出来，导致室内空气中氨的浓度不断增高。室内空气中的氨也可来自室内装饰材料，比如家具涂饰时所用的添加剂和增白剂大部分都用氨水。另外，化工涂料、纺织物、木材阻燃剂等也含有氨，同样会释放氨而造成污染。

氨可以通过皮肤及呼吸道引起中毒，对眼、喉、上呼吸道作用快，刺激性强，轻者引起喉炎、声音嘶哑，重者可发生喉头水肿、喉痉挛而引起窒息，也可出现呼吸困难、肺水肿、昏迷和休克，严重时甚至会引起死亡。

（2）家用化学用品挥发出的有毒气体　在日常生活中，人们用到的化学用品比较多，如杀虫剂、清洁剂、上光剂、除臭剂、空气清新剂等，在使用过程中这些化学品会散发出一些有害气体，主要为苯类、氯化烃类等有机物，均可能对人体产生刺激、致癌作用。

（3）人体本身引起的室内污染　人体能散发出几百种气溶胶和化学物质而使居室空气受到污染。人体散发出的气体污染物种类及发生量见表 4-14。另外，由于人体的新陈代谢，一个成年人每小时要从体表脱落 60 万粒皮屑，总计每年约脱落 0.68kg，这些粉屑在空中飘浮，在室内堆积，对室内空气产生了污染，造成了可吸入颗粒物等控制项目的超标。

表 4-14　人体散发出的气体污染物种类及发生量　单位：$\mu g/(m^3 \cdot 人)$

污染物	发生量	污染物	发生量	污染物	发生量
乙醛	35	一氧化碳	10000	三氯乙烯	1
丙酮	457	二氯乙烷	0.4	四氯乙烯	1.4
氨	15 600	三氯甲烷	3	甲苯	23
苯	16	硫化氢	15	氯乙烯	4
丁酮	9700	甲烷	1715	三氯乙烷	42
二氧化碳	32000000	甲醇	6	二甲苯	0.003
氯化甲基蓝	88	丙烷	1.3		

注：摘自孔祥瑜《室内空气污染及其防治》，大众标准化，2005。

（4）香烟烟雾污染　香烟烟雾污染对健康的危害早已引起人们的关注，烟草烟雾的成分非常复杂，至少含有 3800 种成分，其中含有尼古丁、焦油、氰化氢等有害物质达几百种。研究人员对吸烟与室内污染关系所做的实验表明，吸烟会使室内空气中可吸入颗粒物浓度明显升高，还会导致室内空气中一氧化碳、二氧化碳及其他多种化学物质的浓度增加。香烟散发出的气体污染物种类及发生量见表 4-15。

表 4-15　香烟散发出的气体污染物种类及发生量　　单位：μg/支

污染物	发生量	污染物	发生量	污染物	发生量
二氧化碳	10～26	一氧化碳	1.8～17	氮氧化物	0.01～0.6
甲烷	0.2～1	乙烷	0.2～0.6	丙烷	0.05～0.3
氨	0.01～0.15	苯	0.015～0.1	甲苯	0.02～0.2
甲醛	0.015～0.05	乙醛	0.01～0.05	丙烯醛	0.02～0.15
尼古丁	0.05～2.5	焦油	0.5～35		

注：摘自孔祥瑜《室内空气污染及其防治》，大众标准化，2005。

对吸烟者来说，最严重的疾病是肺癌和肺气肿，约有 80%以上的肺癌是由长期吸烟引起的。吸烟还会增加患心血管疾病、消化系统疾病等多种疾病的概率。另外，吸烟者对室内空气造成的污染使得周围不吸烟者的身体健康也受到损害。研究表明，在充满烟雾的房间内仅 1h，被动吸烟者碳氧血红蛋白即由 1.6%上升至 2.6%，大致相当于吸了 1 支中等焦油量的香烟。

（5）厨房的燃料燃烧及烹饪等活动而造成的室内污染　厨房的燃料燃烧及烹饪等活动也是造成室内污染的一个重要来源。厨房使用不同种类的燃料，可产生不同种类和数量的污染物。其中燃煤所产生的污染物种类和数量相对较大，产生的主要污染物包括 CO、SO_2、NO_x 及苯并芘。在烹饪过程中，会产生大量的油烟，其污染成分比较复杂，研究表明，油烟气组成成分至少有 300 多种，其中含有多种有毒化学成分，如苯并芘、二苯并蒽等，会对人体产生肺脏毒性、免疫毒性和致癌突变性等危害。

（6）室外大气污染物进入室内而造成的室内污染　除上述室内人为活动造成空气污染，导致室内空气质量下降外，室外被污染的空气进入室内也是造成室内空气污染的因素之一。目前，我国许多城市和地区存在不同程度的环境污染，大气中浮尘、SO_2、NO_x 等多项指标超标，某些地方还存在一些特征项目的超标，更加剧了当地室内空气的污染。

3. 物理性污染物来源及其危害

物理性污染物中最引人关注的是放射性物质，包括房基地本身渗透的氡及其子体以及各种建筑材料中的放射性物质，称为电离辐射污染或放射性污染。除噪声和振动外，各种家用电器的普遍使用，也给家庭生活环境带来了电磁辐射，被称为非电离辐射污染。家庭空调的普及以及工作及公共场所中央空调的使用带来了新型的空调污染，主要原因是使外环境的颗粒物和回风中的颗粒物在室内形成高浓度聚集。

放射性污染物主要来源于室内装饰装修材料。主要为各种放射性核素，包括铀、钍、镭等，其中镭衰变的产物氡气（Rn^{222}），是对人体危害最大的污染物之一，它几乎占到一个人每年所受天然放射性产生的照射剂量的一半。氡是一种无色无味的放射性惰性气体，在室内环境中，氡主要来源于具有放射性的建筑材料和装饰材料，如建筑石材、地砖、石膏板、建筑陶瓷等。

氡的危害，主要是通过其放射出的射线对人体细胞基本分子结构的电离，破坏分子结构和细胞而造成的。氡随空气进入人体后，其放射出的 α 射线对上呼吸道、肺部产生的内照射，破坏了肺细胞的分子结构，使肺细胞受损，因此成为诱发肺癌的仅次于吸烟的第二大因素。医学研究亦已证实，氡气还可引起白血病、胎儿畸形、不孕不育等后果。

二、室内环境标准

室内环境标准见表 4-16 和表 4-17。

表 4-16 《室内空气质量国家标准》(GB/T 18883—2002) 的主要指标

序号	参数类别	参数	单位	标准值	备注
1	物理性	温度	℃	22～28	夏季空调
				16～24	冬季采暖
2		相对湿度	%	40～80	夏季空调
				30～60	冬季采暖
3		空气流速	m/s	0.3	夏季空调
				0.2	冬季采暖
4		新风量	$m^3/(h \cdot 人)$	30	
5	化学性	二氧化硫 SO_2	mg/m^3	0.50	1h 均值
6		二氧化氮 NO_2	mg/m^3	0.24	1h 均值
7		一氧化碳 CO	mg/m^3	10	1h 均值
8		二氧化碳 CO_2	%	0.10	日平均值
9		氨 NH_3	mg/m^3	0.20	1h 均值
10		臭氧 O_3	mg/m^3	0.16	1h 均值
11		甲醛 HCHO	mg/m^3	0.10	1h 均值
12		苯 C_6H_6	mg/m^3	0.11	1h 均值
13		甲苯	mg/m^3	0.20	1h 均值
14		二甲苯	mg/m^3	0.20	1h 均值
15		苯并[a]芘 BaP	mg/m^3	1.0	日平均值
16		可吸入颗粒 PM_{10}	mg/m^3	0.15	日平均值
17		总挥发性有机物 TVOC	mg/m^3	0.60	8h 均值
18	生物性	菌落总数	CFU/m^3	2500	依据仪器定
19	放射性	氡 Rn^{222}	Bq/m^3	400	年平均值

表 4-17 国家相关标准的主要指标

标准名称	允许含量	标准号
《居室空气中甲醛的卫生标准》	$0.08mg/m^3$	GB/T 16127—1995
《室内氡及其子体控制要求》	$100Bq/m^3$(新建建筑) $300Bq/m^3$(已建建筑)	GB/T 16146—2015
《室内空气中氮氧化物卫生标准》	$0.10mg/m^3$	GB/T 17096—1997
《室内空气中二氧化碳卫生标准》	$200mg/m^3$	GB/T 17094—1997
《室内空气中二氧化硫卫生标准》	$0.15mg/m^3$	GB/T 17097—1997
《室内空气中细菌总数卫生标准》	$4000CFU/m^2$	GB/T17093—1997
《室内空气中可吸入颗粒物卫生标准》	$0.15mg/m^3$	GB/T 17095—1997

三、检测方案的制订

进行室内空气污染物检测时，为了获得有代表性的试样，使监测数据具有可比性，《室内空气质量卫生规范》对采样点位、采样高度、采样时间和频率，以及采样条件和采样方法作出以下规定。

（一）采样点布置

采样点的布置会影响室内污染物检测的准确性。如果采样点布置不科学，所得的监测数据并不能科学地反映室内空气质量。

1. 布点原则

采样点的选择应遵循下列原则。

(1) 代表性 这种代表性应根据检测目的与对象来确定，以不同的目的来选择各自典型的代表，如可按居住类型、燃料结构、净化措施分类。

(2) 可比性 为了便于对检测结果进行比较，各个采样点的各种条件应尽可能选择相类似的；所用的采样器及采样方法，应作具体规定；采样点一旦选定后，一般不要轻易改动。

(3) 可行性 由于采样的器材较多，需占用一定的场地，故选点时，应尽量选有一定空间可供利用的地方，切忌影响居住者的日常生活。因此，应选用低噪声、有足够电源的小型采样器材。

2. 采样点的数量

室内监测采样点的数量应根据监测室内面积大小和现场情况而确定，以保证能正确反映室内空气污染物的水平。公共场所原则上小于 $50m^2$ 的房间应设 1～3 个点；50～$100m^2$ 设 3～5 个点；$100m^2$ 以上至少设 5 个点。采用对角线或梅花形布点（见图 4-32）方式设点。居室面积小于 $10m^2$ 设 1 个点，10～$25m^2$ 设 2 个点，25～$50m^2$ 设 3～4 个点。两点之间相距 5m 左右。

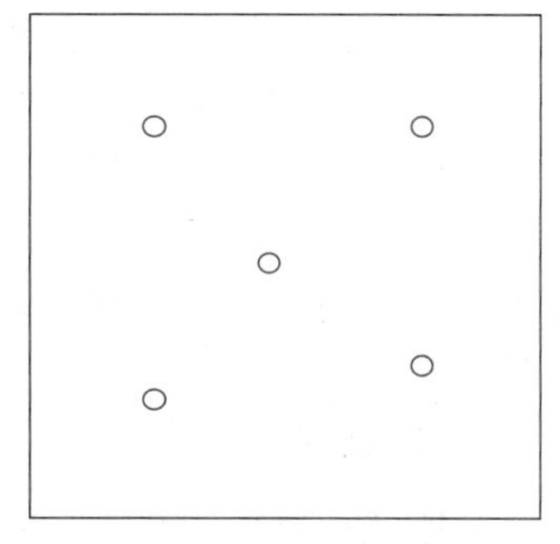

图 4-32 梅花形布点

3. 采样点的位置

采样点应设在室内通风率最低的地方。为避免室壁的吸附作用或逸出干扰，采样点离墙壁距离应大于 0.5m。采样点应避开通风口，离开门窗一定的距离。采样点不能设在走廊、厨房、浴室、厕所内，避免风对采样数据的影响。

4. 采样点的高度

采样点的高度原则上与人的呼吸带高度相一致。一般距地面 0.75～1.5m。

5. 室外对照采样点的设置

在进行室内污染监测的同时，为了掌握室内外污染的相互影响，应以室外的污染物浓度为对照，在同一区域的室外设置 1～2 个对照点。也可用原来的室外固定大气监测点做对比，这时室内采样点的分布应在固定监测点的 500m 半径范围内。

（二）采样时间和频率

① 评价室内空气质量对人体健康的影响时，在人们正常活动情况下采样，至少监测一日，每日早晨和傍晚各采样一次。每次平行采样，平行样品的相对偏差不超过 20%。

② 对建筑物的室内空气质量进行评价时，应选择在无人活动时采样，至少监测一日，每日早晨和傍晚各采样一次。每次平行采样，平行样品的相对偏差不超过 20%。

（三）室内采样条件

① 采样应在密封条件下进行，首先门窗必须关闭。

② 在采样期间室内通风系统（包括空调、吊扇、窗户上的换气扇）应停止运行。

③ 如果是早晨采样，应在前一天晚上关闭门窗，直至采样结束后再打开。

④ 若采样前12h或采样期间出现大风，则应停止采样。

（四）采样方法和采样仪器

根据污染物在室内空气中的存在状态，选用合适的采样方法和仪器。具体采样方法应按各个污染物检验方法中规定的方法和操作步骤进行。

根据被测物质在空气中存在状态和浓度以及所用分析方法的灵敏度，可用不同的采样方法。采集气体样品的方法有直接取样和浓缩取样两大类。

1. 直接采样法

当室内空气中被测组分浓度较高，或者所用分析方法很灵敏时，直接采取少量样品就可满足分析需要。这种方法测定的结果是瞬时浓度或短时间内的平均浓度。常用的采样容器有注射器、塑料袋、真空瓶等。

2. 浓缩采样法

室内空气中的污染物质浓度一般都比较低，虽然目前的测试技术有很大的进展，出现了许多高灵敏度的自动测定仪器，但是对许多污染物质来说，直接采样法远远不能满足分析的要求，故需要用富集采样法对室内空气中的污染物进行浓缩，使之满足分析方法灵敏度的要求。另外，富集采样时间一般比较长，测得结果代表采样时段的平均浓度，更能反映室内空气污染的真实情况。这种采样方法有液体吸收法、固体吸附法、滤膜采样法。

（五）采样记录

采样记录是要对现场情况、各种污染源以及采样表格中采样日期、时间、地点、数量、布点方式、大气压力、气温、相对湿度、风速以及采样者签字等做出详细记录，随样品一同报到实验室。但注意采样前应校准大气采样器。

（六）数据处理

计算污染物浓度时首先采用理想状态方程，根据采样时的温度、压力将采样体积换算成标准状态下的体积。再根据采集到污染物的量，算出污染物的浓度。

第六节　大气降雨的监测

一、大气降雨

清洁的降水中含有微量的碳酸，pH值为5.6，可以溶解地壳中的矿物质，为植物提供营养物质。但如果大气受到污染，雨水中的酸性物质增多，pH值减小，就形成酸雨，给环境和生态带来种种危害。

“酸雨”一词最早是由英国化学家史密斯于1872年在《空气和降雨：化学气候学的开端》一书中首次提出的。酸雨包括“湿沉降”和“干沉降”。“湿沉降”通常指pH值小于5.6的大气降水，包括酸性雨雪、冰雹、露水、霜等多种形式；“干沉降”指大气中所有酸性物质转移到大地的过程。

（一）酸雨的来源

1. 天然排放的硫化合物和氮化合物

天然的硫化合物和氮化合物排放源可分为非生物源和生物源。非生物源排放包括海浪溅沫、地热排放气体与颗粒物、火山喷发等。海浪溅沫的微滴以气溶胶形式悬浮在大气中，其中硫的气态化合物，如 H_2S、SO_2、$(CH_3)_2S$ 在大气中氧化生成硫酸。据估计，内陆火山喷发排放到大气中的硫约为300万吨/年。生物排放源主要来自有机物腐败、细菌分解有机物的过程，以 H_2S、DMS（生源硫化物二甲基硫）、COS 为主，它们可以氧化为 SO_2、NO_x 进入大气中。

2. 人为排放的硫化合物和氮化合物

大气中大部分硫和氮的化合物是人为活动产生的，其中化石燃料的燃烧造成的硫和氮的化合物的排放是产生酸雨的根本原因。另外，农田化肥的使用导致大量氮化合物进入自然界，全球每年约有0.7亿～0.8亿吨氮进入自然界，同时向大气排放约1亿吨硫。这些污染物主要来自占全球媒介报道5%的工业化地区——欧洲、北美东北部、日本、中国部分区域，这些地区人为硫排放量超过天然排放量的5～12倍。

（二）酸雨的产生机理

酸雨中含有多种有机酸和无机酸，绝大部分是硫酸和硝酸。大气中可能形成酸的物质包括：

① 含硫化合物——SO_2、SO_3、H_2S、$(CH_3)_2S$（二甲基硫 DMS）、$(CH_3)_2S$（二甲基二硫 DMDS）、COS（羰基硫）、CS_2（二硫化碳）、CH_3SH（甲硫醇）、硫酸盐等。

② 含氮化合物——NO、NO_2、N_2O、硝酸盐、HNO_3 等。

③ 氯化物和 HCl 等。

这些物质在降水过程中进入雨水，使其呈酸性。最主要的成酸基质是 SO_2 和 NO_x，它们形成的酸在酸雨中所占比例因地而异，国外酸雨中硫酸与硝酸之比为2∶1，国内酸雨则以硫酸为主，硝酸含量不足10%。

1. SO_2 成酸机理

煤和石油燃烧以及金属冶炼等释放到大气中的 SO_2，通过气相或液相氧化反应生成硫酸，其化学反应过程可简单表示如下：

气相反应：
$$SO_2+O_2 \longrightarrow 2SO_3$$
$$SO_3+H_2O \longrightarrow H_2SO_4$$

液相反应：
$$SO_2+H_2O \longrightarrow H_2SO_3$$
$$H_2SO_3+\frac{1}{2}O_2 \longrightarrow H_2SO_4$$

总反应为：
$$2SO_2+2H_2O+O_2 \longrightarrow 2H_2SO_4$$

SO_2 在大气中也能通过光化学氧化转变为 SO_3，如果大气中还含有氮氧化物和碳氢化合物，在阳光照射下，SO_2 的光氧化速度会明显加快。

2. NO_x 成酸机理

造成大气污染的氮氧化合物主要有 NO 和 NO_2。化石燃料高温燃烧生成 NO，进入大气后，大部分转化为 NO_2，遇水生成硝酸和亚硝酸，其化学反应可简单表示为：

$$2NO+O_2 \longrightarrow 2NO_2$$
$$2NO_2+H_2O \longrightarrow HNO_3+HNO_2$$

（三）酸雨的危害

1. 酸雨对水生生态系统的影响

酸性雨水可使土壤、湖泊、河流酸化。当湖水或河水的pH值降到5以下时，鱼的繁殖和发育就会受到严重影响，水体酸化还会导致水生生物的组成结构发生变化，耐酸的藻类和真菌增多；有根植物、细菌和无脊椎动物减少；有机物的分解率降低。

不仅酸性很强的水能够毒死鱼类，当强酸与土壤接触时，酸与铝的化合物迅速反应，把铝离子释放到水中，铝离子刺激鱼鳃而使鳃产生一种保护黏液，对鱼鳃的纤维产生一种物理性腐蚀，直至鱼窒息死亡。

同时，对浮游植物和其他水生植物起营养作用的磷酸盐，由于附着在铝上，难以被生物吸收，其营养价值就会降低，并使赖以生存的水生生物的初级生产力降低。另外，瑞典、加拿大和美国的一些研究揭示，在酸性水域，鱼体内汞浓度很高。这些含有高水平汞的水生生物进入人体，通过生物积累和生物放大作用势必会对人类健康带来潜在的有害影响。

2. 酸雨对陆生生态系统的影响

植物淋失是指由于水溶液的作用将营养物质从植物中移去的过程。从植物中移去的无机化合物包括所有重要的痕量元素和微量元素，淋失数量最大的元素是钾、镁和锰。许多有机化合物如糖类、氨基酸、有机酸、维生素等物质也会从植物中淋失。

酸雨对森林的危害可分为四个阶段。第一阶段，酸雨增加了硫和氮，使树木生长呈现受益倾向。第二阶段，长年酸雨使土壤中和能力下降，以及K、Ca、Mg、Al等元素淋溶，使土壤贫瘠。第三阶段，土壤中的铝和重金属元素被活化，对树木生长产生毒害，当根部的Ca/Al小于0.15时，所溶出的铝具有毒性，抑制树木生长。而且酸性条件有利于病虫害的扩散，危害树木，这时生态系统已失去恢复力。第四阶段，如树木遇到持续干旱等诱发因素，土壤酸化程度加剧，就会引起根系严重枯萎，致使树木死亡。

3. 酸雨对农业生态系统的影响

酸雨可引起植物地面以上部分的损伤，称为可见损害，如酸雨可使叶子出现白色或褐色的坏死斑点，花瓣出现脱色后的白斑。对于绝大多数农作物，pH值为3.0～3.5时将对叶子造成损害，pH值为4.0时花瓣可发生脱色。

由于酸雨造成土壤酸化，破坏了土壤化学组成及土壤微生物活性，能间接地对农作物生长造成损害使其减产。

4. 酸雨可使土壤淋失

大多数被树木吸收的金属营养元素是以配位阳离子状态被吸收的，它们以轻度溶解的矿物质或有机物质成分、吸附于黏土或有机质的离子交换复合体、存在于土壤溶液中的溶质等三种形式存在于土壤中。随着水在土壤中的移动，阳离子在上述三个部位中的移动，可称为阳离子的减饱和作用或淋失。

在森林土壤中，阴离子和阳离子一同产生，并以酸的形态存在，氢离子具有非常强大的置换能力，能够迅速置换其他被土壤吸附的阳离子。在遭受大气污染的森林土壤中，硫酸和硝酸可能提供了主要的或相当数量的H^+以置换阳离子，并提供了移动性阴离子以输送阳离子。酸雨抑制了土壤中有机物的分解和氮的固定，淋失与土壤粒子结合的钙、镁、钾等金属元素，使土壤贫瘠化。

5. 酸雨对各种材料、建筑和古迹的影响

酸雨对建筑物、艺术品和古迹也有严重影响，包括颜色的变化，锈斑的析出，材料耐久性的降低、破裂等。酸雨能腐蚀金属、石料、涂料等建筑材料，加速了许多建筑结构、桥梁、水坝、工业装备、供水管网、地下贮罐、水轮发电机、动力和通信电缆等材料的腐蚀。

近年来，有些国家的古迹，特别是石刻或铜像受到的腐蚀超过了以往上千年的腐蚀程度。尽管这种腐蚀有大气污染与风化的作用，但酸雨的腐蚀是一个重要的因素。我国故宫的汉白玉雕刻、雅典巴特农神殿和罗马的图拉真凯旋柱，都正在受到酸性沉积物的侵蚀。

6. 酸雨对人体健康的影响

酸雨对人体健康产生间接的影响。酸雨使地面水变成酸性，地下水中金属含量增高，饮用这种水或食用酸性河水中的鱼类会对人体健康产生危害。据报道，很多国家由于酸雨的影响，地下水中铝、铜、锌的浓度已上升到正常值的10～100倍。

酸雨对其他野生动物也有明显的影响，在汇集小区域排水的暂时性水塘中繁殖的两栖类动物对酸化特别敏感，当水的pH值达到4时，可使大多数两栖动物的死亡率高达50%。

（四）酸雨的防治

酸沉降问题早已引起了各国的关注。1979年，欧洲和北美35个国家签订了《长程越界空气污染公约》，于1983年3月起生效。公约中关于“至少减少30%硫排放或跨国境流动”的议定书于1987年9月生效，有17个欧洲国家批准了议定书，这批国家的成员被称为“30%俱乐部”。在1985年，欧共体颁布了旨在将硫和一氧化氮减少60%的汽车尾气排放标准执行指令，建议其成员国在1989年之前改用无铅汽油，到1995年完全使用汽车催化转化器。在北美，美国早在1970年就开始实施《清洁空气法》，于1990年又进行了修订，确定了总量控制的行动纲领，即在1990年全美SO_2排放量2000万吨的基础上，今后每5年削减500万吨，到2000年总排放量减少一半，控制在1000万吨，以后不再超过这个数量。加拿大在1985年宣布，到1994年国内SO_2排放量将削减一半，从460万吨降到230万吨。

目前人们普遍认为酸沉降是区域性的环境问题。由于气流的运动，各种污染物排放后不仅造成本地局部的空气污染，而且会随气流输送到很远的地方，这种跨国转移已成为国际争论的热点，仅加拿大东部，每年即从美国接受约600万吨SO_2。

1. 防治酸雨的一般措施

(1) 使用低硫燃料和改进燃烧装置　减少SO_2污染最简单的方法是改用含硫低的燃料。化石燃料中硫含量一般为其重量的0.2%～5.5%，美国规定，当煤的含硫量达到1.5%以上时，就应加入一道洗煤工序。据有关资料介绍，原煤经过洗选之后，SO_2排放量可减少30%～50%，灰分去除约20%。另外，改烧固硫型煤、低硫油，或以煤气、天然气代替原煤，也是减少硫排放的有效途径。

改进燃烧装置也可以达到控制SO_2和NO_x排放的目的。使用低NO_x的燃烧器来改进锅炉，可以减少氮氧化物排放。流化床燃烧技术近来已得到应用，新型的流化床锅炉有极高的燃烧效率，几乎达到99%，而且能去除80%～95%的SO_2和氮氧化物，还能去除相当数量的重金属。这种技术是通过向燃烧床喷射石灰或石灰石完成脱硫脱氮的。

(2) 烟道气脱硫脱氮　这是一种燃烧后处理过程。在烟道气排出烟囱前，喷以石灰或石灰石，其中的碳酸钙与 SO_2 反应，生成 $CaSO_3$，然后由空气氧化为 $CaSO_4$，可作为路基填充物或制造建筑板材和水泥，全世界大约有 1000 家工厂安装了烟道气脱硫设备，其中 100 家在美国。

(3) 控制汽车尾气排放　一般柴油车用的油含硫量达 0.4%，为工厂所用燃料含硫量的 3 倍。美国已规定柴油车用油的含硫量应低于 0.2%。另外，汽车尾气中还含有氮氧化物，可以通过改良发动机和使用催化剂控制氮氧化物排放量，日本要求控制在 0.25g/km 以下。

2. 中国的控制措施

各国根据自己的具体情况，都制订了一些适合本国国情的酸雨控制措施。我国针对出现的酸雨问题，采取了以下对策：一是降低煤炭中的含硫量；二是减少 SO_2 的排放。我国洗煤能力应当优先安排洗选高硫煤，回收精硫矿。专家建议到 21 世纪末，全国含硫 2%以上的高硫煤，除有烟气脱硫能力的工厂可不洗选外，其余都应进行洗选。对于无法洗选的有机硫，可在煤炭燃烧过程中采用回收技术制取硫酸。在生产和生活用煤中，要尽量采用热电联产，集中供热，实行燃煤气化和成型化，有条件的工厂应装消除烟尘和脱硫的设备。

二、大气降雨监测技术

1. 合理布设酸雨监测点位

(1) 采样点数量　从理论上讲，监测的网点越密，对掌握酸沉降的时空分布就越有利。但是由于受到人力、物力、财力的限制，网点不可能很密，这就要合理地布设有限的点位。我国技术规范中规定，人口 50 万以上的城市布三个采样点，50 万以下的城市布两个采样点。采样点位置要兼顾城市、农村或清洁对照区。

(2) 采样地点的选择　监测点位的设置应考虑区域的环境特点，如地形、气象条件、工农业分布等。采样点应选择在周围开阔处，避免设在当地主要污染源的下风向，远离局部污染源，避开酸、碱、粉尘、主要交通干线等污染源的影响。采样点周围应无遮挡雨雪的高大树木或建筑物。

2. 采样器具

① 各测点可以用降水自动采样器采集雨样，也可以人工采样，接水容器为口径 20cm、高 20cm 的聚乙烯塑料桶。降雪样品一律用人工法采样，用口径 40cm 以上的聚乙烯塑料容器采集。不能用玻璃、搪瓷制品或金属的容器采集和存放雨（雪）样，因为这些材料中含有各种金属离子，在采集或存放过程中会有溶出而污染样品。

② 采样容器第一次使用前应用 10% HCl（或 HNO_3）溶液浸泡 24h，然后用自来水冲洗干净，再用去离子水冲洗多次，最后一次冲洗过后的去离子水经电导率检验合格后，倒置晾干，密封保存在干净的橱柜内。

采样容器每次使用后，先用自来水洗涤，再用去离子水冲洗多次，倒置晾干，密封保存在干净的橱柜内。

3. 采样方法

① 每次降雨（雪）开始后，立即将清洁的采样器放置在预定的采样支架上，采集全过程样 [降雨（雪）开始到结束]。如遇连续几天降雨（雪），可将每天上午 8:00 至第二天上午 8:00 算一个样品（即 24h 算一个样品）。若一天中有几次降雨（雪）过程，可合并为一个样品测定。

② 手工采样时应确保在降雨（雪）开始时才打开采样容器盖子，雨（雪）后立即取回实验室分析，防止干沉降对降水样品的污染。

③ 采样器采样口距基础面 1.2m 以上。

④ 样品采集后，应贴上标签，编好号，并记录采样地点、日期、采样起止时间、降雨（雪）量等情况。

4. 样品处理和保存

① 降水样品送到实验室后，应先测降雨量，然后取一部分安排电导率和 pH 值的测定。其余样品用 0.45μm 醋酸和硝酸混合纤维滤膜过滤（滤膜使用前要用去离子水浸泡一昼夜，并用去离子水洗涤数次），滤液收集到洁净的无色聚乙烯塑料瓶中，盖上盖子后贴上标签，置于冰箱内低温（4℃下）保存，以备测定离子成分。

② 若样品为雹、雪，应在实验室内令其自然融化后，取部分样品测定 pH 值和电导率，绝对不能采用电炉或水浴加热的方法使其融化，其余样品经滤膜过滤后放入无色聚乙烯塑料瓶中于冰箱内 4℃下保存。

③ 盛样容器的清洗同采样容器。

④ 冰箱内 4℃下保存时，电导率、pH 值、NO_3^-、NO_2^-、NH_4^+ 等项目的保存有效期为 24h，其余离子可保存一个月。

三、大气降雨监测项目

1. pH 值的测定

pH 值测定是酸雨调查最重要的项目。常用的测定方法为 pH 玻璃电极法，用酸度计测定。清洁的降水一般被 CO_2 饱和，pH 值在 5.6～5.7 之间，降水的 pH 值小于该值时即为酸雨。

2. 电导率的测定

电导率大体上与降水中所含的离子浓度成正比，测定降水的电导率能快速地推测降水中溶解物质总量。一般用电导率仪测定。

3. Cl^-的测定

Cl^- 是衡量大气中 HCl 导致降水 pH 值降低的标志。其浓度一般在每毫升几毫克范围内，有时高达每毫升几十毫克。其测定方法有硫氰酸汞-高铁分光光度法、离子色谱法等。

4. SO_4^{2-} 的测定

降水中的 SO_4^{2-} 主要来自气溶胶和颗粒物中可溶性硫酸盐以及大气中 SO_2 经催化氧化形成的硫酸雾。该指标用于反映大气被硫氧化物污染的状况。其浓度一般在每毫升几毫克至 100 毫克范围内。其测定方法有铬酸钡-二苯碳酰二肼分光光度法、硫酸钡比浊法、离子色谱法等。我国的能源结构仍以煤为主要燃料，而煤含硫量较高，全国各地降水中阴离子含量几乎均以 SO_4^{2-} 为主，因此，我国酸雨污染一般属于硫酸型污染。

5. NO_3^- 的测定

大气中 NO_2 和颗粒物中可溶性硝酸盐进入降水中形成 NO_3^-。该指标可反映大气被氮氧化物污染的状况，也是导致降水 pH 值降低的因素之一。其浓度一般在每毫升几毫克范围内。其测定方法有镉柱还原-偶氮染料分光光度法、紫外分光光度法、离子色谱法等。不同国家和地区的酸雨中，所含的 NO_3^- 成分有很大差异。我国酸雨中 NO_3^- 的含量远远低于欧美地区，这说明西方发达国家酸雨由 SO_4^{2-} 和 NO_3^- 共同形成，而且 NO_3^- 的贡献更重要，主要是因为汽车尾气排放出大量的 NO_x，造成严重的大气污染。因此，欧美地区酸雨污染一般属于硝酸型的。

6. NH_4^+ 的测定

大气中的 NH_3 进入降水中形成 NH_4^+，它们能中和酸雾，对抑制酸雨是有利的。其浓度一般在每毫升几毫克以内。其测定方法常用纳氏试剂分光光度法、次氯酸钠-水杨酸分光光度法等。

7. K^+、Na^+、Ca^{2+}、Mg^{2+} 等离子的测定

降水中 K^+、Na^+ 常用空气-乙炔原子吸收分光光度法测定。Ca^{2+} 是降水中的主要阳离子之一，它对降水中酸性物质起重要的中和作用，其测定方法有原子吸收分光光度法、络合滴定法、偶氮氯膦Ⅲ分光光度法等。而 Mg^{2+} 常用原子吸收分光光度法测定。

思考题

一、名词解释

采样时间、等速采样法、气态污染物、采样频率、二次污染物、飘尘、富集（浓缩）采样法、粒子状态污染物

二、判断题

1. 大气中二氧化硫被四氯汞钾溶液吸收后，生成稳定的二氯亚硫酸盐络合物，保护了二氧化硫不被还原。（　）

2. 采集的空气中的二氧化硫样品经过一段时间的放置，可以自行消除氮氧化物的干扰。（　）

3. 二氧化氮属于二次污染物。（　）

4. 大气中的氮氧化物都是以气体状态存在的。（　）

5. 溶液吸收法中使用的吸收液与气态污染物质不能发生化学反应。（　）

6. 大气采样点的周围应开阔，采样口水平线与周围建筑物高度的夹角应是45°。（　）

7. 大气污染物浓度常用g/L表示。（　）

8. 功能区布点法适用于高架点源。（　）

9. PAN是光化学烟雾的主要成分之一。（　）

10. 大气中氮氧化物的测定实际上是测定大气中NO、NO_2 的总和，而对其他几种氮氧化物不加考虑。（　）

11. 大气污染物的浓度与气象条件有着密切的关系，在监测大气污染物的同时还需测定风向、风速、气温、气压等气象参数。（　）

12. 空气和大气是相同的概念。（　）

13. 一次污染物是指直接从各种污染源排放到大气中的有害物质。而二次污染物是一次污染物在大气中经转化后形成的物质，因此二次污染物的毒性要比一次污染物的毒性小。（　）

14. 采集空气样品时只能用直接取样法而不能用浓缩取样法。（　）

15. 甲醛吸收-副玫瑰苯胺法测定大气中 SO_2 时，为消除 NO_x 干扰，应加入氨基磺酸钠。(　　)

16. 清洁干燥的空气主要组分是氮、氧、氩。这三种气体的总和约占空气总体积的 99.94%。(　　)

17. 同一污染源对同一地点在不同时间所造成的地面空气污染浓度是相同的。(　　)

18. 溶液吸收法的吸收效率主要取决于吸收速度和样气与吸收液的接触面积。(　　)

19. 汽车排放的污染物主要有 CO、氮氧化物、O_3、HF。(　　)

20. 粒子状态污染物是分散在空气中的微小的固体颗粒，粒径多在 0.01～100μm 之间，是一个复杂的非均匀体系。(　　)

三、问答题

1. 说明采样时间和采样频率对获得具有代表性的监测结果有何意义。
2. 溶液吸收法中吸收液的选择原则是什么？
3. 直接采样法和富集采样法各有何优缺点？
4. 用指示植物监测大气污染的依据是什么？举两个实例说明之。这种方法有何优点和局限性？
5. 烟道气需测定的基本参数有哪些？测定基本参数的目的是什么？
6. 大气采样的几何布点法有几种？分别适合于何种污染源？
7. 大气中污染物的分布有何特点？掌握它们的分布特点对进行监测有何意义？
8. 什么是总悬浮颗粒物？
9. 怎样用重量法测定大气中的总悬浮颗粒物？为提高准确度，应注意控制哪些因素？
10. 说明大气采样器的基本组成部分及各部分的作用。
11. 说明酸雨的来源和酸雨的产生机理。

实训一、大气中总悬浮颗粒物的测定

一、实训目的与要求

① 掌握恒重的概念。

② 学会滤膜的恒重方法。

③ 了解颗粒物采样器的使用方法。

二、实训原理

采集一定体积的大气样品，通过已恒重的滤膜，悬浮微粒被阻留在滤膜上，根据采样滤膜之增重及采样体积，计算总悬浮微粒的浓度。

滤膜有效直径为 80mm 时，流量应为 7.2～9.6m^3/h；100mm 时为 11.3～15m^3/h。用以上流量采样，线速约为 40～53cm/s。

三、仪器

① 中流量大气采样器：流量范围 80～120L/min。

② 滤膜。

③ 分析天平（0.1mg)。

④ 温度计。

⑤ 气压计。

四、操作步骤

① 滤膜准备。滤膜使用前需用光照检查，不得使用有针孔或有任何缺陷的滤膜。滤膜放入专用袋中，在干燥器内放置24h，迅速称量，读数准确到0.1mg，记下滤膜的编号和质量。放回干燥器内1h后再次称重，两次称量之差不大于0.4mg即为恒重，装入专用袋内备用。采样前，滤膜不能弯曲或折叠。

② 采样。采样时，将已恒重的滤膜用镊子取出，"毛"面向上，平放在采样头的网板上（网板上事先用纸擦净），放上滤膜夹，拧紧采样器顶盖，然后开机采样，调节采样流量。

③ 采样后，用镊子将已采样滤膜"毛"面向里，对折两次成扇形放回专用袋。记下采样日期和采样地点，记录采样期的温度、压力。滤膜纸袋放入干燥器内，与滤膜准备一样再次称到恒重。

五、称量及计算

① 将空白滤膜置于天平室内，各袋分开放置，不可重叠，平衡24h后，称量至恒重，抽出5～9张作校正膜，记下室温及校对温度。

② 采样后，将样品滤膜和校正膜置于天平室内，平衡24h，待相对湿度与称空白滤膜时的相对湿度之差不超过5%时，称量滤膜至恒重。

$$\mathrm{TSP}(\mathrm{mg/m^3})=\frac{W-W_0}{V_0}\times 100$$

式中 W——样品滤膜质量，g；

W_0——空白滤膜的校正膜质量的平均值，g；

V_0——换算为标准状态下的采样体积，m^3。

六、注意事项

① 滤膜上积尘较多或电源电压变化时，采样流量会有波动，应随时注意检查和调节流量。采样过程中注意检查抽气动力的电机是否发热，必要时准备两台更换使用。

② 抽气动力的排气口应放在采样头的下风向，必要时将排气口垫高，以避免排气将地面尘土扬起。

③ 称量不带衬纸的过氯乙烯滤膜时，在取放滤膜时，用金属镊子触一下天平盘，以清除静电的影响。

④ 称量空白及样品滤膜时，环境及操作步骤必须相同。

实训二、 $PM_{2.5}$的测定

一、实训目的与要求

① 掌握环境空气颗粒物（$PM_{2.5}$）手工监测方法（重量法）的采样、分析、数据处理、质量控制和质量保证等方面的技术要求。

② 本实训适用于手工监测方法（重量法）对环境空气颗粒物（$PM_{2.5}$）进行监测的活动。

二、实训原理

采样器以恒定采样流量抽取环境空气，使环境空气中$PM_{2.5}$被截留在已知质量的滤膜

上，根据采样前后滤膜的质量变化和累积采样体积，计算出 $PM_{2.5}$ 浓度。

$PM_{2.5}$ 采样器的工作点流量不做必须要求，一般情况如下：

① 大流量采样器工作点流量为 $1.05m^3/min$；

② 中流量采样器工作点流量为 100L/min；

③ 小流量采样器工作点流量为 16.67L/min。

三、仪器和材料

1. $PM_{2.5}$ 采样器

$PM_{2.5}$ 采样器由切割器、滤膜夹、流量测量及控制部件、抽气泵等组成。

手工监测 $PM_{2.5}$ 使用的采样器应取得生态环境部环境监测仪器质量监督检验中心出具的产品适用性检测合格报告。

2. 流量校准器

流量校准器用于对不同流量的采样器进行流量校准。

大流量流量校准器：在 $0.8\sim1.4m^3/min$ 范围内，误差≤2%。

中流量流量校准器：在 60～125L/min 范围内，误差≤2%。

小流量流量校准器：在 0～30L/min 范围内，误差≤2%。

3. 温度计

温度计用于测量环境温度，校准采样器温度测量部件。测量范围－30～50℃，精度±0.5℃。

4. 气压计

气压计用于测量环境大气压，校准采样器大气压测量部件。测量范围 50～107kPa，精度±0.1kPa。

5. 湿度计

湿度计用于测量环境湿度，测量范围 10%～100% RH（相对湿度），精度±5%RH。

6. 滤膜

可根据监测目的选用玻璃纤维滤膜、石英滤膜等无机滤膜或聚四氟乙烯、聚氯乙烯、聚丙烯、混合纤维素等有机滤膜。滤膜对 $0.3\mu m$ 标准粒子的截留效率不低于 99.7%。滤膜的其他技术指标要求参见附录 3。

7. 滤膜保存盒

用于存放滤膜或滤膜夹的滤膜桶或滤膜盒，应使用对测量结果无影响的惰性材料制造，应对滤膜不粘连，方便取放。

8. 分析天平

分析天平用于对滤膜进行称量，检定分度值不超过 0.1mg，分析天平技术性能应符合 JJG 1036 的规定。

9. 恒温恒湿设备

恒温恒湿设备用于对滤膜进行温度、湿度平衡。

① 温度控制在 15～30℃任意一点，控温精度±1℃。

② 湿度控制在（50±5）%RH。

四、操作步骤

（一）采样前准备

（1）切割器清洗　切割器应定期清洗，清洗周期视当地空气质量状况而定。一般情况下累计采样 168h 应清洗一次切割器；如遇扬尘、沙尘暴等恶劣天气，应及时清洗。

（2）环境温度检查和校准　用温度计检查采样器的环境温度测量示值误差，每次采样前检查一次，若环境温度测量示值误差超过±2℃，应对采样器进行温度校准。

（3）环境大气压检查和校准　用气压计检查采样器的环境大气压测量示值误差，每次采样前检查一次，若环境大气压测量示值误差超过±1kPa，应对采样器进行压力校准。

（4）气密性检查　应定期检查系统气密性。

（5）采样流量检查　用流量校准器检查采样流量，一般情况下累计采样 168h 检查一次，若流量测量误差超过采样器设定流量的±2%，应对采样流量进行校准。

（6）滤膜检查　滤膜应边缘平整、厚薄均匀、无毛刺、无污染，不得有针孔或任何破损。

（7）采样前空滤膜称量　将滤膜进行平衡处理至恒重，称量，记录称量环境条件和滤膜质量，将称量后的滤膜放入滤膜保存盒中备用。

（二）样品采集

1. 采样环境

① 采样器入口距地面或采样平台的高度不低于 1.5m，切割器流路应垂直于地面。

② 当多台采样器平行采样时：若采样器的采样流量≤200L/min，相互之间的距离为 1m 左右；若采样器的采样流量>200L/min，相互之间的距离为 2～4m。

③ 如果测定交通枢纽的 $PM_{2.5}$ 浓度值，采样点应布置在距人行道边缘外侧 1m 处。

2. 采样时间

① 测定 $PM_{2.5}$ 日平均浓度，每日采样时间应不少于 20h。

② 采样时间应保证滤膜上的颗粒物负载量不少于称量天平检定分度值的 100 倍。例如，使用的称量天平检定分度值为 0.01mg 时，滤膜上的颗粒物负载量应不少于 1mg。

3. 采样操作

① 采样时，将已编号、称量的滤膜用无锯齿状镊子放入洁净的滤膜夹内，滤膜毛面应朝向进气方向。将滤膜牢固压紧。

② 将滤膜夹正确放入采样器中，设置采样时间等参数，启动采样器采样。

③ 采样结束后，用镊子取出滤膜，放入滤膜保存盒中，记录采样体积等信息，制作采样记录表。

4. 样品保存

样品采集完成后，滤膜应尽快平衡称量。如不能及时平衡称量，应将滤膜放置在 4℃ 条件下密闭冷藏保存，最长不超过 30d。

5. 称量

① 将滤膜放在恒温恒湿设备中平衡至少 24h 后进行称量。平衡条件为：温度应控制在 15～30℃范围内任意一点，控温精度±1℃；湿度应控制在（50±5）%RH。天平室温、湿度条件应与恒温恒湿设备保持一致。天平室的其他环境条件应符合 JJG 1036 标准中的有关

要求。

② 记录恒温恒湿设备的平衡温度和湿度，应确保滤膜在采样前后平衡条件一致。

③ 滤膜平衡后用分析天平对滤膜进行称量，记录滤膜质量和编号等信息，制作记录表。

④ 滤膜首次称量后，在相同条件下平衡 1h 后需再次称量。当使用大流量采样器时，同一滤膜两次称量质量之差应小于 0.4mg；当使用中流量或小流量采样器时，同一滤膜两次称量质量之差应小于 0.04mg。以两次称量结果的平均值作为滤膜称重值。同一滤膜前后两次称量之差超出以上范围则该滤膜作废。

6. 结果计算与表述

（1）结果计算　$PM_{2.5}$浓度按下式计算：

$$\rho=\frac{w_2-w_1}{V}\times 1000$$

式中　ρ——$PM_{2.5}$浓度，$\mu g/m^3$；

w_2——采样后滤膜的质量，mg；

w_1——采样前滤膜的质量，mg；

V——标准状态下的采样体积，m^3。

（2）结果表示　$PM_{2.5}$浓度计算结果保留到整数位（单位：$\mu g/m^3$）。

（3）记录要求　采样、分析人员应及时准确记录各项采样、分析条件参数，记录内容应完整，字迹清晰、书写工整、数据更正规范。

$PM_{2.5}$ 记录单

采样日期：________年________月________日　　采样地点：________________

相对湿度：________%RH　　天气情况：________________

采样器型号：________________　　出厂编号：________________

滤膜编号：________________

环境温度检查
采样器环境温度：________℃　　实际环境温度：________℃

环境大气压检查
采样器环境大气压：________kPa　　实际环境大气压：________kPa

流量检查
采样流量：________L/min　　实际流量：________L/min

采样开始时间：________________采样结束时间________________

采样时间：________累计工况体积：________累计标况体积：________

异常情况说明及处置：

记录人：

备注：

采样人：　　审核人：　　日期：

滤膜平衡及记录表

<table>
<tr><td colspan="3">日期：________年________月________日　　　　地点：____________</td></tr>
<tr><td colspan="3">天平型号：____________　　天平编号：____________</td></tr>
<tr><td colspan="3">滤膜材质：__________采样滤膜编号：__________空白滤膜编号：__________</td></tr>
<tr><td rowspan="3">标准滤膜检查</td><td>标准滤膜编号：____________</td><td rowspan="3">检查结论</td></tr>
<tr><td>标准滤膜原始质量：____________</td></tr>
<tr><td>标准滤膜本次称量质量：____________</td></tr>
<tr><td rowspan="2">采样前滤膜第一次平衡条件</td><td colspan="2">温度：__________℃　湿度：__________%RH</td></tr>
<tr><td colspan="2">开始日期时间：__________结束日期时间：__________</td></tr>
<tr><td colspan="3">采样前滤膜第一次质量：__________天平室温度：________℃　天平室湿度：________%RH</td></tr>
<tr><td colspan="3">采样前空白滤膜第一次质量：__________天平室温度：________℃　天平室湿度：________%RH</td></tr>
<tr><td rowspan="2">采样前滤膜第二次平衡条件</td><td colspan="2">温度：__________℃　湿度：__________%RH</td></tr>
<tr><td colspan="2">开始日期时间：__________结束日期时间：__________</td></tr>
<tr><td colspan="3">采样前滤膜第二次质量：__________　天平室温度：________℃　天平室湿度：________%RH</td></tr>
<tr><td colspan="3">采样前空白滤膜第二次质量：__________　天平室温度：________℃　天平室湿度：________%RH</td></tr>
<tr><td colspan="3">采样前两次滤膜称量平均值：__________mg</td></tr>
<tr><td colspan="3">采样前两次空白滤膜称量平均值：__________mg</td></tr>
<tr><td rowspan="2">采样后滤膜第一次平衡条件</td><td colspan="2">温度：__________℃　湿度：__________%RH</td></tr>
<tr><td colspan="2">开始日期时间：__________结束日期时间：__________</td></tr>
<tr><td colspan="3">采样后滤膜第一次称量：__________mg　天平室温度：________℃　天平室湿度：________%RH
称量时间：__________</td></tr>
<tr><td colspan="3">采样后空白滤膜第一次称量：__________mg　天平室温度：________℃　天平室湿度：________%RH
称量时间：__________</td></tr>
<tr><td rowspan="2">采样后滤膜第二次平衡条件</td><td colspan="2">温度：__________℃　湿度：__________%RH</td></tr>
<tr><td colspan="2">开始时间：__________结束时间：__________</td></tr>
<tr><td colspan="3">采样后滤膜第二次称量：__________mg　天平室温度：________℃　天平室湿度：________%RH
称量时间：__________</td></tr>
<tr><td colspan="3">采样后空白滤膜第二次称量：__________mg　天平室温度：________℃　天平室湿度：________%RH
称量时间：__________</td></tr>
<tr><td colspan="3">采样后两次滤膜称量平均值：__________mg</td></tr>
<tr><td colspan="3">采样后两次空白滤膜称量平均值：__________mg</td></tr>
<tr><td colspan="3">备注：</td></tr>
</table>

称量人：　　　　　　　　审核人：　　　　　　　　日期：

标准滤膜称量记录表

日期：________年________月________日　　　　地点：____________

天平型号：____________　　天平编号：____________

滤膜编号 称量次数										
1										
2										
3										
4										
5										
6										
7										

续表

滤膜编号 / 称量次数										
8										
9										
10										
平均值/mg										
滤膜平衡条件	温度：					湿度：				
	开始日期时间：					结束日期时间：				
天平室环境条件	温度：			湿度：						
备注：										

称量人：　　审核人：　　日期：

实训三、空气中二氧化硫的测定

一、实训目的与要求

掌握用甲醛吸收-副玫瑰苯胺分光光度法测定环境空气中二氧化硫的方法。

当使用 10mL 吸收液，采样体积为 30L 时，测定空气中二氧化硫的检出限为 0.007mg/m^3，测定下限为 0.028mg/m^3，测定上限为 0.667mg/m^3。当使用 50mL 吸收液，采样体积为 288L，试份为 10mL 时，测定空气中二氧化硫的检出限为 0.004mg/m^3，测定下限为 0.014mg/m^3，测定上限为 0.347mg/m^3。

二、实训原理

二氧化硫被甲醛缓冲溶液吸收后，生成稳定的羟甲基磺酸加成化合物，在样品溶液中加入氢氧化钠使加成化合物分解，释放出的二氧化硫与副玫瑰苯胺、甲醛作用，生成紫红色化合物，用分光光度计在波长 577nm 处测量吸光度。

三、干扰及消除

本实验的主要干扰物为氮氧化物、臭氧及某些重金属元素。采样后放置一段时间可使臭氧自行分解；加入氨磺酸钠溶液可消除氮氧化物的干扰；吸收液中加入磷酸及环己二胺四乙酸二钠盐可以消除或减少某些金属离子的干扰。当 10mL 样品溶液中含有 50μg 钙、镁、铁、镍、镉、铜等金属离子及 5μg 二价锰离子时，对本方法测定不产生干扰。当 10mL 样品溶液中含有 10μg 二价锰离子时，可使样品的吸光度降低 27%。

四、试剂和材料

除非另有说明，分析时均使用符合国家标准的分析纯试剂，实验用水为新制备的蒸馏水或同等纯度的水。

① 碘酸钾（KIO_3）：优级纯，经 110℃干燥 2h。

② 氢氧化钠溶液，$c(NaOH)=1.5mol/L$：称取 6.0g NaOH，溶于 100mL 水中。

③ 环己二胺四乙酸二钠溶液，$c(CDTA\text{-}2Na)=0.05mol/L$：称取 1.82g 反式 1,2-环己二胺四乙酸（CDTA），加入氢氧化钠溶液②6.5mL，用水稀释至 100mL。

④ 甲醛缓冲吸收贮备液：吸取 36%～38%的甲醛溶液 5.5mL，CDTA-2Na 溶液③20.00mL；称取 2.04g 邻苯二甲酸氢钾，溶于少量水中。将三种溶液合并，再用水稀释至 100mL，贮于冰箱中可保存 1 年。

⑤ 甲醛缓冲吸收液：用水将甲醛缓冲吸收贮备液④稀释 100 倍。临用时现配。

⑥ 氨磺酸钠溶液，$\rho(NaH_2NSO_3)=6.0g/L$：称取 0.60g 氨磺酸（H_2NSO_3H）置于 100mL 烧杯中，加入 4.0mL 氢氧化钠②，用水搅拌至完全溶解后稀释至 100mL，摇匀。此溶液密封可保存 10d。

⑦ 碘贮备液，$c(1/2I_2)=0.10mol/L$：称取 12.7g 碘（I_2）于烧杯中，加入 40g 碘化钾和 25mL 水，搅拌至完全溶解，用水稀释至 1000mL，贮存于棕色细口瓶中。

⑧ 碘溶液，$c(1/2I_2)=0.010mol/L$：量取碘贮备液⑦50mL，用水稀释至 500mL，贮于棕色细口瓶中。

⑨ 淀粉溶液，ρ(淀粉)=5.0g/L：称取 0.5g 可溶性淀粉于 150mL 烧杯中，用少量水调成糊状，慢慢倒入 100mL 沸水，继续煮沸至溶液澄清，冷却后贮于试剂瓶中。

⑩ 碘酸钾基准溶液，$c(1/6KIO_3)=0.1000mol/L$：准确称取 3.5667g 碘酸钾①溶于水，移入 1000mL 容量瓶中，用水稀至标线，摇匀。

⑪ 盐酸溶液，$c(HCl)=1.2mol/L$：量取 100mL 浓盐酸，加到 900mL 水中。

⑫ 硫代硫酸钠标准贮备液，$c(Na_2S_2O_3)=0.10mol/L$：称取 25.0g 硫代硫酸钠（$Na_2S_2O_3\cdot 5H_2O$），溶于 1000mL 新煮沸但已冷却的水中，加入 0.2g 无水碳酸钠，贮于棕色细口瓶中，放置一周后备用。如溶液呈现浑浊，必须过滤。

标定方法：吸取三份 20.00mL 碘酸钾基准溶液⑩分别置于 250mL 碘量瓶中，加 70mL 新煮沸但已冷却的水，加 1g 碘化钾，振摇至完全溶解后，加 10mL 盐酸溶液⑪，立即盖好瓶塞，摇匀。于暗处放置 5min 后，用硫代硫酸钠标准溶液⑫滴定溶液至浅黄色，加 2mL 淀粉溶液⑨，继续滴定至蓝色刚好褪去为终点。硫代硫酸钠标准溶液的浓度按下式计算：

$$c_1=\frac{0.1000\times 20.00}{V}$$

式中 c_1——硫代硫酸钠标准溶液的浓度，mol/L；

V——滴定所耗硫代硫酸钠标准溶液的体积，mL。

⑬ 硫代硫酸钠标准溶液，$c(Na_2S_2O_3)\approx 0.01000mol/L$：取 50.0mL 硫代硫酸钠贮备液⑫于 500mL 容量瓶中，用新煮沸但已冷却的水稀释至标线，摇匀。

⑭ 乙二胺四乙酸二钠盐（EDTA-2Na）溶液，$\rho(EDTA\text{-}2Na)=0.50g/L$：称取 0.25g 乙二胺四乙酸二钠盐（$C_{10}H_{14}N_2O_8Na_2\cdot 2H_2O$）溶于 500mL 新煮沸但已冷却的水中。临用时现配。

⑮ 亚硫酸钠溶液，$\rho(Na_2SO_3)=1g/L$：称取 0.2g 亚硫酸钠（Na_2SO_3），溶于 200mL EDTA-2Na⑭溶液中，缓缓摇匀以防充氧，使其溶解。放置 2～3h 后标定。此溶液每毫升相当于 320～400μg 二氧化硫。

标定方法：

a. 取 6 个 250mL 碘量瓶（A_1、A_2、A_3、B_1、B_2、B_3），在 A_1、A_2、A_3 内各加入

25mL 乙二胺四乙 酸二钠盐溶液⑭，在 B_1、B_2、B_3 内加入 25.00mL 亚硫酸钠溶液⑮，分别加入 50.0mL 碘溶液⑧和 1.00mL 冰醋酸，盖好瓶盖，摇匀。

b. 立即吸取 2.00mL 亚硫酸钠溶液⑮加到一个已装有 40～50mL 甲醛吸收液④的 100mL 容量瓶中，并用甲醛吸收液④稀释至标线，摇匀。此溶液即为二氧化硫标准贮备溶液，在 4～5℃ 下冷藏，可稳定 6 个月。

c. A_1、A_2、A_3、B_1、B_2、B_3 六个瓶子于暗处放置 5min 后，用硫代硫酸钠溶液⑬ 滴定至浅黄 色，加 5mL 淀粉指示剂⑨，继续滴定至蓝色刚刚消失。平行滴定所用硫代硫酸钠溶液的体积之差 应不大于 0.05mL。

二氧化硫标准贮备溶液（⑮b）的质量浓度由下式计算：

$$\rho(SO_2)=\frac{(V_0-V)\times c_2\times 32.02\times 10^3}{25.00}\times\frac{2.00}{100}$$

式中　$\rho(SO_2)$——二氧化硫标准贮备溶液的质量浓度，μg/mL；

V_0——空白滴定所用硫代硫酸钠溶液⑬的体积，mL；

V——样品滴定所用硫代硫酸钠溶液⑬的体积，mL；

c_2——硫代硫酸钠溶液⑬的浓度，mol/L。

⑯ 二氧化硫标准溶液，$\rho(SO_2)=1.00\mu g/mL$：用甲醛缓冲吸收液⑤将二氧化硫标准贮备溶液（⑮中 b）稀释成每毫升含 1.0μg 二氧化硫的标准溶液。此溶液用于绘制标准曲线，在 4～5℃下冷藏，可稳定 1 个月。

⑰ 盐酸副玫瑰苯胺（PRA，即副品红或对品红）贮备液，$\rho(PRA)=2.0g/L$：其纯度应达到副玫瑰苯胺提纯及检验方法的质量要求。

⑱ 盐酸副玫瑰苯胺溶液，$\rho(PRA)=0.50g/L$：吸取 25.00mL 盐酸副玫瑰苯胺贮备液⑰ 于 100mL 容量瓶中，加 30mL 85％的浓磷酸、12mL 浓盐酸，用水稀释至标线，摇匀，放置过夜后使用。避光密 封保存。

⑲ 盐酸-乙醇清洗液：由三份（1＋4）盐酸和一份 95％乙醇混合配制而成，用于清洗比色管和比色皿。

五、仪器

① 分光光度计。

② 多孔玻板吸收管：10mL 多孔玻板吸收管，用于短时间采样；50mL 多孔玻板吸收管，用于 24h 连续采样。

③ 恒温水浴：0～40℃，控制精度为±1℃。

④ 具塞比色管：10mL。用过的比色管和比色皿应及时用盐酸-乙醇清洗液⑲浸洗，否则红色难以洗净。

⑤ 空气采样器：用于短时间采样的普通空气采样器，流量范围 0.1～1L/min，应具有保温装置；用于 24h 连续采样的采样器应具备恒温、恒流、计时、自动控制开关的功能，流量范围 0.1～0.5L/min。

⑥ 一般实验室常用仪器。

六、样品采集与保存

1. 短时间采样

采用内装 10mL 吸收液的多孔玻板吸收管，以 0.5L/min 的流量采气 45～60min。吸收液温度保持在 23～29℃范围内。

2. 24h 连续采样

用内装 50mL 吸收液的多孔玻板吸收瓶，以 0.2L/min 的流量连续采样 24h。吸收 液温度保持在 23～29℃范围内。

3. 现场空白

将装有吸收液的采样管带到采样现场，除了不采气之外，其他环境条件与样品相同。

注：1. 样品采集、运输和贮存过程中应避免阳光照射。

2. 放置在室（亭）内的 24h 连续采样器，进气口应连接符合要求的空气质量集中采样管路系统，以减少二氧化硫进入吸收瓶前的损失。

七、操作步骤

1. 校准曲线的绘制

取 16 支 10mL 具塞比色管，分 A、B 两组，每组 7 支，分别对应编号。A 组按表 4-18 配制校准系列。

表 4-18 二氧化硫校准系列

管号	0	1	2	3	4	5	6
二氧化硫标准溶液(1.00μg/mL)/mL	0	0.50	1.00	2.00	5.00	8.00	10.00
甲醛缓冲吸收液/mL	10.00	9.50	9.00	8.00	5.00	2.00	0
二氧化硫含量/μg	0	0.50	1.00	2.00	5.00	8.00	10.00

在 A 组各管中分别加入 0.5mL 氨磺酸钠溶液⑥和 0.5mL 氢氧化钠溶液②，混匀。

在 B 组各管中分别加入 1.00mL PRA 溶液⑱。

将 A 组各管的溶液迅速地全部倒入对应编号并盛有 PRA 溶液的 B 管中，立即加塞混匀后放入恒温水浴装置中显色。在波长 577nm 处，用 10mm 比色皿，以水为参比测量吸光度。以空白校正后各 管的吸光度为纵坐标，以二氧化硫的含量（μg）为横坐标，用最小二乘法建立校准曲线的回归方程。显色温度与室温之差不应超过 3℃。根据季节和环境条件按表 4-19 选择合适的显色温度与显色时间。

表 4-19 显色温度与显色时间

显色温度/℃	10	15	20	25	30
显色时间/min	40	25	20	15	5
稳定时间/min	35	25	20	15	10
试剂空白吸光度 A_0	0.03	0.035	0.04	0.05	0.06

2. 样品测定

① 样品溶液中如有浑浊物，应离心分离除去。

② 样品放置 20min，以使臭氧分解。

③ 短时间采集的样品：将吸收管中的样品溶液移入 10mL 比色管中，用少量甲醛缓冲吸收液⑤洗涤吸收管，洗液并入比色管中并稀释至标线。加入 0.5mL 氨磺酸钠溶液⑥，混匀，放置 10min 以除去氮氧化物的干扰。以下步骤同校准曲线的绘制。

④ 连续 24h 采集的样品：将吸收瓶中样品移入 50mL 容量瓶（或比色管）中，用少量甲醛缓冲吸收液⑤洗涤吸收瓶后再倒入容量瓶（或比色管）中，并用吸收液⑤稀释至标线。吸取适当体积的试样（视浓度高低而决定取 2～10mL）于 10mL 比色管中，再用吸收液⑤稀释至标线，加入 0.5mL 氨磺酸钠溶液⑥，混匀，放置 10min 以除去氮氧化物的干扰。以

下步骤同校准曲线的绘制。

3. 结果表示

空气中二氧化硫的质量浓度按下式计算：

$$\rho(SO_2)=\frac{A-A_0-a}{b\times V_s}\times\frac{V_t}{V_a}$$

式中　$\rho(SO_2)$——空气中二氧化硫的质量浓度，mg/m^3；

A——样品溶液的吸光度；

A_0——试剂空白溶液的吸光度；

b——校准曲线的斜率，吸光度/μg；

a——校准曲线的截距（一般要求小于 0.005）；

V_t——样品溶液的总体积，mL；

V_a——测定时所取试样的体积，mL；

V_s——换算成标准状态（101.325kPa，273K）下的采样体积，L。计算结果准确到小数点后三位。

实训四、空气中二氧化氮的测定

一、实训目的与要求

① 理解盐酸萘乙二胺分光光度法测定 NO_2 原理。

② 掌握 NO_2 标准曲线的绘制方法。

③ 掌握利用大气采样器现场采集 NO_2，并利用工作曲线法计算浓度的方法。

二、实训原理

空气中的二氧化氮在采样吸收过程中生成的亚硝酸，与对氨基苯磺酰胺进行重氮化反应，再与 *N*-(1-萘基)乙二胺盐酸盐作用，生成紫红色的偶氮染料。根据其颜色的深浅，比色定量。

三、试剂和材料

除非另有说明，分析时均使用符合国家标准或专业标准的分析纯试剂和无亚硝酸根的蒸馏水、去离子水或相当纯度的水。必要时，实验用水可在全玻璃蒸馏器中以每升水加入 0.5g 高锰酸钾（$KMnO_4$）和 0.5g 氢氧化钡［$Ba(OH)_2$］重蒸。

① 冰醋酸。

② 盐酸羟胺溶液，$\rho=0.2\sim0.5g/L$。

③ 硫酸溶液，$c(1/2H_2SO_4)=1mol/L$：取 15mL 浓硫酸（$\rho_{20}=1.84g/mL$），徐徐加到 500mL 水中，搅拌均匀，冷却备用。

④ 酸性高锰酸钾溶液，$\rho(KMnO_4)=25g/L$：称取 25g 高锰酸钾于 1000mL 烧杯中，加入 500mL 水，稍微加热使其全部溶解，然后加入 1mol/L 硫酸溶液③500mL，搅拌均匀，贮于棕色试剂瓶中。

⑤ *N*-(1-萘基)乙二胺盐酸盐贮备液，$\rho[C_{10}H_7NH(CH_2)_2NH_2\cdot 2HCl]=1.00g/L$：称取 0.50g *N*-(1-萘基)乙二胺盐酸盐于 500mL 容量瓶中，用水溶解稀释至刻度。此溶液贮于密闭的棕色瓶中，在冰箱中冷藏，可稳定保存三个月。

⑥ 显色液：称取 5.0g 对氨基苯磺酸（$NH_2C_6H_4SO_3H$）溶解于约 200mL 40～50℃热水中，将溶液冷却至室温，全部移入 1000mL 容量瓶中，加入 50mL *N*-(1-萘基)乙二胺盐酸盐贮备液⑤和 50mL 冰醋酸，用水稀释至刻度。此溶液贮于密闭的棕色瓶中，在 25℃以下于暗处存放可稳定三个月。若溶液呈现淡红色，应弃之重配。

⑦ 吸收液：使用时将显色液⑥和水按 4∶1（体积比）比例混合，即为吸收液。吸收液的吸光度应小于等于 0.005。

⑧ 亚硝酸盐标准贮备液，$\rho(NO_2^-)=250\mu g/mL$：准确称取 0.3750g 亚硝酸钠（$NaNO_2$，优级纯，使用前在 105℃±5℃下干燥恒重）溶于水，移入 1000mL 容量瓶中，用水稀释至标线。此溶液贮于密闭棕色瓶中于暗处存放，可稳定保存三个月。

⑨ 亚硝酸盐标准工作液，$\rho(NO_2^-)=2.5\mu g/mL$：准确吸取亚硝酸盐标准贮备液⑧ 1.00mL 于 100mL 容量瓶中，用水稀释至标线。临用现配。

四、仪器

① 10mL 多孔玻板吸收管。

② 空气采样器。

③ 分光光度计。

五、采样

1. 短时间采样（1h 以内）

取两支内装 10.0mL 吸收液的多孔玻板吸收瓶和一支内装 5～10mL 酸性高锰酸钾溶液④的氧化瓶（液柱高度不低于 80mm），以 0.4L/min 流量采气 4～24L。

2. 长时间采样（24h）

取两支大型多孔玻板吸收瓶，装入 25.0mL 或 50.0mL 吸收液⑦（液柱高度不低于 80mm），标记液面位置。取一支内装 50mL 酸性高锰酸钾溶液④的氧化瓶接入采样系统，将吸收液恒温在 20℃±4℃，以 0.2L/min 流量采气 288L。

注：1. 氧化管中有明显的沉淀物析出时，应及时更换。

2. 一般情况下，内装 50mL 酸性高锰酸钾溶液的氧化瓶可使用 15～20d（隔日采样）。

3. 采样过程中注意观察吸收液颜色变化，避免因氮氧化物质量浓度过高而穿透。

3. 采样要求

采样前应检查采样系统的气密性，用皂膜流量计进行流量校准。采样流量的相对误差应小于±5%。

采样期间，样品运输和存放过程中应避免阳光照射。气温超过 25℃时，长时间（8h 以上）运输和存放样品应采取降温措施。

采样结束时，为防止溶液倒吸，应在采样泵停止抽气的同时，闭合连接在采样系统中的止水夹或电磁阀。

4. 现场空白

装有吸收液的吸收瓶带到采样现场，与样品在相同的条件下保存、运输，直至送交实验室分析，运输过程中应注意防止沾污。

要求每次采样至少做 2 个现场空白测试。

5. 样品的保存

样品采集、运输及存放过程中避光保存，样品采集后尽快分析。若不能及时测定，将样品于低温暗处存放。样品在30℃暗处存放，可稳定8h；在20℃暗处存放，可稳定24h；于0～4℃冷藏，至少可稳定3d。

六、操作步骤

1. 标准曲线的绘制

取6支10mL具塞比色管，按表4-20制备亚硝酸盐标准溶液系列。根据表4-20分别移取相应体积的亚硝酸钠标准工作液⑨，加水至2.00mL，加入显色液⑥8.00mL。

表4-20 NO_2^- 标准溶液系列

管号	0	1	2	3	4	5
标准工作液/mL	0.00	0.40	0.80	1.20	1.60	2.00
水/mL	2.00	1.60	1.20	0.80	0.40	0.00
显色液/mL	8.00	8.00	8.00	8.00	8.00	8.00
NO_2^- 质量浓度/(μg/mL)	0.00	0.10	0.20	0.30	0.40	0.50

各管混匀，于暗处放置20min（室温低于20℃时放置40min以上），用10mm比色皿，在波长540nm处，以水为参比测量吸光度，扣除0号管的吸光度以后，对应 NO_2^- 的质量浓度（μg/mL），用最小二乘法计算标准曲线的回归方程。标准曲线斜率控制在0.960～0.978吸光度·mL/μg，截距控制在0.000～0.005之间（以5mL体积绘制标准曲线时，标准曲线斜率控制在0.180～0.195吸光度·mL/μg，截距控制在±0.003之间）。

2. 空白测定

（1）实训室空白测定　取实训室内未经采样的空白吸收液，用10mm比色皿，在波长540nm处，以水为参比测定吸光度。实训室空白吸光度 A_0 在显色规定条件下波动范围不超过±15%。

（2）现场空白　同实训室空白测定一样测定吸光度。将现场空白和实训室空白的测量结果相对照，若现场空白与实训室空白相差过大，查找原因，重新采样。

3. 样品测定

采样后放置20min，室温20℃以下时放置40min以上，用水将采样瓶中吸收液的体积补充至标线，混匀。用10mm比色皿，在波长540nm处，以水为参比测量吸光度，同时测定空白样品的吸光度。若样品的吸光度超过标准曲线的上限，应用实验室空白试液稀释，再测定其吸光度。但稀释倍数不得大于6。

4. 结果表示

① 空气中二氧化氮质量浓度 ρ_{NO_2}（mg/m^3）按下式计算：

$$\rho_{NO_2}=\frac{(A_1-A_0-a)VD}{bfV_0}$$

② 空气中一氧化氮质量浓度。

ρ_{NO}（mg/m^3）以二氧化氮（NO_2）计，按下式计算：

$$\rho_{NO}=\frac{(A_2-A_0-a)VD}{bfV_0K}$$

ρ_{NO}'（mg/m^3）以一氧化氮（NO）计，按下式计算：

$$\rho_{NO}'=\frac{\rho_{NO}\times 30}{46}$$

③ 空气中氮氧化物的质量浓度 ρ_{NO_x}（mg/m^3）以二氧化氮（NO_2）计，按下式计算：

$$\rho_{NO_x}=\rho_{NO_2}+\rho_{NO}$$

以上各式中　A_1、A_2——串联的第一支和第二支吸收瓶中样品的吸光度；
A_0——实训室空白的吸光度；
b——标准曲线的斜率，吸光度・mL/μg；
a——标准曲线的截距；
V——采样用吸收液体积，mL；
V_0——换算为标准状态（101.325kPa，273K）下的采样体积，L；
K——$NO\rightarrow NO_2$ 氧化系数，0.68；
D——样品的稀释倍数；
f——Saltzman 实验系数，0.88（当空气中二氧化氮质量浓度高于 $0.72mg/m^3$ 时，f 取值 0.77）。

七、注意事项

① 吸收液应避光，不能长时间暴露在空气中，以防止光照使吸收液显色或吸收空气中的氮氧化物而使试剂空白值增高。

② 亚硝酸钠（固体）应妥善保存。部分氧化成硝酸钠或呈粉末状的试剂都不能用直接法配制标准溶液。

③ 若实验时斜率达不到要求，应检查亚硝酸钠试剂的质量、标准溶液的配制，重新配制标准溶液；如果截距达不到要求，应检查蒸馏水及试剂质量，重新配制吸收液。

④ 用 $y=A-A_0$ 计算时，零点（0，0）应参加回归计算，即 $n=7$。

实训五、空气中甲醛的测定

一、实训目的与要求

① 学会空气中甲醛的测定方法。

② 掌握空气中甲醛的乙酰丙酮分光光度法测定原理。

③ 进一步熟练空气采样器的使用。

二、实训原理

甲醛气体经水吸收后，在 pH=6 的乙酸-乙酸铵缓冲溶液中，与乙酰丙酮作用，在沸水浴条件下，迅速生成稳定的黄色化合物，在波长 413nm 处测定吸光度，计算其浓度。

三、试剂

除非另有说明，分析时均使用符合国家标准的分析纯试剂。

① 不含有机物的蒸馏水。加少量高锰酸钾的碱性溶液于水中再行蒸馏即得（在整个蒸

馏过程中水应始终保持红色，否则应随时补加高锰酸钾）。

② 吸收液：不含有机物的重蒸水。

③ 乙酸铵（NH_4CH_3COO）。

④ 冰醋酸（CH_3COOH）：$\rho=1.055$。

⑤ 乙酰丙酮溶液［0.25%（体积分数）］：称25g乙酸铵，加少量水溶解，加3mL冰醋酸及0.25mL新蒸馏的乙酰丙酮，混匀再加水至100mL，调整pH=6.0。此溶液于2～5℃下贮存，可稳定一个月。

⑥ 盐酸（HCl）溶液：$\rho=1.19$（1+5）。

⑦ 氢氧化钠（N_2OH）溶液：30g/100mL。

⑧ 碘化钾（KI）溶液：10g（100mL）。

⑨ 碘酸钾（KIO_3）溶液［$c(1/6KIO_3)=0.1000mol/L$］：称3.567g经110℃干燥2h的碘酸钾（优级纯）溶于水，于1000mL容量瓶中稀释定容。

⑩ 淀粉溶液（1g/1000mL）：称1g淀粉，加少量水调成糊状，倒入100mL沸水中，呈透明溶液，临用时配制。

⑪ 硫代硫酸钠溶液［$c(Na_2S_2O_3)=0.1mol/L$］：称取25g硫代硫酸钠（$Na_2S_2O_3\cdot 5H_2O$），称2g碳酸钠（$Na_2S_2O_3$），溶解于1000mL新煮沸但已冷却的水中，贮存于棕色试剂中，放一周后过滤，并标定其浓度。

硫代硫酸钠溶液的标定：吸取0.1000mol/L碘酸钾标准溶液⑨25.0mL置于250mL碘量瓶中，加40mL新煮沸但已冷却的水，加10g/100mL碘化钾溶液⑧10mL，再加（1+5）盐酸溶液⑥10mL，立即盖好瓶塞，混匀，在暗处静置5min后，用硫代硫酸钠溶液⑪滴定至淡黄色，加1mL淀粉溶液⑩继续滴定至蓝色刚刚褪去。

硫代硫酸钠溶液浓度（$c_{Na_2S_2O_3}$）（mol/L）按下式计算。

$$c_{Na_2S_2O_3}=\frac{0.1\times 25.0}{V_{Na_2S_2O_3}}$$

式中 $V_{Na_2S_2O_3}$——滴定消耗硫代硫酸钠溶液的体积平均值，mL。

⑫ 甲醛标准储备液：取10mL甲醛溶液置于500mL容量瓶中，用水稀释定容。

甲醛标准储备液的标定：吸取5.0mL甲醛标准储备液置于250mL碘量瓶中，加0.1mol/L碘溶液30.0mL，立即逐滴地加入30g/100mL氢氧化钠溶液至颜色褪为淡黄色为止（大约0.7mL）。静置10min，加（1+5）盐酸溶液5mL酸化，（空白滴定时需多加2mL），在暗处静置10min，加入100mL新煮沸但已冷却的水，用标定好的硫代硫酸钠溶液滴定至淡黄色，加入新配制的1g/100mL淀粉指示剂1mL，继续滴定至蓝色刚刚消失为终点。同时进行空白测定。按下式计算甲醛标准储备液浓度。

$$c_{甲醛}(mg/mL)=\frac{(V_1-V_2)\times c_{Na_2S_2O_3}\times 15.0}{5.0}$$

式中 V_1——空白消耗硫代硫酸钠溶液的体积平均值，mL；

V_2——标定甲醛消耗硫代硫酸钠溶液的体积平均值，mL；

$c_{Na_2S_2O_3}$——硫代硫酸钠溶液浓度，mol/L；

15.0——甲醛（1/2HCHO）的摩尔质量；

5.0——甲醛标准溶液取样体积，mL。

⑬ 甲醛标准使用溶液。用水将甲醛标准储备液稀释成5.00μg/mL甲醛标准使用液，于2～5℃下贮存，可稳定一周。

四、仪器

① 采样器：流量范围为0.2～1.0L/min的空气采样器（备有流量测量装置）。

② 皂膜流量计。

③ 多孔玻板吸收管：50mL或125mL，采样流量0.5L/min时，阻力为（6.7±0.7）kPa，单管吸收效率大于99%。

④ 具塞比色管：25mL，具10mL、25mL刻度，经校正。

⑤ 分光光度计：附1cm吸收池。

⑥ 标准皮托管，具校正系数。

⑦ 倾斜式微压计。

⑧ 采样引气管：聚四氟乙烯管，内径6～7mm，引气管前端带有玻璃纤维滤料。

⑨ 空盒气压表。

⑩ 水银温度计：0～100℃。

⑪ pH酸度计。

⑫ 水浴锅。

五、采样与保存

1. 样品的采集

采样系统由采样引气管、采样吸收管和空气采样器串联组成。吸收管体积为50mL或125mL，吸收液装液量分别为20mL或50mL，以0.5～1.0L/min的流量，采气5～20min。

2. 样品的保存

采集好的样品于2～5℃下贮存，2天内分析完毕，以防止甲醛被氧化。

六、操作步骤

1. 校准曲线的绘制

取7支25mL具塞比色管按表4-21配制标准系列。

表4-21 标准系列取液量与对应甲醛浓度

管号	0	1	2	3	4	5	6
甲醛溶液体积(5.00μg/mL)/mL	0	0.2	0.8	2.0	4.0	6.0	7.0
甲醛/(μg/mL)	0	1.0	4.0	10.0	20.0	30.0	35.0

于上述标准系列中，用水稀释定容至10.0mL刻线，加0.25%乙酰丙酮溶液2.0mL，混匀，置于沸水浴中加热3min，取出冷却至室温，用1cm吸收池，以水为参比，于波长413nm处测定吸光度。将上述系列标准溶液测得的吸光度A值扣除试剂空白（零浓度）的吸光度A_0值，便得到校准吸光度y值，以校准吸光度y为纵坐标，以甲醛含量x(μg/mL)为横坐标，绘制校准曲线，或用最小二乘法计算其回归方程式。注意“零”浓度不参与计算。

$$y = bx + a$$

式中 a——校准曲线截距；

b——校准曲线斜率。

由斜率倒数求得校准因子：$B=1/b$。

2\. 样品测定

将吸收后的样品溶液移入 50mL 或 100mL 容量瓶中，用水稀释，取少于 10mL 试样（吸取量视试样浓度而定）于 25mL 比色管中，用水定容至 10.0mL 刻度线，以下步骤按校准曲线绘制方法进行分光光度测定。

3\. 空白测定

用现场未采样空白吸收管的吸收液按标准曲线绘制方法进行空白测定。

七、结果表示

试样中甲醛的吸光度 y 用下式计算。

$$y=A_a-A_b$$

式中 A_a——样品测定吸光度；

A_b——空白试验吸光度。

试样中甲醛含量 x（μg/mL）用下式计算。

$$x=\frac{y-a}{b}\times\frac{V_1}{V_2}\text{或 }x=(y-a)B_a\times\frac{V_1}{V_2}$$

式中 V_1——定容体积，mL；

V_2——测定取样体积，mL。

废气或环境空气中甲醛浓度 c（mg/m^3）用下式计算。

$$c=\frac{x}{V_{nd}}$$

式中 V_{nd}——所采气样标准状态（0℃，101.325kPa）体积，L。

第五章
噪声监测

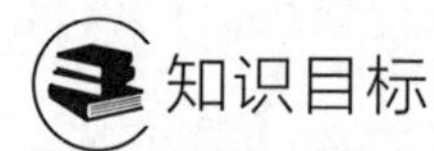

知识目标

1. 了解声学的基本知识。
2. 了解噪声的危害。
3. 掌握噪声的评价方法和标准。
4. 掌握环境噪声测量的方法。

能力目标

1. 能够掌握噪声测量仪的使用方法。
2. 能够制订噪声监测方案。
3. 能够利用噪声测量仪器测量城市区域、道路交通噪声、工业企业环境噪声。

素质目标

1. 认识环保人的责任和使命。
2. 树立正确的职业观、人生观、价值观，并坚定的环保理念。
3. 在学习过程中养成遵纪守法、严谨认真的良好习惯，并把这种习惯贯彻到之后的环境监测工作之中。

第一节　声学基础

在工业生产过程中，噪声污染和水污染、空气污染、固体废物污染等一样是当代主要的环境污染之一。但噪声污染与后者不同，它是物理污染（或称为能量污染），一般情况下它不致命，但与声源同时产生同时消失。噪声源分布较广，较难集中处理。随着工业和交通事业的发展，环境噪声日益严重，在我国一些大城市的环境投诉中，噪声污染的投诉占60％～70％，已经成为广泛的社会危害。

一、声学基本知识

人类生活在充满声音的环境中，包括噪声，如人们的交谈、广播、通信、工业设备和家用电器等发出的声音。所有这些发声的现象都是物理振动的结果，我们称之为声源。声源的振动激起物体周围的弹性媒质（通常是空气）也产生振动，并在弹性媒质中继续传播，最后传入人耳或接收器（如声级计等）人们就感觉到了声音。因此，声音源于物体的振动，但声音在真空中无法传播。声源、弹性媒质、接收器称为声音的三大要素，缺了一个就感觉不到声音了。声源可以是气体、液体和固体，它们产生的声音分别称为空气声、水声和固体声

声的基础知识

等。噪声监测主要讨论空气声。

物体在空气中振动，使周围空气发生疏密交替变化并向外传播。当振动频率在 20～20000Hz 之间时，人可以感觉得到，称为可听声，简称声音；频率低于 20Hz 的声音叫次声，高于 20000Hz 的叫超声，它们作用于人的听觉器官时不引起声音的感觉，因此不能被听到。

声音是波的一种，叫声波。通常情况下的声音是由许多不同频率、不同幅值的声波构成的，称为复音。而最简单的仅有一个频率的声音称为纯音。

声音在一秒内振动的次数叫频率，记作 f，单位为 Hz。

弹性媒质在平衡位置附近完成一次振动所经历的时间叫周期，记作 T，单位为 s。显然，频率和周期互为倒数，即 $T=1/f$。可听声的周期为 50μs～50ms。

在声波的传播方向上，振动一个周期所传播的距离，或在波形上相位相同的相邻两点间的距离称为波长，记为 λ，单位 m。可听声的波长范围为 0.172～17.2m。

波速 c，又称声速，是指单位时间内声波传播的距离，单位 m/s。波速 c 与声波频率无关，仅仅取决于弹性媒质的种类和温度。频率、波长和声速三者的关系是：

$$c = f\lambda \tag{5-1}$$

声速与传播声音的媒质和温度有关，在空气中，声速（c）和温度（t）的关系可简写为：

$$c=331.45+0.607t \tag{5-2}$$

常温下，声速约为 345m/s。

二、声压、声强和声功率

1. 声压 p

声音在介质中以波动方式传播。在空气中，没有声波时，空气的压强即为大气压 p_0；当有声波时，引起空气质点振动，使原来大气压上叠加一个变化的压强，这个变化的压强即空气动压强 p 与静压强的差值 $\Delta p=p-p_0$，就是声压。所以声压就是指介质中的压强相对于无声波时的压强的改变量，通常用 p 表示，其单位为帕斯卡（Pa），$1\text{Pa}=1\text{N/m}^2$。

振幅的大小决定声压的大小，振幅越大，质点离开平衡位置越远，声压越大。声压只有大小没有方向。声压是随时间的起伏变化的，每秒变化的次数很多，传入人耳时，由于耳膜的惯性作用辨别不出声压的起伏变化，即声压变化的平均值为零，故平均声压无意义。因此，常用瞬时声压、峰值声压和有效声压来描述。瞬时声压是某些质点动压强与静压强之差值，无法测量；峰值声压是一段时间内瞬时声压的最大值；有效声压是指瞬时声压对时间取均方根值，我们通常所说的声压指的是有效声压。

对于听觉正常的人耳，对 1kHz 的纯音，当其声压值为 2×10^{-5}Pa 时，刚好可以听见，称为听阈声压；当其值达到 20Pa 时，人耳产生疼痛的感觉，称为痛阈声压值。人们正常说话的声压为 0.02～0.03Pa。

各环境的声压与声压级见表 5-1。

表 5-1 各环境的声压与声压级

声环境	声压值/Pa	声压级/dB	声环境	声压值/Pa	声压级/dB
听阈	2×10^{-5}	0	纺织车间内	2.0	100
消声室内背景噪声	2×10^{-4}	20	电锯	3.56	105
正常交谈	6.3×10^{-3}	50	大型球磨机附近	20	120
繁华街道上	6.3×10^{-2}	70	喷气飞机附近	200	140

2. 声强

声强是指单位时间内，在垂直于声波的传播方向上通过单位面积的声能量，用 I 表示。

其单位是 J/(s·m^2) 或 W/m^2。正常人耳对 1000Hz 纯音的可听声强是 10^{-12}W/m^2，称为基准声强。对于平面声波和球面声波，声强 I 等于：

$$I = p^2/(\rho_0 c) \tag{5-3}$$

式中 p——有效声压，Pa；

ρ_0——空气密度，kg/m^3；

c——空气中的声速，m/s。

3. 声功率

声源的声功率是指单位时间内声源向外辐射的总声能，单位是焦耳/秒（J/s）或瓦（W）。声功率不像声压或声强那样随离开声源的距离的加大而降低，在噪声监测中，声功率是指声源总功率。在自由声场中，声功率与声强的关系为：

$$W = 4\pi r^2 I \tag{5-4}$$

式中 W——声源辐射的声功率，W；

r——离开声源的距离，m；

I——离开声源 r 处的声强，W/m^2。

三、声级的计算

（一）声级

日常生活中遇到的声音强弱不同，这些声音的强度变化范围相当宽，这在实际计算中十分不方便，同时人耳对声音强度的感觉并不正比于强度的绝对值，而与声能量的对数值是成正比的，因此，常用声级来表示声能量的大小。

1. 声压级

$$L_p = 10\lg \frac{p^2}{p_0^2} = 20\lg \frac{p}{p_0} \tag{5-5}$$

式中 L_p——声压级，dB；

p——声压，Pa；

p_0——基准声压，2×10^{-5}Pa。

引入声压级的概念后，听阈声压级为 0dB，而痛阈声压级为 120dB。由原来听阈声压到痛阈声压相差 100 万倍，变成 0～120dB 的变化范围，表示起来更方便。

2. 声强级

$$L_I = 10\lg \frac{I}{I_0} \tag{5-6}$$

式中 L_I——声场中某点的声强级，dB；

I——声场中某点的声强，W/m^2；

I_0——基准声强，10^{-12}W/m^2。

3. 声功率级

$$L_w = 10\lg \frac{w}{w_0} \tag{5-7}$$

式中 L_w——声源的声功率级，dB；

w——声源的声功率，W；

w_0——基准声功率，10^{-12}W。

声级的单位是分贝（dB）。分贝是一个相对单位，它表示一个量超过另一个量的程度。

采用分贝作单位时，必须要知道其比较的基准值，如：基准声压（2×10^{-5}Pa），基准声强（10^{-12}W/m^2），基准声功率（10^{-12}W）等。

（二）声级的运算

1. 声音的叠加

两个或两个以上的独立声源作用于声场中某一点时，就产生了声音的叠加。声能量是可以代数相加的，而声级由于是对数关系，不能代数相加。假设两个声源的声功率分别为 w_1 和 w_2，则总的声功率 $w_{总}=w_1+w_2$，当两个声源在声场某点的声强分别为 I_1 和 I_2时，叠加后的总声强 $I_{总}=I_1+I_2$，但声压是不能直接相加的。

由前面可知，由于 $$I_1=\frac{p_1^2}{\rho c},I_2=\frac{p_2^2}{\rho c}$$

因此 $$p_{总}=\sqrt{p_1^2+p_2^2}$$

由于 $\left(\frac{p_1}{p_0}\right)^2=10^{0.1L_{p1}}$，$\left(\frac{p_2}{p_0}\right)^2=10^{0.1L_{p2}}$

故总声压级 $$L_{p总}=10\lg\frac{p_1^2+p_2^2}{p_0^2}=10\lg(10^{0.1L_{p1}}+10^{0.1L_{p2}}) \tag{5-8}$$

对应 n 个声源的一般情况，有：

$$L_{p总}=10\lg\left(\sum_{i=1}^{n}10^{0.1L_{pi}}\right) \tag{5-9}$$

如果 $L_{p1}=L_{p2}$，即两个声源的声压级相等，则总声压级：

$$L_p=L_{p1}+10\lg2\approx L_{p1}+3 \tag{5-10}$$

即作用于某一点的两声源声压级相等，其合成的总声压级比一个声源的声压级增加 3dB，而不是增加一倍。当有多个声源，且其作用于某一个点时的声压级不相等时，按上式计算较麻烦，可以利用图 5-1 或表 5-2 查图（或表）来计算。计算方法是：假设 $L_{p1}>L_{p2}$，则差值 $\Delta L_p=L_{p1}-L_{p2}$，以差值按图 5-1 或表 5-2 查得 $\Delta L'$，则

$$L_{p总}=L_{p1}+\Delta L' \tag{5-11}$$

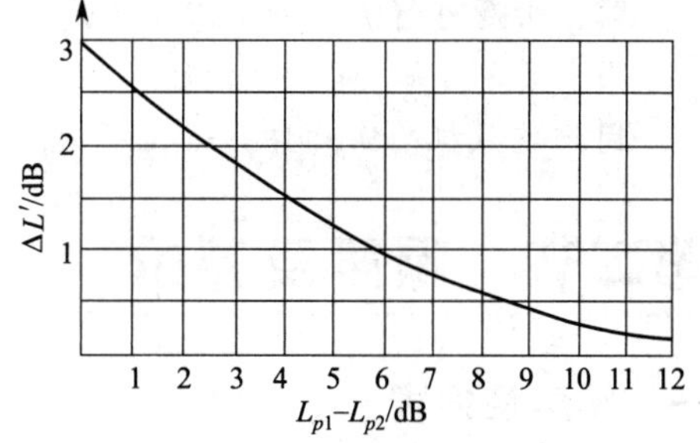

图 5-1 分贝相加曲线

【例 5-1】 $L_1=85$dB，$L_2=80$dB，$L_{总}$并非 L_1、L_2 的和 165dB，由于 $\Delta L=L_1-L_2=85-80=5$dB，由表 5-2 查得 $\Delta L'=1.2$dB，因此 $L_{总}=L_1+\Delta L=85+1.2=86.2$（dB）。

解： 由图 5-1 或表 5-2 可知，两个声压级叠加，总声压级不会比其中任何一个大 3 dB 以上；而两个声压级相差 10dB 以上时，叠加增量可忽略不计。

表 5-2 声级运算加法表

$L_{p1}-L_{p2}$/dB	0	1	2	3	4	5	6	7	8	9	10	11 12	13 14	≥15
$\Delta L'$/dB	3	2.5	2.1	1.8	1.5	1.2	1.0	0.8	0.6	0.5	0.4	0.3	0.2	0.1

掌握了两个声源的叠加，就可以推广到多个声级的叠加，例如：三台机器设备作用于某

点的声压级分别为80dB、87dB和84dB，则其合成后的总声压级可由下列方法计算：

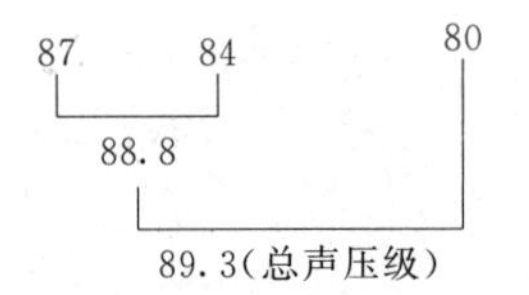

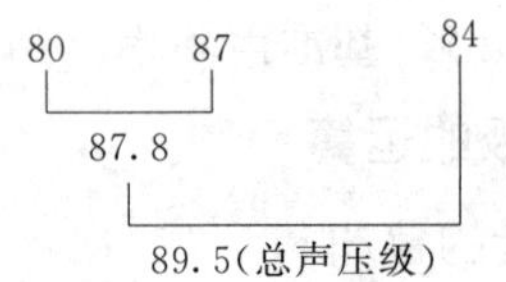

需要注意的是：如果两个声源相关，它们发出的声波会发生干涉，就要考虑叠加各点各自的相位，但在环境噪声中很少遇到此种情况。

2. 声级的相减

在噪声测量时，往往会受到外界的噪声干扰，需要扣除背景噪声。例如在测试某机器设备的声级时，存在背景噪声，就需要从总声级中扣除机器设备停止运行时的背景声压级，得到的才是真实的机器设备的声压级，这就是声级的减法运算。

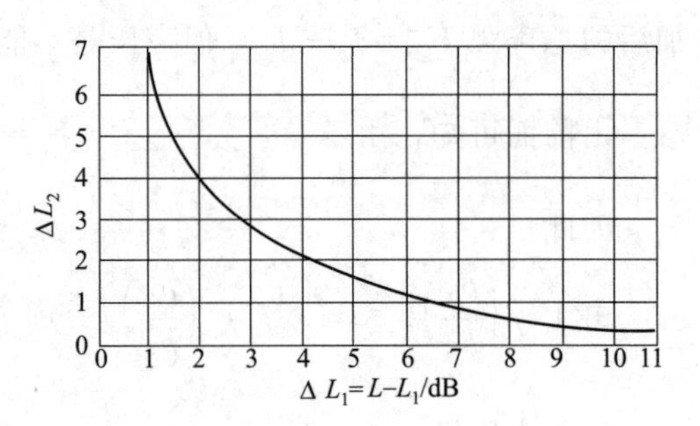

图 5-2 分贝相减曲线

假设背景噪声的声级为 L_{pB}，机器设备的噪声为 L_{ps}，总声级为 L_{pT}，由前面噪声相加可知，令：

$$\Delta L_1 = L_{pT} - L_{pB} \tag{5-12}$$

按图5-2或表5-3查得 ΔL_2。

表 5-3 声级运算减法表

ΔL_1	1	2	3	4	5	6	7	8	9	10
ΔL_2	6.9	4.4	3	2.3	1.7	1.3	1	0.8	0.6	0.4

【例5-2】 在某一车间，风机开动时噪声为94dB，当风机停止运行时测得背景噪声为85dB，求该风机的噪声级。

解： 由题意得 $L_{pB}=85$dB，$L_{pT}=94$dB，$\Delta L_1=94-85=9$(dB)。

由表5-3可知 $\Delta L_2=0.6$dB

因此该风机的实际噪声 $L_{ps}=L_{pT}-\Delta L_2=94-0.6=93.4$(dB)

第二节 噪声及评价

一、噪声及危害

人类在生活中通过声音进行交谈、表达情感以及开展各项活动，但有些声音也会给人类带来一定的危害，如震耳欲聋的机器声、呼啸而过的飞机声等。我们把这些人们生活和工作中所不需要的声音叫噪声。从物理现象判断，一切无规律的或随机的声信号都叫噪声。噪声的判断还与人们的主观感觉和心理因素有关。噪声可能是由自然现象产生的，也可能是由人们活动形成的，噪声可以是杂乱无序的宽带声音，也可以是节奏和谐的音乐声，当声音超过人们生活和社会活动所允许的程度时就成为噪声污染。

环境噪声的来源有四种：a. 交通噪声，包括飞机、火车、轮船和汽车等交通工具所产生的声音；b. 工厂噪声，如织布机、冲床和鼓风机等工业设备所产生的声音；c. 建筑施工噪声，像打桩机、挖掘机和混凝土搅拌机等发出的声音；d. 社会生活噪声，像高音喇叭、电视机、收音机等发出的声音等。

噪声对人体的危害是多方面的，如干扰语言交谈、影响睡眠、损伤听力、诱发各种疾病等，同时强烈的噪声对物体也能产生损伤。

（一） 噪声对听力的影响

大量的调查资料表明，当人们长期在强噪声环境下工作时，会使听觉组织受到损伤，出现听力下降，造成耳聋。国际标准化组织规定，听力损失用 500Hz、1000Hz 和 2000Hz 三个频率上的听力损失的平均值来表示，凡听力损失小于 25dB 时均视为听力正常，超过 25dB 时为轻度耳聋，听力损失为 40～60dB 属中度耳聋，65dB 以上属重度耳聋。当噪声暴露终止后，经过一段时间的休息，听力若能逐渐恢复原状的，称为暂时性阈移；若在强噪声环境下暴露时间过长，虽经休息仍然有部分阈移不能恢复，这部分阈移称为永久性阈移。

（二）噪声对人体其他部分的影响

1. 噪声对神经系统的影响

噪声具有强烈的刺激作用，如果长期作用于中枢神经系统，可以使大脑皮层的兴奋与抑制过程平衡失调，其结果引起条件反射混乱。长期接触噪声的人往往会出现头痛、头晕、多梦、失眠、心慌、全身乏力和记忆力减退等症状，临床诊断为神经衰弱症。

2. 噪声对心血管系统的影响

噪声除了损伤人耳的听力外，对人体的生理机能也会引起不良反应。长期暴露在强噪声环境中，会使人体的健康水平下降，诱发各种慢性疾病，如噪声会引起人体的紧张反应，使肾上腺素分泌增加，引起心率加快、血压升高、心律不齐和血管痉挛等。大量的工业噪声调查表明，在强噪声环境下工作的人群，患高血压、动脉硬化和冠心病的发病率比低噪声条件下的人群要高 2～3 倍，低血压患者多 2 倍半，同时发现工龄短的年轻人中低血压患者较多。不仅如此，噪声还可以使心肌受损，在噪声污染日趋严重的工业大城市中，冠心病和动脉硬化症的发病率也逐渐增高。

3. 噪声对消化系统的影响

噪声也会引起消化系统方面的疾病，使胃肠功能紊乱，产生食欲不振、恶心、消瘦和体质下降等症状。有关调查资料表明，在某些吵闹的环境中，消化性溃疡的发病率比低噪声条件下要高 5 倍。通过对人体的实验表明，在 80dB 的环境中，肠蠕动减少 40%左右，随之而来的是胀气和肠胃不适。当外加噪声停止后，肠蠕动的节奏加快，幅度增加，结果引起消化不良，长期的消化不良将诱发肠胃黏膜溃疡。

（三）噪声对人的工作、学习、睡眠、语言交谈和通信的影响

嘈杂的强噪声使人厌烦、疲劳和精力不集中，影响工作、学习的效率，妨碍休息和睡眠。睡眠对人体是十分重要的，它能使人体的新陈代谢得到调节，人的大脑通过睡眠得到充分的休息，消除体力和脑力疲劳。一般 40dB 的连续噪声可使 10%左右的人睡眠受到干扰，70dB 的噪声可使 50%左右的人睡眠受到影响。而突发性的噪声对人的睡眠干扰更大，40dB 的突发性噪声可使 10%左右的人惊醒，当突发性的噪声达到 60dB 时，可使 70%的人惊醒。一般而言，高频声比低频声对人的影响更大，非稳态噪声、脉冲声比连续的稳态声对人的影响要大。

噪声妨碍人们之间的交谈、通信是广泛而易见的。实验证明噪声干扰交谈、通信的情况如表 5-4 所示。

表 5-4 噪声对交谈、通信的干扰

噪声级/dB(A)	主观反应	正常谈话距离/m	交谈、通信质量
45	安静	10	较好
55	稍吵	3.5	好
65	吵	1.2	较困难
75	很吵	0.3	困难
85	太吵	0.1	不可能

二、噪声标准

噪声标准是指在不同情况下所允许的最高噪声级。噪声标准是对噪声进行行政管理和技术上控制的依据。我国颁布的噪声标准可概括为三类：第一类是环境噪声标准；第二类是保护职工身体健康（主要是保护听力）的劳动卫生标准；第三类是产品噪声标准。

1. 环境噪声标准

为了提供一个满意的声学环境，保证人们的正常工作、学习和休息，需要有合适的环境噪声标准。这些标准的制定，除了考虑要满足大多数人的实际要求外，还要考虑区域环境、时间和技术上的可能性以及经济上的合理性等因素。

噪声标准

我国现行的环境噪声标准为《声环境质量标准》（GB 3096—2008），在标准中规定了各类区域的环境噪声最高限值，见表 5-5。

表 5-5 城市各种区域环境噪声标准

声环境功能区类别	昼间/dB(A)	夜间/dB(A)	声环境功能区类别		昼间/dB(A)	夜间/dB(A)
0 类	50	40	3 类		65	55
1 类	55	45	4 类	4a 类	70	55
2 类	60	50		4b 类	70	60

各类标准的使用区域如下。

0 类声环境功能区：指康复疗养区等特别需要安静的区域。

1 类声环境功能区：指以居民住宅、医疗卫生、文化教育、科研设计、行政办公为主要功能，需要保持安静的区域。

2 类声环境功能区：指以商业金融、集市贸易为主要功能，或者居住、商业、工业混杂，需要维护住宅安静的区域。

3 类声环境功能区：指以工业生产、仓储物流为主要功能，需要防止工业噪声对周围环境产生严重影响的区域。

4 类声环境功能区：指交通干线两侧一定距离之内，需要防止交通噪声对周围环境产生严重影响的区域，包括 4a 类和 4b 类两种类型。4a 类为高速公路、一级公路、二级公路、城市快速路、城市主干路、城市次干路、城市轨道交通（地面段）、内河航道两侧区域；4b 类为铁路干线两侧区域。

【注意】① 表 5-5 中 4b 类声环境功能区环境噪声限值，适用于 2011 年 1 月 1 日起环境影响评价文件通过审批的新建铁路（含新开廊道的增建铁路）干线建设项目两侧区域。

② 在下列情况下，铁路干线两侧区域不通过列车时的环境背景噪声限值，按昼间 70dB(A)、夜间 55dB(A) 执行。a. 穿越城区的既有铁路干线；b. 对穿越城区的既有铁路干线进行改建、扩建的铁路建设项目。既有铁路是指 2010 年 12 月 31 日前已建成运营的铁路或环境影响评价文件已通过审批的铁路建设项目。

③ 夜间突发性噪声，其最大值不准超过标准值的15dB。

根据《中华人民共和国环境噪声污染防治法》，“昼间”是指6:00至22:00之间的时段；“夜间”是指22:00至次日6:00之间的时段。县级以上人民政府为环境噪声污染防治的需要（如考虑时差、作息习惯差异等）而对昼间、夜间的划分另有规定的，应按其规定执行。

2. 室内环境噪声允许标准

为了保证生活及工作环境的安静，世界各国都颁布了室内环境噪声标准，但由于地区之间的差异和生活条件的不同，各国及地区的标准并不完全一致。国际标准化组织（ISO）在1971年提出的环境噪声允许标准中规定：住宅区室内环境噪声的容许声级为35～45dB，并根据不同时间、不同地区等条件进行修正，修正值见表5-6及表5-7。我国民用建筑室内允许噪声级见表5-8。

表5-6 一天中不同时间声级修正值

不同时间	修正值 L_{pA}/dB
白天	0
晚上	−5
深夜	−15～−10

表5-7 不同地区住宅的声级修正值

不同的地区	修正值 L_{pA}/dB	不同的地区	修正值 L_{pA}/dB
农村、医院、休养区	0	市居住区、少量工商或交通混合区	+15
市郊区、交通很少的地区	+5	市中心(商业区)	+20
市居住区	+10	工业区	+25

表5-8 我国民用建筑室内允许噪声级

建筑物类型	房间功能或要求	允许噪声级 L_{pA}/dB			
		特级	一级	二级	三级
医院	病房、休息室	—	40	45	50
	门诊室	—	55	55	60
	手术室	—	45	45	50
住宅	卧室、书房	—	40	45	50
	起居室	—	45	50	50
学校	有特殊安静要求	—	40	—	—
	一般教室	—	—	50	—
	无特殊安静要求	—	—	—	55
旅馆	客房	35	40	45	55
	会议室	40	45	50	50
	多用途大厅	40	45	50	—
	办公室	45	50	55	55
	餐厅、宴会厅	50	55	60	—

3. 业企业厂界噪声标准

我国于2008年修订并实施了《工业企业厂界环境噪声排放标准》（GB 12348—2008）以控制工厂及可能造成噪声污染的企业、事业单位对外界环境噪声的排放。在《工业企业厂界环境噪声排放标准》（GB 12348—2008）中规定了四类区域的厂界噪声标准（见表5-9）。

表 5-9 各类厂界噪声标准值（等效声级 L_{eq}）

厂界外声环境功能区类别	昼间/dB(A)	夜间/dB(A)
0	50	40
1	55	45
2	60	50
3	65	55
4	70	55

五类声环境功能区和“1. 环境噪声标准”中规定一致。

根据《中华人民共和国环境噪声污染防治法》，“昼间”是指 6:00 至 22:00 之间的时段；“夜间”是 指 22:00 至次日 6:00 之间的时段。县级以上人民政府为环境噪声污染防治的需要（如考虑时差、作息习惯差异等）而对昼间、夜间的划分另有规定的，应按其规定执行。对夜间突发性噪声，标准中规定对频繁突发噪声其峰值不准超过标准值 10dB(A)，对偶然突发噪声其峰值不准超过标准值 15dB(A)。

4. 建筑施工场界噪声限值

建筑施工往往带来较大的噪声，国家标准《建筑施工场界环境噪声排放标准》（GB 12523—2011）中规定了建筑施工过程中厂界环境噪声不得超过表 5-10 中的规定。

表 5-10 建筑施工厂界环境噪声排放限值（等效声级 L_{eq}）

昼间/dB(A)	夜间/dB(A)
70	55

根据《中华人民共和国环境噪声污染防治法》，“昼间”是指 6:00 至 22:00 之间的时段；“夜间”是 指 22:00 至次日 6:00 之间的时段。县级以上人民政府为环境噪声污染防治的需要（如考虑时差、作息习惯差异等）而对昼间、夜间的划分另有规定的，应按其规定执行。夜间噪声最大声压级不准超过标准值 10dB(A)。

5. 机动车辆噪声标准

机动车辆噪声标准是控制城市交通噪声的重要基础依据，它不仅为各种车辆的研究、设计和制造提供了噪声控制的指标，同时也是城市车辆噪声管理、监测的依据。我国在 1997 年 1 月 1 日实施了《汽车定置噪声限值》（GB 16170—1996）标准。汽车定置是指车辆不行驶、发动机处于空载运转状态。定置噪声反映了车辆主要噪声源——排气噪声和发动机噪声的状况。标准中规定的对各类汽车的噪声限值如表 5-11 所示。

表 5-11 各类车辆定置的噪声限值　　单位：dB(A)

车辆类型	燃料种类	车辆出厂日期	
		1998 年 1 月 1 日前	1998 年 1 月 1 日后
轿车	汽油	87	85
微型客车、货车	汽油	90	88
轻型客车、货车、越野车	汽油　$n \leqslant 4300$r/min	94	92
	汽油　$n > 4300$r/min	97	95
	柴油	100	98
中型客车、货车、大型客车	汽油	97	95
	柴油	103	101
重型货车	额定功率 $N \leqslant 147$kW	101	99
	额定功率 $N > 147$kW	105	103

注：N 为按厂家规定的额定功率。

三、噪声的评价

噪声评价的目的就是有效地提出适合于人们对噪声反应的主观评价量。噪声评价量的建立必须考虑到噪声对人们影响的特点。不同频率的声音对人的影响不同，如人耳对中高频声比对低频声更加敏感，因此中高频声对人的影响更大；噪声在夜间比在白天对人的影响更明显；同样的声音对不同心理和生理特征的人群反应不同。

1. 响度、响度级和等响曲线

声音给人耳的感觉，主要是响的感觉。响度是人耳判断声音由轻到响的强度等级概念，不同频率的声音，即使声压相同，人耳感觉的响度却不同。例如，同样是60dB的两种声音，一个声音的频率为1000Hz，而另一个为100Hz，人耳听起来1000Hz的声音要比100Hz的声音要响。要使频率为100Hz的声音听起来和1000Hz的声压级为60dB的声音一样响，则其声压级要达到67dB，这是因为人耳主观感觉的响度大小与声压级和频率有关，为此引出了一个与频率有关的响度级。

响度级是指当某一频率的声音与1000Hz的纯音听起来一样响时，这时1000Hz纯音的声压级就定义为该待定声音的响度级。响度级的符号为 L_N，单位为方（phon）。响度级是表示声音强弱的主观量，它把声压级和频率用一个单位统一起来。利用与基准声音比较的方法，可以得出达到同样响度级时频率与声压级的关系曲线，称之为等响曲线，如图5-3所示。图中所示各条曲线是正常听力对比测试所得出的一系列等响曲线，每条曲线上各个频率纯音听起来都一样响，但其声压级相差较大。例如：30Hz、90dB，100Hz、67dB，4000Hz、52dB三个不同的纯音，响度级均为60phon。

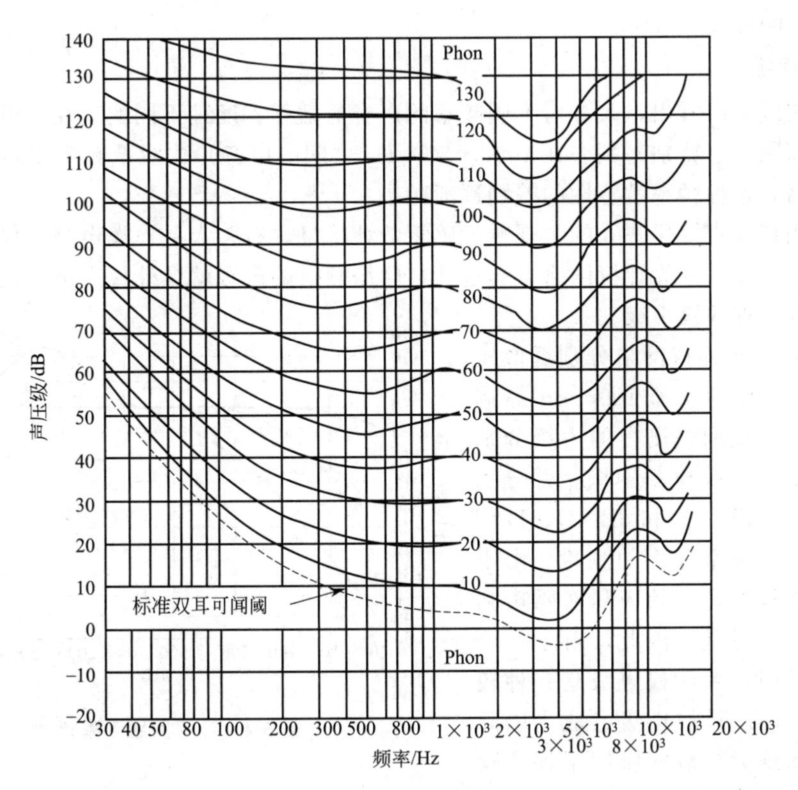

图5-3 等响曲线

图 5-3 中最下面的一条曲线表示正常人耳刚好能听到的声音，其响度级为 0phon，低于此曲线的声音人耳无法听到。图 5-3 中最上面的曲线是痛觉的界限，称为痛阈，超过此曲线的声音，人耳感觉到的是疼痛。从图 5-3 中可以看到，人耳能感受的声音的能量范围高达 10^{12} 倍，相当于 120dB 的变化范围。

从等响曲线上可以看出，对于 60phon 响度级的声音，1000Hz 的声压级是 60dB，3000～4000Hz 的声压级是 52dB，而 100Hz 的声压级为 67dB。对 30Hz 的声音声压级要提高到 90dB 才是 60phon，这是因为人耳对高频声特别是 1000～5000Hz 的声音最为敏感，因此汽车喇叭声、救火车警笛声一般都在此范围内。

响度与主观感觉的轻响程度成正比，符号为 N，单位为宋（sone）。其定义为正常听力的人耳判断一个声音比响度级为 40phon 的参考声音响的倍数。规定：响度级为 40phon 时的响度为 1sone。2sone 的声音是 1sone 声音的 2 倍响，3sone 的声音是 1sone 声音的 3 倍响。响度级是一个相对量，仍是一种对数标度单位，并不能线性地表明不同响度级之间主观感觉上的轻响程度，也就是说，声音的响度级为 80phon，并不意味着比 40phon 声音响一倍。实践证明：响度级每增加 10phon，则响度增加 1 倍。按国际标准化组织 ISO/R 181—1959E 的建议，在响度级范围内（20～120phon），响度级 L_N 和响度 N 之间存在下列关系：

$$N=2^{\frac{L_N-40}{10}} \tag{5-13}$$

或：

$$L_N=40+33.2\lg N \tag{5-14}$$

式中 N——响度，sone；

L_N——响度级，phon。

2. 计权声级

由等响曲线可以看出，人耳对不同频率的声音的敏感程度是不同的。在声级不高的情况下，人耳对高频声（特别是频率在 1000～5000Hz 之间的声音）比对低频声要敏感得多。随着声级的提高，这种频率敏感性的差别逐渐减小。

为了能用仪器直接反映人的主观响度感觉的评价量，有关人员在噪声测量仪器中设计了一种特殊的滤波器，称为计权网络。通过计权网络测得的声级就是计权声级，通常采用的有 A、B、C、D 四种计权声级。

A、B、C 三种计权网络分别近似模拟了 40phon、70phon 和 100phon 等响曲线。用这些计权网络测得的声级分别称为 A 声级、B 声级和 C 声级，并分别表示为 dB(A)、dB(B) 和 dB(C)。D 计权声级主要用于航空噪声的测量。由于 A 计权声级能较好地反映人耳对噪声强度与频率的主观感觉，因此，对于一个连续的稳态噪声，A 计权声级是一种较好的评价方法。A 计权声级已成为国际标准化组织和绝大多数国家用于评价噪声的主要指标。表 5-12 为 A、B 和 C 计权响应与频率的关系，利用此表可计算出噪声的 A 声级。由图 5-4 和表 5-12 可看出 A、B 和 C 计权网络的区别是在低频范围的衰减不同，A 计

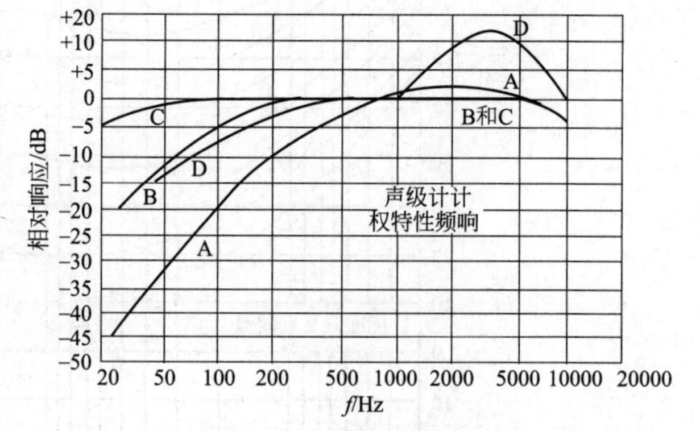

图 5-4 计权网络频率特性

权网络衰减最大，B计权网络衰减次之，C计权网络衰减最小。表5-12还给出了A、B和C计权曲线的频率特性。

表5-12 计权响应与频率的关系

频率/Hz	A计权/dB	B计权/dB	C计权/dB	频率/Hz	A计权/dB	B计权/dB	C计权/dB
20	−50.5	−24.2	−6.2	630	−1.9	−0.1	0
25	−44.7	−20.4	−4.4	800	−0.8	0	0
31.5	−39.4	−17.1	−3.0	1000	0	0	0
40	−34.6	−14.2	−2.0	1250	+0.6	0	0
50	−30.2	−11.6	−1.3	1600	+1.0	0	−0.1
63	−26.2	−9.3	−0.8	2000	+1.2	−0.1	−0.2
80	−22.5	−7.4	−0.5	2500	+1.3	−0.2	−0.3
100	−19.1	−5.6	−0.3	3150	+1.2	−0.4	−0.5
125	−16.1	−4.2	−0.2	4000	+1.0	−0.7	−0.8
160	−13.4	−3.0	−0.1	5000	+0.5	−1.2	−1.3
200	−10.9	−2.0	0	6300	−0.1	−1.9	−2.0
250	−8.6	−1.3	0	8000	−1.1	−2.9	−3.0
315	−6.6	−0.8	0	10000	−2.5	−4.3	−4.4
400	−4.8	−0.5	0	12500	−4.3	−6.1	−6.2
500	−3.2	−0.3	0	16000	−6.6	−8.4	−8.5

［例5-1］由倍频带声级计算A声级（表5-13）。

表5-13 由倍频带声级计算A声级

中心声级/Hz	31.5	63	125	250	500	1000	2000	4000	8000
频带声压级/dB	60	65	73	76	85	80	78	62	60
A计权修正值	−39.4	−26.2	−16.1	−8.6	−3.2	0	+1.2	+1.0	−1.1
修正后频带声级/dB	20.6	38.8	56.9	67.4	81.8	80	79.2	63.0	58.9
各声级叠加/dB	略	略	略	略	84	79.2	略	略	
总的A计权声级/dB	85.2								

3. 等效连续A声级和昼夜等效声级

A计权声级对一个连续稳态噪声是一种较好的评价方法。但噪声常常是间歇性的，或强度随时间起伏，对于这种非稳态噪声，用A声级进行评价是不合适的。因此人们提出了一个用噪声能量按时间平均的方法来评价噪声对人影响的问题，即用等效连续A声级代替A声级来评价非稳态噪声。等效连续A声级是指用一个相同时间内声能与之相等的连续稳定的A声级表示该段时间内的噪声的大小，用L_{eq}表示，其数学表达式为：

$$L_{eq}=10\lg\left[\frac{1}{T}\int_0^T 10^{0.1L_{pA(t)}}\mathrm{d}t\right] \tag{5-15}$$

式中 $L_{pA(t)}$——噪声信号瞬时A计权声压级，dB；

T——总的测量时段，s。

当测量是采样测量，采样时间间隔相同时，上式可简化为：

$$L_{eq}=10\lg\left(\frac{1}{n}\sum_{i=1}^{n}10^{0.1L_{pAi}}\right) \tag{5-16}$$

式中 L_{pAi}——第i个A计权声级，dB；

n——测量数据个数。

由此可见，对于连续的稳态噪声等效连续A声级就是测得的A计权声级。在噪声的测量中，计算等效连续A声级可采用如下方法：以每天工作8h为基准，在某个测点，测出的声级按由小到大的顺序排列，每 5dB(A) 为一个段落，每段落的中心声级为 80、85、90、95…80dB(A) 表示 78～82dB（A）的中心声级，85dB(A) 表示 83～87dB（A）的中心声级……低于 78dB(A) 的声级不予考虑，则每天的等效连续 A 声级可按下式计算：

$$L_{eq}=80+10\lg\frac{\sum_{i=1}^{n}10^{\frac{n-1}{2}}\times T_n}{480} \tag{5-17}$$

例： 某工人一天工作 8h，接触噪声情况如下：接触 100dB 的噪声 4h，接触 90dB 的噪声 2h，接触 80dB 的噪声 2h。求该工人一天接触噪声的等效连续 A 声级。

解： 由题意对应于 100dB、90dB 、80dB 的 n 值分别为 5、3、1，T_n 值分别为 $T_1=120\text{min}$、$T_3=120\text{min}$、$T_5=240\text{min}$。

$$\begin{aligned}L_{eq}&=80+10\lg\frac{10^{\frac{5-1}{2}}\times240+10^{\frac{3-1}{2}}\times120+10^{\frac{1-1}{2}}\times120}{480}\\&=80+10\lg53=97(\text{dB})\end{aligned}$$

由于同样的噪声在白天和在夜晚对人的影响是不一样的，而等效连续 A 声级并不能反映人对噪声主观反应的这一特点。为了考虑夜间噪声对人们烦恼的增加，规定在夜间测得的所有声级加上 10dB(A) 作为修正值，再计算昼夜噪声能量的加权平均，由此构成昼夜等效声级这一评价量，用符号 L_{dn} 表示，其定义式为：

$$L_{dn}=10\lg\left[\frac{3}{8}\times10^{0.1(\overline{L}_n+10)}+\frac{5}{8}\times10^{0.1\overline{L}_d}\right] \tag{5-18}$$

式中 $\overline{L}_d$——昼间（6:00～22:00）测得的噪声能量平均 A 声级，dB；

$\overline{L}_n$——夜间（22:00～次日 6:00）测得的噪声能量平均 A 声级，dB。

昼间和夜间的时段可以根据当地的情况作适当的调整。

4. 累积百分声级（统计声级）

在评价区域环境噪声和交通噪声时，常用的是累积百分声级，又称统计声级。在现实生活中，许多环境噪声属于非稳态的噪声，虽然此类噪声可以用等效连续 A 声级表示，但对噪声随机的起伏程度却表达不出来。这种起伏可以用噪声出现的时间概率或累积概率来表示。目前采用的评价量为累积百分数声级 L_x，它表示在测量时间内高于 L_x 的声级所占的时间为 $n\%$。如：$L_{10}=70\text{dB(A)}$，表示在整个测量时间内，高于 70dB(A) 的时间占 10%，其余 90%的时间内噪声声级均低于 70dB(A)。

通常认为，L_{90} 相当于本底噪声级，L_{50} 相当于中值噪声级，L_{10} 相当于峰值噪声级。累积百分数声级一般只用于有较好正态分布的噪声评价。

第三节 噪声监测

噪声测量是噪声监测、控制及研究的重要手段。通过噪声测量，了解噪声污染程度、噪声源的状况和噪声的特征，确定控制噪声的措施，检验与评价噪声控制的效果。为了对噪声进行正确的测量分析，必须了解测量仪器的性能和用途，明确测量分析的目的，选择合适的测量方法和规范。

一、噪声测量仪器

常用的噪声测量仪器有：声级计、频谱分析仪、电平记录仪、磁带记录

噪声测量仪器

仪和计算机控制测量仪器等。

（一）声级计

在噪声的测量中，声级计是最常用的基本声学仪器，它是一种可测量声压级的便携式仪器。它具有体积小、质量轻、操作简便和便于携带等特点，适用于机器噪声、环境噪声和建筑施工噪声等各种噪声的测量。

1. 声级计的组成

声级计一般由传声器、放大器、衰减器、计权网络、检波器和指示器等组成，如图 5-5 所示。

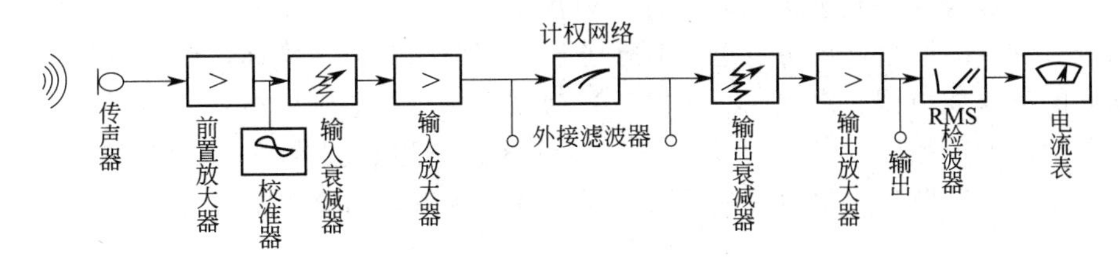

图 5-5 声级计组成

（1）传声器　又称话筒，它是把声压转换成电压的声电换能器，直接影响声级计测量的准确度。传声器的种类很多，它们的转换原理及结构各不相同。目前，多选用空气电容传声器和驻极体电容传声器。空气电容传声器具有频率响应平直、动态范围广、灵敏度高、固有噪声低、受电磁场和外界振动影响小等优点。驻极体电容传声器使用方便，但性能比空气电容传声器差。

（2）放大器　电容传声器把声音变成电信号，电信号一般很微弱，需要进行放大。对声级计中放大器的要求是具有较高的输入阻抗和较低的输出阻抗，有较小的非线性失真和较宽的频率范围，频率响应特性平直，本底噪声低。放大系统包括输入放大器和输出放大器两种。

（3）衰减器　其作用是将接收到的强信号给予衰减，以免放大器过载。衰减器分为输入衰减器和输出衰减器。为提高信噪比，一般测量时应尽量将输出衰减器调至最大衰减挡，在输入放大器不过载的条件下，将输入衰减器调至最小挡，使输入信号与输入放大器的电噪声有尽可能大的差值，以保证输入信号不因放大器过载而失真。

（4）计权网络　计权网络是将频率滤波的滤波器。根据计权网络衰减特性的不同，将计权网络分为 A 计权网络、B 计权网络和 C 计权网络，利用这些计权网络测量的声级分别为 A 计权声级、B 计权声级和 C 计权声级。

声级计设有时间计权挡位“S”（慢）、“F”（快）挡，有的声级计还设有“I（脉冲）”挡位，“快”“慢”“脉冲”挡，反应时间常数分别为 270min、1000min 和 35min。“快”挡的平均时间与人耳的听觉生理特性相接近，适合于稳态噪声和记录噪声随时间的起伏变化过程。“慢”挡适合于测量起伏变化较大的噪声。“脉冲”挡适用于测量脉冲噪声。

（5）检波器和指示器　检波器的作用是将放大器输出的交流信号整流成直流信号，以便在指示器上获得测量结果。

2. 声级计的分类

声级计按精度分为 1 级和 2 级，两种级别的声级计的各种性能指标具有相同的中心值，仅容许误差有区别。

3. 声级计的工作原理

声压由传声器膜片接收，将声压信号转换成电信号，经前置放大器做阻抗变换后送到输入衰减器将较强信号衰减。由衰减器衰减的信号，再由输入放大器定量放大，放大后的信号由计权网络模拟人耳对不同频率有不同的灵敏度的听觉响应，在计权网络处可外接滤波器，可作频谱分析。输出的信号由输出衰减器减至定额值，送到输出放大器放大，使信号达到相应的功率输出，输出信号经均方根检波电路检波后送出有效值电压推动电表，显示所测的声压级。

（二）频谱分析仪和滤波器

具有对信号进行频谱分析功能的设备称为频谱分析仪（或称频率分析仪）。频谱分析仪不仅可以进行噪声的测量，还可以进行频谱分析。若以频率为横坐标，以反映相应频率处声信号的强弱的量（如声压、声强、声压级等）为纵坐标，可绘制出声音的频谱图。图 5-6 给出了几种典型的噪声频谱：（a）为线状谱；（b）为连续谱，在此谱中叠加了能量较高的线谱；（c）为复合谱。噪声的频谱反映了声能量在各个频率处的分布特征。

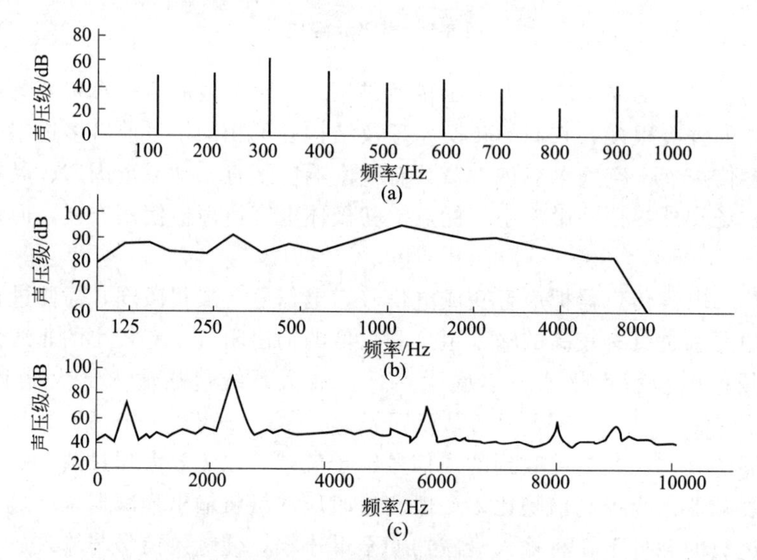

图 5-6 噪声的频谱图

（三）电平记录仪和磁带记录仪

为了进一步研究和分析噪声的频谱和特性，需要在现场将噪声信号记录和储存起来，带回实验室后再分析，特别是对于一些非稳态噪声和脉冲噪声等，利用一般的频谱分析仪器分析很不方便，就需要把现场的信号记录和储存起来，再进行分析。

常用的信号记录和储存仪器有：电平记录仪和磁带记录仪（又称录音机）。电平记录仪是实验室常用的一种记录仪器，它能把测量结果记录在记录纸上。把声级计与电平记录仪联合使用，可测量和记录噪声随时间的分布，再配合倍频程和 1/3 倍频程滤波器，可直接记录噪声的频谱，绘制噪声的频谱图。若采用圆形记录纸，电平记录仪还可以记录噪声源的指向性。

磁带记录仪是较常用的现场测量信号的记录储存仪器，其工作原理与一般磁带录音机基本相同，但其性能要求较高。噪声测量使用的磁带记录仪，必须在测试频率范围内有较宽的动态范围，抖动要小，有较低的电磁声等。

（四）计算机控制测量仪器

随着大规模集成电路和计算机技术的发展，噪声的测量和分析技术有了较快的发展，使得噪声的测量和分析更快速、准确，出现了一系列新的仪器，如噪声声级分析仪、实时分析仪等。

1. 噪声声级分析仪

噪声声级分析仪适用于各类环境噪声的检测和评价，可与带有前置放大器的话筒、声级计联合使用，测量通道有 1～4 个，多个通道可以同时进行测量，动态范围一般为 70～110dB，可不用变档测量大幅度变化的噪声。声级分档、取样时间和取样时间间隔自行选择。时间网络有快、慢和脉冲峰值等档位。在记录纸上可以打印出声压级瞬时值、等效声级、统计声级、交通噪声指数等。有一些声级分析仪可计算出最大值、最小值、标准偏差，能绘制出统计曲线和累积曲线。

2. 实时分析仪

对于一些瞬时即逝的信号（如行驶的汽车、飞机、火车以及脉冲噪声等），用一般的仪器测量会有困难。对此类时间性较强的噪声进行频率分析，必须使用具有瞬时频率分析功能的仪器。实时分析仪是将瞬时信号全部显示于屏幕上，存储以后可用电平记录仪和计算机等记录或打印下来。经常使用的实时分析仪有两种：一种是 1/3 倍频带的实时分析仪；另一种是窄带实时分析仪。

二、噪声测量方法

（一）城市区域环境噪声的测量

为了掌握城市的噪声污染情况，给出环境质量评价，指导城市噪声控制规划的制定，需要对城市区域噪声进行普查。根据国标《声环境质量标准》(GB 3096—2008)，常用的方法有网格测量法和定点测量法。

噪声测量方法

1. 网格测量法

将要普查测量的城市某一区域或整个城市划分成若干个等大的正方形网格，网格要完全覆盖被普查的区域或城市。每一网格中的工厂、道路及非建成区的面积之和不得大于网格面积的 50%，否则视该网格无效，有效网格总数应多于 100 个。测量点布设在每一网格的中心。若网格中心点不宜测量（如为建筑物、厂区内等），应将测点移动到距离中心点最近的可测量位置上进行测量。

测量时分昼间和夜间进行。每次每个测点测量 10min 的等效连续 A 声级 L_{eq}，将全部网格中心测点测得的 10min 的等效连续 A 声级 L_{eq} 做算术平均运算，所得到的平均值代表某一区域或全市的噪声水平，也可将测量到的连续 A 声级按 5dB 一档分级（如 60～65dB、65～70dB、70～75dB 等），用不同颜色或阴影线表示每一档等效 A 声级，绘制在覆盖某一区域或城市的网格上，用于表示区域或城市的噪声污染分布情况。

2. 定点测量法

在标准规定的城市建成区中，优化选取一个或多个能代表某一区域或整个城市建成区环境噪声平均水平的测点，进行 24h 连续监测，测量每小时的 L_{eq} 及昼间 A 声级的能量平均值 L_{d}、夜间 A 声级的能量平均值 L_{n}。某一区域或城市昼间（或夜间）的环境噪声平均水平由下式计算：

$$L=\sum_{i=1}^{n}L_i\frac{S_i}{S} \tag{5-19}$$

式中 L_i——第 i 个测量点测得的昼间或夜间的等效连续 A 声级，dB(A)；

S_i——第 i 个测量点所代表的区域面积，m^2；

S——整个区域或城市的面积，m^2。

将每小时测得的等效连续 A 声级按时间排列，得到 24h 的时间变化图，可用于表示某一区域或城市环境噪声的时间分布规律。

（二）城市交通噪声测量

道路交通噪声是城市环境噪声的重要组成部分，测量方法和一般环境噪声测量方法相同，测量点应选在市区交通干线一侧的人行道上，距离车行道路沿 20cm 处，距交叉路口应大于 50m，该测点的噪声可代表两路口间该段马路的噪声。交通干线是指机动车辆流量达 100 辆/h 以上的马路。测量结果可按有关规定绘制成交通噪声污染图，并以全市各交通干线的等效声级 L_{eq} 和统计声级 L_{10}、L_{50}、L_{90} 的算术平均值、最大值及标准偏差表示全市的交通噪声水平，用于城市间交通噪声的比较。

$$L=\frac{1}{l}\sum_{i=1}^{n}L_i l_i \tag{5-20}$$

式中 l——全市交通干线的总长度，km；

l_i——第 i 段干线的长度，km；

L_i——第 i 段干线测得的等效声级或统计声级，dB。

交通噪声的起伏一般符合正态分布，因此交通噪声的等效声级可用下式表示：

$$L_{eq}\approx L_{50}+\frac{L_{10}-L_{90}}{60} \tag{5-21}$$

（三）工业企业噪声测量

工业企业噪声测量分为工业企业生产环境噪声测量、机器设备噪声测量和工业企业厂界噪声测量。下面主要介绍工业企业生产环境噪声测量和工业企业厂界噪声测量。

1. 工业企业生产环境噪声测量

国家标准《工业企业噪声控制设计规范》（GB/T 50087—2013）规定：生产车间及作业场所工人每天接触噪声 8h 的噪声限值为 90dB。测点选择的原则是：若车间各处 A 声级波动小于 3dB，则只需要在车间内选择 1～3 个测点，测量时传声器应置于工作人员的耳朵附近，但人需要离开；若车间各处 A 声级波动大于 3dB，需将车间分成若干区域，任意两区域的声级应大于或等于 3dB，而每个区域的声级波动必须小于 3dB，每个区域取 1～3 个测点，这些区域必须包括工人为观察或管理生产过程而经常工作、活动的地点和范围。

对稳态噪声测量 A 声级，计为 dB(A)；对于非稳态噪声，测量等效连续 A 声级或测量不同 A 声级下的暴露时间，计算等效连续 A 声级，测量时使用慢档，取平均读数。在测量过程中应注意减少环境因素（如气流、电磁场、温度和湿度等）对测量结果的影响。

测量结果记录于表 5-14。在表 5-15 中，测量的 A 声级的暴露时间必须填入对应的中心声级下面，以便于计算，如 78～82dB(A) 的暴露时间填在中心声级为 80dB(A) 之下，83～87dB(A) 的填在 85dB(A) 之下。

表 5-14 工业企业噪声测量记录表

________厂________车间，厂址________，________年________月________日

	名称	型号	校准方法	备注
测量仪器				

	机器名称	型号	功率	运转状况		备注
车间设备状况				开/台	停/台	
设备分布、测点示意图						

数据记录	测点	声级/dB		倍频带声压级/dB									
		A	C	31.5	63.0	125.0	250.0	500.0	1000	2000	4000	8000	16000

表 5-15 等效连续 A 声级记录表

	测点	中心声级/dB(A)									
		80	85	90	95	100	105	110	115	120	等效连续 A 声级
暴露时间/min											
备注											

2. 工业企业厂界噪声测量

国标《工业企业厂界环境噪声排放标准》(GB 12348—2008) 规定，测量应在被测企事业单位的正常工作时间内进行，分昼、夜两部分。测量应在无雨雪、无雷电的天气条件下进行，传声器应加风罩，当风速大于 5m/s 时应停止测量。

(1) 测量仪器 测量仪器的精度为 2 级以上的声级计或环境噪声自动监测仪。其性能需符合 GB 3785 和 GB/T 17181 的规定，并定期校验。测量前后使用声校准器校准测量仪器的示值偏差不得大于 0.5dB，否则测量无效。声校准器应满足 GB/T 15173 对 1 级或 2 级声校准器的要求。测量时传声器应加防风罩。

(2) 测点

a. 一般户外。距离任何反射物（地面除外）至少 3.5m 外测量，距地面高度 1.2m 以上。必要时可置于高层建筑上，以扩大监测受声范围。使用监测车辆测量，传声器应固定在车顶部 1.2m 高度处。

b. 噪声敏感建筑物户外。在噪声敏感建筑物外，距墙壁或窗户 1m 处，距地面高度 1.2m 以上。

c. 噪声敏感建筑物室内。距离墙面和其他反射面至少 1m，距窗约 1.5m 处，距地面 1.2～1.5m 高。

(3) 测量及背景值的修正 测量值为等效声级，稳态噪声在测量时间内声级起伏不大于

3dB（A），测量1min的等效声级。周期性的噪声，测量一个周期正常工作时间的等效声级。非周期性噪声则测量整个正常工作时间的等效声级。

背景噪声的声级值应比待测噪声的声级值低10dB(A)以上，若测量值与背景值差值小于10dB(A)，应按表5-16进行修正。

表5-16 背景值修正表

差值/dB(A)	3	4～6	7～9
修正值/dB(A)	−3	−2	−1

思考题

1. 噪声对人体有哪些危害？

2. 噪声具有哪些特性？

3. 噪声在真空中能传播吗？为什么？

4. 为什么距离声源越远听到的声音越小？

5. 试问在夏天40℃时空气中的声速比在冬天0℃时快多少？在此两种温度下1000Hz声波的波长分别为多少？

6. 某泵房一个工作日噪声暴露情况如下：90dB、4h，98dB、125min，其余时间均在76dB。求该泵房的等效连续A声级。

7. 在车间内有三台设备，各自启动时作用于人耳的声压级分别为70dB、75dB和65dB，求三台设备同时启动时的总声压级。

8. 噪声评价有何意义？如何对噪声进行评价？

9. 什么是等响曲线？有何作用？

10. 某车间工人在8h工作时间内，有1h接触80dB(A)的噪声，2h接触85dB(A)的噪声，2h接触90dB(A)的噪声，3h接触95dB(A)的噪声，求该车间的等效连续A声级。

11. 某城市全市白天平均等效声级为65dB(A)，夜间全市平均等效声级为50dB(A)，求全市昼夜平均等效声级为多少？

12. 简述声级计的结构、原理和使用方法。对声级计的基本要求是什么？

13. 如何测量环境噪声？

14. 如何测量工业企业生产环境噪声？

15. 以你所在校园为例，说明如何测量其环境噪声。

16. 已知环境背景噪声的倍频程声压级如下：

f/Hz	63	125	250	500	1000	2000	4000	8000
L_p/dB	90	95	97	82	80	68	81	70

求A计权声级。

17. 已知某工人接触噪声如下表：

噪声级/dB(A)	90	95	97	101
接触时间/h	2	3	2	1

问该工人每天接触的噪声量是否超过标准？

第六章
土壤与固体废物监测

知识目标

1. 了解土壤及固体废物的污染来源及危害。
2. 掌握土壤采样布点方法。
3. 掌握土壤及固体废物样品的采集、制备及预处理方法。

能力目标

1. 能够对土壤含水量、土壤中重金属污染物及非金属无机污染物进行测定。
2. 能够对固体废物中有害物质及有害特性进行监测。

素质目标

1. 敬业爱岗，养成踏实严谨、认真负责、诚实守信的工作态度。
2. 具有强烈的职业安全意识，确保仪器设备和药品安全，确保自己和同伴安全，确保工作环境符合规范要求，爱护仪器，节约药品和水电。
3. 培养学生具有团队合作精神。

第一节　固体废物监测

一、固体废物的来源及危害

1. 固体废物的定义

固体废物是指在人类生产和生活中产生的、在一定时间和地点无法利用而丢弃的污染环境的固态和半固态物质。所谓废物则仅仅是相对于某一过程或某一方面失去利用价值，具有相对性特点。固体废物的概念具有时间性和空间性，某一过程的废物随时间和空间条件的变化，往往可以是另一过程的原料，因此称固体废物为“在错误时间放在错误地点的原料”是有道理的。

固体废物来源与危害

2. 固体废物的特征

固体废物具有两重性，在一定时间、地点，某些物品对用户不再有用或暂不需要而被丢弃，成为废物。但对另一些用户或者在某种特定条件下，废物可能成为有用的甚至是必要的原料。固体废物污染防治正是利用这一特点，力求使固体废物减量化、资源化、无害化。对那些不可避免地产生和无法利用的固体废物需要进行处理处置。

固体废物绝大多数是呈固态、半固态的物质，不具有流动性，而且进入环境后，难以被其他环境体接纳。因此，它不可能像废水、废气那样可以迁移到大容量的水或空气中，能够通过自然界的自净作用而净化。当然，其自身能够通过释放渗滤液和气体进行对外排放，但这个过程是长期、复杂和难以控制的。此外，固体废物还具有来源广、种类多、数量大、成分复杂的特点。从某种意义上来说，固体废物对环境的污染比废水、废气更持久，危害更大。如堆放的城市生活垃圾一般需要经过10～30年的时间才可以趋于稳定，而其中的废塑料、薄膜等即使经过更长的时间也不能完全消化掉。在此期间，垃圾会不停地产生渗滤液和释放有害气体，污染周边的地下水、地表水和空气，受污染的地域还可以扩大到其他地方，引起更大的污染。

因此，固体废物防治工作的重点是按废物的不同特性分类收集、运输和贮存，然后进行合理利用和处理处置，减少环境污染，尽量变废为宝。

3. 固体废物的来源及分类

固体废物主要来源于人类的生产和消费活动。生产过程中所产生的废物（不包括废水和废气）称为生产废物；产品进入市场后在流动过程中或使用消费后产生的固体废物，称为生活废物。人们在资源开发和产品制造过程中，必然有废物产生，任何产品经过使用和消费后都会变成废物。

固体废物的分类方法有多种，按其组成可分为有机废物和无机废物；按其形态可分为固态废物、半固态废物和液态（气态）废物；按其污染特性可分为危险废物和一般废物等；按其来源可分为矿业的、工业的、城市生活的、农业的和放射性的（表6-1）。此外，固体废物还可分为有毒和无毒的两大类。有毒有害固体废物是指具有毒性、易燃性、腐蚀性、反应性、放射性和传染性的固体、半固体废物。

表6-1 固体废物的主要来源

类型	产生源	产生的主要固体废物
矿业废物	矿业	废石、尾矿、金属、废木、砖瓦和水泥、砂石等
工业废物	建筑材料工业	金属、水泥、黏土、陶瓷、石膏、石棉、砂、石、纸和纤维
	冶金、机械、交通等工业	金属、渣、砂石、模型、芯、陶瓷、涂料、管道、绝热和绝缘材料、黏结剂、污垢、废木、塑料、橡胶、纸、各种建筑材料、烟尘
	食品加工	肉、谷物、蔬菜、硬壳果、水果、烟草等
	橡胶、皮革、塑料等工业	橡胶、塑料、皮革、布、线、纤维、染料、金属等
	石油化工工业	化学药剂、金属、塑料、橡胶、陶瓷、沥青、污泥油毡、石棉、涂料等
	电器、仪器仪表等工业	金属、玻璃、木、橡胶、塑料、化学药剂、研磨料、陶瓷、绝缘材料等
	纺织服装工业	布头、纤维、金属、橡胶、塑料等
	造纸、木材、印刷等工业	刨花、锯末、碎木、化学药剂、金属填料、塑料
城市垃圾	居民生活	食物、垃圾、纸、木、布、庭院植物修剪物、金属、玻璃、塑料、陶瓷、燃料灰渣、脏土、碎砖瓦、废器具、粪便、杂品等
	商业、机关	同上，另有管道、碎砌体、沥青、其他建筑材料，含有易燃、易爆、腐蚀性、放射性的废物以及废汽车、废电器、废器具等
	旅客列车	纸、果屑、残剩食品、塑料、泡沫盒、玻璃瓶、金属罐、粪便等
	市政维修、管理部门	脏土、碎砖瓦、树叶、死禽畜、金属、锅炉灰渣、污泥等
农业废物	农业、林业	秸秆、蔬菜、水果、果树枝条、糠秕、人和禽畜粪便、农药等
	水产、畜产加工	腥臭死禽畜、腐烂鱼虾和贝壳、加工污水、污泥等
放射性废物	核工业和放射性医疗单位	金属、含放射性废渣、粉尘、污泥、器具和建筑材料等

根据《中华人民共和国固体废物污染环境防治法》，固体废物分为城市生活垃圾、工业固体废物和危险废物。

城市生活垃圾是指在城市日常生活中或者为城市日常生活提供服务的活动中产生的固体废物以及法律法规规定视为城市生活垃圾的固体废物。

工业固体废物是工业部门在生产、加工过程及流通中所产生的废渣、粉尘、废屑、污泥等，主要包括冶金、煤炭、电力、化工、交通、食品、轻工、石油等行业。例如，冶金工业中的高炉渣、钢渣、铁合金渣、铜渣、铅渣等；电力工业中的粉煤灰、炉渣、烟道灰等；石油工业中的油泥、焦油、页岩渣等；化学工业中产生的硫铁矿烧渣、碱渣、电石渣、磷石膏等；食品工业排弃的谷屑、下脚料、渣滓等；其他工业产生的碎屑、边角料等。矿业固体废物主要指矿业开采和矿石洗选过程中所产生的废物，主要包括煤矸石、采矿废石和尾矿。

危险废物是指列入国家危险废物名录或者根据国家规定的危险废物鉴别标准和鉴别方法认定的具有危险特性的废物。随着工业的发展，工业生产过程排放的危险废物日益增多。据估计，全世界每年的危险废物产生量为3.3亿吨，它的产生会带来破坏生态环境、影响人类健康及制约可持续发展等危害。

固体废物除了以上三种外，还有来自农业生产、畜禽饲料、农副产品加工以及农村居民生活所产生的废物，如农作物秸秆、人畜禽排泄物等。这些废物多产于城市外，一般就地加以综合利用，或做沤肥处理，或作燃料焚烧。

4. 危险废物的定义及鉴别

危险废物具有毒性、易燃性、爆炸性、腐蚀性、化学反应性和（或）传染性，是会对生态环境和人类健康造成严重危害的废物。根据《国家危险废物名录》(2016年版）的规定，具有下列情形之一的固体废物（包括液态废物），列入国家危险废物名录：a. 具有腐蚀性、毒性、易燃性、反应性或者感染性等一种或者几种危险特性的；b. 不排除具有危险特性，可能对环境或者人体健康造成有害影响，需要按照危险废物进行管理的。

《国家危险废物名录》(2016年版)(以下简称《名录》)是环境保护部于2016年6月14日联合国家发展和改革委员会、公安部修订发布的，自2016年8月1日起施行。该名录将危险废物分为46大类479种。按照《危险废物鉴别标准》(GB 5085—2007）规定：“凡《名录》所列废物类别高于鉴别标准的属危险废物，列入国家危险废物管理范围；低于鉴别标准的，不列入国家危险废物管理。”目前我国已制定的《危险废物鉴别标准》中包括腐蚀性、急性毒性、浸出毒性、易燃性和反应性的鉴别。表6-2为浸出毒性、急性毒性初筛和腐蚀性的鉴别标准。

5. 固体废物的危害

固体废物对环境的污染往往是多方面的，其具体危害如下。

① 侵占土地，破坏地貌和植被。固体废物如不加以利用处置，只能占地堆放。堆积量越大，占地也越多。据估算，每堆积1×10^4t固体废物，约需占地667m^2，其中5%为危险废物。

② 污染土壤。固体废物自然堆放，其中有害、有毒成分在雨水淋溶作用下直接进入土壤，并在土壤中长期积累从而造成土壤污染，破坏土壤生态平衡，使土壤毒化、酸化、碱化，给人类和动植物带来危害。

③ 污染水体。固体废物随天然降水和地表径流进入江河湖泊，或随风飘迁落入水体使地表水污染；随渗沥水进入土壤而使地下水污染；直接排入河流、湖泊或海洋，又会造成更

大的水体污染。

表 6-2 我国危险废物鉴别标准 单位：mg/L

危险特性	项目		危险废物鉴别值
腐蚀性	浸出液 pH 值		≥12.5 或≤2.0
急性毒性初筛	经口 LD_{50}（半数致死量）		固体 LD_{50}≤500mg/kg，液体 LD_{50}≤500mg/kg
	经皮 LD_{50}		LD_{50}≤1000mg/kg
	吸入 LC_{50}（半数致死浓度）		LC_{50}≤10mg/kg
浸出毒性	无机元素及化合物	汞（以总汞计）	0.1
		铅（以总铅计）	5
		镉（以总镉计）	1
		总铬	15
		六价铬	5
		铜（以总铜计）	100
		锌（以总锌计）	100
		铍（以总铍计）	0.02
		钡（以总钡计）	100
		镍（以总镍计）	5
		砷（以总砷计）	5
		无机氟化物（不包括氟化钙）	100
		氰化物（以 CN^- 计）	5
	有机农药类	滴滴涕（DDT）	0.1
		六六六	0.5
		乐果	8
		对硫磷	0.3
		甲基对硫磷	0.2
		马拉硫磷	5

④ 污染空气。固体废物一般通过如下途径污染空气：a. 某些有机固体废物在适宜的温度和湿度下被微生物分解，释放有害气体；b. 以细粒状存在的废渣和垃圾，在大风吹动下会随风飘逸，扩散到空气中；c. 固体废物在运输和处理过程中产生有害气体和粉尘。

⑤ 影响环境卫生。我国固体废物的综合利用率很低，工业废渣、生活垃圾在城市堆放，既有碍观瞻又容易传染疾病。

二、固体废物的采样及制备

由于固体废物量大、种类繁多且混合不均匀，因此与水及大气实验分析相比，从固体废物这样不均匀的批量中采集有代表性的试样比较困难。为使采集的固体废物样品具有代表性，在采集之前要研究生产工艺、废物类型、排放数量、堆积历史、危害程度和综合利用情况。如采集有害废物，则应根据其有害特征采取相应的安全措施。主要参照《工业固体废物采样制样技术规范》（HJ/T 20—1998）。

（一）固体废物样品采集

1. 确定监测目的

① 鉴别固体废物的特性并对其进行分类，进行固体废物环境污染监测，为综合利用或处置固体废物提供依据。

② 污染环境事故调查分析和应急监测。

③ 科学研究或环境影响评价。

2. 收集资料

① 固体废物的生产单位或处置单位、产生时间、产生形式、贮存形式。

② 固体废物的种类、形态、数量和特性。

③ 固体废物污染环境、监测分析的历史数据。

④ 固体废物产生、堆存、综合利用及现场勘探，了解现场及周围情况。

3. 准备采样工具

常用的采样工具包括：尖头钢锹、钢尖镐（腰斧）、采样铲、采样探子、采样钻、气动和真空探针、具盖采样桶或内衬塑料的采样袋。

4. 选择采样方法

（1）简单随机采样法　对于一批废物，若对其了解很少，且采取的份样比较分散也不影响分析结果时，对这一批废物可不做任何处理，不进行分类也不进行排队，而是按照其原来的状况从批废物中随机采取份样。

① 抽签法。先对所有采份样的部位进行编号，同时把号码写在纸片上（纸片上号码代表采份样的部位），掺和均匀后，从中随机抽取纸片，抽中号码的部位就是采样的部位。此法只宜在采份样的点不多时使用。

② 随机数字法。先对所有采份样的部位进行编号，有多少部位就编多少号，最大编号是几位数，就要用随机数表的几栏（或几行），并把几栏（或几行）合在一起使用，从随机数字表的任意一栏、任意一行数字开始数，碰到小于或等于最大编号的数码就记下来（碰上已抽过的数就不要它），直到抽够份数为止。抽到的号码就是采样的部位。

（2）系统采样法　一批按一定顺序排列的废物，按照规定的采样间隔，每隔一个间隔采取一个份样，组成小样或大样。在一批废物以运送带、管道等形式连续排出的移动过程中，采样间隔可根据表 6-3 规定的份样数和实际批量按下式计算：

$$T \leqslant Q/n$$

式中　T——采样质量间隔；

Q——批量；

n——规定的采样份样数（根据表 6-3 确定）。

表 6-3　批量大小与最少份样数　　单位：固体为 t，液体为 m^3

批量大小	最少份样个数	批量大小	最少份样个数
<5	5	500～1000	25
5～50	10	1000～5000	30
50～100	15	>5000	35
100～500	20		

注意

① 采第一个试样时，不能在第一间隔的起点开始，可在第一间隔内随机确定。

② 在运送带上或落口处采样，应截取废物流的全截面。

5. 确定份样数和份样量

份样是指用采样器一次操作从一批的一个点或一个部位按规定质量所采取的工业固体废物。份样数是指从一批工业固体废物中所采取份样的个数。份样量是指构成一个份样的工业固体废物的质量。份样数的多少取决于两个因素：a. 物料的均匀程度，物料越不均匀，份样数应越多；b. 采样的准确度，采样的准确度要求越高，份样数应越多。最小份样数可以根据物料批量的大小进行估计。

一般来说，样品量多一些才有代表性。因此，份样量不能少于某一限度。但份样量达到一定限度之后，再增加质量也不能显著提高采样的准确度。份样量取决于废物的粒度上限，废物的粒度越大，均匀性越差，份样量就越多，它大致与废物的最大粒度直径的某次方成正比，与废物不均匀性程度成反比。表 6-4 列出了每个份样应采的最小质量。所采的每个份样量应大致相等，其相对误差不大于 20%。表中要求的采样铲容量为保证在一个地点或部位能够取到足够数量的份样量。

表 6-4　份样量和采样铲容量

最大粒度/mm	最小子样质量/kg	采样铲容量/mL	最大粒度/mm	最小子样质量/kg	采样铲容量/mL
＞150	30		20～40	2	800
100～150	15	16000	10～20	1	300
50～100	5	7000	＜10	0.5	125
40～50	3	1700			

对于液态批废物的份样量以不小于 100mL 的采样瓶（或采样器）所盛量为宜。

6. 采样点

① 对于堆存、运输中的固态工业固体废物和大池（坑、塘）中的液体工业固体废物，可按对角线形、梅花形、棋盘形、蛇形等点分布确定采样点。

② 对于粉尘状、小颗粒的工业固体废物，可按垂直方向、一定深度的部位确定采样点。

③ 对于容器内的工业固体废物，可按上部（表面下相当于总体积的 1/6 深处）、中部（表面下相当于总体积的 1/2 深处）、下部（表面下相当于总体积的 5/6 深处）确定采样点。

④ 在运输一批固体废物时，当车数不多于该批废物规定的份样数时，每车应采份样数按下式计算：

每车应采份样数(小数应进为整数)＝规定份样数/车数

当车数多于规定的份样数时，按表 6-5 选出所需最少的采样车数，然后从所选车中各随机采集一个份样。

表 6-5　所需最少采样车数　　单位：辆（个）

车数(容器)	所需最少采样车数(容器)	车数(容器)	所需最少采样车数(容器)
＜10	5	50～100	30
10～25	10	＞100	50
25～50	20		

在车中，采样点应均匀分布在车厢的对角线上，如图 6-1 所示。端点距离车角应大于 0.5m，表层去掉 30cm。

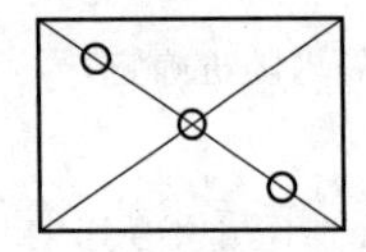
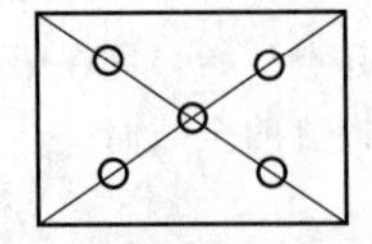
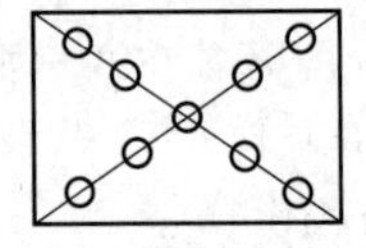

图 6-1　车厢中采样布点

【注意】当把一个容器作为一个批量时，就按表 6-3 中规定的最少份样数的 1/2 确定；当把 2～10 个容器作为一个批量时，按下式确定最少容器数：

最少容器数＝表 6-3 中规定的最少份样数/容器数

⑤ 废渣堆采样法：在废渣堆两侧距堆底 0.5m 处画第一条横线，然后每隔 0.5m 画一条横线；再每隔 2m 画一条横线的垂线，其交点作为采样点。按表 6-3 规定的份样数确定采样点数，在每点上从 0.5～1.0m 深处各随机采样一份（如图 6-2 所示）。

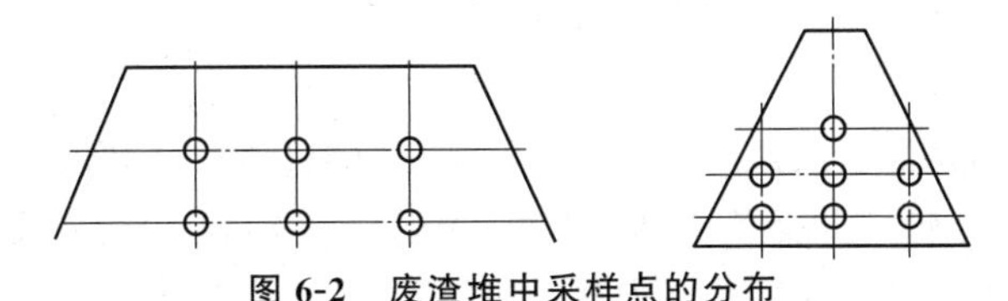

图 6-2　废渣堆中采样点的分布

（二）固体废物样品制备

1. 制样工具

制样工具包括粉碎机、药碾、木棰或有机玻璃棒、标准套筛、十字分样板、机械缩分器。

2. 制样要求

在制样全过程中，应防止样品产生任何化学变化和污染。若制样过程中可能对样品的性质产生显著影响，则应尽量保持原来状态。湿样品应在室温下自然干燥，使其达到适于粉碎、筛分、缩分的程度。制备的样品应过筛（筛孔直径为 5mm），装瓶备用。

3. 制样程序

① 粉碎。用机械或人工方法把全部样品逐级粉碎，通过 5mm 孔。粉碎过程中，不可随意丢弃难以破碎的粗粒。

② 缩分。将样品在清洁、平整、不吸水的板面上堆成圆锥形，每铲物料自圆锥顶端落下，使其均匀地沿锥尖散落，不可使圆锥中心错位。反复转堆，至少三周，使其充分混合。然后将圆锥顶端轻轻压平，摊开物料后，用十字板自上压下，分成四等份，取两个对角的等份，重复操作数次，直至试样不少于 1kg 为止。

（三）固体废物样品保存

制备好的样品密封于容器中保存（容器应对样品不产生吸附，不使样品变质），贴上标签备用。标签上应注明标号、废物名称、采样地点、批量、采样人、制样人、时间。特殊样品可采用冷冻或充惰性气体等方法保存。

固体废物样品的保存

制备好的样品，一般有效保存期为三个月，易变质的试样不受此限制。最后填写好采样记录表，见表 6-6，一式三份，分别存于有关部门。

表 6-6　采样记录表

样品登记号		样品名称	
采样地点		采样数量	
采样时间		废物所属单位名称	
采样现场简述			
废物产生过程简述			
样品可能含有的主要有害成分			
样品保存方式及注意事项			
样品采集人及接受人			
备注		负责人签字	

三、固体样品的监测分析

固体废物样品的组成相当复杂，其存在形态往往不符合分析测定的要求，所以在分析测定之前需要进行适当的预处理，以使被测组分满足测定方法要求的形态、浓度和消除共存组分干扰的试样体系。预处理方法可参考土壤预处理内容。

（一）有害物质的监测方法

监测项目包括水分含量、pH 值、总汞、总镉、总铬、铅、砷等。

① 水分含量测定。水分含量是固体废物监测的必测项目，一般采用加热烘干称量法。水分含量一般是指样品在105℃下干燥后所损失的质量。但是蒸气压与水的蒸气压相近或者较高的物质，用加热法不能进行分离。因此，采用加热烘干称量法所测的水分含量包括某些含氮化合物、有机化合物等。但是，这些物质的存在导致的固体废物水分含量测定结果的误差通常小于1%。

称取样品 20g 左右，测定无机物时可在 105℃下干燥，恒重至±0.1g，测定水分含量。测定样品中的有机物时应于 60℃下干燥 24h，确定水分含量。

固体废物测定结果以干样品计算。当污染物含量小于 0.1%时，以 mg/kg 表示；含量大于 0.1%时，以百分含量表示，并说明是水溶性还是总量。

② 其他监测项目的测定方法与水样中该类项目的测定方法一致。

（二）有害特性的监测方法

1. 急性毒性的初筛试验

有害废物中往往含有多种有害成分，组分分析难度较大，急性毒性的初筛试验可以简便地鉴别并表达其综合急性毒性，方法如下。

以体重 18～24g 的小白鼠（或 200～300g 大白鼠）作为实验动物，若是外购鼠，必须在本单位饲养条件下饲养 7～10 天，仍活泼健康者方可使用。实验前 8～12h 和观察期间禁食。

称取制备好的样品 100g，置于 500mL 具磨口玻璃塞的锥形瓶中，加入 100mL（pH 值为 5.8～6.3）水（固液比为 1∶1），振摇 3min，于室温下静置浸泡 24h，用中速定量滤纸过滤，滤液留待灌胃用。

灌胃采用 1mL（或 5mL）注射器，注射针采用 9 号（或 12 号），去针头，磨光，弯曲成新月形。对 10 只小白鼠（或大白鼠）进行一次性灌胃，每只灌浸出液 0.50mL（或 4.40mL），对灌胃后的小白鼠（或大白鼠）进行中毒症状观察，记录 48h 内动物死亡数。

2. 反应性试验

测定方法包括：a. 撞击感度测定；b. 摩擦感度测定；c. 差热分析测定；d. 爆炸点测定；e. 火焰感度测定。具体测定方法见标准。

3. 腐蚀性试验

腐蚀性指通过接触能损伤生物细胞组织或腐蚀物体而引起危害。测定方法有两种：一种是测定 pH 值；另一种是指在 55.7℃以下对钢制品的腐蚀深度。当固体废物浸出液的 pH≤2 或 pH≥12.5 时，则有腐蚀性；当在 55.7℃以下对钢制品的腐蚀深度大于 0.64cm/a 时，则有腐蚀性。实际应用中一般使用 pH 值判断其腐蚀性，现介绍如下。

（1）测定仪器　采用 pH 计或酸度计，最小刻度单位在 0.1pH 单位以下。

（2）测定方法

① 对含水量高、呈流体状的稀泥或浆状物料，可将电极直接插入其中进行 pH 值测量。

② 对黏稠状物料，应经离心或过滤后，测其液体的 pH 值。

③ 对粉、粒、块状物料，称取制备好的样品 50g（干基），置于 1L 塑料瓶中，加入新鲜蒸馏水 250mL，使固液比为 1∶5，加盖密封后，放在振荡机上［频率（110±10）次/min，振幅 40mm］，于室温下连续振荡 30min，静置 30min 后，取上清液测其 pH 值。

注意：每种废物取两个平行样品测定其 pH 值，差值不得大于 0.15，否则应再取 1～2 个样品重复进行试验，取中位值报告结果。对于高 pH 值（10 以上）或低 pH 值（2 以下）的样品，两个平行样品的 pH 值测定结果允许差值不超过 0.2。同时应报告环境温度、样品来源、粒度级配、试验过程中的异常现象、特殊情况下试验条件的改变及原因等。

4. 易燃性试验

鉴别废物的易燃性主要是通过测定闪点。闪点较低的液态状废物和燃烧剧烈而持续的非液态状废物，由于摩擦、吸湿、点燃等自发的化学变化会发热、着火，对人体和环境产生危害。

（1）仪器　采用闭口闪点测定仪。温度计采用 1 号温度计（−30～+170℃）或 2 号温度计（100～300℃）。防护屏采用镀锌铁皮制成，高度 550～650mm，宽度以适用为度，屏身内壁漆成黑色。

（2）测定步骤　按标准要求加热试样至一定温度，停止搅拌，每升高 1℃点火一次，至试样上方刚出现蓝色火焰时，立即读出温度计的温度指示值，该值即为测定结果。

具体操作细节参阅《闪点的测定 宾斯基-马丁闭口杯法》(GB/T 261—2021)。

5. 浸出毒性试验

固体废物受到水的冲淋、浸泡，其中的有害成分会转移到水相，污染地表水、地下水，产生二次污染。浸出试验采用规定办法浸出固体废物的水溶液，然后对浸出液进行分析。我国规定的分析项目有汞、镉、砷、铅、铬、铜、锌、镍、锑、铍、氟化物、硫化物、硝基苯类化合物。

固体废物浸出毒性的浸出方法通常有硫酸硝酸法（HJ/T 299—2007)、醋酸缓冲溶液法(HJ/T 300—2007)、翻转法（GB 5086.1—1997）和水平振荡法（HJ 557—2010)。硫酸硝酸法适用于固体废物中有机物和无机物浸出毒性的鉴别，但不适用于非水溶性液体样品的测定。醋酸缓冲溶液法的适用范围和上述相似，且不适用于氯化物浸出毒性的鉴别。翻转法适用于固体废物中无机污染物浸出毒性的鉴别，但氰化物、硫化物等不稳定污染物除外。水平振荡法适用于无机污染物的浸出液分析，氰化物、硫化物、非水溶性液体除外。

下面重点介绍硫酸硝酸法（HJ/T 299—2007)。

（1）硫酸硝酸法原理　本方法以硝酸/硫酸混合溶液为浸提剂，模拟废物在不规则填埋处置、堆存或经无害化处理后废物的土地利用时，其中的有害组分在酸性降水的影响下，从废物中浸出而进入环境的过程。该方法适用于固体废物及其再利用产物，以及土壤样品中有机物和无机物浸出毒性的鉴别，含有非水溶性液体的样品不适合用本方法。

（2）仪器和试剂

① 主要仪器：振荡设备、零顶空提取器（ZHE)、提取瓶、真空过滤器、滤膜（孔径 0.6～0.8μm)、pH 计、ZHE 浸出液采集装置、ZHE 浸提剂转移装置、实验天平、筛（孔径 9.5mm)、实验室常用仪器等（具体见试剂配制及分析步骤)。

② 主要试剂：硝酸（HNO_3，优级纯)、硫酸（H_2SO_4，优级纯)、1%硝酸溶液、浸提液 1［将质量比为 2∶1 的浓硫酸和浓硝酸混合液加入纯水中（1L 水约 2 滴混合液)，使 pH 值为 3.20±0.05。该浸提剂用于测定样品中重金属和半挥发性有机物的浸出毒性］、浸提液

2（纯水，用于测定氰化物和挥发性有机物的浸出毒性）。

（3）分析步骤

① 样品的保存。样品一般情况应在4℃下冷藏保存。测定样品的挥发性成分时，在样品的采集和贮存过程中应以适当的方式防止挥发性物质的损失。用于金属分析的浸出液在贮存之前应用硝酸酸化至 pH<2；用于有机成分分析的浸出液贮存过程中不能接触空气，即零顶空保存。

② 含水率测定。称取50～100g样品置于具盖容器中，于105℃下烘干，恒重至两次称量的误差小于±1%，计算样品含水率。

样品中含有初始液相（明显存在液固两相的样品）时，应将样品进行压力过滤，再测定滤渣的含水率，并根据总样品量（初始液相与滤渣重量之和）计算样品中干固体的质量分数。

③ 样品破碎。样品颗粒应可以通过9.5mm孔径的筛，对于粒径大的颗粒可通过破碎、切割或碾磨降低粒径。

测定样品中挥发性有机物时，为避免过筛时待测成分有损失，应使用刻度尺测量粒径；样品和降低粒径所用工具应进行冷却，并尽量避免将样品暴露在空气中。

④ 挥发性有机物的浸出步骤。将样品冷却至4℃，称取干基质量为40～50g的样品，快速转入ZHE。安装好ZHE，缓慢加压以排除顶空。

样品含有初始液相时，将浸出液采集装置与ZHE连接，缓慢升压至不再有滤液流出，收集初始液相，冷藏保存。

如果样品中干固体的质量分数小于或等于9%，所得到的初始液相即为浸出液，直接进行分析；干固体的质量分数大于总样品量9%的，继续进行以下浸出步骤，并将所得到的浸出液与初始液相混合后进行分析。

根据样品中的含水率，按液固比为10∶1（L/kg）计算出所需浸提剂的体积。用浸提剂转移装置加入浸提剂2，安装好ZHE，缓慢加压以排除顶空，关闭所有阀门。

将ZHE固定在翻转式振荡装置上，调节转速为（30±2）r/min，于（23±2）℃下振荡（18±2）h。振荡停止后取下ZHF，检查装置是否漏气（如果ZHE装置漏气，应重新取样进行浸出），用收集有初始液相的同一个浸出液装置收集浸出液，冷藏保存待分析。

⑤ 除挥发性有机物外的其他物质的浸出步骤。如果样品中含有初始液相，应用压力过滤器和滤膜对样品过滤。干固体质量分数小于或等于9%的，所得到的初始液相即为浸出液，直接进行分析；干固体质量分数大于9%的，将滤渣按下述步骤浸出，初始液相与浸出液混合后进行分析。

称取150～200g样品，置于2L提取瓶中，根据样品的含水率，按液固比为10∶1(L/kg）计算出所需浸提剂的体积，加入浸提剂1，盖紧瓶盖后固定在翻转式振荡装置上，调节转速为（30±2)r/min，于（23±2)℃下振荡（18±2)h。在振荡过程中有气体产生时，应在通风橱中打开提取瓶，释放过度的压力。在压力过滤器上装好滤膜，用稀硝酸淋洗过滤器和滤膜，弃掉淋洗液，过滤并收集浸出液，于4℃下保存。

除非消解会造成待测金属的损失，否则用于金属分析的浸出液应按分析方法的要求进行消解。

6. 固体废物渗漏模拟试验

固体废物长期堆放可能通过渗漏污染地下水和周围土地，采用模拟实验是研究固体废物渗漏污染的一种简捷、有效的方法。

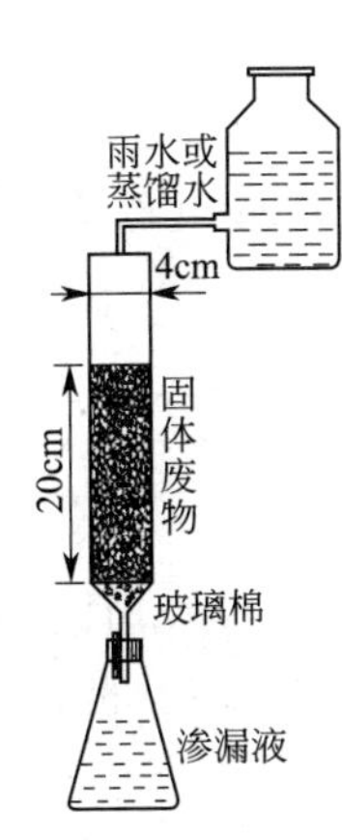

图 6-3　固体废物渗漏模拟试验装置

（1）原理　在玻璃管内填装经 0.5mm 孔径筛的固体废物，以一定的流速滴加雨水或蒸馏水，由测定渗漏水中有害物质的流出时间和浓度的变化规律，推断固体废物在堆放时的渗漏情况和危害程度。

（2）测定　按图 6-3 装配好渗漏模拟试验装置。把通过 0.5mm 孔径筛的固体废物试样装入玻璃柱内，试样高约 20cm。试剂瓶中装入雨水或蒸馏水，以 4.5mL/min 的流速通过玻璃柱下端的玻璃棉流入锥形瓶内，待滤液收集至 400mL 时，关闭活塞，摇匀滤液，取适量滤液按水中重金属的分析方法测定重金属离子的浓度。同时测定固体废物中重金属的含量。

四、生活垃圾的特性分析

（一）生活垃圾的来源、分类及处理处置

生活垃圾是指城镇居民在日常生活中抛弃的固体垃圾，主要包括生活垃圾、医院垃圾、市场垃圾、建筑垃圾和街道扫集物等。其中医院垃圾和建筑垃圾应予以单独处理。其他垃圾通常由城镇环境卫生部门收集后集中处理，一般统称为生活垃圾。

1. 生活垃圾的种类

所谓生活垃圾是由多种物质所组成的混合体，主要有以下三类。

① 废品类，包括废金属、废玻璃、废塑料、废橡胶、废纤维、废纸类和砖瓦类等。

② 厨余垃圾，包括饮食废物、蔬菜废物、肉类和骨头，以及部分城市厨房所产生的燃料用煤、煤制品、木炭的燃烧废渣等。

③ 灰土类，包括修建、清理时的土、煤、灰渣等。

2. 生活垃圾的处理处置方法

生活垃圾处理处置方法大致有卫生填埋、集中焚烧（包括热解、气化）和堆肥。不同的方法其监测重点和项目也不一样。例如，焚烧的决定性参数是垃圾的热值；垃圾堆肥需要测定生物降解度、堆肥的腐熟程度。至于卫生填埋，垃圾渗滤液的分析和垃圾堆场周围蝇类滋生密度的测定则成为主要的监测项目。

（二）热值的测定

1. 定义

热值是废物焚烧处理的重要指标，所谓热值是指单位质量的物质完全燃烧后，冷却到原来的温度所释放出来的热量，也称为物质的发热值。热值分高热值和低热值。垃圾中可燃烧物质产生的热值叫高热值；其他一些不可燃的物质在燃烧过程中消耗的热量，高热值减去这些热量值就称为低热值。显然，低热值更接近实际情况，在实际工作中意义重大。

城市生活垃圾的高位发热值是指单位质量垃圾完全燃烧后，产物中的水分冷凝为 0℃ 的液态水时所释放出的热量，包含了水蒸气的凝结热量；低位发热值是指单位质量垃圾完全燃烧后，产物中的水分冷却到 20℃ 时所放出的热量。低位热值的实测是有困难的，但可以通过测定高位热值及其相关因子，应用公式换算得到。

两者换算公式为：

$$H_N = H_O\left[\frac{100-(I+W)}{100-W_L}\right]\times 5.85W$$

式中　H_N——低热值，kJ/kg；

H_O——高热值，kJ/kg；

I——惰性物质含量，%；

W——垃圾的表面湿度，%；

W_L——剩余的和吸湿性的湿度（该值对结果的精确性影响不大，可以忽略不计），%；

5.85——高位热值和低位热值的转化系数。

2. 测定

目前测定城市生活垃圾热值的方法主要是标准氧弹法。

① 取样。从垃圾中选取有代表性的样品，如塑料、橡胶、纸张、布、木屑等，用四分法缩分2～5次后，分别粉碎成小于0.5mm的微粒，在烘箱100～105℃条件下烘干至恒重。

② 压片。称1.0g试样压片。

③ 充氧。把试样压片放入坩埚，将坩埚装在坩埚架上。在两电极上装好点火丝，拧紧弹盖，在充氧装置上充氧，压力2.8～3MPa，充氧时间不少于15s。

④ 测试。将氧弹装到内筒的氧弹架上，盖好内筒盖。打开计算机并启动全自动热量计，输入数据（试样编号和试样重量），其他所有操作都是自动进行的。

弹筒热值减去燃烧产物中稀硫酸生成热、二氧化硫生成热以及稀硝酸生成热，即得到高位热值；再减去被测物质燃烧时产生的全部水分的蒸发热，即得到低位热值。

（三）淀粉的测定

1. 测定原理

垃圾在堆肥处理过程中，需借助淀粉量分析来鉴定堆肥的腐熟程度。该方法的分析基础是利用垃圾在堆肥过程中形成的淀粉碘化络合物的颜色变化与堆肥降解度的关系。当堆肥降解尚未结束时，淀粉碘化络合物呈蓝色，降解结束即呈黄色。堆肥颜色的变化过程是深蓝→浅蓝→灰→绿→黄。

2. 实验试剂

碘反应剂（将2g KI溶解到500mL水中，再加入0.08g I_2）、36%的高氯酸、酒精。

3. 分析步骤

① 将1g堆肥置于100mL烧杯中，滴入几滴酒精使其湿润，再加20mL 36%的高氯酸。

② 用纹网滤纸（90号纸）过滤。

③ 加入20mL碘反应剂至滤液中并充分搅动。

④ 将几滴滤液滴到白色板上，观察其颜色变化，以判断堆肥降解的程度。

（四）垃圾渗滤液的测定

1. 垃圾渗滤液的概念

垃圾在堆放和填埋过程中，由于压实、发酵等物理、生物、化学作用，同时在降水和其他外部来水的渗流作用下产生的含有机或无机成分的液体称为垃圾渗滤液。其提取或溶出了垃圾组成中的污染物质甚至有毒有害物质，一旦进入环境会造成难以挽回的后果。由于渗滤液中的水量主要来源于降水，所以在生活垃圾的三大处理方法中，渗滤液是填埋处理中最主要的污染源。合理的堆肥处理一般不会产生渗滤液，焚烧处理也不产生，只有露天堆肥、裸露堆物可能产生。

渗滤液的特性取决于它的组成和浓度。不同国家、不同地区、不同季节，生活垃圾组分变化都很大，并且随着填埋时间的不同，渗滤液组分和浓度也会变化。其主要特点如下。

① 成分的不稳定性主要取决于垃圾的组成。

② 浓度的可变性主要取决于填埋时间。

③ 组成的特殊性。渗滤液不同于生活污水，而且垃圾中存在的物质，渗滤液中不一定存在，一般废水中有的它也不一定有。例如，在一般生活污水中，有机物质主要是蛋白质（40%～60%）、碳水化合物（25%～50%）以及脂肪、油类（10%），但在渗滤液中几乎不含油类，因为生活垃圾具有吸收和保持油类的能力，在数量上至少达到 2.5g/kg 干废物。此外，渗滤液中几乎没有氰化物、金属铬和金属汞等水质必测项目。

2. 分析项目

我国根据实际情况提出了渗滤液理化分析和细菌学检验方法，主要包括色度、总固体、总溶解性固体与总悬浮性固体、硫酸盐、氨态氮、凯氏氮、氯化物、总磷、pH 值、BOD、COD、钾、钠、细菌总数、总大肠菌数等。主要分析项目为 COD、氨氮、总氮、总磷等。测定方法基本参照水质监测方法，根据实际情况做一些变动。

第二节 土壤污染监测

一、基本概念

土壤是自然环境的重要组成部分，是人类生存的基础和活动的场所。人类的生产、生活活动造成了土壤的污染，反过来，污染的土壤又影响人类的生活和健康。由于污染物可以在大气、水体、土壤各部分进行迁移转化运动，所以每一部分的污染都会影响到整个环境。因此，土壤污染的监测是环境监测不可缺少的重要内容。

凡是进入土壤并影响土壤理化性质和组成，从而导致土壤自然功能失调、土壤质量恶化的物质，统称为土壤污染物。

（一）土壤的组成和性质

1. 土壤的组成

土壤与土壤污染

土壤是指地球陆地表面呈连续分布、具有肥力并能生长作物的疏松表层，是由岩石风化以及大气、水，特别是动植物和微生物对地壳表层长期作用而形成的。土壤介于大气圈、岩石圈、水圈和生物圈之间，是环境中特有的组成部分。土壤的组成十分复杂，从物理形态上可划分为固态、液态和气态。从化学成分上可划分为矿物质、有机物、水分或溶液、空气和土壤微生物五种成分。其中土壤矿物质占土壤总量的 90%以上，是土壤的骨架，而有机质好比土壤的肌肉，水则是土壤的血液，可以说土壤是以固态物质为主的多相复杂体系。土壤中含有的常量元素有碳、氢、硅、硫、磷、钾、铝、铁、钙、镁等，微量元素有硼、氯、铜、锰、钼、钠、钒、锌等。

从环境污染角度看，土壤又是藏纳污垢的场所，常含有各种生物的残体、排泄物、腐烂物以及来自大气、水及固体废物中的各种污染物、农药、肥料残留物等。土壤对外来的污染物有一定的自净能力，但是自净能力是有限的，当外来污染物的量超过其本身自净能力时，会破坏物质原有的平衡，造成土壤污染。

2. 土壤的性质

（1）土壤的吸附特性　从胶体化学范畴来说，一般把直径在 1～100nm 范围内的颗粒称为胶体。土壤中粒径小于 1000nm 的黏粒，已经具有胶体性质，并且黏粒构造上至少有一个方向小于 100nm，所以土壤学上把全部黏粒都归为胶体颗粒。此外，土壤中的蛋白质、腐殖质等有机质也都具有胶体的特征，因此，土壤胶体主要包括无机胶体（黏粒）、有机胶体（主要是腐殖质）和有机-无机复合胶体。

土壤胶体的一个显著特点，是具有巨大的比表面积和表面能。土壤中的砂粒和粗粉粒同黏粒相比，其比表面积是很小的，甚至可以忽略不计，因此，多数土壤的比表面积取决于最微小的黏粒部分。由于土壤胶体具有巨大的比表面积，相应地使土壤胶体具有巨大的表面能，表面能愈大，吸附性质表现得也愈强。

土壤胶体溶液中的每个胶粒均带有电荷。土壤胶体所带的电荷有永久电荷、可变电荷、正电荷、负电荷之分，它们通过电荷数和电荷密度两种方式对土壤性质产生影响。例如，土壤吸附离子的多少取决于其所带电荷的数量，而离子被吸附的牢固程度则与土壤的电荷密度有关。

（2）土壤的酸碱性　土壤的酸碱性是土壤的重要理化性质之一，主要取决于土壤中含盐基的情况，是土壤形成过程中受生物、气候、地质、水文等因素的综合作用所产生的重要属性。土壤的酸碱度一般以 pH 值表示。我国土壤 pH 值大多在 4.5～8.5 范围内，并且呈“东南酸西北碱”的规律。

① 土壤的酸度。土壤溶液中氢离子的浓度通常用 pH 表示。根据土壤中 H^+ 的存在方式，土壤酸度可以分为以下两大类。

a. 活性酸度又称有效酸度，是土壤溶液中游离 H^+ 浓度直接反映出来的酸度，通常用 pH 表示，即 $pH=-\lg[H^+]$。土壤溶液中 H^+ 主要来源于土壤空气中 CO_2 溶于水形成的 H_2CO_3、有机质分解产生的有机酸、无机酸以及施肥时加入的酸性物质，大气污染产生的酸雨也会使土壤酸化。

b. 潜性酸度是由于土壤胶粒吸附 H^+ 和 Al^{3+} 所造成的。这些致酸离子只有在通过离子交换作用进入土壤溶液中产生了 H^+ 时才显示酸性，因此称为潜性酸度。

土壤中活性酸度和潜性酸度是属于同一个平衡系统中的两种存在状态，它们同时存在，互相转化，处于动态平衡。例如：

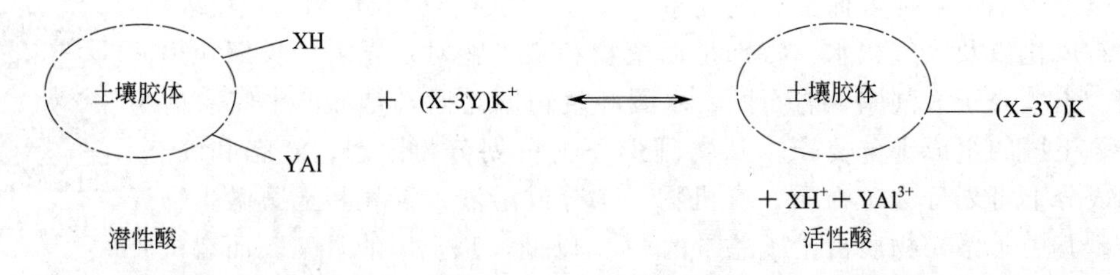

土壤活性酸度是土壤的实际酸度，它是一个强度指标，对土壤的理化性质、作物的生长和微生物的活动有直接影响。土壤潜性酸度则是土壤的容量指标，它是土壤酸性的重要标志。当土壤活性酸度大时，土壤溶液中的氢离子和土壤胶体上的盐基离子相交换，而交换出来的盐基离子不断地被雨水淋失，导致土壤胶体上的盐基离子不断减少，与此同时，胶体上的交换性氢离子也不断增加，并随之而出现交换性铝，这就造成了土壤潜性酸度的增高。

② 土壤的碱度。土壤溶液中 OH^- 的主要来源是 CO_3^{2-} 和 HCO_3^- 的碱金属（Na、K）及碱土金属（Ca、Mg）的盐类。碳酸盐碱度和重碳酸盐碱度的总和称为总碱度，可用中和滴定法测定。不同溶解度的碳酸盐和重碳酸盐对土壤碱性的贡献不同，$CaCO_3$ 和 $MgCO_3$ 的溶解度很小，在正常的 CO_2 分压下，它们在土壤溶液中的浓度很低，故富含 $CaCO_3$ 和

$MgCO_3$ 的石灰性土壤呈弱碱性（pH 7.5～8.5）；Na_2CO_3、$NaHCO_3$ 及 $Ca(HCO_3)_2$ 等都是水溶性盐类，可以大量出现在土壤溶液中，使土壤溶液中的总碱度很高，从土壤 pH 值来看，含 Na_2CO_3 的土壤，其 pH 值一般较高，可达 10 以上，而含 $NaHCO_3$ 和 $Ca(HCO_3)_2$ 的土壤，其 pH 值常在 7.5～8.5，碱性较弱。

当土壤胶体上吸附的 Na^+、K^+、Mg^{2+} 等离子（主要是 Na^+）的饱和度增加到一定程度时，会引起交换性阳离子的水解作用：

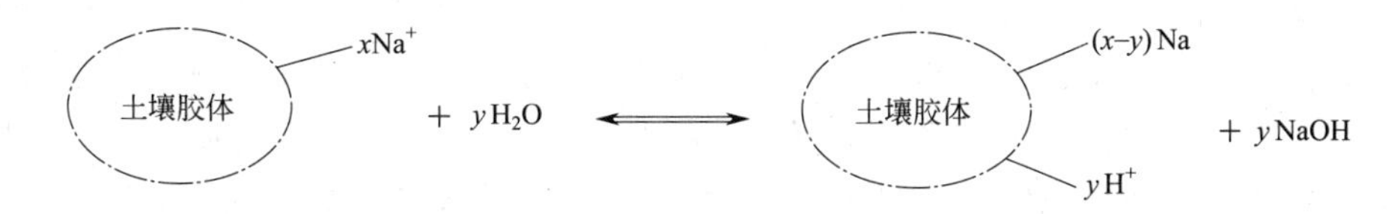

结果在土壤溶液中产生 NaOH，使土壤呈碱性。此时 Na^+ 的饱和度亦称为土壤碱化度。

③ 土壤的缓冲作用。土壤缓冲性是指土壤具有抵抗土壤溶液中 H^+ 或 OH^- 浓度改变的一种能力，即在土壤中加入一定量的酸性或碱性物质后，土壤 pH 值并不发生多大的改变，仍然能够保持其相对稳定性。土壤的缓冲性有赖于土壤中多种因素的存在而共同组成的缓冲体系。土壤胶体的阳离子交换作用是土壤产生缓冲作用的主要原因。土壤中存在的多种弱酸，如碳酸、磷酸、硅酸、腐殖酸和其他有机酸及其盐类构成的缓冲系统，对酸碱均有缓冲作用。土壤中的两性物质如氨基酸、蛋白质等，既能中和酸，也能中和碱。

土壤的缓冲能力主要与阳离子交换量有关，土壤中胶体物质愈多，阳离子交换量愈大，缓冲能力也就愈强。在胶体物质中有机胶体的交换量远高于无机胶体，无机胶体中以蒙脱石最高，伊利石次之，高岭石最小。所以，随着土壤腐殖质含量的增加和黏性的增强，缓冲性相应增强；在阳离子交换量相同的条件下，土壤的缓冲能力与盐基饱和度有关，饱和度高的土壤对酸性的缓冲能力强，而饱和度低的土壤则对碱性的缓冲能力强。

（3）土壤的氧化还原性　氧化还原作用是土壤和土壤溶液中的普遍现象。土壤的组成中都含有一些易于氧化和易于还原的成分，这些成分在通气良好、氧气充足的情况下呈氧化态，在通气不良、氧气不足的情况下则呈还原态。土壤溶液中的氧化作用，主要由自由氧、NO_3^- 和高价金属离子所引起；还原作用是某些有机物分解产物，厌氧性微生物生命活动及少量的铁、锰等金属低价氧化物所引起的。土壤组成是极其复杂的，其氧化还原体系也多种多样，并有生物的参与，所以它比一般纯溶液的氧化还原反应复杂得多。在土壤中要用化学方法来求得各种氧化还原物质的浓度是很困难的。

氧化还原作用的实质是电子的转移，一旦物质失去了电子，它们本身就被氧化，必然伴随着另一些物质获得电子，而其本身被还原。以土壤中普遍存在的铁体系为例，在通气良好的土壤中，溶液中的铁大部分呈氧化态 Fe^{3+}，没有氧化而呈还原态的 Fe^{2+} 可能只有少量；反之，如果通气不良，则 Fe^{2+} 的浓度必然增高，Fe^{3+} 的浓度也相应减小。由此可见，当土壤通气状况发生改变时，其溶液中 Fe^{3+} 和 Fe^{2+} 的相对浓度也必然相应地发生变化。

土壤的氧化还原状况影响土壤重金属污染的危害程度。一些变价重金属元素如铬、砷、汞等在不同形态时其危害程度是不一样的。

铬在土壤中有两种价态，即 Cr^{6+} 和 Cr^{3+}，两者的行为很不相同，前者活性低而毒性高，后者恰恰相反。Cr^{3+} 主要存在于土壤与沉积物中；Cr^{6+} 主要存在于水中，但易被 Fe^{2+} 和有机物等还原，当溶液中的 Fe^{2+} 有 4mg/L 时，Cr^{6+} 则全部还原成 Cr^{3+}，含硫基的有机化合物对 Cr^{6+} 有较强的还原力。反之，Cr^{3+} 在中性环境中，E_h（氧化还原电位）为

400mV 以上时易氧化为 Cr^{6+}。试验表明土培水稻时，灌水含 Cr^{6+} 50mg/L 引起减产，Cr^{3+} 则需 100mg/L 左右才致减产；小麦的受害浓度 Cr^{6+} 为 30mg/L，Cr^{3+} 为 60mg/L。在石灰性土壤中，玉米和小麦的受害临界浓度为 300mg/kg，而水稻高达 1000mg/kg。

（二）土壤污染

1. 土壤环境背景值

土壤是由固相、液相和气相三相物质组成的多相体系，所含物质成分异常复杂，包含几乎所有的天然元素，并在水、气、热、生物和微生物等多因子共同作用下，不断发生着各种化学变化，因此，土壤中可以检测出多种化学物质。未受人类活动影响的土壤环境本身的化学元素组成及其含量称为土壤环境背景值。从本质上来讲，“未受人类活动影响”只是一个相对概念，因为在现实环境中已经很难找到。在南极冰层中发现有机氯农药的残留就是一个明证。因此，土壤背景值是一个相对数值，它是指距离污染源很远，污染物不易达到的，而且生态条件正常地区的土壤中物质的含量。

土壤是岩石风化形成的母质在气候、生物、地形、时间等自然因素综合作用下的产物，在地球上的不同区域，从岩石成分到地理环境和生物群落都有很大的差异，因此，不同土壤的背景值自然会因地理位置不同而有所差异。不仅不同类型土壤之间不同，就是同一类型土壤之间相差也很大，引起变动的因素很复杂，除了自然因素外，数万年来人类活动也起着很重要的影响。因而土壤背景值不是一个确定值，而是一个范围值，它所代表的是土壤环境发展中一个历史阶段的相对意义上的数值。

2. 土壤环境污染

土壤污染是指人类活动所产生的污染物质通过各种途径进入土壤，其数目超过了土壤的容纳和同化能力，使土壤的性质、组成及性状等发生变化，并导致土壤的自然功能失调、土壤质量恶化的现象。土壤污染的明显标志是土壤生产能力的降低，即农产品的产量和质量的下降。土壤污染同水、大气一样，可分为天然污染和人为污染两大类。在某些自然矿床中元素和化合物富集中心周围往往形成自然扩散晕，使附近土壤中某些元素的含量超出一般土壤含量，这类污染称为自然污染。而由于农业、生活和交通等人类活动所产生的污染物，通过水、气、固等多种形式进入土壤，统称为人为污染。人们所研究的土壤污染主要是由人为污染造成的。其污染来源主要有以下几方面。

（1）化肥、农药的污染　现代农业生产大量使用化肥和农药，使许多有毒有害物质进入土壤，并累积起来造成了土壤污染。如有机氯杀虫剂 DDT、三氯杀螨醇，有机磷杀虫剂久效磷、甲胺磷等会在土壤中长期残留，并在生物体内富集。氮、磷等化学肥料，约有 10%～30%在根层以下累积或转入地下水中，成为潜在的环境污染物。目前我国不同程度遭受农药污染的土壤面积已达到 1.4 亿亩（1 亩≈667m^2）。

（2）污水灌溉　污水是一种补充水源，污水灌溉是污水资源化的重要途径，同时污水中氮、磷、钾等营养元素又是作物必不可少的养分。但现在的工业（城市）废水中，常含有多种污染物。长期使用这种废水灌溉农田，便会使污染物在土壤和地下水中累积而引起重金属和有机物污染，也可造成作物体内重金属等有害元素的过量残存而使粮食受到污染，进而直接或间接地危害人类的健康。

（3）大气、水体污染物质的迁移　大气或水体中污染物质的迁移转化而进入土壤，使土壤随之遭受污染，这也是比较常见的。如北欧、北美的东北部等地区，雨水酸度增大，引起土壤酸化、土壤盐基饱和度降低。1999 年，我国 8000 万亩以上的耕地遭受不同程度的大气污染，造成巨大的损失。

(4) 固体废物污染　土壤是工业废渣、生活垃圾、污泥等的处理和堆放场所，经雨水浸泡后大量重金属、无机盐、有机物和病原体等进入土壤，这也是造成土壤污染的主要原因。

土壤污染物质大体可以分为无机污染物和有机污染物两大类。主要污染物质及其来源见表 6-7。

表 6-7　土壤中的主要污染物质及其来源

污染物种类			主要来源
无机污染物	重金属	汞(Hg)	氯碱化工、含汞农药、汞化物生产、仪器仪表工业
		镉(Cd)	冶炼、电镀、染料等工业，肥料
		铬(Cr)	冶炼、电镀、制革、印染等工业
		铅(Pb)	染料、冶炼等工业，农药，汽车排气
		镍(Ni)	冶炼、电镀、炼油、染料等工业
		铜(Cu)	冶炼、铜制品生产、含铜农药
	非金属	砷(As)	硫酸、化肥、农药、医药、玻璃等工业
		硒(Se)	电子、电器、油漆、墨水等工业
	放射性元素	铯(^{137}Cs)	原子能、核工业、同位素生产、核爆炸
		锶(^{90}Sr)	原子能、核工业、同位素生产、核爆炸
	其他	氟(F)	冶炼、磷酸和磷肥、氟硅酸钠等工业
		酸、碱、盐	化工、机械、电镀、酸雨、造纸、纤维等工业
有机污染物		有机农药	农药的生产和使用
		酚类有机物	炼焦、炼油、石油化工、化肥、农药等工业
		氰化物	电镀、冶金、印染等工业
		石油	油田、炼油、输油管道漏油
		3,4-苯并芘	炼焦、炼油等工业
		有机性洗涤剂	机械工业、城市污水
		一般有机物	城市污水、食品工业、屠宰工业
有害微生物			城市污水、医院污水、厩肥

（三）土壤污染的特点

土壤污染与水和大气污染相比有以下特点。

1. 土壤污染比较隐蔽

水和大气是通过饮食和呼吸直接进入人体的物质，一旦受到污染、会直接影响人体健康，危害比较明显、直观；而土壤污染对人体的影响则往往是通过农作物间接发生的，从开始污染到导致后果的过程比较缓慢、隐蔽。

2. 土壤污染后很难恢复

土壤被污染后，其净化过程需要相当长的时间，尤其重金属污染是不可逆的过程，因此土壤被重金属污染后有时被迫改变用途或放弃。土壤污染具有持久性，许多有机磷或有机氯农药在土壤环境中能残存几十年。所以对土壤的保护要有长远观点，尽管污染物含量很小，但也要考虑其长期积累后果。

3. 土壤污染后果严重

土壤污染通过食物链的生物放大作用危害动物和人，甚至使人畜失去赖以生存的基础。

4. 土壤污染的判断比较复杂

到目前为止，国内外尚未对土壤污染定出类似于水和大气的判定标准。土壤中污染物质的含量与农作物生长发育之间的因果关系十分复杂：有时污染物质的含量超过土壤背景值很高，但并未影响植物的正常生长；有时植物生长已受到影响，但植物体内未见污染物的积累。

对于土壤污染的判断，既要考虑将土壤中污染物质的测定值与土壤本底值作比较，看土壤中元素或化合物的含量有无异常现象；还要考虑农作物（或植物）中污染物质的含量，看它与土壤中污染物质含量之间的关系；同时还要考察和检查农作物（或植物）生长发育是否正常，人食用后对健康有无危害。只有综合考虑才能全面评价土壤的污染。

（四）土壤环境标准

《土壤环境质量 农用地土壤污染风险管控标准（试行）》(GB 15618—2018)，规定了农用地土壤污染风险筛选值（基本项目），见表6-8。农用地土壤污染风险管控值见表6-9。

表6-8 农用地土壤污染风险筛选值（基本项目） 单位：mg/kg

序号	污染物项目		风险筛选值			
			pH≤5.5	5.5<pH≤6.5	6.5<pH≤7.5	pH>7.5
1	镉	水田	0.3	0.4	0.6	0.8
		其他	0.3	0.3	0.3	0.6
2	汞	水田	0.5	0.5	0.6	1.0
		其他	1.3	1.8	2.4	3.4
3	砷	水田	30	30	25	20
		其他	40	40	30	25
4	铅	水田	80	100	140	240
		其他	70	90	120	170
5	铬	水田	250	250	300	350
		其他	150	150	200	250
6	铜	果园	150	150	200	200
		其他	50	50	100	100
7	镍		60	70	100	190
8	锌		200	200	250	300
9	六六六总量		0.10			
10	滴滴涕总量		0.10			
11	苯并[a]芘		0.55			

注：1. 重金属和类金属砷均按元素总量计。

2. 对于水旱轮作地，采用其中较严格的风险筛选值。

表6-9 农用地土壤污染风险管控值

序号	污染物项目	风险管控值			
		pH≤5.5	5.5<pH≤6.5	6.5<pH≤7.5	pH>7.5
1	镉	1.5	2.0	3.0	4.0
2	汞	2.0	2.5	4.0	6.0
3	砷	200	150	120	100
4	铅	400	500	700	1000
5	铬	800	850	1000	1300

注：1. 当土壤中污染物含量等于或者低于表6-8规定的风险筛选值时，农用地土壤污染风险低，一般情况下可以忽略；高于表6-8规定的风险筛选值时，可能存在农用地土壤污染风险，应加强土壤环境监测和农产品协同监测。

2. 当土壤中镉、汞、砷、铅、铬的含量高于表6-8规定的风险筛选值、等于或者低于表6-9规定的风险管制值时，可能存在食用农产品不符合质量安全标准等土壤污染风险，原则上应当采取农艺调控、替代种植等安全利用措施。

3. 当土壤中镉、汞、砷、铅、铬的含量高于表6-9规定的风险管制值时，食用农产品不符合质量安全标准等农用地土壤污染风险高，且难以通过安全利用措施降低食用农产品不符合质量安全标准等农用地土壤污染风险，原则上应当采取禁止种植食用农产品、退耕还林等严格管控措施。

4. 土壤环境质量类别划分应以本标准为基础，结合食用农产品协同监测结果，依据相关技术规定进行划定。

二、采样准备

（一）收集资料

由具有野外调查经验且掌握土壤采样技术规程的专业技术人员组成采样组，采样前组织学习有关技术文件，了解监测技术规范。

① 收集包括监测区域的交通图、土壤图、地质图、大比例尺地形图等资料，供制作采样工作图和标注采样点位用。

② 收集包括监测区域土类、成土母质等土壤信息资料。

③ 收集工程建设或生产过程对土壤造成影响的环境研究资料。

④ 收集造成土壤污染事故的主要污染物的毒性、稳定性以及如何消除等资料。收集土壤历史资料和相应的法律（法规）。

⑤ 收集监测区域工农业生产及排污、污灌、化肥农药施用情况资料。收集监测区域气候资料（温度、降水量和蒸发量）、水文资料。收集监测区域遥感与土壤利用及其演变过程方面的资料等。

现场踏勘，将调查得到的信息进行整理和利用，丰富采样工作图的内容。

（二）确定监测目的

1. 调查土壤环境污染状况

主要目的是根据《土壤环境质量 农用地土壤污染风险管控标准》（Ⅰ、Ⅱ、Ⅲ类土壤分别执行一、二、三级标准）判断土壤是否被污染或污染的程度，并预测其发展变化的趋势。

2. 调查区域土壤环境背景值

通过长期分析测定土壤中某种元素的含量，确定这些元素的背景值水平和变化，为保护土壤生态环境、合理施用微量元素及地方病的探讨和防治提供依据。

3. 调查土壤污染事故

污染事故会使土壤结构和性质发生变化，也会对农作物产生伤害，分析主要污染物种类、污染程度、污染范围等信息，为相关部门采取对策提供科学依据。

4. 土壤环境科学研究

通过土壤相关指标的测定，为污染土壤环境修复、污水土地处理等科研工作提供基础数据。

（三）准备采样器具

① 工具类：铁锹、铁铲、圆状取土钻、螺旋取土钻、竹片以及适合特殊采样要求的工具等。

② 器材类：GPS、罗盘、照相机、胶卷、卷尺、铝盒、样品袋、样品箱等。

③ 文具类：样品标签、采样记录表、铅笔、资料夹等。

④ 安全防护用品：工作服、工作鞋、安全帽、药品箱等。

⑤ 采样用车辆。

（四）确定监测项目与频次

监测项目分常规项目、特定项目和选测项目；监测频次与其相应。

常规项目：原则上为《土壤环境质量 农用地土壤污染风险管控标准》（GB 15618）中所要求控制的污染物。

特定项目：《土壤环境质量 农用地土壤污染风险管控标准》（GB 15618）中未要求控制的污染物，但根据当地环境污染状况，确认在土壤中积累较多、对环境危害较大、影响范围广、毒性较强的污染物，或者污染事故对土壤环境造成严重不良影响的物质，具体项目由各地自行确定。

选测项目：一般包括新纳入的在土壤中积累较少的污染物、环境污染导致土壤性状发生改变的土壤性状指标以及生态环境指标等，由各地自行选择测定。

土壤监测项目与监测频次见表 6-10。监测频次原则上按表 6-10 执行。常规项目可按当地实际适当降低监测频次，但不可低于 5 年一次；选测项目可按当地实际适当提高监测频次。

表 6-10 土壤监测项目与监测频次

<table>
<tr><th colspan="2">项目类别</th><th>监测项目</th><th>监测频次</th></tr>
<tr><td rowspan="2">常规项目</td><td>基本项目</td><td>pH、阳离子交换量</td><td rowspan="2">每 3 年一次，农田在夏收或秋收后采样</td></tr>
<tr><td>重点项目</td><td>镉、铬、汞、砷、铅、铜、锌、镍、六六六、滴滴涕</td></tr>
<tr><td colspan="2">特定项目（污染事故）</td><td>特征项目</td><td>及时采样，根据污染物变化趋势确定监测频次</td></tr>
<tr><td rowspan="4">选测项目</td><td>影响产量项目</td><td>全盐量、硼、氟、氮、磷、钾等</td><td rowspan="4">每 3 年监测一次，农田在夏收或秋收后采样</td></tr>
<tr><td>污水灌溉项目</td><td>氰化物、六价铬、挥发酚、烷基汞、苯并[a]芘、硫化物、石油类等</td></tr>
<tr><td>POPs 与高毒类农药</td><td>苯、挥发性卤代烃、有机磷农药、PCB（多氯联苯）、PAH（多环芳烃）等</td></tr>
<tr><td>其他项目</td><td>结合态铝（酸雨区）、硒、钒、氧化稀土总量、钼、铁、锰、镁、钙、钠、铝、硅、放射性比活度等</td></tr>
</table>

三、布点与样品数容量

样品由总体中随机采集的一些个体所组成，个体之间存在变异，因此样品与总体之间，既存在同质的“亲缘”关系，样品可作为总体的代表，但同时也存在着一定程度的异质性，差异愈小，样品的代表性愈好；反之亦然。为了使采集的监测样品具有好的代表性，必须避免一切主观因素，使组成总体的个体有同样的机会被选入样品中，即组成样品的个体应当是随机地取自总体。另外，在一组需要相互之间进行比较的样品应当有同样的个体组成，否则样本大的个体所组成的样品，其代表性会大于样本少的个体组成的样品。所以“随机”和“等量”是决定样品具有同等代表性的重要条件。

（一）布点方法

布点方式见图 6-4。

1. 简单随机

将监测单元分成网格，每个网格编上号码，决定采样点样品数后，随机抽取规定的样品数的样品，其样本号码对应的网格号即为采样点。随机数的获得可以利用掷骰子、抽签、查随机数表的方法。关于随机数骰子的使用方法可见 GB /T 10111。简单随机布点是一种完全不带主观限制条件的布点方法。

2. 分块随机

根据收集的资料，如果监测区域内的土壤有明显的几种类型，则可将区域分成几块，每块内污染物较均匀，块间的差异较明显。将每块作为一个监测单元，在每个监测单元内再随机布点。在正确分块的前提下，分块布点的代表性比简单随机布点好，如果分块不正确，分

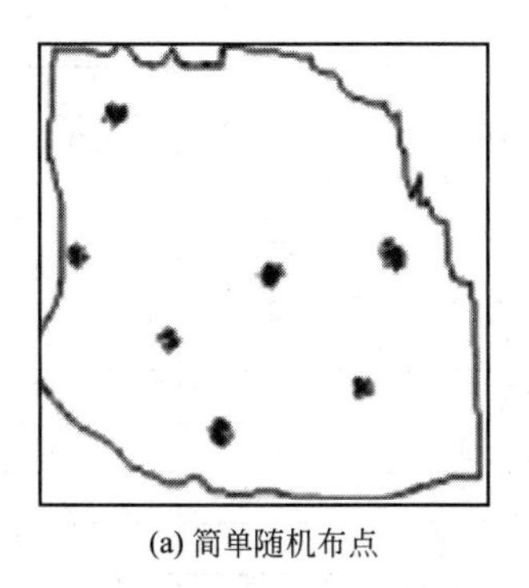

(a) 简单随机布点

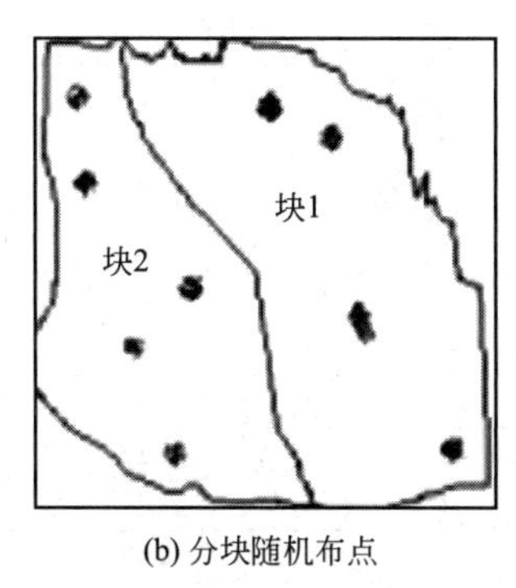

(b) 分块随机布点

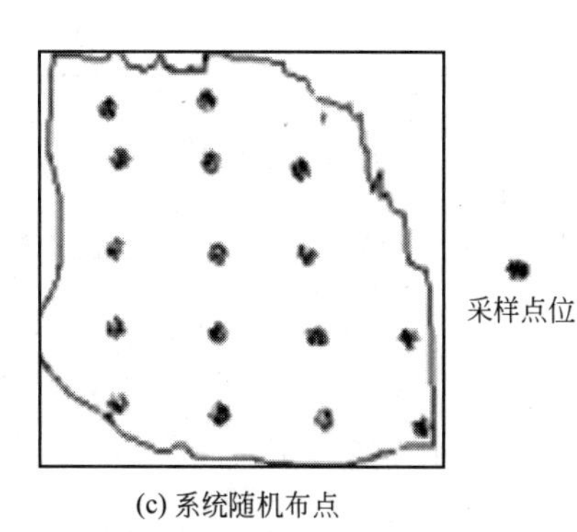

(c) 系统随机布点

图 6-4　布点方式

块布点的效果可能会适得其反。

3. 系统随机

将监测区域分成面积相等的几部分（网格划分），每个网格内布设一采样点，这种布点称为系统随机布点。如果区域内土壤污染物含量变化较大，系统随机布点比简单随机布点所采样品的代表性要好。

（二）基础样品数量

1. 由均方差和绝对偏差计算样品数

用下列公式可计算所需的样品数：

$$N=t^2S^2/D^2$$

式中　N——样品数；

t——选定置信水平（土壤环境监测一般选定为95%）一定自由度下的 t 值（附录1）；

S^2——均方差，可从先前的其他研究或者由极差 $R[S^2=(R/4)^2]$估计；

D——可接受的绝对偏差。

【例 6-1】 某地土壤多氯联苯（PCB）的浓度范围为0～13mg/kg，若95%置信度时平均值与真值的绝对偏差为1.5mg/kg，S 为3.25mg/kg，初选自由度为10，则

$$N=2.23^2\times3.25^2/1.5^2=23$$

因为23比初选的10大得多，重新选择自由度查 t 值计算得：

$$N=2.069^2\times3.25^2/1.5^2=20$$

20个土壤样品数较大，原因是其土壤PCB含量分布不均匀（0～13mg/kg），要降低采样的样品数，就得牺牲监测结果的置信度（如从95%降低到90%），或放宽监测结果的置信距（如从1.5mg/kg增加到2.0mg/kg）。

2. 由变异系数和相对偏差计算样品数

上式可变为：

$$N=t^2{C_v}^2/m^2$$

式中　N——样品数；

t——选定置信水平（土壤环境监测一般选定为95%）一定自由度下的 t 值（见表6-11）；

C_v——变异系数，%，可从先前的其他研究资料中估计；

m——可接受的相对偏差，%，土壤环境监测一般限定为20%～30%。

没有历史资料的地区、土壤变异程度不太大的地区，一般 C_v 可用10%～30%粗略估计，有效磷和有效钾的变异系数 C_v 可取50%。

表 6-11 t 分布表

Df **(自由度)**	**置信度(1−a/双尾)/%**							
	20	**40**	**60**	**80**	**90**	**95**	**98**	**99**
	置信度(1−a/单尾)/%							
	60	**70**	**80**	**90**	**95**	**97.5**	**99**	**99.5**
1	0.325	0.727	1.376	3.078	6.314	12.706	31.821	63.657
2	0.289	0.617	1.061	1.886	2.920	4.303	6.965	9.925
3	0.277	0.584	0.978	1.638	2.353	3.182	4.541	5.641
4	0.271	0.569	0.941	1.533	2.132	2.776	3.747	4.064
5	0.267	0.559	0.920	1.476	2.015	2.571	3.365	4.032
6	0.265	0.553	0.906	1.440	1.943	2.447	3.143	3.707
7	0.263	0.549	0.896	1.415	1.895	2.365	2.998	3.499
8	0.262	0.546	0.889	1.397	1.860	2.306	2.896	3.355
9	0.261	0.543	0.883	1.383	1.833	2.262	2.821	3.250
10	0.260	0.542	0.879	1.372	1.812	2.228	2.764	3.169
11	0.260	0.540	0.876	1.363	1.796	2.201	2.718	3.106
12	0.259	0.539	0.873	1.356	1.782	2.179	2.681	3.055
13	0.258	0.538	0.870	1.350	1.771	2.160	2.650	3.012
14	0.258	0.537	0.868	1.345	1.761	2.145	2.624	2.977
15	0.258	0.536	0.866	1.341	1.753	2.131	2.602	2.947
16	0.258	0.535	0.865	1.337	1.746	2.120	2.583	2.921
17	0.257	0.534	0.863	1.333	1.740	2.110	2.567	2.898
18	0.257	0.534	0.862	1.330	1.734	2.101	2.552	2.878
19	0.257	0.533	0.861	1.328	1.729	2.093	2.539	2.861
20	0.257	0.533	0.860	1.325	1.725	2.386	2.528	2.845
21	0.257	0.532	0.859	1.323	1.721	2.080	2.518	2.831
22	0.256	0.532	0.858	1.321	1.717	2.074	2.508	2.819
23	0.256	0.532	0.858	1.319	1.714	2.069	2.500	2.807
24	0.256	0.531	0.857	1.318	1.711	2.064	2.492	2.797
25	0.256	0.531	0.856	1.316	1.708	2.060	2.485	2.787
26	0.256	0.531	0.856	1.315	1.706	2.056	2.479	2.779
27	0.256	0.531	0.855	1.314	1.703	2.052	2.473	2.771
28	0.256	0.530	0.855	1.313	1.701	2.045	2.467	2.763
29	0.256	0.530	0.854	1.311	1.699	2.042	2.462	2.756
30	0.256	0.530	0.854	1.310	1.697	2.021	2.457	2.750
40	0.255	0.529	0.851	1.303	1.684	2.000	2.423	2.704
60	0.254	0.527	0.848	1.296	1.671	1.980	2.390	2.660
120	0.254	0.526	0.845	1.289	1.658	1.960	2.358	2.617
∞	0.253	0.524	0.842	1.282	1.645		2.326	2.576
……								

（三）布点数量

土壤监测的布点数量要满足样本容量的基本要求，即上述由均方差和绝对偏差、变异系数和相对偏差计算的样品数是样品数的下限数值，实际工作中土壤布点数量还要根据调查目的、调查精度和调查区域环境状况等因素确定。

一般要求每个监测单元最少设 3 个点。

区域土壤环境调查按调查的精度不同可从 2.5km、5km、10km、20km、40km 中选择网距进行网格布点，区域内的网格结点数即为土壤采样点数量。

同时需要注意的是，不同的土壤类型和采样方法，其采样点数量也不同。具体采样点数量应根据相应土壤类型来确定。

四、样品采集

样品采集一般按以下三个阶段进行。

前期采样：根据背景资料与现场考察结果，采集一定数量的样品分析测定，用于初步验证污染物空间分异性和判断土壤污染程度，为制订监测方案（选择布点方式和确定监测项目及样品数量）提供依据，前期采样可与现场调查同时进行。

正式采样：按照监测方案，实施现场采样。

补充采样：正式采样测试后，发现布设的样点没有满足总体设计需要，则要增设采样点补充采样。

面积较小的土壤污染调查和突发性土壤污染事故调查可直接采样。

（一）区域环境背景土壤采样

1. 采样单元

采样单元的划分，全国土壤环境背景值监测一般以土类为主，省、自治区、直辖市级的土壤环境背景值监测以土类和成土母质母岩类型为主，省级以下或条件许可或特别工作需要的土壤环境背景值监测可划分到亚类或土属。

2. 样品数量

各采样单元中的样品数量应符合“基础样品数量”要求。

3. 网格布点

网格间距 L 按下式计算：

$$L=(A/N)^{1/2}$$

土壤采样点的布设方法

式中　L——网格间距；

A——采样单元面积；

N——采样点数（同“样品数量”）。

A 和 L 的量纲要相匹配，如 A 的单位是 km^2 则 L 的单位就为 km。根据实际情况可适当减小网格间距，适当调整网格的起始经纬度，避免过多的网格落在道路或河流上，使样品更具代表性。

4. 野外选点

首先采样点的自然景观应符合土壤环境背景值研究的要求。采样点选在被采土壤类型特征明显的地方，地形相对平坦、稳定、植被良好的地点；坡脚、洼地等具有从属景观特征的地点不设采样点；城镇、住宅、道路、沟渠、粪坑、坟墓附近等处人为干扰大，失去土壤的代表性，不宜设采样点，采样点离铁路、公路 300m 以上；采样点以剖面发育完整、层次较清楚、无侵入体为准，不在水土流失严重或表土被破坏处设采样点；选择不施或少施化肥、农药的地块作为采样点，以使样品点尽可能少受人为活动的影响；不在多种土类、多种母质母岩交错分布、面积较小的边缘地区布设采样点。

土壤剖面土层示意

5. 采样

采样点可采表层样或土壤剖面。一般监测采集表层土，采样深度 0～20cm，特殊要求的监测（土壤背景、环评、污染事故等）必要时选择部分采样点采集剖面样品。剖面的规格一般为长 1.5m，宽 0.8m，深 1.2m。挖掘土壤剖面要使观察面向阳，表土和底土分两侧放置。

一般每个剖面采集A、B、C三层土样。地下水位较高时，剖面挖至地下水出露时为止；山地丘陵土层较薄时，剖面挖至风化层。对B层发育不完整（不发育）的山地土壤，只采A、C两层；干旱地区剖面发育不完善的土壤，在表层5～20cm、心土层50cm、底土层100cm左右采样。水稻土按照A耕作层、P犁底层、C母质层（或G潜育层、W潴育层）分层采样（图6-5），对P层太薄的剖面，只采A、C两层（或A、G层或A、W层）。

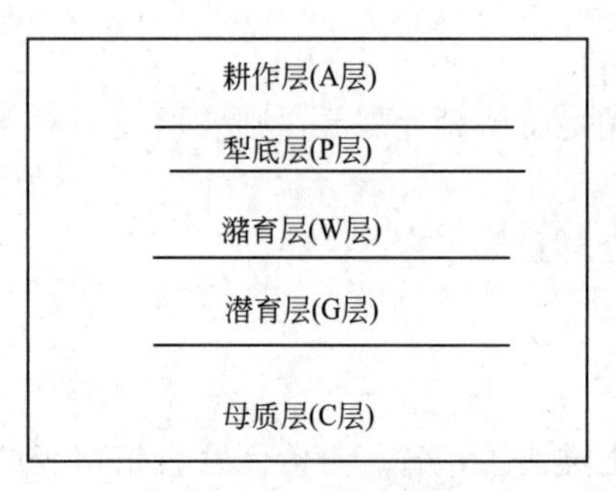

图6-5 水稻土剖面示意图

对A层特别深厚，沉积层不甚发育，一米内见不到母质的土类剖面，按A层5～20cm、A/B层60～90cm、B层100～200cm采集土壤。草甸土和潮土一般在A层5～20cm、C_1层（或B层）50cm、C_2层100～120cm处采样。

采样次序自下而上，先采剖面的底层样品，再采中层样品，最后采上层样品。测量重金属的样品尽量用竹片或竹刀去除与金属采样器接触的部分土壤，再用其取样。

剖面每层样品采集1kg左右，装入样品袋，样品袋一般由棉布缝制而成，如潮湿样品可内衬塑料袋（供无机化合物测定）或将样品置于玻璃瓶内（供有机化合物测定）。采样的同时，由专人填写样品标签、采样记录，标签一式两份，一份放入袋中，一份系在袋口，标签上标注采样时间、地点、样品编号、监测项目、采样深度和经纬度。采样结束，需逐项检查采样记录、样袋标签和土壤样品，如有缺项和错误，及时补齐更正。将底土和表土按原层回填到采样坑中，方可离开现场，并在采样示意图上标出采样地点，避免下次在相同处采集剖面样。

标签和采样记录格式见表6-12、表6-13和图6-6。

表6-12 土壤样品标签样式

土壤样品标签
样品编号：
采用地点： 东经 北纬
采样层次：
特征描述：
采样深度：
监测项目：
采样日期：
采样人员：

表6-13 土壤现场记录表

采用地点		东经		北纬	
样品编号		采样日期			
样品类别		采样人员			
采样层次		采样深度			

续表

样品描述	土壤颜色		植物根系	
	土壤质地		砂砾含量	
	土壤湿度		其他异物	
采样点示意图			自下而上 植被描述	

注：1. 土壤颜色可采用门塞尔比色卡比色，也可按土壤颜色三角表进行描述。颜色描述可采用双名法，主色在后，副色在前，如黄棕、灰棕等。颜色深浅还可以冠以暗、淡等形容词，如浅棕、暗灰等。

2. 土壤质地分为砂土、壤土（砂壤土、轻壤土、中壤土、重壤土）和黏土，野外估测方法为取小块土壤，加水潮润，然后揉搓，搓成细条并弯成直径为2.5～3cm的土环，据土环表现的性状确定质地。

① 砂土：不能搓成条。

② 砂壤土：只能搓成短条。

③ 轻壤土：能搓直径为3mm的条，但易断裂。

④ 中壤土：能搓成完整的细条，弯曲时容易断裂。

⑤ 重壤土：能搓成完整的细条，弯曲成圆圈时容易断裂。

⑥ 黏土：能搓成完整的细条，能弯曲成圆圈。

3. 土壤湿度的野外估测，一般可分为五级：

① 干：土块放在手中，无潮润感觉。

② 潮：土块放在手中，有潮润感觉。

③ 湿：手捏土块，在土团上塑有手印。

④ 重潮：手捏土块时，在手指上留有湿印。

⑤ 极潮：手捏土块时，有水流出。

4. 植物根系含量的估计可分为五级：

① 无根系：在该土层中无任何根系。

② 少量：在该土层每50cm^2内少于5根。

③ 中量：在该土层每50cm^2内有5～15根。

④ 多量：该土层每50cm^2内多于15根。

⑤ 根密集：在该土层中根系密集交织。

5. 石砾含量以石砾量占该土层的体积分数估计。

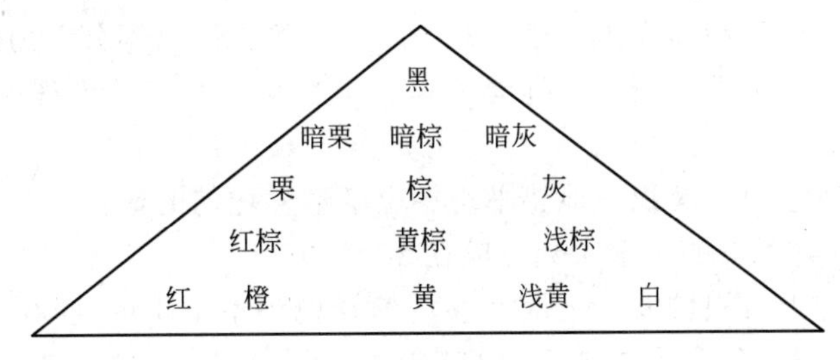

图6-6　土壤颜色三角表

（二）农田土壤采样

1. 监测单元

土壤环境监测单元按土壤主要接纳污染物途径可划分为：a. 大气污染型土壤监测单元；b. 灌溉水污染监测单元；c. 固体废物堆污染型土壤监测单元；d. 农用固体废物污染型土壤监测单元；e. 农用化学物质污染型土壤监测单元；f. 综合污染型土壤监测单元（污染物主要来自上述两种以上途径）。

监测单元划分要参考土壤类型、农作物种类、耕作制度、商品生产基地、保护区类型、行政区划等要素的差异，同一单元的差别应尽可能地缩小。

2. 布点

根据调查目的、调查精度和调查区域环境状况等因素确定监测单元。部门专项农业产品生产土壤环境监测布点按其专项监测要求进行。

大气污染型土壤监测单元和固体废物堆污染型土壤监测单元以污染源为中心放射状布点，在主导风向和地表水的径流方向适当增加采样点（离污染源的距离远于其他点）；灌溉水污染监测单元、农用固体废物污染型土壤监测单元和农用化学物质污染型土壤监测单元采用均匀布点方法；灌溉水污染监测单元采用按水流方向带状布点的方法，采样点自纳污口起由密渐疏；综合污染型土壤监测单元布点采用综合放射状、均匀、带状布点法。

3. 样品采集

（1）剖面样　特定的调查研究监测需了解污染物在土壤中的垂直分布时采集土壤剖面样，采样方法同"区域环境背景土壤采样"一致。

（2）混合样　一般农田土壤环境监测采集耕作层土样，种植一般农作物采0～20cm，种植果林类农作物采0～60cm。为了保证样品的代表性，减少监测费用，采取采集混合样的方案。每个土壤单元设3～7个采样区，单个采样区可以是自然分割的一个田块，也可以由多个田块构成，其范围以200m×200m左右为宜。每个采样区的样品为农田土壤混合样。混合样的采集主要有以下四种方法（图6-7）。

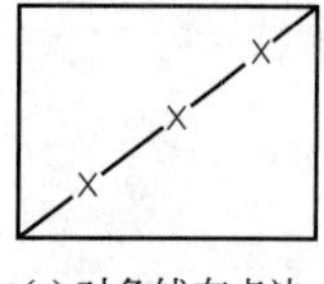

(a) 对角线布点法

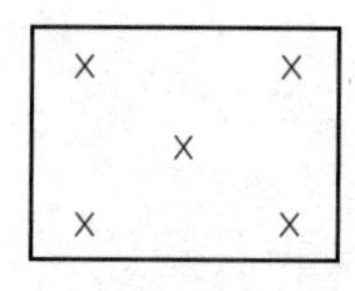

(b) 梅花形布点法

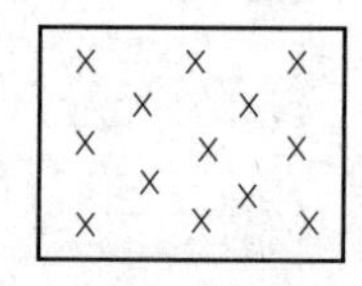

(c) 棋盘式布点法

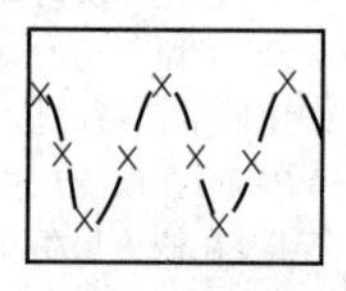

(d) 蛇形布点法

图6-7　混合土壤采样点布设示意图

×—采样点

① 对角线法：适用于污灌农田土壤，对角线分5等份，以等分点为采样分点。

② 梅花点法：适用于面积较小、地势平坦、土壤组成和受污染程度相对比较均匀的地块，设分点5个左右。

③ 棋盘式法：适宜中等面积、地势平坦、土壤不够均匀的地块，设分点10个左右。受污泥、垃圾等固体废物污染的土壤，分点应在20个以上。

④ 蛇形法：适宜于面积较大、土壤不够均匀且地势不平坦的地块，设分点15个左右，多用于农业污染型土壤。各分点混匀后用四分法取1kg土样装入样品袋，多余部分弃去。

（三）建设项目土壤环境评价监测采样

每100ha占地不少于5个且总数不少于5个采样点，其中小型建设项目设1个柱状样采样点，大中型建设项目不少于3个柱状样采样点，特大型建设项目或对土壤环境影响敏感的建设项目不少于5个柱状样采样点。

土壤采样时间及注意事项

1. 非机械干扰土

如果建设工程或生产没有翻动土层，表层土受污染的可能性最大，但不排除对中下层土壤的影响。生产或者将要生产导致的污染物，以工艺烟雾（尘）、污水、固体废物等形式污染周围土壤环境，采样点以污染源为中心呈放射状布设为主，在主导风向和地表水的径流方向适当增加采样点（离污染源的距离远于其他点）；以水污染型为主的土壤按水流方向带状布点，采样点自纳污口起由密渐疏；综合污染型土壤监测布点采用综合放射状、均匀、带状布点法。此类监测不采混合样，混合样虽然能降低监测费用，但损失了污染物空间分布的信息，不利于掌握工程及生产对土壤影响的状况。

表层土样采集深度0～20cm。每个柱状样取样深度都为100cm，分取三个土样：表层样（0～20cm），中层样（20～60cm），深层样（60～100cm）。

2. 机械干扰土

由于建设工程或生产中土层受到翻动影响，污染物在土壤纵向的分布不同于非机械干扰土。采样点布设与非机械干扰土布点方法相同。采样总深度由实际情况而定，一般同剖面样的采样深度，确定采样深度有3种方法可供参考。

（1）随机深度采样　本方法适合土壤污染物水平方向变化不大的土壤监测单元，采样深度由下列公式计算：

$$深度=剖面土壤总深\times RN$$

式中RN为0～1之间的随机数。RN由随机数骰子法产生。对于《土壤环境监测技术规范》（HJ/T 166—2004）用一个骰子，其出现的数字除以10即为RN，当骰子出现的数为0时规定此时的RN为1。

示例：

土壤剖面深度（H）1.2m，用一个骰子决定随机数。若第一次掷骰子得随机数（n_1）6，则

$$RN_1=n_1/10=0.6$$

采样深度(H_1)$=H\times RN_1=1.2\times0.6=0.72$(m)

即第一个点的采样深度离地面0.72m。

若第二次掷骰子得随机数（n_2）3，则

$$RN_2=n_2/10=0.3$$

采样深度(H_2)$=H\times RN_2=1.2\times0.3=0.36$(m)

即第二个点的采样深度离地面0.36m。

若第三次掷骰子得随机数（n_3）8，同理可得第三个点的采样深度离地面0.96m；若第四次掷骰子得随机数（n_4）0，则$RN_4=1$（规定当随机数为0时，RN取1），则

采样深度(H_4)$=H\times RN_4=1.2\times1=1.2$(m)

即第四个点的采样深度离地面1.2m。

以此类推，直至确定所有点的采样深度为止。

（2）分层随机深度采样　本采样方法适合绝大多数的土壤采样，土壤纵向（深度）分成三层，每层采一样品，每层的采样深度由下列公式计算：

$$深度=每层土壤深\times RN$$

式中RN为0～1之间的随机数，取值方法同上文RN取值方法一致。

（3）规定深度采样　本采样适合预采样（为初步了解土壤污染随深度的变化，制订土壤采样方案）和挥发性有机物的监测采样，表层多采，中下层等间距采样。

（四）其他土壤样品采样

1. 城市土壤采样

城市土壤是城市生态的重要组成部分，虽然城市土壤不用于农业生产，但其环境质量对

城市生态系统的影响极大。城区内大部分土壤被道路和建筑物覆盖，只有小部分土壤栽植草木，本规范中城市土壤主要是指后者，由于其复杂性分两层采样，上层（0～30cm）可能是回填土或受人为影响大的部分，另一层（30～60cm）为受人为影响相对较小的部分。两层分别取样监测。

城市土壤监测点以网距2000m的网格布设为主，以功能区布点为辅，每个网格设一个采样点。对于专项研究和调查的采样点可适当加密。

2. 污染事故监测土壤采样

污染事故不可预料，接到举报后立即组织采样。现场调查和观察，取证土壤被污染时间，根据污染物及其对土壤的影响确定监测项目，尤其是污染事故的特征污染物是监测的重点。根据污染物的颜色、印渍和气味以及结合考虑地势、风向等因素初步界定污染事故对土壤的污染范围。

如果是固体污染物抛撒污染型，等打扫后采集表层5cm土样，采样点数不少于3个。如果是液体倾翻污染型，污染物向低洼处流动的同时向深度方向渗透并向两侧横向方向扩散，每个点分层采样，事故发生点样品点较密，采样深度较深，离事故发生点相对远处样品点较疏，采样深度较浅。采样点不少于5个。如果是爆炸污染型，以放射性同心圆方式布点，采样点不少于5个，爆炸中心采分层样，周围采表层土（0～20cm）。

事故土壤监测要设定2～3个背景对照点，各点（层）取1kg土样装入样品袋，有腐蚀性或要测定挥发性化合物，改用广口瓶装样。含易分解有机物的待测定样品，采集后置于低温环境（冰箱），直至运送、移交到分析室。

（五）样品编码

全国土壤环境质量例行监测土样编码方法采用12位码，具体编码方法和各位编码的含义见图6-8。

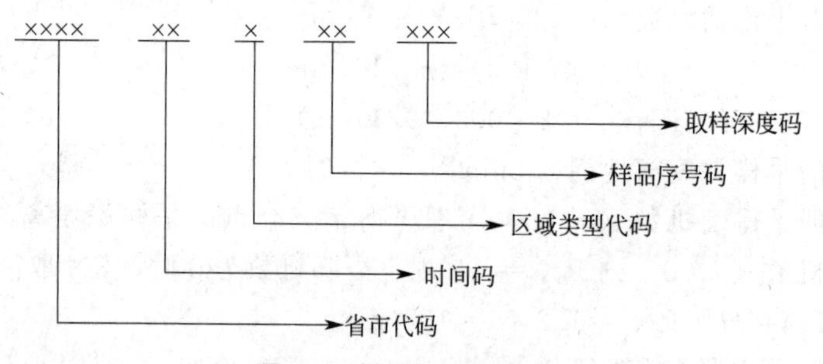

图6-8 样品编码示意图

说明如下：

① 第1～4位数字：代表省市代码，其中省2位，市2位。

② 第5～6位数字：代表取样时间，取年份的后两位数计。

③ 第7位数字：代表取样点位布设的重点区域类型，以一位数计，本次取数值1。1代表粮食生产基地，2代表菜篮子种植基地，3代表大中型企业周边和废弃地，4代表重要饮用水水源地周边，5代表规模化养殖场周边及污水灌溉区等重要敏感区域。

④ 第8～9位数字：代表样品序号，连续排列。以两位数计，不足两位的在前面加零补足两位。

⑤ 第10～12位数字：代表取样深度，以三位数计，不足三位的在前面加零补足三位。

五、样品流转

1. 装运前核对

在采样现场样品必须逐件与样品登记表、样品标签和采样记录进行核对，核对无误后分类装箱。

2. 运输中防损

运输过程中严防样品的损失、混淆和污染。对光敏感的样品应有避光外包装。

3. 样品交接

由专人将土壤样品送到实验室，送样者和接样者双方同时清点核实样品，并在样品交接单上签字确认，样品交接单由双方各存一份备查。

六、样品制备

（一）制样工作室要求

分设风干室和磨样室。风干室朝南（严防阳光直射土样），通风良好，整洁，无尘，无易挥发性化学物质。

（二）制样工具及容器

① 风干用白色搪瓷盘及木盘。

② 粗粉碎用木棰、木滚、木棒、有机玻璃棒、有机玻璃板、硬质木板、无色聚乙烯薄膜。

③ 磨样用玛瑙研磨机（球磨机）或玛瑙研钵、白色瓷研钵。

④ 过筛用尼龙筛，规格为 2～100 目。

⑤ 装样用具塞玻璃瓶、具塞无色聚乙烯塑料瓶或特制牛皮纸袋，规格视量而定。

（三）制样程序

制样者与样品管理员同时核实清点，交接样品，在样品交接单上双方签字确认。土壤样品制样流程见图 6-9。

1. 风干

除测定游离挥发酚、铵态氮、硝态氮、低价铁等不稳定项目需要新鲜土样外，多数项目需用风干土样。

土壤样品一般采用自然阴干的方法。在风干室将土样放置于风干盘中，摊成 2～3cm 的薄层，适时地压碎、翻动，拣出碎石、砂砾、植物残体。

应注意的是，样品在风干过程中应防止阳光直射和尘埃落入，并防止酸、碱等气体的污染。

2. 磨碎

（1）样品粗磨　在磨样室将风干的样品倒在有机玻璃板上，用木棰敲打，用木滚、木棒、有机玻璃棒再次压碎，拣出杂质，混匀，并用四分法取压碎样，过孔径 0.25mm（20 目）尼龙筛。过筛后的样品全部置于无色聚乙烯薄膜上，并充分搅拌混匀，再采用四分法取其两份，一份交样品库存放，另一份作样品的细磨用。粗磨样可直接用于土壤 pH、阳离子交换量、元素有效态含量等项目的分析。

（2）细磨样品　用于细磨的样品再用四分法分成两份：一份研磨到全部过孔径 0.25mm（60 目）筛，用于农药或土壤有机质、土壤全氮量等项目分析；另一份研磨到全部过孔径 0.15mm（100 目）筛，用于土壤元素全量分析。研磨过筛后的样品混匀、装瓶、贴标签、编号、储存。

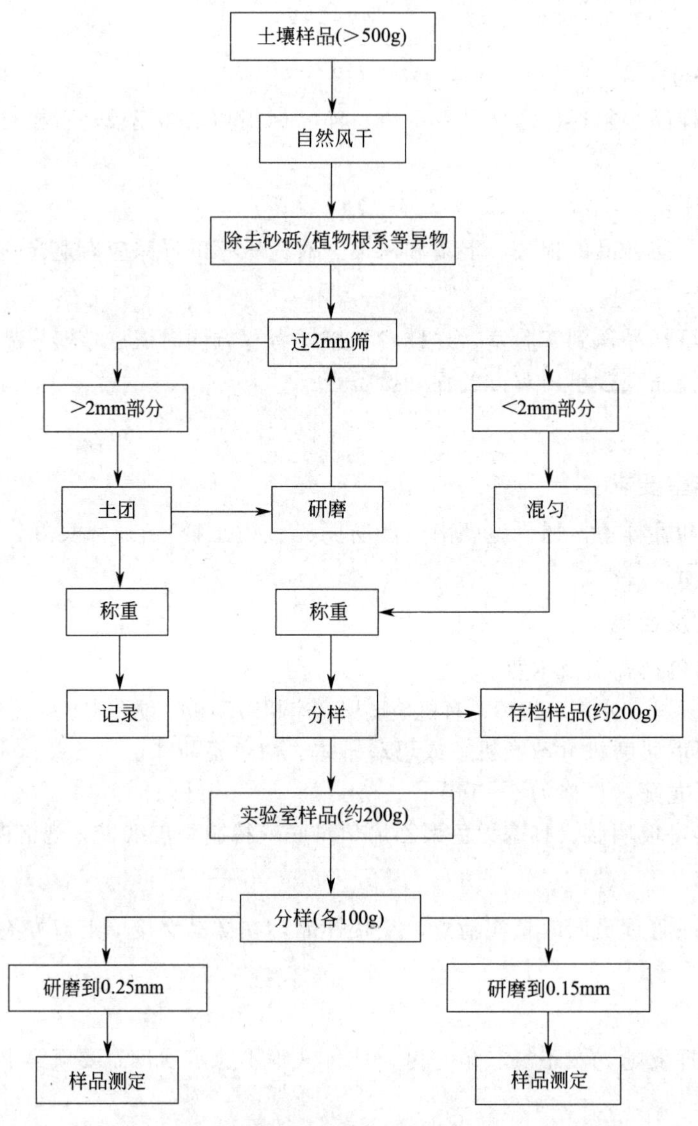

图 6-9 土壤制样流程

3. 样品分装

研磨混匀后的样品分别装于样品袋或样品瓶，填写土壤标签，一式两份，瓶内或袋内一份，瓶外或袋外贴一份。

4. 注意事项

① 制样过程中采样时的土壤标签与土壤始终放在一起，严禁混错，样品名称和编码始终不变。

② 制样工具每处理一份样后擦抹（洗）干净，严防交叉污染。

③ 分析挥发性、半挥发性有机物或可萃取有机物无需按上述步骤制样，用新鲜样按特定的方法进行样品前处理。

七、样品保存

按样品名称、编号和粒径分类保存。

1. 新鲜样品的保存

对于易分解或易挥发等不稳定组分的样品要采取低温保存的运输方法，并尽快送到实验室分析测试。测试项目需要新鲜样品的土样，采集后用可密封的聚乙烯或玻璃容器在4℃以下避光保存，样品要充满容器。避免用含有待测组分或对测试有干扰的材料制成的容器盛装保存样品，测定有机污染物用的土壤样品要选用玻璃容器保存。具体保存条件见表6-14。

表6-14　新鲜样品的保存条件和保存时间

测试项目	容器材质	温度/℃	可保存时间/d	备注
金属(汞和六价铬除外)	聚乙烯、玻璃	<4	180	
汞	玻璃	<4	28	
砷	聚乙烯、玻璃	<4	180	
六价铬	聚乙烯、玻璃	<4	1	
氰化物	聚乙烯、玻璃	<4	2	
挥发性有机物	玻璃(棕色)	<4	7	采样瓶装满装实并密封
半挥发性有机物	玻璃(棕色)	<4	10	采样瓶装满装实并密封
难挥发性有机物	玻璃(棕色)	<4	14	

2. 预留样品

预留样品需在样品库造册保存。

3. 分析取用后的剩余样品

分析取用后的剩余样品，待测定全部完成数据报出后，也移交样品库保存。

4. 保存时间

分析取用后的剩余样品一般保留半年，预留样品一般保留2年，特殊、珍惜、仲裁、有争议样品一般要永久保存。

5. 样品库要求

样品库保持干燥、通风、无阳光直射、无污染；要定期清理样品，防止霉变、鼠害及标签脱落。样品入库、领用和清理均需记录。

思考题

1. 土壤的组成和性质是怎样的？

2. 我国《土壤环境质量 农用地土壤污染风险管控标准》将土壤分为哪几类？各类土壤的功能是什么？

3. 如何布点采集土壤样品？

4. 写出路边尘土中重金属（Pb）的监测方案。

5. 什么是区域背景值？如何取得区域背景值？

6. 土壤采样方法有哪些，分别适用于什么情况？

7. 如何制备土壤样品？制备过程中应注意哪些问题？

8. 固体废物浸出毒性的浸出方法有哪几种？简述固体废物浸出毒性浸出方法——醋酸缓冲溶液法的适用范围和原理。

9. 固体废物采样方法有哪些？如何采集样品才能使固体废物样品具有代表性？

10. 如何确定固体废物的份样量和份样数？

11. 我国危险废物的鉴别标准包括哪几类？

12. 怎样采集固体废物样品？采集后如何处理和保存？

第七章

应急监测

知识目标

1. 了解突发性环境事件的概念、分类分级、特征及危害。
2. 熟悉突发性环境事件的应急处理程序。
3. 明确常见突发环境事件处理技术及善后处置与恢复方法。
4. 理解突发性环境事件应急监测的作用、要求，明确应急监测的工作原则、流程。
5. 掌握突发性环境事件应急监测的方法。

能力目标

1. 能够清楚认识应急监测工作人员在突发环境事件应急处理处置工作中的任务及作用，高效协作。
2. 能够按照应急监测程序，合理进行质量控制，科学完成应急监测任务。
3. 能够正确撰写应急监测报告。

素质目标

1. 严谨、敬业的爱岗精神，科学严谨的工作态度。
2. 能够运用网络获得专业信息，能够具有应变处理事情的能力。
3. 具有吃苦耐劳、团队合作精神。

第一节　突发环境事件概述

突发环境事件是指由于污染物排放或自然灾害、生产安全事故等因素，污染物或放射性物质等有毒有害物质进入大气、水体、土壤等环境介质中，突然造成或可能造成环境质量下降，危及公众身体健康和财产安全，或造成生态环境破坏，或造成重大社会影响，需要采取紧急措施予以应对的事件，主要包括大气污染、水体污染、土壤污染等突发性环境污染事件和辐射污染事件。(《国家突发环境污染事件应急预案》2014)

突发环境事件是威胁人类健康、破坏生态环境的重要因素，其危害制约着生态平衡及经济、社会的发展。当前，我国正处在国民经济迅速发展时期，随着工农业生产节奏的加快、生产活动的日益频繁，突发环境事件发生的可能性大大增加。据统计，2020 年全国突发环境事件为 208 起，其中重大事件 2 起、较大事件 8 起、一般事件 198 起。突发性环境事件不同于一般的环境污染，它没有固定的排放方式和排放途径，都是突然发生、来势凶猛，在瞬时或短时间内大量排放污染物质，对环境造成严重污染和破坏，给人民的生命和国家财产造成重大损失的恶性事故。如 2005 年 11 月 13 日，吉林某化工厂制苯车间爆炸事故，造成 6 人死亡、120 人受伤，并导致大约 80t 硝基苯进入松花江，严重影响沿江上千万人的饮水安全，并形成跨国重大环境污染事件。2015 年 8 月 12 日，位于天津滨海新区的某公司危险品仓库运抵区南侧集装箱内的硝化棉由于湿润剂散失出现局部干燥，在高温（天气）等因素的作用下加速分解放热，积热自燃，引起相邻集装箱内的硝化棉和其他危险化学品长时间大面积燃烧，导致堆放于运抵区的硝酸铵等危险化学品发生爆炸。本次事故中爆炸总能量约为 450t TNT 当量，造成 165 人遇难、8 人失踪、798 人受伤，304 幢建筑物、12428 辆商品汽车、7533 个集装箱受损，事故已核定的直接经济损失达 68.66 亿元。2021 年 1 月 20 日，嘉陵江陕西入四川断面铊浓度出现异常，原因为上游某冶炼厂和某钢铁厂两家企业日常性铊排放量增加，叠加枯水期水环境容量减少。专家核算，此次事件铊浓度异常的河道约 248km，其中嘉陵江干流约 187km，一级支流青泥河约 52km、东渡河约 1km，二级支流南河约 8km，应急响应阶段共造成直接经济损失 1807.7 万元。2011 年 3 月 11 日，日本东北太平洋地区发生里氏 9.0 级地震，继发生海啸，该地震导致福岛第一核电站、福岛第二核电站受到严重的影响，造成放射性物质大量泄漏到环境中，距离福岛第一核电厂 20km 半径范围内的居民紧急撤离，据统计事故的除污、赔偿和废炉所需的损失额度超过了 110000 亿日元（约合人民币 6537 亿元）。1984 年，印度博帕尔市一美国碳化公司的农药工厂因有毒物的大量泄漏，造成 6400 人中毒死亡，13.5 万人受伤害，20 万人被迫迁移。如何有效地预防、减少甚至消除突发性环境污染事故的发生，突发性环境污染事故发生后又如何及时有效地处理处置，最大限度地减小对环境和人身的危害，已成为全世界极为关注的问题之一。

做好突发环境事件的预防，提高对突发环境事件处理处置的应变能力对保障改革开放和现代化建设的顺利进行，维护社会安定团结的局面，保护生态平衡，促进环境与经济的协调、稳定、健康、持续发展具有十分重要的意义。因此，加强突发环境事件的应急监测，研究其处理处置技术，是环境监测和环境保护领域中一项非常重要的工作。

一、突发环境事件的分类分级

（一）突发环境事件的分类

突发环境事件尚无统一的分类方法，常见的分类有如下几种。

1. 按照事件起因分类

突发环境事件的起因有两种情况：一种是不可抗力造成的，常称为自然灾害；另一种是人为原因造成的，常称为事故灾害。目前，安全生产事故、交通事故、违法排污及自然灾害是我国突发环境事件的主要诱因。

2. 按照污染介质分类

根据突发环境事件发生后的污染介质不同，可将突发环境事件分为突发水环境污染事件、突发大气环境污染事件、突发土壤环境污染事件等。

3. 按照污染来源分类

按照污染来源分类，突发环境事件可分为本地源和外地源。

4. 按照污染物性质分类

根据污染物的性质，突发环境污染事故可归纳为下述几类。

（1）核污染事故　核电厂发生火灾，核反应器爆炸，反应堆冷却系统破裂，放射化学实验室发生化学品爆炸，核物质容器破裂、爆炸放出的放射性物质以及放射源丢失于环境中等，对人体造成不同程度的辐射伤害与环境破坏事故（图 7-1 和图 7-2）。据记载，1944～

1987年，全世界共发生核事故285起，其中1986年苏联的切尔诺贝利核电厂4号机组爆炸所造成的放射性物质泄漏，致使33人死亡，1358人受伤，13.5万人被迫迁移，还造成大面积的环境污染。

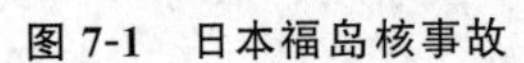
图7-1 日本福岛核事故

图7-2 天津滨海新区爆炸事件

（2）剧毒农药和有毒化学品的泄漏、扩散污染事故 有机磷农药，如甲基1605、乙基1605、甲胺磷、马拉硫磷、对硫磷、敌敌畏、敌百虫、乐果、有机氮农药DDT、2,4-D及有毒化学品氰化钾、氰化钠、硫化钠、砒霜、苯酚、NH_3、PCBs等，因贮运不当或翻车、翻船造成贮罐泄漏，以及液氯、HCl、HF、光气（$COCl_2$）、芥子气、沙林毒剂、H_2S、PH_3、A_3H_3等保管不当引起泄漏排放时极易发生这类事故，这些物质一旦泄漏扩散不仅引起空气、水体、土壤等严重污染，甚至还会使人畜死亡。

（3）易燃易爆物的泄漏爆炸污染事故 由煤气、瓦斯气体（CH_4、CO、H_2）、石油液化气、甲醇、乙醇、丙酮、乙酸乙酯、乙醚、苯、甲苯等易挥发性有机溶剂泄漏而引起的环境污染事故，不仅污染空气、地面水、地下水和土壤，而且这些气体浓度达到爆炸极限后极易发生爆炸。另外，一些垃圾固体废弃物因堆放、处置不当，也会发生爆炸事故。

（4）溢油事故 这类事故如油田或海上采油平台出现井喷、油轮触礁、油轮与其他船只相撞发生的溢油事故。据统计，在所有海洋石油污染中，与运输活动有关的约占50%，而在此50%之中，约30%与泄漏和事故有关。这类事故所造成的污染严重破坏了海洋生态，使鱼类、海鸟死亡，往往还引起燃烧、爆炸。在国内由炼油厂、油库、油车漏油而引起的油污染也时有发生。2010年7月16日，大连新港输油管道爆炸造成原油泄漏，泄漏量超过1500t，对港口周围430km^2海域造成严重影响，导致多项海洋产业受损，直接经济损失近44.80×10^8元（图7-3）。

图7-3 大连新港原油泄漏事件

（5）非正常大量排放废水造成的污染事故 指当含大量耗氧物质的城市污水或尾矿废水

因垮坝突然泻入水体，致使某一河段、某一区域或流域水体质量急剧恶化的环境污染事故。这类事件一旦发生，耗氧有机物进入水体大量耗氧，COD、BOD_5 浓度大增，致使水中溶解氧很低，鱼虾窒息死亡。同时还使水体发黑发臭，产生有毒的甲烷气、硫化氢、氨氮、亚硝酸盐等，破坏生态环境，给水产养殖业造成重大损失。另外，还给居民饮水、工业用水造成困难。近几年，由于水污染造成渔业损失的纠纷案件屡有发生。1994 年 7 月，2 亿立方米废水非正常泻入淮河，给淮河沿岸近 200 万居民饮水和工农业生产用水造成极大困难，并使 30 余万亩水产养殖业遭受巨大损失。

（二）突发环境事件的分级

2014 年 12 月 29 日，国务院办公厅发布的《国家突发环境污染事件应急预案》将突发环境事件按照严重程度分为特别重大突发环境事件、重大突发环境事件、较大突发环境事件、一般突发环境事件四个级别。

1. 特别重大突发环境事件

凡符合下列情形之一的，为特别重大突发环境事件：

① 因环境污染直接导致 30 人以上死亡或 100 人以上中毒或重伤的。

② 因环境污染疏散、转移人员 5 万人以上的。

③ 因环境污染造成直接经济损失 1 亿元以上的。

④ 因环境污染造成区域生态功能丧失或该区域国家重点保护物种灭绝的。

⑤ 因环境污染造成设区的市级以上城市集中式饮用水水源地取水中断的。

⑥ Ⅰ、Ⅱ类放射源丢失、被盗、失控并造成大范围严重辐射污染后果的；放射性同位素和射线装置失控导致 3 人以上急性死亡的；放射性物质泄漏，造成大范围辐射污染后果的。

⑦ 造成重大跨国境影响的境内突发环境事件。

2. 重大突发环境事件

凡符合下列情形之一的，为重大突发环境事件：

① 因环境污染直接导致 10 人以上 30 人以下死亡或 50 人以上 100 人以下中毒或重伤的。

② 因环境污染疏散、转移人员 1 万人以上 5 万人以下的。

③ 因环境污染造成直接经济损失 2000 万元以上 1 亿元以下的。

④ 因环境污染造成区域生态功能部分丧失或该区域国家重点保护野生动植物种群大批死亡的。

⑤ 因环境污染造成县级城市集中式饮用水水源地取水中断的。

⑥ Ⅰ、Ⅱ类放射源丢失、被盗的；放射性同位素和射线装置失控导致 3 人以下急性死亡或者 10 人以上急性重度放射病、局部器官残疾的；放射性物质泄漏，造成较大范围辐射污染后果的。

⑦ 造成跨省级行政区域影响的突发环境事件。

3. 较大突发环境事件

凡符合下列情形之一的，为较大突发环境事件：

① 因环境污染直接导致 3 人以上 10 人以下死亡或 10 人以上 50 人以下中毒或重伤的。

② 因环境污染疏散、转移人员 5000 人以上 1 万人以下的。

③ 因环境污染造成直接经济损失 500 万元以上 2000 万元以下的。

④ 因环境污染造成国家重点保护的动植物物种受到破坏的。

⑤ 因环境污染造成乡镇集中式饮用水水源地取水中断的。

⑥ Ⅲ类放射源丢失、被盗的；放射性同位素和射线装置失控导致10人以下急性重度放射病、局部器官残疾的；放射性物质泄漏，造成小范围辐射污染后果的。

⑦ 造成跨区的市级行政区域影响的突发环境事件。

4. 一般突发环境事件

凡符合下列情形之一的，为一般突发环境事件：

① 因环境污染直接导致3人以下死亡或10人以下中毒或重伤的。

② 因环境污染疏散、转移人员5000人以下的。

③ 因环境污染造成直接经济损失500万元以下的。

④ 因环境污染造成跨县级行政区域纠纷，引起一般性群体影响的。

⑤ Ⅳ、Ⅴ类放射源丢失、被盗的；放射性同位素和射线装置失控导致人员受到超过年剂量限值的照射的；放射性物质泄漏，造成厂区内或设施内局部辐射污染后果的；铀矿冶、伴生矿超标排放，造成环境辐射污染后果的。

⑤ 对环境造成一定影响，尚未达到较大突发环境事件级别的。

二、突发环境事件的特征

从突发环境事件分析中可以看出，突发环境事件主要有以下特征。

1. 形式的多样性

突发环境事件有核污染事故，农药、有毒化学品污染事故，溢油事故，爆炸事故等多种类型，涉及众多行业与领域。就某一类事故而言，所含的污染因素也比较多，其表现形式也是多样化的。另外，在生产运作的各个环节均有发生污染事故的可能。如有毒化学品，在生产运输、贮存、使用和处置等过程中都有可能引发污染事故。

2. 发生的突然性

一般的环境污染是一种常量的排污，有其固定的排污方式和排污途径，并在一定时间内有规律地排放污染物质。而突发性环境污染事故则不同，它没有固定的排污方式，往往突然发生，始料未及，来势凶猛，有很大的偶然性和瞬时性。

3. 危害的复杂性和严重性

各类突发环境事件的性质、规模、发展趋势各异，自然因素和人为因素互相交叉作用，使产生的危害较为复杂。事故发生瞬间可引起急性中毒、刺激作用，甚至造成群死群伤；进入环境的具有慢性毒害作用、降解很慢的持久性污染物，会对人群产生慢性危害和远期效应。

一般的环境污染多产生于生产过程之中，在短时间内的排污量少，其危害性相对较小，一般不会对人们的正常生活和生活秩序造成严重影响。而突发性环境污染事故，则是瞬时内一次性大量泄漏、排放有毒、有害物质，如果事先没有采取防范措施，在很短时间内往往难以控制，因此其破坏性强，污染损害惨重，不仅会打乱一定区域内人群的正常生活、生产的秩序，还会造成人员伤亡，国家财产的巨大损失以及环境生态的严重破坏。和其他突发公共事件一样，突发环境事件还会给人们心理上造成无法用量化指标衡量的负面效应。

4. 处理处置的艰巨性

造成突发环境事件的有毒有害物质有时难以全部清除，环境无法完全恢复原本状态，需要大量投资、长期整治，有时灾区需要各方面的援助，甚至需要国际社会的救援。污染物在环境中的化学、生物或物理化学的变化不仅可能使更多的环境要素遭受污染，而且可能转变成毒性更大的化学物质，进一步增加处理处置难度。突发性环境污染事故涉及的污染因素较多，一次排放量也较大，发生比较突然，危害强度大，而处理处置这类事故又必须快速及时，措施得当有效。因此，对突发性污染事故的监测、处理处置比一般的环境污染事故的处理，更为艰巨与复杂，难度更大。

三、突发环境事件的危害

突发环境事件发生后，可能会对人身、财产、环境及社会等造成巨大的破坏和影响。

1. 威胁生命与健康

突发环境事件的重要危害之一是会影响相关人员的生命健康。突发环境事件可能引起人体组织器官暂时或永久的功能性、器质性损害，也可能直接造成人员死亡；可能引起急性中毒，也可能引起慢性中毒；不仅影响受害者本人，也可能影响后代；可能致畸，也可能致癌；生物性污染物污染水体，还可能发生大规模的传染病。

2. 造成经济损失

突发性环境事件可以造成直接的经济损失，也有间接经济损失。如，发生水污染事件后，对工业就可能产生增加生产成本、影响产品品质、影响设备使用寿命、缺水性产能损失等方面的影响；对农业经济可能影响到种植业、林业、畜牧业、渔业等方面；对市政工程的影响包括增加城市供水成本、增加城市污染处理运行费用等。此外，还包括用于突发环境事件处理、处置、善后和恢复的经济上的消耗与损失等。

3. 破坏生态环境

突发环境事件或多或少会对生态环境造成不同程度的破坏，严重的还会导致一定区域的生态失衡，致使生态环境难以恢复，造成长期的危害。生态环境损害包括资源损害和环境质量损害。“恢复原状”理念的贯彻是将环境本身损害计算在损失评估和赔偿范围内的最好诠释。突发环境事件的损害往往以环境为媒介，通过污染、破坏环境要素本身而导致环境质量下降和生态功能丧失，进而对受害人人身和财产造成损害，即相对于环境要素受到“直接损害”，由环境污染引起的人身伤害和财产损失显得更“间接”一些。

4. 影响社会安定

突发环境事件发生后，影响人们的正常生活；也会造成社会的局部动荡和混乱，危害社会治安；还会带来相关社会问题；甚至可能引发区域间的污染纠纷。

四、突发环境事件的处理处置

（一）突发环境事件应急处理程序

基于突发环境事件的如上特点，为避免其对环境造成严重污染和破坏，给人民的生命和国家财产造成重大损失，相关部门应做好突发环境事件的预防工作，在突发环境事件发生后，采取相应的应急防范和处理处置措施。突发环境事件应急处置与管理流程见图 7-4。

（二）常见突发环境事件处理技术

突发环境事件应急处理技术分为环境应急监测技术、环境危害应急治理技术、中毒受伤人员应急救援技术三大类。

1. 应急监测技术

环境应急监测技术对迅速确定环境污染事件的性质与规模起着举足轻重的影响，因而也对后续采取的应急救治技术、应急治理技术起决定作用。现场应急监测技术要求快速、广

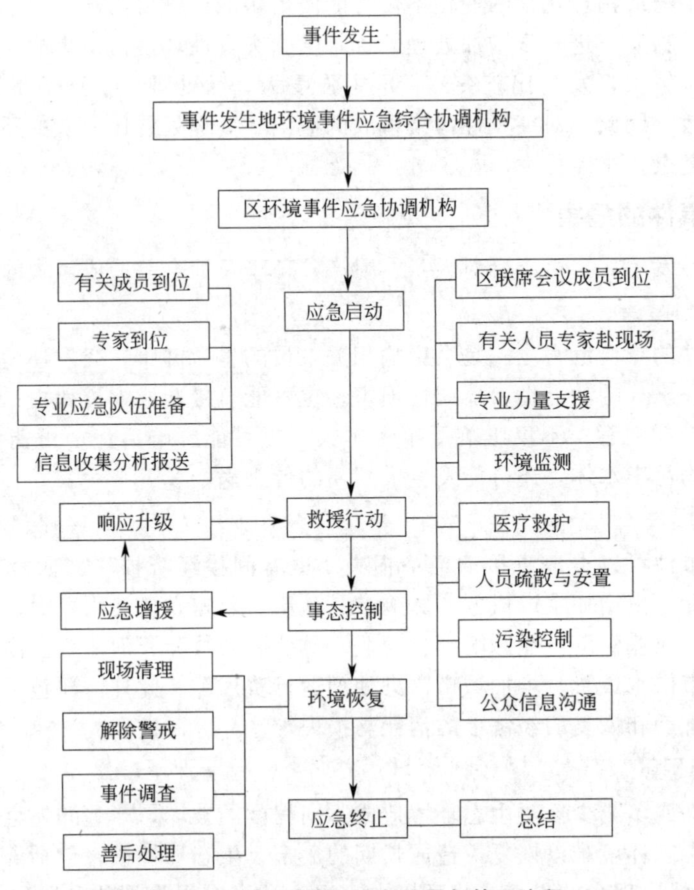

图 7-4 突发环境事件应急处置与管理流程

谱，识别能力强，但不需要很高的精确性和准确性。正规标准的实验室分析方法耗时较长，但能获得精确的数据，对事件定性、后期生态恢复、总结经验有很大作用。现场监测可使用水质检测管或便携式监测仪器等快速检测手段，鉴别鉴定污染物的种类并给出定量、半定量的测定数据。现场无法监测的项目和平行采集的样品，应尽快将样品送回实验室进行检测。跟踪监测一般可在采样后及时送回实验室进行分析。现场应急监测技术和实验室分析技术配合，可以快速、准确地完成应急监测任务，降低突发事件造成的损失。随着经济、技术的发展和应急监测要求的逐步提高，现场应急监测仪器也在逐步改进，由早期的检测管和检测箱到如今的便携式应急监测仪器，分析仪器小型化也逐步实现，为现场监测技术与方法的进步提供了可靠的物质保障。目前较成熟的现场监测分析技术介绍如下。

（1）感官检测法　这是最简易的监测方法，即用鼻、眼、口、皮肤等人体器官感触被检物质的存在，如氰化物具有杏仁味，二氧化硫具有特殊的刺鼻味等。但这种方法直接伤害监测人员，而且很多化学物质是无色无味的，还有许多化学物质的形态、颜色相同，无法区别，所以这只能是一种权宜之计，单靠感官检测是绝对不够的，并且对剧毒物质绝不能用感官方法检测。

（2）动物检测法　利用动物的嗅觉或敏感性来检测有毒有害化学物质，如利用狗的嗅觉特别灵敏来侦查化学毒剂等，利用有些鸟类对有毒有害气体特别敏感来检测有毒物。

植物监测器

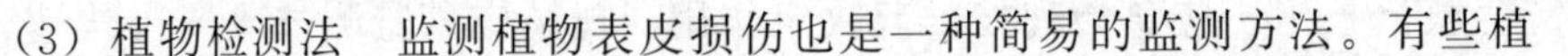
（3）植物检测法　监测植物表皮损伤也是一种简易的监测方法。有些植

物对某些大气污染很敏感，如：氟化氢污染叶片后其伤斑呈环带状，分布在叶片的尖端和边缘，并逐渐向内发展；光化学烟雾使叶片背面变成银白色或古铜色，叶片正面出现一道横贯全叶的坏死带。利用植物这种特有的“症状”，可为环境污染的监测和管理提供旁证。

（4）试纸法　试纸法可给出某化合物是否存在的信息，以及是否超过某一浓度的信息，它的测量范围为 1～10000mg/L 。把滤纸浸泡在化学试剂中后，晾干，裁成长条、方块等形状，装在密封的塑料袋或容器中，如 pH 试纸。使用时，取试纸条，浸入被测溶液中，过一定时间后取出，与标准比色板比较即可得到测试结果。试纸的缺点是有些化学试剂在纸上的稳定性较差，测量误差较大，主要用于高浓度污染物的测定。

测试条（棒）用于半定量测定离子及其他化合物，实际应用时遵循“浸入—停片刻—读数”程序，试纸的显色依赖于待测物的浓度，与色阶比较即可得到待测物的浓度值。半定量测试条（棒）的测量范围为 0.6～3000mg/L。

（5）侦检粉或侦检粉笔法　侦检粉主要是一些染料，如用石英粉作为载体，加入德国汗撒黄、永久红 B 和苏丹红等染料混匀，遇芥子气泄漏时显蓝红色。侦检粉的优点是使用简便、经济、可大面积使用，缺点是专一性不强、灵敏度差、不能用于大气中有害物质的检测。

侦检粉笔是一种将试剂和填充料混合、压成粉笔状便于携带的侦检器材，它可以直接涂在物质表面或削成粉末撒在物质表面进行检测。如用氯胺 T 和硫酸钡为主要试剂制成的侦检粉笔可检测氯化氰，划痕处由白色变红、再变蓝，灵敏度达 5×10^{-6}。侦检粉笔在室温下可保存三年。侦检粉笔由于其表面积较小，减少了和外界物质作用的机会，通常比试纸稳定性好，也便于携带。其缺点是反应不专一，灵敏度较差。

（6）侦检片法　大部分是用滤纸浸泡或制成锭剂夹在透明的薄塑料片中密封制成。检测时，置于样品中，然后观察颜色的变化。与试纸相似，只是包装形式不同，稳定性有所改善。

（7）检测管法　包括检测试管法、直接检测管法（速测管法）和吸附检测管法。

① 检测试管法。该法是将试剂封在毛细玻璃管中，再将其组装在一支聚乙烯软塑料试管中，试管口用一带微孔的塞子塞住。使用时先将试管用手指捏扁，排出管中空气插入水样中，放开手指便自动吸入水样，再将试管中的毛细试剂管捏碎，数分钟内显色，与标准色板比较以确定污染物的浓度。

② 直接检测管法（速测管法）。该法是将检测试剂置于一支细玻璃管中，两端用脱脂棉或玻璃棉等堵塞，再将两端熔封。使用前将检测管两端割断，浸入一定体积的被测水样中，利用毛细作用将水样吸入，也可连接唧筒抽入水样或空气样，观察颜色的变化或比较颜色的深浅和长度，以确定污染物的类别和含量。

③ 吸附检测管法。该法是将一支细玻璃管的前端置吸附剂，后端放置用玻璃安培瓶装的试剂，中间用玻璃棉等惰性物质隔开，两端用脱脂棉或玻璃棉等堵塞，再将两端熔封。使用前将检测管两端割开，用唧筒抽入水样或空气样使其吸附在吸附剂上，再将试剂安培瓶破碎，让试剂与吸附剂上的污染物作用，观察吸附剂的颜色变化，与标准色板比较以确定污染物的浓度。

（8）化学比色法　该法是简易监测分析中常用方法之一。比色法利用化学反应显色原理进行分析，其优点是操作简便，反应较迅速，反应结果都能产生颜色或颜色变化，便于目视或利用便携式分光光度计进行定量测定。由于器材简单、监测成本低，所以易于推广使用。但比色法的选择性较差，灵敏度有一定的限制。

按测试组件分显色比色法和滴定法。比色法基于待测物与某特定试剂可进行显色反应的特性，通过目视比色（与标准色阶对比）即可获得待测物的浓度值。而那些难以或不可能发生显色反应的待测物，则可采用滴定法分析。

（9）便携式仪器分析法　这是近年来发展最快的领域，不仅包括用于专项测定的袖珍式检测器，而且也发展了具有多组分监测能力的综合测试仪器。通过针对常规光度计、光谱分析仪器、电化学分析仪、色谱分析仪等的小型化，已出现了多种多样的适于现场快速监测分析的便携式仪器（图 7-5～图 7-8）。

图 7-5　便携式红外光谱仪

图 7-6　便携式气-质联用仪

图 7-7　便携式荧光分析仪

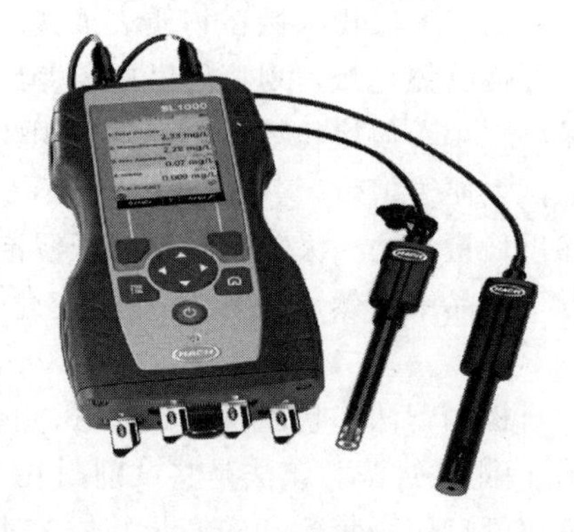

图 7-8　便携式水质多参数测定仪

① 便携式光学分析技术。将光谱技术便携化、小型化，目前已有便携式紫外-可见吸收技术、便携式红外光谱仪技术、便携式荧光光谱技术、便携式原子吸收技术、便携式散射技术、便携式反射技术等产品可应用于现场快速检测。

便携式紫外-可见吸收法主要是利用便携式紫外-可见分光光度计并根据吸收光谱上某些特征波长处的吸光度的高低来判别或测定该物质的含量。由于仪器体积较小、重量较轻、携带方便、操作简单等原因在环境突发事件的监测中被广泛使用。

便携式红外光谱仪技术是通过红外吸收光谱确定化合物的官能团，从而确定化合物的类别，推测简单化合物的分子结构和进行化合物的定量分析。红外光谱仪可以检测很多种气体，特别是在恶臭气体和挥发性有毒有害气体的检测中发挥很大作用。此外，还有专门用于分析液体样品、固体粉末或胶体样品的便携式红外光谱仪。

荧光分析法灵敏度高、选择性好，随着光谱仪的智能化、便携化，荧光分析法能够测定的项目逐渐增加，已有便携式荧光仪、便携式荧光溶氧仪、便携式荧光农药检测仪及便携式重金属 X 荧光分析仪等产品应用于环境污染快速检测。

② 便携式气相色谱技术。便携式气相色谱技术通过给色谱仪配备不同类型的检测器，

可实现对无机有害气体（如 AsH_3、PH_3、H_2S）、有机气体（如烷烃类、芳香烃类、醛类、酮类、醇类、醚类及有机磷）和其他有机污染物（如卤代烃、氯代苯类）等多种污染物的现场快速检测。

③ 便携式离子色谱技术。便携式离子色谱是将离子色谱仪的泵、检测器、柱箱等集成化、小型化。目前的便携式离子色谱分析仪，可对 F^-、Cl^-、Br^-、NO_2^-、PO_4^{3-}、NO_3^-、SO_4^{2-} 及 Li^+、Na^+、NH_4^+、K^+、Ca^{2+}、Mg^{2+} 等多种阴阳离子进行现场快速检测。

④ 便携式气-质联用技术。气相色谱具有极强的分离能力，但它对未知化合物的定性能力较差；质谱对未知化合物具有独特的鉴定能力，且灵敏度极高，但它要求被检测组分一般是纯化合物。气质联用，扬长避短，既弥补了气相色谱只凭保留时间难以对复杂化合物中未知组分做出可靠的定性鉴定的缺点，又利用了鉴别能力很强且灵敏度极高的质谱作为检测器，分辨能力高，分析过程简便快速，能够现场给出气体、水体和土壤中未知挥发或半挥发污染物的定性及定量检测结果。

⑤ 便携式电化学仪技术。便携式电化学技术灵敏度高、应用范围广、准确度高、仪器便携、信号处理简单，主要包括便携式溶出伏安仪检测技术、离子选择性电极检测技术、电化学生物传感器技术等。目前，已有大量的单项目或多项目污染物电化学检测仪器投入实际污染事故中的应用。

（10）快速生物应急监测技术　单纯的化学分析无法全面评价环境的质量，而生物监测就更直观、客观、综合和历史可溯源。快速生物应急监测技术主要包括生物综合毒性检测技术和粪大肠菌群快速检测技术。

在突发环境事件应急监测工作中，生物综合毒性检测技术能快速评价污染物的综合毒性，并间接反映污染物对人体健康或环境安全的危害。

快速检测粪大肠菌群酶底物法，操作简单，检测时间短，无须确认实验，不需要专门的无菌间，在条件较差的地方也能应用。该方法使用的试剂可提供选择性杂菌抑制，能有效避免传统方法产生的假阳性反应，非常适合应急监测需求。

（11）免疫分析法　这是一种较新的现场快速分析方法。其特点是选择性好、灵敏度高，目前已用于农药残留而引起的环境化学污染事故的现场分析。

（12）遥感探测法　利用物质对光波的吸收、反射特性快速识别物质的方法（图 7-9）。

（13）应急监测车（组合式流动实验室）　应急监测车（图 7-10）的整体和基本性能要求有：

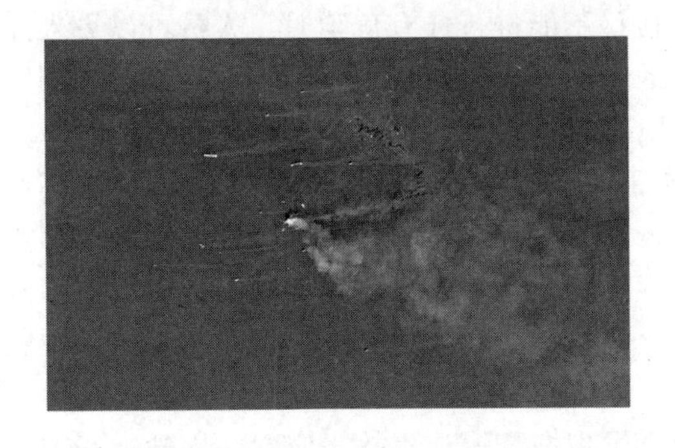

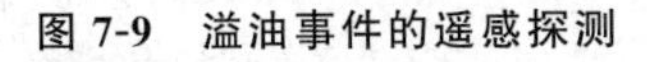

图 7-9　溢油事件的遥感探测

图 7-10　应急监测车

① 可靠的生命保障系统，如车辆机动性能、个人防护性能、应急急救性能等；

② 独立的实验室工作保障系统，如通风、用水、供气、双路供电等以及合理的空间布局和良好的实验操作平台，耐磨、防腐蚀、密封性良好的表面材料；

③ 现场快速分析样品能力，配备相关检测仪器（如便携式固体、液体应急检测仪器，便携式气体应急检测仪，化学污染物应急检测箱，车载式气相色谱仪，便携式色谱-质谱联用仪，便携式放射性分析仪，袖珍式射线分析仪等），以及检测仪器能正常工作的基本条件；

④ 便携式数据处理系统以及双路通信传输系统，另外，应具有 GPS 定位系统，气象系统（包括风向、风速、温度、湿度、气压、伸缩气象杆）。

（14）应急监测技术的选择　为迅速查明突发环境事件污染物的种类、污染程度和范围以及污染发展趋势，在已有调查资料的基础上，应充分利用现场快速监测方法和实验室现有的分析方法进行鉴别、确认，通常的思路有以下几点。

① 对于环境空气污染事故，应优先考虑采用气体检测管、便携式气体检测仪法、便携式气相色谱法、便携式红外光谱法和便携式气相色谱-质谱联用仪法等。同时，还可从现有的环境空气自动监测站和污染源排气在线连续自动监测系统获得相关监测信息。

② 对于地表水、地下水、海水和土壤环境污染事故，应优先考虑选用检测试纸法、水质检测管法、化学比色法、便携式分光光度计法、便携式综合水质检测仪器法、便携式电化学检测仪器法、便携式气相色谱法、便携式红外光谱法和便携式气相色谱-质谱联用仪器法等。同时，还可从现有的地表水水质自动监测站和污染源排水在线连续自动监测系统获得相关监测信息。

③ 对于无机污染物，应优先考虑选用检测试纸法、气体或水质检测管法、便携式气体检测仪、化学比色法、便携式分光光度计法、便携式综合检测仪器法、便携式离子选择电极法及便携式离子色谱法等。

④ 对于有机污染物，应优先考虑选用气体或水质检测管法、便携式气相色谱法、便携式红外光谱仪法、便携式质谱仪和便携式色谱-质谱联用仪法等。

⑤ 对于现场不能分析的污染物，应快速采集样品，尽快送至实验室采用国家标准方法、统一方法或推荐方法进行分析。必要时，可采用生物监测方法对样品的毒性进行综合测试。

2. 应急治理技术

应急治理技术主要是为了迅速消除环境危害，降低事件的影响范围和时间而采取的环境污染治理技术措施。常见的突发环境事件应急治理技术如下所述。

（1）应急隔离技术

① 应急隔离。应急隔离包括人员的隔离和财产的隔离。保护人的生命安全是第一位的，发生突发环境事件后人员可以异地转移，当异地转移不能进行或有危险时，人员可以进入建筑物等其他设施内就地保护。在时间和安全允许的情况下，尽量把没有被污染的或毁坏的财产隔离转移，可以原地设保护墙隔离或搬走异地隔离。

② 固体物覆盖法。对于有毒化学品泄漏、扩散事件，可用干燥石灰、炭、砂土或其他惰性材料进行覆盖，也可以采用冷冻剂冷冻，阻隔污染物，防止二次污染，避免污染范围扩大蔓延，污染大气和周围的居民、设施。若是有毒有害物质，应设法在覆盖物中加入能够降低其毒性和危害程度的化学制剂。若是酸性或碱性的腐蚀性污染物，应在覆盖物中加入中和剂，控制 pH 值在 6～9 之间。

对于易燃易爆危险品泄漏、爆炸事件，为防止发生燃烧爆炸事故，应立即用砂土一类的固体进行覆盖隔离，远离火源，使其不能与其他物质发生混合反应。若物品已经燃烧，应使用干粉、水泥粉强行窒息灭火。

③ 堵漏与围栏法。污染事故发生后，必须采取强制手段实施泄漏源止漏，能关阀的要强行关阀止漏，不能关阀的要设法堵漏，尽快从源头上控制住。常用的堵漏方法如表 7-1

所列。

表 7-1 堵漏方法

部位	形式	方法
罐体	砂眼	使用螺钉加黏合剂旋进堵漏
	缝隙	使用外封式堵漏袋、电磁式堵漏工具组、粘贴式堵漏密封胶(适用于高压)、潮湿绷带冷凝法或堵漏夹具、金属堵漏锥堵漏
	孔洞	使用各种木楔、堵漏夹具、粘贴式堵漏密封胶(适用于高压)、金属堵漏锥堵漏
	裂口	使用外封式堵漏袋、电磁式堵漏工具组、粘贴式堵漏密封胶(适用于高压)
管道	砂眼	使用螺钉加黏合剂旋进堵漏
	缝隙	使用外封式堵漏袋、电磁式堵漏工具组、粘贴式堵漏密封胶(适用于高压)、潮湿绷带冷凝法或堵漏夹具
	孔洞	使用各种木楔、堵漏夹具、粘贴式堵漏密封胶(适用于高压)堵漏
	裂口	使用外封式堵漏袋、电磁式堵漏工具组、粘贴式堵漏密封胶(适用于高压)堵漏
阀门		使用阀门堵漏工具组、注入式堵漏胶、堵漏夹具堵漏
法兰		使用专用法兰夹具、注入式堵漏胶堵漏

已流出污染物处置时可采用围栏收容法。若泄漏事故发生在海上，可设浮游围栏，把泄漏物堵截在固定区域内再进行海上打捞（图 7-11）；若泄漏事故发生在陆地上，可根据地形地势、泄漏物流动情况，修筑围堤栏或挖掘沟槽堵截、收容泄漏物，避开河流、小溪等水源地。对于大型液体泄漏，收容后可选择用泵将泄漏的物料抽入容器内或槽车内进一步处置。

图 7-11 围栏法处理海上溢油

(2) 应急转移技术

① 吸附。吸附法是利用比表面积较大的活性炭、膨润土、吸附树脂、沙土、石灰等吸附材料将污染物质从环境介质中吸附分离的方法。吸附处理方法在突发环境事件中应用较广泛，效果也较好。

② 稀释。稀释处理既不能把污染物分离，也不能改变污染物的化学性质，而是通过混入稀释介质降低污染物浓度。如废水稀释法，可以采用水体（江、河、湖、海）稀释法和废水稀释法两类。

(3) 应急转化技术　转化处理是通过化学的或生物化学的作用改变污染物的化学本性，使其转化为无害的物质或可分离的物质，然后再进行分离处理的过程。转化处理又分成化学转化、生物化学转化和消毒转化三种基本类型。

3. 应急救援技术

应急救援技术对尽量减少环境污染事件造成的人员伤亡起关键作用，它包括现场紧急救治与医疗机构专业急救两个方面。

（三）突发环境事件善后处置与恢复

突发环境事件经过应急处理达到下列三个条件，就可由应急委员会宣布应急状态结束，进入善后处置阶段。

a. 根据应急指挥部的建议，并确信污染事故已经得到控制，事故装置已处于安全状态。

b. 有关部门已采取并继续采取保护公众免受污染的有效措施。

c. 已责成或通过了有关部门制订和实施环境恢复计划，环境质量正处于恢复之中时，事故现场得以控制，环境符合有关标准，导致次生、衍生事故隐患消除后，经现场应急救援指挥部确认和批准，现场应急处理工作结束，应急救援队伍撤离现场。

1. 现场的恢复和善后处置

现场恢复指事故现场恢复到相对稳定、安全的基本状态。事故现场抢险救援工作结束后，应急组织机构应迅速组织有关部门和单位做好伤亡人员救治、慰问及善后处理；及时清理现场，迅速抢修受损设施，尽快恢复正常工作和生活秩序。

突发性事件发生后由当地政府牵头，安监、公安、民政、环保、劳动和社会保障、工会等相关部门参加，组成善后处置组，全面开展损害核定工作，并及时收集、清理和处理污染物，对事件情况、人员补偿、重建能力、可利用资源等做出评估，制订补偿标准和事后恢复计划，并迅速实施。善后处置事项包括如下几项：

a. 组织实施环境恢复计划。

b. 继续监测和评价环境污染状况，直至基本恢复。

c. 有必要时，对人群和动植物的长期影响做跟踪监测。

d. 评估污染损失，协调处理污染赔偿和其他事项。

2. 生态恢复

重大的突发环境事件，对生态环境的破坏程度很大，往往造成一定区域的生态失衡，有时甚至可能造成长期的危害。生态恢复，即通过人工的方法，参照自然规律创造良好的环境，恢复天然的生态系统，主要是重新创造、引导或加速自然演化过程。生态恢复方法包括物种框架法和最大生物多样性法。

物种框架法是指在距离天然林不远的地方，建立一个或一群物种，作为恢复生态系统的基本框架，这些物种通常是植物群落中的演替早期阶段物种或演替中期阶段物种。这个方法的优点是只涉及一个（或少数几个）物种的种植，生态系统的演替和维持依赖于当地的种源来增加物种和生命，并实现生物多样性。这种方法最好是在距离现存天然生态系统不远的地方使用，如现存天然斑块之间建立联系和通道时采用。

最大生物多样性方法指尽可能按照该生态系统退化前的物种组成及多样性水平种植进行恢复，需要大量种植演替成熟阶段物种，忽略先锋物种。这种方法适合于小区域高强度人工管理的地区，例如城市地区和农业区的人口聚集区。这种方法要求高强度的人工管理和维护，因为很多演替成熟阶段的物种生长慢，而且经常需要补植大量植物，因此需要的人工比较多。

第二节　突发环境事件的应急监测

一、应急监测概述

应急监测是突发环境事件发生后至应急响应终止前，对污染物、污染物浓度、污染范围及其动态变化进行的监测。应急监测包括污染态势初步判别和跟踪监测两个阶段。污染态势初步判别是突发环境事件应急监测的第一阶段，是突发环境事件发生后，确定污染物种类、监测项目及大致污染范围和污染程度的过程。跟踪监测是突发环境事件应急监测的第二阶段，指污染态势初步判别阶段后至应急响应终止前，开展的确定污染物浓度、污染范围及其动态变化的环境监测活动。

（一）应急监测的作用

现场应急监测的作用包括以下几方面。

现场应急监测的作用

1. 对事故特征予以表征

能迅速提供污染事故的初步分析结果，如污染物的释放量、形态及浓度，估计向环境扩散的速率、受污染的区域和范围、有无叠加作用、降解速率以及污染物的特点（包括毒性、挥发性、残留性）等。

2. 为制订处置措施快速提供必要的信息

鉴于突发性环境化学污染事故所造成的严重后果，应根据初步分析结果，迅速提出适当的应急处理处置措施，或者能为决策者及有关方面提供充分的信息，以确保对事故做出迅速有效的应急反应，将事故的有害影响降至最低程度。因此，必须保证所提供的监测数据及其他信息的高度准确和可靠。有关鉴定和判断污染事故严重程度的数据质量尤为重要。

3. 连续、实时地监测事故的发展态势

这对于评估事故对公众和环境卫生的影响以及整个受影响地区产生的后果随时间的变化，对于污染事故的有效处理是非常重要的。这是因为在特定形势下的情况变化，必须对原拟定要采取的措施进行实时的修正。

4. 为实验室分析提供第一信息源

有时要确切地弄清楚事故所涉及的是何种化学物质是很困难的，此时现场监测设备往往是不够用的，但根据现场测试结果，可为进一步的实验室分析提供许多有用的第一信息源，如正确的采样地点、采样范围、采样方法、采样数量及分析方法等。

5. 为环境污染事故后的恢复计划提供充分的信息和数据

鉴于污染事故的类型、规模、污染物的性质等千差万别，所以试图预先建立一种确定的环境恢复计划意义不大。而现场监测系统可为特定的环境化学污染事故后的恢复计划及其修改和调整不断提供充分的信息和数据。

6. 为事故的评价提供必需的资料

对一切环境污染事件，进行事故后的报告、分析和评价，能为将来预防类似事故的发生或发生后的处理处置措施提供极为重要的参考资料。可提供的信息包括污染物的名称、性质（有害性、易燃性、爆炸性等）、处理处置方法、急救措施及解毒剂等。

（二）应急监测的要求

事故发生后，监测人员应携带必要的简易快速检测器材和采样器材及安全防护装备尽快赶赴现场。根据事故现场的具体情况立即布点采样，利用检测管和便携式监测仪器等快速检测手段鉴别、鉴定污染物的种类，并给出定量或半定量的监测结果。现场无法鉴定或测定的项目应立即将样品送回实验室进行分析。根据监测结果，确定污染程度和可能污染的范围并提出处理处

应急监测的要求

置建议，及时上报有关部门。由于环境化学污染事故的污染程度和范围具有很强的时空性，所以对污染物的监测必须从静态到动态、从地区性到区域性乃至更大范围的实时现场快速监测，以了解当时当地的环境污染状况与程度，并快速提供有关的监测报告和应急处理处置措施。为了达到这一目的应急监测有如下几点要求。

① 现场监测要求立刻回答"是否安全"这样的问题，所以分析方法应快速、分析结果直观、易判断，必须是最一般性的监测技术，以便达到更快地动用各种仪器设备，迅速有效地进行较全面的现场应急监测的目的。

② 能迅速判断污染物种类、浓度、污染范围，所以分析方法最好具有快速扫描功能，并具有较好的灵敏度、准确度和再现性。

③ 当发生污染事故时，环境样品可能很复杂且浓度分布极不均匀。因此，分析方法的选择性及抗干扰能力要好。

④ 由于污染事故时空变化大，所以要求监测器材要轻便、易于携带，采样与分析方法应满足随时随地均可测试的现场监测要求。

⑤ 试剂用量少、稳定性要好。

⑥ 不需采用特殊的取样和分析测量仪器，不需电源或可用电池供电。

⑦ 测量器具最好是一次性使用的，避免用后进行刷洗、晾干、收存等处理工作。

⑧ 简易检测器材的成本要低、价格要便宜，以利于推广。

（三）应急监测的启动及工作原则

1. 及时性

接到应急响应指令时，应做好相应记录并立即启动应急监测预案，开展应急监测工作。

2. 可行性

突发环境事件发生后，应急监测队伍应立即按照相关预案，在确保安全的前提下，开展应急监测工作。突发环境事件应急监测预案内容包括但不限于总则、组织体系、应急程序、保障措施、附则、附件等部分，具体内容由生态环境监测机构根据自身组织管理方式细化。

3. 代表性

开展应急监测工作，应尽可能以足够的时空代表性的监测结果，尽快为突发环境事件应急决策提供可靠依据。在污染态势初步判别阶段，应以第一时间确定污染物种类、监测项目、大致污染范围及程度为工作原则；在跟踪监测阶段，应以快速获取污染物浓度及其动态变化信息为工作原则。

（四）应急监测流程

突发环境事件应急监测流程见图 7-12。

二、污染态势初步判别

（一）现场调查

1. 现场调查原则

迅速通过各种渠道收集突发环境事件相关信息，初步了解污染物种类、污染状况及可能污染范围及程度。

2. 现场调查内容

现场调查可包括如下内容：事件发生的时间和地点，必要的水文气象及地质等参数，可能存在的污染物名称及排放量，污染物影响范围，周围是否有敏感点，可能受影响的环境要

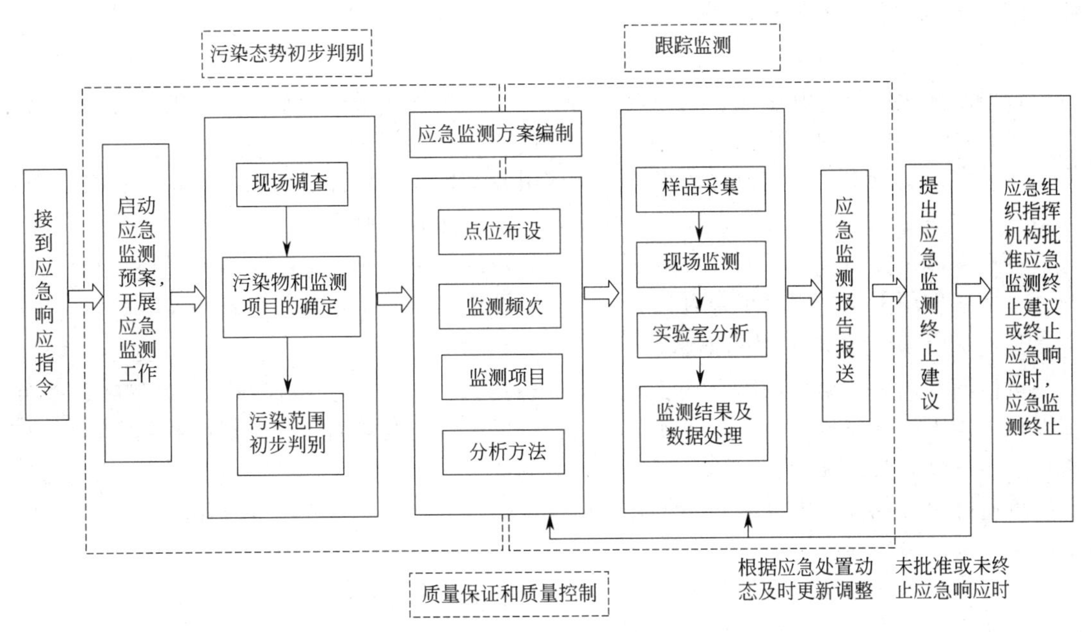

图 7-12　突发环境事件应急监测流程

素及其功能区划等；污染物特性的简要说明；其他相关信息（如盛放有毒有害污染物的容器、标签等信息）。突发环境事件应急监测现场调查信息见表 7-2。

表 7-2　突发环境事件应急监测现场调查信息表

单位名称			
突发环境事件地点(如涉水需明确水体名称)		地理坐标	东经： 北纬：
到达现场时间		气象参数	风向：　风速： 温度：　大气压： 降水：
纳污水体水文情况	流向：　流速(量)：	防护措施	
调查人员	记录人：		
突发环境事件发生时间、起因、受影响环境要素及大致范围			
主要污染物、特性及流失量			
环境敏感点情况			
可能的伴生物质、衍生污染物或次生污染物			
现场初步判别结果(特征污染物和监测项目)			
现场环境及敏感点示意图	北		
其他相关信息			

（二）污染物和监测项目的确定

1. 污染物和监测项目的确定原则

优先选择特征污染物和主要污染因子作为监测项目，根据污染事件的性质和环境污染状况确认在环境中积累较多、对环境危害较大、影响范围广、毒性较强的污染物，或者为污染事件对环境造成严重不良影响的特定项目，并根据污染物性质（自然性、扩散性或活性、毒性、可持续性、生物可降解性或积累性、潜在毒性）及污染趋势，按可行性原则（尽量有监测方法、评价标准或要求）进行确定。

2. 已知污染物监测项目的确定

根据已知污染物及其可能存在的伴生物质，以及可能在环境中反应生成的衍生污染物或次生污染物等确定主要监测项目。

对固定污染源引发的突发环境事件，了解引发突发环境事件的位置、设备、材料、产品等信息，采集有代表性的污染源样品，确定特征污染物和监测项目。

对移动污染源引发的突发环境事件，了解运输危险化学品或危险废物的名称、数量、来源、生产或使用单位，同时采集有代表性的污染源样品，确定特征污染物和监测项目。

3. 未知污染物监测项目的确定

可根据现场调查结果，结合突发环境事件现场的一些特征及感官判断，如气味、颜色、挥发性、遇水的反应特性、人员或动植物的中毒反应症状及对周围生态环境的影响，初步判定特征污染物和监测项目。

可通过事件现场周围可能产生污染的排放源的生产、运输、安全及环保记录，初步判定特征污染物和监测项目。

可利用相关区域或流域的环境自动监测站和污染源在线监测系统等现有仪器设备的监测结果，初步判定特征污染物和监测项目。

可通过现场采样分析，包括采集有代表性的污染源样品，利用监测试纸、快速检测管、便携式监测仪器、流动式监测平台等快速监测手段，初步判定特征污染物和监测项目。若现场快速监测方法的定性结果未检出，需进一步采用不同原理的其他方法进行确认。

可现场采集样品（包括有代表性的污染源样品）送实验室分析，确定特征污染物和监测项目。

4. 初步判别方法的选用

为迅速查明突发环境事件污染物的种类（或名称）、污染程度和范围以及污染发展趋势，在已有调查资料的基础上，充分利用现场快速监测方法和实验室现有的分析方法进行鉴别、确认。

可采用检测试纸、快速检测管、便携式监测设备、移动监测设备（车载式、无人机）及遥感等多手段监测技术方法；现有的空气自动监测站、水质自动监测站和污染源在线监测系统等在用的监测方法；现行实验室分析方法。

当上述分析方法不能满足要求时，可根据各地具体情况和仪器设备条件，选用其他适宜的方法。

（三）污染范围及程度初步判别

根据现场调查收集的基础数据、文献资料以及分析结果，借助遥感、地理信息系统、动力学模型等技术方法，必要时可依靠专家支持系统，初步判别突发环境事件可能影响的时空范围、污染程度。

三、应急监测方案的制订

为保障应急监测的实施，必须在统一领导、综合协调、分级负责等原则基础上制订完善的应急监测预案，充分调动本单位监测能力，整合本单位的监测资源，实现监测工作的平战结合，在不影响或不严重影响日常监测业务的情况下最大程度地发挥应急监测作用。突发环境事件发生后，应在预案基础上根据污染态势初步判别结果，编制跟踪监测阶段的应急监测方案。

应急监测方案包括但不限于突发环境事件概况、监测布点及距事发地距离、监测断面（点位）经纬度及示意图、监测频次、监测项目、监测方法、评价标准或要求、质量保证和质量控制、数据报送要求、人员分工及联系方式、安全防护等方面的内容。

应急监测方案应根据相关法律、法规、规章、标准及规范性文件等要求进行编写，并在突发环境事件应急监测过程中及时更新调整。

（一）点位布设

1. 布点原则

采样断面（点）的设置一般以突发环境事件发生地及可能受影响的环境区域为主，同时应注重人群和生活环境、事件发生地周围重要生态环境保护目标及环境敏感点，重点关注对饮用水水源地、人群活动区域的空气、农田土壤、自然保护区、风景名胜区及其他需要特殊保护的区域的影响，合理设置监测断面（点），判断污染团（带）位置，反映污染变化趋势，了解应急处置效果。应根据突发环境事件应急处置情况动态及时更新调整布设点位。

对被突发环境事件所污染的地表水、大气、土壤和地下水应设置对照断面（点）、控制断面（点），对地表水和地下水还应设置削减断面（点），布点要确保能够获取足够的有代表性的信息，同时应考虑采样的安全性和可行性。

对突发环境事件固定污染源和移动污染源的应急监测，应根据现场的具体情况布设采样断面（点）。

2. 采样断面（点）的布设

水和废水、空气和废气、土壤和固体废物等采样断面（点）的布设可参照 HJ/T 91《地表水和污水监测技术规范》、HJ 91.1《污水监测技术规范》、HJ 164《地下水环境监测技术规范》、HJ 493《水质样品的保存和管理技术规定》、HJ 494《水质采样技术指导》、HJ 193《环境空气气态污染物 SO_2、NO_2、O_3、CO 连续自动监测系统安装验收技术规范》、HJ 194《环境空气质量手工监测技术规范》、HJ/T 55《大气污染物无组织排放监测技术导则》、HJ/T 166《土壤环境监测技术规范》和 HJ/T 20《工业固体废物采样制样技术规范》等标准及本书第三章、第四章、第六章相关内容进行。

3. 采样断面（点）的编号

采样断面（点）应当设置编号。因应急监测方案调整变更采样断面（点）的，在原断面（点）之间的新设断面（点）应依序以下级编号形式插号。

（二）监测频次

监测频次主要根据现场污染状况确定。事件刚发生时，监测频次可适当增加，待摸清污染变化规律后，可适当减少监测频次。依据不同的环境区域功能和现场具体污染状况，力求以最合理的监测频次，取得有足够时空代表性的监测结果，做到既有代表性、能满足应急工作要求，又切实可行。

（三）监测项目

监测项目设置参照污染态势初步判别中污染物和监测项目的确定。

（四）应急监测方法

应急监测方法的选择以支撑环境应急处置需求为目标，根据监测能力、现场条件、方法优缺点等选择适宜的监测方法，保障监测效率和数据质量。

在满足环境应急处置需要的前提下，优先选择国家或行业标准规定的监测方法，同一应急阶段尽量统一监测方法。

样品不易保存或处于污染追踪阶段时，优先选用现场快速测定方法。采用现场快速测定方法测定的结果应在监测报告中注明。对于现场快速测定方法，除了自校准或标准样品测定外，亦可采用与不同原理的其他方法进行对比确认等方式进行质量控制。

可利用相关环境质量自动监测系统和污染源在线监测系统等作为补充监测手段。

（五）评价标准或要求

突发环境事件应急监测按照相关生态环境质量标准、生态环境风险管控标准、污染物排放标准或其他相关标准进行评价。若所监测项目尚无评价标准，可参考国内外及国际组织的相关评价标准或要求，并在方案和报告中注明。

四、跟踪监测

（一）样品采集

1. 采样准备及记录

根据突发环境事件应急监测方案制订有关采样计划，包括采样人员及分工、采样器材、安全防护设备设施、必要的简易快速检测器材等。必要时，根据事件现场具体情况制订更详细的采样计划。

采样器材主要包括采样器和样品容器，常见的采样器材材质及洗涤要求可参照相应的大气、水、土壤等监测技术规范，有条件的应专门配备一套用于应急监测的采样设备。此外，还可以利用当地的大气或水质自动在线监测设备、无人机（船）等新型采样设备进行采样。

现场采样记录应如实记录并在现场完成，内容全面，可充分利用常规例行监测表格进行规范记录，至少应包括如下信息：

① 采样断面（点）地理信息及点位布设图，如有必要对采样断面（点）及周围情况进行现场录像和拍照，特别注明采样断面（点）所在位置的标识性构筑物如建筑物、桥梁等名称；

② 必要的水文气象及地质等参数、周围环境敏感点信息及样品感官特征；

③ 监测项目、采样事件、样品数量、空白及平行样等信息；

④ 采样人员及校核人员的签名。

2. 采样方法及采样量的确定

应急监测通常采集瞬时样品，对多个监测断面（点）应在同一时间采样。采样量根据分析项目及分析方法确定，采样量还应满足留样要求。

具体采样方法及采样量可参照 HJ/T 91《地表水和污水监测技术规范》、HJ 91.1《污水监测技术规范》、HJ 164《地下水环境监测技术规范》、HJ 493《水质样品的保存和管理技术规定》、HJ 494《水质采样技术指导》、HJ 193《环境空气气态污染物 SO_2、NO_2、O_3、CO 连续自动监测系统安装验收技术规范》、HJ 194《环境空气质量手工监测技术规范》、HJ/T 55《大气污染物无组织排放监测技术导则》、HJ/T 166《土壤环境监测技术规范》和 HJ/T 20《工业固体废物采样制样技术规范》等标准及本章第一节“四（二）常见突发环境事件处理技术”中相关内容进行。

3. 样品管理

样品管理的目的是保证样品的采集、保存、运输、接收、分析、处置工作有序进行，确保样品在传递过程中始终处于受控状态。

样品应以一定的方法进行分类，如可按环境要素或其他方法进行分类，并在样品标签和现场采样记录单上记录相应的唯一性标识。样品标识至少应包含样品编号、采样点位、监测项目、采样时间、采样人等信息。有毒有害、易燃易爆样品特别是污染源样品应用特别标识（如图案、文字）加以注明。除现场测定项目外，对需送实验室进行分析的样品，根据不同样品的性状和监测项目，应选择合适的存放容器和样品保存方法。尽量避免样品在保存和运输过程中发生变化。对易燃易爆及有毒有害的应急样品，应分类存放，保证安全。

对需送实验室进行分析的样品，应及时送实验室进行分析，避免样品在保存和运输过程中发生变化。对含有易挥发性的物质或高温下不稳定物质的样品，应低温保存运输。样品运输前应将样品容器内、外盖（塞）盖（塞）紧。装箱时应安全分隔以防样品破损和倒翻。每个样品箱内应有相应的样品采样记录单或送样清单，应有专门人员运送样品并填写样品交接记录单。对有毒有害、易燃易爆或性状不明的应急监测样品，特别是污染源样品，送样人员在送实验室时应告知接样人员样品的危险性，接样人员同时向实验室人员说明样品的危险性，实验室分析人员在分析时应注意安全。

样品应在保存期内留存。对含有剧毒或大量有毒、有害化合物的样品，特别是污染源样品，应按相关要求妥善处置。

（二）现场监测

1. 现场监测仪器设备

现场监测仪器设备的选用宜以便携式、直读式、多参数的现场监测仪器为主，要求能够通过定性半定量的监测结果，对污染物进行快速鉴别、筛查及监测。

可根据本地实际和全国环境监测站建设标准要求，配置常用的现场监测仪器设备，如检测试纸、快速检测管和便携式监测仪器等快速检测仪器设备。需要时，配置便携式气相色谱仪、便携式红外光谱仪、便携式气相色谱-质谱分析仪等应急监测仪器。有条件的可使用整合便携式-车载式监测仪器设备的水质和大气应急监测车等装备。

使用后的检测试纸、快速检测管、试剂及废弃物等应按相关要求妥善处置。

2. 现场监测记录

应及时进行现场监测记录，并确保信息完整。可利用日常监测记录表格进行记录，主要包括监测时间、监测断面（点位）、监测断面（点位）示意图、必要的环境条件、样品类型、监测项目、监测分析方法、仪器名称、仪器型号、仪器编号、仪器校准或核查、监测结果、监测人员及校核人员的签名等，同时记录必要的水文、气象及地质等参数。

（三）实验室分析

样品到达实验室后应及时按照应急监测方案开展实验室分析。在实验室分析过程中应保持样品标识的唯一性。

在实验室分析过程中做好相应原始记录，遇特殊情况和有必要说明的问题，应进行备注。

（四）监测结果及数据处理

突发环境事件应急监测结果可用定性、半定量或定量的监测结果来表示。定性监测结果可用“检出”或“未检出”来表示；半定量监测结果可给出测定结果或测定结果范围；定量监测结果应给出测定结果并注明其检出限，超出相应评价标准或要求的，还应明确超标倍数。

突发环境事件应急监测的数据处理参照相应的分析方法及监测技术规范执行。数据修约规则按照 GB/T 8170 的相关规定执行。

五、应急监测报告

（一）报告原则

应急监测报告的结论信息应真实、准确、及时，快速报送。

（二）报告形式及内容

1. 报告形式

突发环境事件应急监测报告按当地突发环境事件应急监测预案或应急监测方案要求的形式进行报送。

2. 报告内容

突发环境事件应急监测报告内容为应急监测工作的开展情况和计划，分析监测数据和相关信息，判断特征污染物种类、污染团分布情况和迁移扩散趋势等，为环境应急事态研判和应对提出科学合理的参考建议。

突发环境事件应急监测报告编制原则：内容准确，重点突出；结论严谨，建议合理；要素全面，格式规范。

按应急监测开展时间，可分为应急监测报告和应急监测总结报告。其中，应急监测报告适用于应急监测期间，应急监测组向环境应急组织指挥机构报送监测工作情况；应急监测总结报告系应急监测结束后，相关应急监测队伍对所参与应急监测工作的总结。

应急监测报告结构和内容总体上分为事件基本情况、监测工作开展情况、监测结论和建议以及监测报告附件等4个部分。事件基本情况概述事发时间、地点、起因、事件性质、截至报告时的事态、已采取的处置措施以及可能受影响的敏感目标等。监测工作开展情况主要包括应急监测的行动过程和监测工作内容。监测结论和建议主要包括截至当期报告编制时特征污染物和主要污染因子在各点位的分布特征，并结合其他信息分析污染团可能的位置和范围预测污染扩散趋势和对敏感目标的影响等，以及根据监测数据和有关信息的综合研判，向环境应急组织指挥机构提出的参考建议，作为编制下一步应急监测方案的依据，符合应急监测终止条件的，可在报告中提出终止建议。监测报告附件主要包括污染趋势图、监测方法表、监测数据表、监测点位图（表）、监测现场照片、特征污染物相关信息（通常只作为首期报告的附件）。

应急监测工作结束后，应编写应急监测总结报告，主要包含事件基本情况、应急监测工作开展情况、经验和不足、报告附件四部分的内容。

按当地突发环境事件应急监测预案或应急监测方案要求进行报送。

应急监测报告及相关材料应按照相关规定进行保密和归档。

应急监测报告模板如下。

环境应急监测报告

××××年　第×期

××××（编制单位）　　　　　　××××（编制时间）

×××××××××事件

×××××××××××××××××××××××××××××。现将有关情况报告如下：

一、事件基本情况

××××××××××××××××××××××××××××××。

二、监测工作情况

××××××××××××××××××××××××××××××。

三、监测结论和建议

××××××××××××××××××××××××××××。

附件：1. ×××××××××

2. ×××××××××

3. ×××××××××

4. ×××××××××

应急监测报告范本如下。

一、事件基本情况

××河下游××至××段的全部水电站和水坝均已关闭，××电站至××沟坝之间构筑完成××道临时拦截坝。应急处置组按照第××期监测方案于××日××时开始稀释放流作业，通过事发地下游××km电站内的清水河临时坝拦截的受污染水体按一定比例放流，逐级稀释低污染团的浓度，截至目前稀释放流作业已持续××小时。

二、监测工作情况

××××年××月××日××时，应急监测组按照第××期监测方案完成了××期应急监测，持续监控稀释放流作业期间××至××段的水质变化情况。本期应急监测在××至××约××km河段布设了××个断面，重点监控断面为××、××、××，主要监测项目为××，监测频次为××，监测点位表、监测点位图、监测数据表、监测趋势图等见附件。截至目前，应急监测组累计出动监测人员××人次，采集样品××个，报出应急监测数据××个。

三、监测结论与建议

本次应急监测按照《地表水环境质量标准》(GB 3838—2002) Ⅲ类标准评价。××月××日××时，监测数据表明，高浓度污染团在通过××电站，该电站出水××浓度持续超标，最大浓度××mg/L，超标××倍。通过对××时至××时期间共××期监测数据的分析，推测高浓度污染团大致位于××至××之间，长度约××km，污染带前锋已抵达××附近，正以约××的速度向下迁移。从目前的污染团迁移降解趋势看，预计污染团抵达××水库时，××浓度将超过标准限值。

建议××时停止××电站放流作业，同时关闭××、××电站，在××电站坝下修筑临时坝，准备下一梯度的稀释放流。

下一步，应急监测组将对××至××段加密监测，密切监控污染团浓度和位置，同时加强与应急处置作业的协同配合，第一时间调整下一应急处置作业期间的应急监测方案。

应急监测总结报告范本如下。

一、事件基本情况

××年××月××日××时××分左右，××接到群众反映，××。根据×××的调查结果，事件起因系××，所倾倒危险废物呈××状，是××，主要成分有××等。(概述事情起因和主要污染物的成分、性状)

(一) 初步应急处置

××月××日××时，按照应急处置方案要求，×××关闭了××河××至××段全部电站及水坝……(概述各阶段的主要处置工作，下同)

(二) 污染团转移泄漏

××月××日，根据监测结果，应急指挥部决定对事发地下游××km的××电站实施放流作业，××。

(三) ××电站稀释放流

××月××日××时至××月××日××时，××电站及其坝后临时拦截坝按照应急处置方案实施稀释放流作业，××。

(四) ××电站开闸泄流

××月××日××时，××电站下游××km的××电站开始放水泄流，××。

二、监测工作情况

××月××日至××月××日期间，应急监测组主要开展了5个阶段的应急监测，第一时间掌握污染事态，密切跟踪污染团的变化情况，为应急决策和处置提供了有力的技术支撑，各阶段主要监测数据及图表见附件。应急监测期间，应急监测组共制订监测方案××期，出动监测人员××人次，布设监测断面××个，采集样品××个，出具监测数据××个。（首段概述监测工作总体情况）

（一）初期污染事态应急监测

××××年××月××日××时××分，×××启动××级应急响应，组建的应急监测组于××月××日××时到达事件现场，制订应急监测方案并开展第1次应急监测，××。（与前文的应急处置阶段一一对应，概述监测工作主要内容、得出的监测结论、提出的工作建议，下同）

（二）污染团泄流应急监测

××月××日，××电站开始放流作业，密切跟踪污染团的迁移速度和降解趋势，××。

（三）××电站稀释放流应急监测

××月××日，为准确掌握××电站稀释放流作业的处置效果，进一步跟踪污染团在××至××河段的迁移变化情况，××。

（四）全线放流应急监测

××月××日，为持续跟踪全线放流后××和水质变化，确保下游××水库入库水质达标，××。

三、经验和不足

本次××河水污染事件应急响应中，应急监测组积极动员、服从指挥，全力配合应急处置工作，密切跟踪污染事态变化，为应急决策和处置提供了有力的技术支撑，但在监测工作中仍遇到一些困难，暴露出××等方面存在的不足。

（一）经验做法

（总结该次应急监测过程中值得肯定、推广和发扬并且对今后应急监测工作开展有启发作用和借鉴意义的亮点和经验。）

（二）困难和不足

（总结该次应急监测过程中在组织管理、监测能力、应急装备、后勤保障等方面暴露出的问题，找准导致问题的关键所在。）

（三）有关工作建议

（与困难和不足一一对应，提出能够推动落实、行之有效的工作改进建议和措施。）

附件（略）

六、质量保证和质量控制

1. 基本原则

应急监测的质量保证和质量控制，可参照HJ 630《环境监测质量管理技术导则》的相关规定执行，应覆盖突发环境事件应急监测全过程，重点关注方案中点位、项目、频次的设定，采样及现场监测，样品管理，实验室分析，数据处理和报告编制等关键环节。针对不同的突发环境事件类型和应急监测的不同阶段，应有不同的质量管理要求及质量控制措施。污染态势初步判别阶段质量控制重点在于真实与及时，跟踪监测阶段质量控制重点在于准确与全面。力求在短时间内，用有效的方法获取最有用的监测数据和信息，既能满足应急工作的需要，又切实可行。

2. 采样与现场监测的质量保证及质量控制

采样与现场监测人员应具备相关经验，掌握突发环境事件布点采样技术，熟知采样器具的使用和样品采集、保存、运输条件。若进入危险区域开展采样及现场监测，应经相关部门同意，在保证安全的前提下方可开展工作。

采样和现场监测仪器应进行日常的维护、保养，确保仪器设备保持正常状态，仪器离开实验室前应进行必要的检查。

应急监测时，允许使用便携式仪器和非标准监测分析方法，但应对其得出的结果或结论予以明确表达。可采用自校准或标准样品测定等方式进行质量控制，用试纸、快速检测管和便携式监测仪器进行定性时，若结果为未检出则可基本排除该污染物；若结果为检出则只能暂时判定为“疑是”，需再用不同原理的其他方法进行确认；若两种方法得出的结果较为一致，则结果可信，否则需继续核实或采样后送实验室分析确定。

其他质量保证和质量控制措施可参照相应的监测技术规范执行。

3. 样品管理的质量保证和质量控制

应保证样品采集、保存、运输、分析、处置的全过程均有记录，确保样品处在受控状态。

样品在采集和运输过程中应防止样品被污染及样品对环境的污染。运输工具应合适，运输中应采取必要的防震、防雨、防尘、防爆等措施，以保证人员和样品的安全。

4. 实验室分析的质量保证和质量控制

实验室分析人员应熟练掌握实验室相关分析仪器的操作使用和质量控制措施。

实验室分析仪器应在检定周期或校准有效期内使用，进行日常的维护、保养，确保仪器设备始终保持良好的技术状态。

实验室分析的质量保证措施可参照相关监测技术规范执行。

5. 应急监测报告的质量保证和质量控制

多家单位开展联合应急监测时，应注意监测数据的可比性。

七、应急监测终止

当应急组织指挥机构终止应急响应或批准应急监测终止建议时，方可终止应急监测。凡符合下列情形之一的，可向应急组织指挥机构提出应急监测终止建议：

a. 对于突发水环境事件，最近一次应急监测方案中，全部监测点位特征污染物的 48h 连续监测结果均达到评价标准或要求；对于其他突发环境事件，最近一次应急监测方案中全部监测断面（点位）特征污染物的连续 3 次以上监测结果均达到评价标准或要求。

b. 对于突发水环境事件，最近一次应急监测方案中，全部监测点位特征污染物的 48h 连续监测结果均恢复到本底值或背景点位水平；对于其他突发环境事件，最近一次应急监测方案中全部监测断面（点位）特征污染物连续 3 次以上的监测结果均恢复到本底值或背景点位水平。

c. 应急专家组认为可以终止的情形。

思考题

1. 什么叫应急监测？应急监测的作用有哪些？
2. 应急监测有何要求？
3. 突发性环境事件有哪些类型？有何特点？
4. 突发性环境事件有何危害？
5. 应急监测主要有哪些方法？
6. 突发性环境污染事故的处理、处置应包括哪些主要内容？
7. 污染态势初步判别现场调查的内容有哪些？
8. 应急监测报告包括哪些主要内容？

第八章
在线自动监测系统

 知识目标

1. 了解污染物在线监控系统数据传输系统的组成。
2. 了解空气自动监测和水质在线自动监测系统的技术关键。
3. 熟悉空气和水质在线自动分析仪器的分析方法。

 能力目标

1. 能够制订水体监测方案能够对空气和水质在线自动监测系统进行维护和管理。
2. 能够制订水体监测方案能够对空气和水质在线自动监测系统进行维护和管理。
3. 能够利用空气和水质在线自动监测系统对主要监测项目进行测定。

素质目标

1. 具有利用现代监测仪器对水质和空气的监测能力。
2. 具有严谨、敬业的爱岗精神，科学严谨的工作态度。
3. 能够具有持续学习精神、具有动手操作能力与团队合作精神。

在线自动监测系统是一套以在线自动分析仪器为核心，运用现代传感器技术、自动测量技术，自动控制技术、计算机应用技术以及相关的专用分析软件和通信网络所组成的一个综合性的在线自动监测体系。

第一节　污染物在线监控（监测）系统数据传输标准

一、基本概念

1. 污染物在线监控（监测）系统

污染物在线监控（监测）系统由对污染物实施在线自动监控（监测）的仪器设备、数采仪、污染物排放过程（工况）自动监控设备和监控中心组成。

2. 监控中心

监控中心是安装在各级环保部门、通过传输网络与自动监控设备连接并对其发出查询和控制等指令的数据接收和数据处理系统，包括计算机及计算机软件等，本标准简称上位机。

3. 在线自动监控（监测）设备

在线自动监控（监测）设备安装在污染物监测点现场及影响污染物排放的工艺节点，用于监控、监测污染物排放状况和过程参数并完成与上位机通信传输的设备，包括污染物监控（监测）仪器、流量（速）计、污染治理设施运行记录仪和数据采集传输仪等，本标准简称现场机。

二、系统结构

污染物在线监控（监测）系统从底层逐级向上可分为现场机、传输网络和上位机三个层次。上位机通过传输网络与现场机进行通信（包括发起、数据交换、应答等）。污染物在线监控（监测）系统有以下两种构成方式。

① 一台（套）现场机集自动监控（监测）、存储和通信传输功能为一体，可直接通过传输网络与上位机相互作用，如图 8-1 所示。

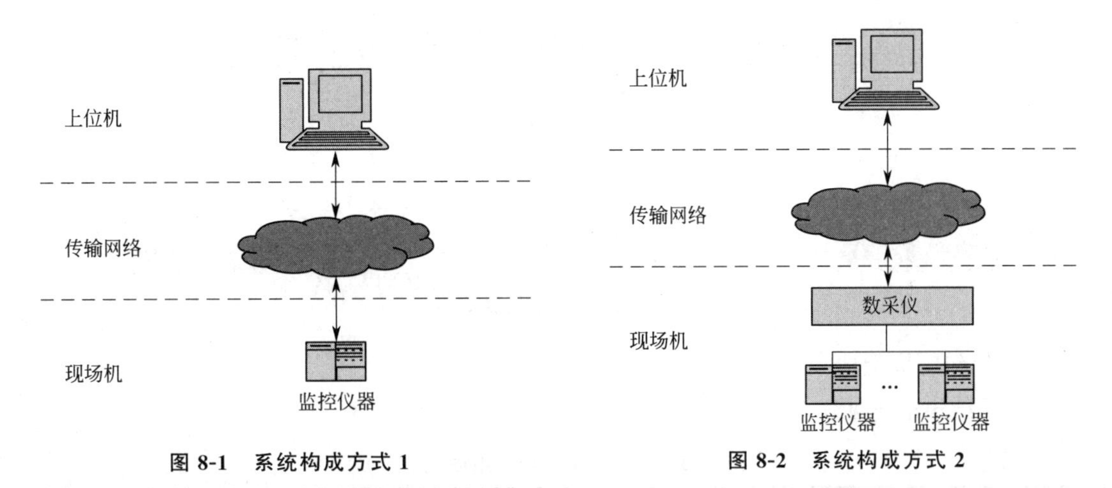

图 8-1　系统构成方式 1　　**图 8-2　系统构成方式 2**

② 现场有一套或多套监控仪器仪表，监控仪器仪表具有数字输出接口，连接到独立的数据采集传输仪，上位机通过传输网络与数采仪进行通信（包括发起、数据交换、应答等），如图 8-2 所示。

三、通信协议

（一）应答模式

完整的命令由请求方发起、响应方应答组成，具体步骤如下：

① 请求方发送请求命令给响应方。

② 响应方接到请求后，向请求方发送请求应答（握手完成）。

③ 请求方收到请求应答后，等待响应方回应执行结果；如果请求方未收到请求应答，按请求回应超时处理。

④ 响应方执行请求操作。

⑤ 响应方发送执行结果给请求方。

⑥ 请求方收到执行结果，命令完成；如果请求方没有接收到执行结果，按执行超时处理。

（二）超时重发机制

1. 请求回应的超时

① 一个请求命令发出后在规定的时间内未收到回应，视为超时。

② 超时后重发，重发超过规定次数后仍未收到回应视为通信不可用，通信结束。

③ 超时时间根据具体的通信方式和任务性质可自定义。

④ 超时重发次数根据具体的通讯方式和任务性质可自定义。

2. 执行超时

请求方在收到请求回应（或一个分包）后规定时间内未收到返回数据或命令执行结果，认为超时，命令执行失败，请求操作结束。

（三）通信协议数据结构

所有的通信包都是由 ASCII 码（汉字除外，采用 UTF-8 码，8 位，1 字节）字符组成。通信协议数据结构如图 8-3 所示。

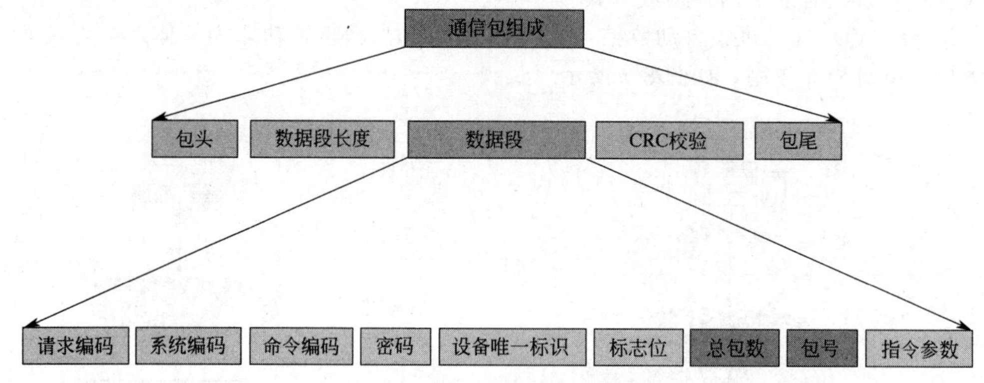

图 8-3 通信协议数据结构

1. 通信包结构组成

通信包结构组成见表 8-1。

表 8-1 通信包结构组成

名称	类型	长度	描述
包头	字符	2	固定为##
数据段长度	十进制整数	4	数据段的 ASCⅡ 字符数，例如：长 255，则写为“0255”
数据段	字符	$0 \leqslant n \leqslant 102$	变长的数据
CRC 校验	十六进制整数	4	数据段的校验结果，CRC 校验算法见标准附录。接收到一条命令，如 CRC 校验果 CRC 错误，执行结束
包尾	字符	2	固定为<CR><LF>（回车、换行）

2. 数据段结构组成

数据段结构组成见表 8-2，表中“长度”包含字段名称、“=”、字段内容三部分内容。

表 8-2 数据段结构组成

<table>
<tr><th>名称</th><th>类型</th><th>长度</th><th>描述</th></tr>
<tr><td>请求编码 QN</td><td>字符</td><td>20</td><td>精确到毫秒的时间跳：QN=YYYYMMDDhhmmsszzz. 用来表示一次命令交互</td></tr>
<tr><td>系统编码 ST</td><td>字符</td><td>5</td><td>ST=系统编码，系统编码取值详见表 8-3 系统编码表</td></tr>
<tr><td>命令编码 CN</td><td>字符</td><td>5</td><td>CN=命令编码</td></tr>
<tr><td>访问密码</td><td>字符</td><td>9</td><td>PW=访问密码</td></tr>
<tr><td>设备唯一标识 MN</td><td>字符</td><td>27</td><td>MN=设备唯一标识，这个标识固化在设备中，用于标识一个设备。MN 由 EPC-96 编码转化的字符组成，即 MN 由 24 个 0～9、A～F 的字符组成
<table>
<tr><th colspan="5">EPC-96 编码结构</th></tr>
<tr><td>名称</td><td>标头</td><td>厂商识别代码</td><td>对象分类代码</td><td>序列号</td></tr>
<tr><td>长度(比特)</td><td>8</td><td>28</td><td>24</td><td>36</td></tr>
</table></td></tr>
</table>

续表

名称	类型	长度	描述
拆分包及应答标志 Flag	整数(0～255)	8	Flag 标志位，这个标志位包含标准版本号、是否拆分包、数据是否应答。 V5 | V4 | V3 | V2 | V1 | V0 | D | A V5～V0:标准版本号。B3i:000000 表示标准 H/T 212—2005。000001 表示本次标准修订版本号。 A:命令是否应答。Bi:1—应答，0—不应答。 D:是否有数据包序号。Bit:1—数据包中包含包号和总包数两部分，0—数据包中不包含包号和总包数两部分。 示例:Flag7 表示标准版本为本次修订版本号，数据段要拆分并且命令需要应答
总包数 PNUM	字符	9	PNUM 指示本次通信中总共包含的包数 (注:不分包时可以没有本字段，与标志位有关)
包号 PNO	字符	8	PNO 指示当前数据包的包号 (注:不分包时可以没有本字段，与标志位有关)
指令参数 CP	字符	$0 \leqslant n \leqslant 950$	CP=数据区

3. 数据区

（1）结构定义　字段与其值用“=”连接；在数据区中，同一项目的不同分类值间用“,”来分隔，不同项目之间用“;”来分隔。

（2）字段定义

① 字段名。字段名要区分大小写，单词的首个字符为大写，其他部分为小写。

② 数据类型如下。

C4：表示最多 4 位的字符型字符串，不足 4 位按实际位数。

N5：表示最多 5 位的数字型字符串，不足 5 位按实际位数。

N14.2：用可变长字符串形式表达的数字型，表示 14 位整数和 2 位小数，带小数点，带符号，最大长度为 18。

YYYY：日期年，如 2016 表示 2016 年。

MM：日期月，如 09 表示 9 月。

DD：日期日，如 23 表示 23 日。

hh：时间小时。

mm：时间分钟。

ss：时间秒。

zzz：时间毫秒。

③ 字段对照表。字段对照表参照标准 HJ 212—2017 中表 4。

4. 编码规则

本标准涉及的监测因子有三类：第一类是污染物因子；第二类是工况监测因子；第三类是现场端信息。污染物因子编码采用相关国家和行业标准 GB 3096—2008、HJ 524—2009、HJ 525—2009 进行定义，工况监测因子和现场端信息编码规则如下。

（1）工况监测因子编码规则　工况监测因子编码格式采用六位固定长度的字母数字混合格式。字母代码采用缩写码，数字代码采用阿拉伯数字表示，采用递增的数字码。

工况监测因子编码分为四层（见图 8-4）。第一层：编码分类，采用 1 位小写字母表示，“e”表示污水类，“g”表示烟气类。第二层：处理工艺分类编码，表示生产设施和治理设施处理工艺类别，采用 1 位阿拉伯数字或字母表示，即 1～9、a～b，具体编码参见标准 HJ 212—2017 附录 B 中的表 B.4［污水排放过程（工况）监控处理工艺表］和表 B.6［烟气排放过程

（工况）监控处理工艺表］。第三层：工况监测因子编码，表示监测因子或一个监测指标在一个工艺类型中的代码，采用2位阿拉伯数字表示，即01～99，每一种阿拉伯数字表示一种监测因子或一个监测指标。第四层：相同工况监测设备编码，采用2位阿拉伯数字表示，即01～99，默认值为01，同一处理工艺中，多个相同监测对象，数字码编码依次递增。

（2）现场端信息编码规则　现场端信息编码格式采用六位固定长度的字母数字混合格式。字母代码采用缩写码，数字代码采用阿拉伯数字表示，采用递增的数字码。

现场端信息编码分为四层（见图8-5）。第一层：编码分类，采用1位小写字母表示，“i”表示设备信息。第二层：设备分类，表示现场设备的分类，采用1位阿拉伯数字或小写字母表示，即1～5，具体编码参见标准HJ 212—2017附录B中的表B.8（现场端设备分类编码表）。第三层：信息分类，表示信息分类，如日志、状态、参数等，采用1位阿拉伯数字或小写字母表示，即1～5，具体编码参见标准HJ 212—2017附录B中表B.9（现场端信息分类的编码表）。第四层：信息编码，表示现场设备的具体信息，采用3位阿拉伯数字或小写字母表示，即001～zzz。现场端信息编码参见标准HJ 212—2017附录B中表B.10（现场端信息编码表）。

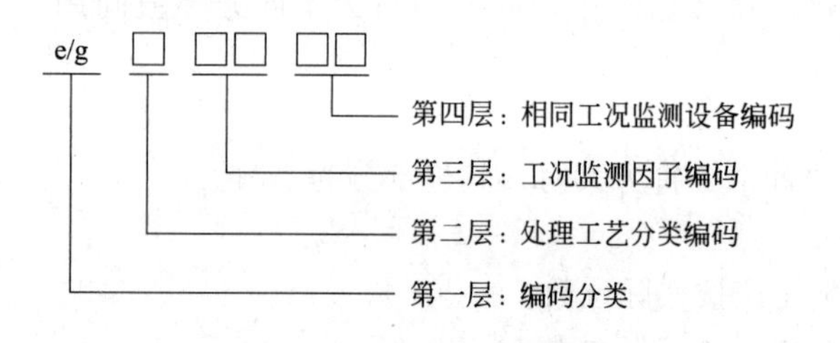

图8-4　工况监测因子编码规则

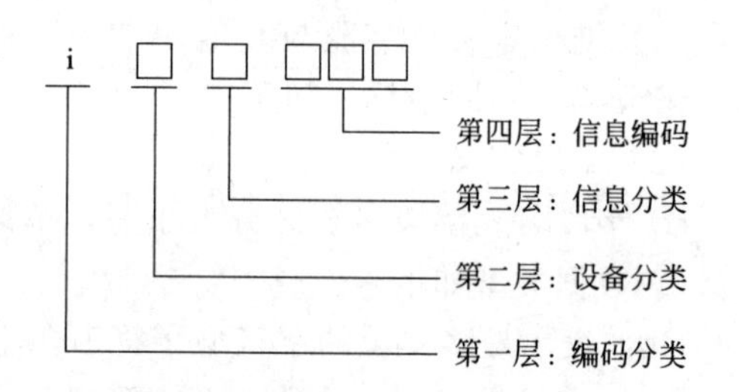

图8-5　现场端信息编码规则

四、通信流程

1. 请求命令（三步或三步以上）

请求命令流程见图8-6。

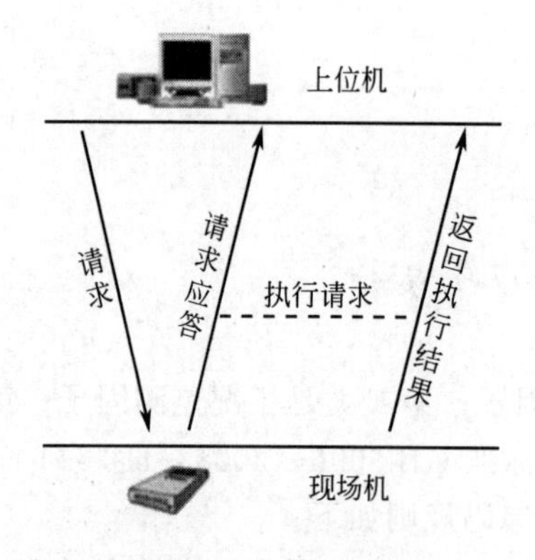

图8-6　请求命令流程

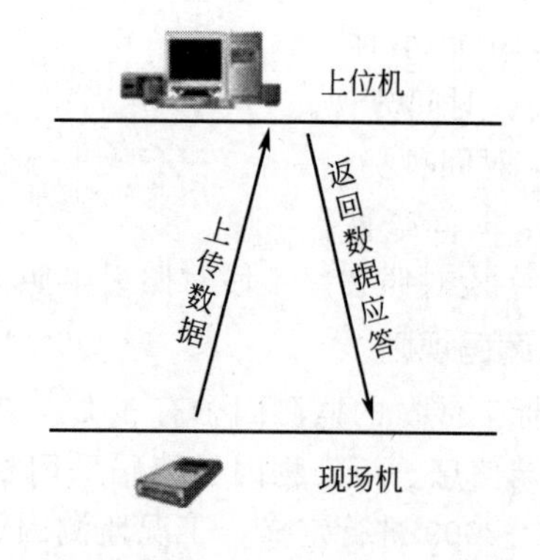

图8-7　上传命令流程

2. 上传命令（一步或两步）

上传命令流程见图8-7。

3. 通知命令（两步）

通知命令流程见图8-8和图8-9。

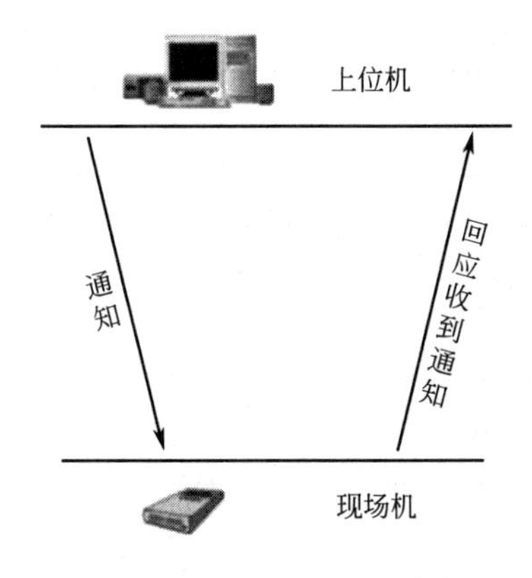

图 8-8 现场机通知上位机命令流程

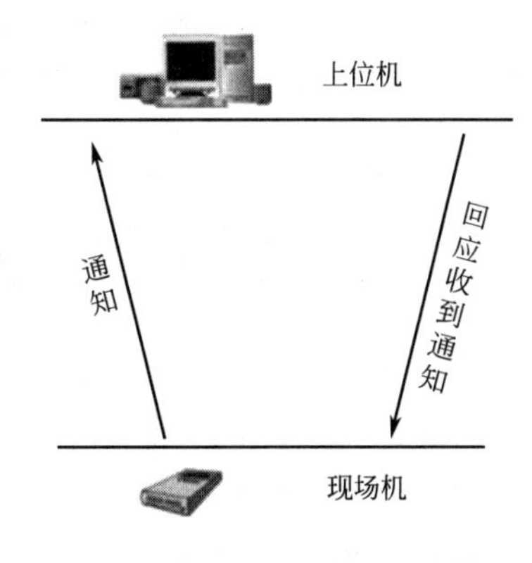

图 8-9 上位机通知现场机命令流程

五、代码定义

（一）系统编码（可扩充）

对应表 8-3 中的系统编码。

1. 类别划分

系统编码分为四类，每个类别表示一种系统类型：10～29 表示环境质量类别；30～49 表示环境污染源类别；50～69 表示工况类别；91～99 表示系统交互类别；A0～Z9 用于未知系统编码扩展。

2. 系统编码方法

系统编码（见表 8-3）由两位取值 0～9、A～Z 的字符表示。

表 8-3 系统编码表（引用 GB/T 16706—1996）

系统名称	系统编码	描述
地表水质量监测	21	
空气质量监测	22	
声环境质量监测	23	
地下水质量监测	24	
土壤质量监测	25	
海水质量监测	26	
挥发性有机物监测	27	
大气环境污染源	31	
地表水体环境污染源	32	
地下水体环境污染源	33	
海洋环境污染源	34	
土壤环境污染源	35	
声环境污染源	36	
振动环境污染源	37	
放射性环境污染源	38	
工地扬尘污染源	39	
电磁环境污染源	41	
烟气排放过程监控	51	
污水排放过程监控	52	
系统交互	91	用于现场机和上位机的交互

（二）执行结果定义（可扩充）

执行结果定义如表 8-4 所示。

表 8-4 执行结果定义表

编号	描述	备注
1	执行成功	
2	执行失败，但不知道原因	
3	命令请求条件错误	
4	通信超时	
5、	系统繁忙不能执行	
6	系统故障	
100	没有数据	

（三）请求命令返回（可扩充）

请求命令返回如表 8-5 所示。

表 8-5 请求命令返回表

编号	描述	备注
1	准备执行请求	
2	请求被拒绝	
3	PW 错误	
4	MN 错误	
5	ST 错误	
6	Flag 错误	
7	QN 错误	
8	CN 错误	
9	CRC 校验错误	
100	未知错误	

（四）数据标记（可扩充）

数据标记如表 8-6 所示。

表 8-6 数据标记表

数据标记	标记说明
N	在线监控（监测）仪器仪表工作正常
F	在线监控（监测）仪器仪表停运
M	在线监控（监测）仪器仪表处于维护期间产生的数据
S	手工输入的设定值
D	在线监控（监测）仪器仪表故障
C	在线监控（监测）仪器仪表处于校准状态
T	在线监控（监测）仪器仪表采样数值超过测量上限异常
B	在线监控（监测）仪器仪表与数采仪通信

（五）命令编码（可扩充）

对应表 8-3 中的命令编码。

1. 类别划分

共有四类命令（即请求命令、上传命令、通知命令和交互命令），命令编码分为以下：

1000～1999 表示初始化命令和参数命令编码；2000～2999 表示数据命令编码；3000～3999 表示控制命令编码；9000～9999 表示交互命令编码。

2. 命令编码方法

命令编码用 4 位阿拉伯数字表示。

六、数采仪与监控中心初始化通信流程

数采仪与监控中心首次链接时，监控中心应对数采仪进行设置，具体操作如下：

① 数采仪时间校准；

② 超时数据与重发次数设置；

③ 实时数据上报时间间隔设置；

④ 分钟数据上报时间间隔设置；

⑤ 实时数据是否上报设置；

⑥ 污染治理设备运行状态是否上报设置。

第二节 水污染源在线监测系统

一套完整的水质自动监测系统能连续、及时、准确地监测目标水域的水质及其变化状况。中心控制室可随时取得各子站的实时监测数据，统计、处理监测数据，可打印输出日、周、月、季、年平均数据以及日、周、月、季、年最大值、最小值等各种监测、统计报告及图表（棒状图、曲线图、多轨迹图、对比图等），并可输入中心数据库或上网。收集并可长期存储指定的监测数据及各种运行资料、环境资料备检索。系统具有监测项目超标及子站状态信号显示、报警功能，自动运行，停电保护、来电自动恢复功能，维护检修状态测试，便于例行维修和应急故障处理等功能。

一、基本概念

1. 水污染源在线监测系统

水污染源在线监测系统指由实现废水流量监测、废水水样采集、废水水样分析及分析数据统计与上传等功能的软硬件设施组成的系统。

2. 水污染源在线监测仪器

水污染源在线监测仪器指水污染源在线监测系统中用于在线连续监测污染物浓度和排放量的仪器、仪表。

3. 水质自动采样系统

水质自动采样系统指水污染源在线监测系统中用于实现采集瞬时水样及混合水样、超标留样、平行监测留样、比对监测留样的系统，供水污染源在线监测仪器分析测试用。

4. 仪器运行参数

仪器运行参数指在现场安装的水污染源在线监测仪器上设置的能表征测量过程以及对测量结果产生影响的相关参数。

5. 维护状态

维护状态指水污染源在线监测系统处于非正常采样监测时段进行维护操作时其所处的状态，包括对仪表维护、检修、校准，及水质自动采样系统的维护等。

6. 自动标样核查

自动标样核查指水污染源在线监测仪器自动测量标准溶液，自动判定测量结果的准确性。

二、运行单位及人员要求

1. 运行单位要求

运行单位应具备与监测任务相适应的技术人员、仪器设备和实验室环境，明确监测人员和管理人员的职责、权限和相互关系，有适当的措施和程序保证监测结果准确可靠。应备有所运行在线监测仪器的备用仪器，同时应配备相应仪器参比方法实际水样比对试验装置。

2. 运行人员要求

运行人员应具备相关专业知识，通过相应的培训教育和能力确认/考核等活动。

三、仪器运行参数管理及设置

1. 仪器运行参数设置要求

① 在线监测仪器量程应根据现场实际水样排放浓度合理设置，量程上限应设置为现场执行的污染物排放标准限值的 2～3 倍。当实际水样排放浓度超出量程设置要求时应按要求进行人工监测。

② 针对模拟量采集时，应保证数据采集传输仪的采集信号量程设置、转换污染物浓度量程设置与在线监测仪器设置的参数一致。

2. 仪器运行参数管理要求

① 对在线监测仪器的操作、参数的设定修改，应设定相应操作权限。

② 对在线监测仪器的操作、参数修改等动作，以及修改前后的具体参数都要通过纸质或电子的方式记录并保存，同时在仪器的运行日志里做相应的不可更改的记录，应至少保存 1 年。

③ 纸质或电子记录单中需注明对在线监测仪器参数修改的原因，并在启用时进行确认。

四、采样方式及数据上报要求

（一）采样方式

1. 瞬时采样

pH 水质自动分析仪、温度计和流量计对瞬时水样进行监测。连续排放时，pH 值、温度和流量至少每 10min 获得一个监测数据；间歇排放时，数据数量不小于污水累计排放小时数的 6 倍。

2. 混合采样

COD_{Cr}、TOC、NH_3-N、TP、TN 水质自动分析仪对混合水样进行监测。

连续排放时，每日从零点计时，每 1h 为一个时间段，水质自动采样系统在该时段进行时间等比例或流量等比例采样（如每 15min 采一次样，1h 内采集 4 次水样，保证该时间段内采集样品量满足使用要求），水质自动分析仪测试该时段的混合水样，其测定结果应计为该时段的水污染源连续排放平均浓度。

间歇排放时，每 1h 为一个时间段，水质自动采样系统在该时段进行时间等比例或流量等比例采样（依据现场实际排放量设置，确保在排放时可采集到水样），采样结束后由水质自动分析仪测试该时段的混合水样，其测定结果应计为该时段的水污染源间歇排放平均浓度。如果某个采样周期内所采集样品量无法满足仪器分析之用，则对该时段作无数据处理。

（二）数据上报要求

① 应保证数据采集传输仪、在线监测仪器与监控中心平台时间一致。

② 数据采集传输仪应在 COD_{Cr}、TOC、NH_3-N、TP、TN 水质自动分析仪测定完成后开始采集分析仪的输出信号，并在 10min 内将数据上报平台，监测数据个数不小于污水累计排放小时数。

③ COD_{Cr}、TOC、NH_3-N、TP、TN 水质自动分析仪存储的测定结果的时间标记应为该水质自动分析仪从混匀桶内开始采样的时间，数据采集传输仪上报数据时报文内的时间标记与水质自动分析仪测量结果存储的时间标记保持一致。水质自动分析仪和数据采集传输仪应能存储至少一年。

④ 数据传输应符合 HJ 212 的规定，上报过程中如出现数据传输不通的问题，数据采集传输仪应对未传输成功的数据作记录，下次传输时自动将未传输成功的数据进行补传。

五、检查维护要求

1. 日检查维护

每天应通过远程查看数据或现场察看的方式检查仪器运行状态、数据传输系统以及视频监控系统是否正常，并判断水污染源在线监测系统运行是否正常。如发现数据有持续异常等情况，应前往站点检查。

2. 周检查维护

① 每 7 天对水污染源在线监测系统至少进行 1 次现场维护。

② 检查自来水供应、泵取水情况，检查内部管路是否通畅，仪器自动清洗装置运行是否正常，检查各仪器的进样水管和排水管是否清洁，必要时进行清洗。定期对水泵和过滤网进行清洗。

③ 检查监测站房内电路系统、通信系统是否正常。

④ 对于用电极法测量的仪器，检查电极填充液是否正常，必要时对电极探头进行清洗。

⑤ 检查各水污染源在线监测仪器标准溶液和试剂是否在有效使用期内，保证按相关要求定期更换标准溶液和试剂。

⑥ 检查数据采集传输仪运行情况，并检查连接处有无损坏，对数据进行抽样检查，对比水污染源在线监测仪、数据采集传输仪及监控中心平台接收到的数据是否一致。

⑦ 检查水质自动采样系统管路是否清洁，采样泵、采样桶和留样系统是否正常工作，留样保存温度是否正常。

⑧ 若部分站点使用气体钢瓶，应检查载气气路系统是否密封，气压是否满足使用要求。

3. 月检查维护

① 每月的现场维护应包括对水污染源在线监测仪器进行一次保养，对仪器分析系统进行维护；对数据存储或控制系统工作状态进行一次检查；检查监测仪器接地情况，检查监测站房防雷措施。

② 水污染源在线监测仪器：根据相应仪器操作维护说明，检查和保养易损耗件，必要时更换；检查及清洗取样单元、消解单元、检测单元、计量单元等。

③ 水质自动采样系统：根据情况更换蠕动泵管、清洗混合采样瓶等。

④ TOC 水质自动分析仪：检查 TOC-COD_{Cr} 转换系数是否适用，必要时进行修正。对 TOC 水质自动分析仪的泵、管、加热炉温度进行一次检查，检查试剂余量（必要时添加或更换），检查卤素洗涤器、冷凝器水封容器、增湿器，必要时加蒸馏水。

⑤ pH 水质自动分析仪：用酸液清洗一次电极，检查 pH 电极是否钝化，必要时进行校准或更换。

⑥ 温度计：每月至少进行一次现场水温比对试验，必要时进行校准或更换。

⑦ 超声波明渠流量计：检查流量计液位传感器高度是否发生变化，检查超声波探头与水面之间是否有干扰测量的物体，对堰体内影响流量计测定的干扰物进行清理。

⑧ 管道电磁流量计：检查管道电磁流量计的检定证书是否在有效期内。

4. 季度检查维护

① 水污染源在线监测仪器：根据相应仪器操作维护说明，检查及更换易损耗件，检查关键零部件可靠性，如计量单元准确性、反应室密封性等，必要时进行更换。

② 对于水污染源在线监测仪器所产生的废液应用专用容器予以回收，并按照 GB 18597 的有关规定，交由有危险废物处理资质的单位处理，不得随意排放或回流入污水排放口。

5. 检查维护记录

运行人员在对水污染源在线监测系统进行故障排查与检查维护时，应做好记录。

6. 其他检查维护

① 保证监测站房的安全性，进出监测站房应进行登记，包括出入时间、人员、出入站房原因等，应设置视频监控系统。

② 保持监测站房的清洁，保持设备的清洁，保证监测站房内的温度、湿度满足仪器正常运行的需求。

③ 保持各仪器管路通畅，出水正常，无漏液。

④ 对电源控制器、空调、排风扇、供暖设备、消防设备等辅助设备要进行经常性检查。

⑤ 其他维护按相关仪器说明书的要求进行仪器维护保养、易耗品的定期更换工作。

六、运行技术及质量控制要求

（一）运行技术要求

① 对 COD_{Cr}、TOC、NH_3-N、TP、TN 水质自动分析仪按照要求定期进行自动标样核查和自动校准，自动标样核查结果应满足表 8-7 的要求。

② 对 COD_{Cr}、TOC、NH_3-N、TP、TN、pH 水质自动分析仪、温度计及超声波明渠流量计按照要求定期进行实际水样比对试验，比对试验结果应满足表 8-7 的要求，实际水样国家环境监测分析方法标准见表 8-8。

表 8-7　水污染源在线监测仪器运行技术指标

仪器类型	技术指标要求	试验指标限值	样品数量要求
COD_{Cr}、TOC 水质自动分析仪	采用浓度约为现场工作量程上限值 0.5 倍的标准样品	±10%	1
	实际水样 COD_{Cr}<30mg/L（用浓度为 20～25mg/L 的标准样品替代实际水样进行测试）	±5mg/L	比对试验总数应不少于 3 对。当比对试验数量为 3 对时应至少有 2 对满足要求；4 对时应至少有 3 对满足要求；5 对以上时至少需有 4 对满足要求
	30mg/L≤实际水样 COD_{Cr}<60mg/L	±30%	
	60mg/L≤实际水样 COD_{Cr}<100mg/L	±20%	
	实际水样 COD_{Cr}≥100mg/L	±15%	
NH_3-N 水质自动分析仪	采用浓度约为现场工作量程上限值 0.5 倍的标准样品	±10%	1
	实际水样氨氮<2mg/L（用浓度为 1.5mg/L 的标准样品替代实际水样进行测试）	±0.3mg/L	同化学需氧量比对试验数量要求
	实际水样氨氮≥2mg/L	±15%	

续表

仪器类型	技术指标要求	试验指标限值	样品数量要求
TP 水质自动分析仪	采用浓度约为现场工作量程上限值 0.5 倍的标准样品	±10%	1
	实际水样总磷＜0.4mg/L（用浓度为 0.2mg/L 的标准样品替代实际水样进行测试）	±0.04mg/L	同化学需氧量比对试验数量要求
	实际水样总磷≥0.4mg/L	±15%	
TN 水质自动分析仪	采用浓度约为现场工作量程上限值 0.5 倍的标准样品	±10%	1
	实际水样总氮＜2mg/L（用浓度为 1.5mg/L 的标准样品替代实际水样进行测试）	±0.3mg/L	同化学需氧量比对试验数量要求
	实际水样总氮≥2mg/L	±15%	
pH 水质自动分析仪	实际水样比对	±0.5	1
温度计	现场水温比对	±0.5℃	1
超声波明渠流量计	液位比对误差	12mm	6 组数据
	流量比对误差	±10%	10min 累计流量

表 8-8　实际水样国家环境监测分析方法标准

项目	分析方法	标准号
COD_{Cr}	水质 化学需氧量的测定 重铬酸盐法	HJ 828
	高氯废水 化学需氧量的测定 氯气校正法	HJ/T 70
NH_3-N	水质 氨氮的测定 纳氏试剂分光光度法	HJ 535
	水质 氨氮的测定 水杨酸分光光度法	HJ 536
TP	水质 总磷的测定 钼酸铵分光光度法	GB/T 11893
TN	水质 总氮的测定 碱性过硫酸钾消解紫外分光光度法	HJ 636
pH 值	水质 pH 值的测定 玻璃电极法	GB/T 6920
水温	水质 水温的测定 温度计或颠倒温度计测定法	GB/T 13195

（二）质量控制要求

1. 自动标样核查和自动校准

① 选用浓度约为现场工作量程上限值 0.5 倍的标准样品定期进行自动标样核查。如果自动标样核查结果不满足表 8-7 的规定，则应对仪器进行自动校准。仪器自动校准完后应使用标准溶液进行验证（可使用自动标样核查代替该操作），验证结果应符合表 8-7 的规定，如不符合则应重新进行一次校准和验证，6h 内如仍不符合表 8-7 的规定，则应进入人工维护状态。标样自动核查计算公式如下：

$$\Delta A=\frac{X-B}{B}\times 100\% \tag{8-1}$$

式中　ΔA——相对误差；

B——标准样品标准值，mg/L；

X——分析仪测量值，mg/L。

② 在线监测仪器自动校准及验证时间如果超过 6h 则应采取人工监测的方法向相应环境保护主管部门报送数据，数据报送每天不少于 4 次，间隔不得超过 6h。

③ 自动标样核查周期最长间隔不得超过 24h，校准周期最长间隔不得超过 168h。

2. 实际水样比对试验

① 针对 COD_{Cr}、TOC、NH_3-N、TP、TN 水质自动分析仪应每月至少进行一次实际水样比对试验。试验结果应满足表 8-7 中规定的性能指标要求，实际水样比对试验的结果不满

足表 8-7 中规定的性能指标要求时，应对仪器进行校准和标准溶液验证后再次进行实际水样比对试验。

② 如第二次实际水样比对试验结果仍不符合表 8-7 规定时，仪器应进入维护状态，同时此次实际水样比对试验至上次仪器自动校准或自动标样核查期间（按规定所进行的仪器自动校准）所有的数据按照 HJ 356 的相关规定执行。

③ 仪器维护时间超过 6h 时，应采取人工监测的方法向相应环境保护主管部门报送数据，数据报送每天不少于 4 次，间隔不得超过 6h。

④ 按照 HJ 353 规定的水样采集口采集实际废水排放样品，采用水质自动分析仪与国家环境监测分析方法标准（见表 8-8）分别对相同的水样进行分析，两者测量结果组成一个测定数据对，至少获得 3 个测定数据对。按照式（8-2）或式（8-3）计算实际水样比对试验的绝对误差或相对误差，其结果应符合表 8-7 的规定。

$$C=x_n-B_n \tag{8-2}$$

$$\Delta C=\frac{x_n-B_n}{B_n}\times 100\% \tag{8-3}$$

式中 C——实际水样比对试验绝对误差，mg/L；

x_n——第 n 次分析仪测量值，mg/L；

B_n——第 n 次实验室标准方法测定值，mg/L；

ΔC——实际水样比对试验相对误差。

3. pH 水质自动分析仪和温度计

① 每月至少进行 1 次实际水样比对试验，如果比对结果不符合表 8-7 的要求，应对 pH 水质自动分析仪和温度计进行校准，校准完成后需再次进行比对，直至合格。

② 按照 HJ 353 规定的水样采集口采集实际废水排放样品，采用 pH 水质自动分析仪和温度计分别与国家环境监测分析方法标准（见表 8-8）分别对相同的水样进行分析，根据式（8-4）计算仪器测量值与国家环境监测分析方法标准测定值的绝对误差。

$$C=x-B \tag{8-4}$$

式中 C——实际水样比对试验绝对误差，无量纲或℃；

x——pH 水质自动分析仪（温度计）测量值，无量纲或℃；

B——实验室标准方法测定值，无量纲或℃。

4. 超声波明渠流量计

① 每季度至少用便携式明渠流量计比对装置对现场安装使用的超声波明渠流量计进行 1 次比对试验（比对前应对便携式明渠流量计进行校准），如比对结果不符合表 8-7 的要求，应对超声波明渠流量计进行校准，校准完成后需再次进行比对，直至合格。

② 除国家颁布的超声波明渠流量计检定规程所规定的方法外，可按以下方法进行现场比对试验，具体按现场实际情况执行。

a. 便携式明渠流量计比对装置：可采用磁致伸缩液位计加标准流量计算公式的方式进行现场比对。

b. 液位比对：分别用便携式明渠流量计比对装置（液位测量精度≤1mm）和超声波明渠流量计测量同一水位观测断面处的液位值，进行比对试验，每 2min 读取一次数据，连续读取 6 次，按下列公式计算每一组数据的误差值，选取最大的 H_i 作为流量计的液位误差。

$$H_i=|H_{1i}-H_{2i}| \tag{8-5}$$

式中 H_i——液位比对误差；

H_{1i}——第 i 次明渠流量比对装置测量液位值，mm；

H_{2i}——第 i 次超声波明渠流量计测量液位值，mm；

下标 i——1，2，3，4，5，6。

c. 流量比对：分别用便携式明渠流量计比对装置和超声波明渠流量计测量同一水位观测断面处的瞬时流量，进行比对试验，待数据稳定后开始计时，计时 10min，分别读取明渠流量计比对装置该时段内的累积流量和超声波明渠流量计该时段内的累积流量，按式（8-6）计算流量差。

$$\Delta F=\frac{F_1-F_2}{F_1}\times 100\% \tag{8-6}$$

式中 ΔF——流量比对误差；

F_1——明渠流量比对装置累积流量，m^3；

F_2——超声波明渠流量计累积流量，m^3。

5. 有效数据率

以月为周期，计算每个周期内水污染源在线监测仪实际获得的有效数据个数占应获得的有效数据个数的百分比（不得小于 90%），有效数据的判定参见 HJ 356 的相关规定。

6. 其他质量控制要求

① 应按照 HJ 91.1、HJ 493 以及本标准的相关要求对水样分析、自动监测实施质量控制。

② 对某一时段、某些异常水样，应不定期进行平行监测、加密监测和留样比对试验。

③ 水污染源在线监测仪器所使用的标准溶液应正确保存且经有证的标准样品验证合格后方可使用。

七、检修和故障处理要求

① 水污染源在线监测系统需维修的，应在维修前报相应环境保护管理部门备案；需停运、拆除、更换、重新运行的，应经相应环境保护管理部门批准同意。

② 不可抗力和突发性原因致使水污染源在线监测系统停止运行或不能正常运行时，应当在 24h 内报告相应环境保护管理部门并书面报告停运原因和设备情况。

③ 运行单位发现故障或接到故障通知，应在规定的时间内赶到现场处理并排除故障，无法及时处理的应安装备用仪器。

④ 水污染源在线监测仪器经过维修后，在正常使用和运行之前应确保其维修全部完成并通过校准和比对试验。若在线监测仪器进行了更换，在正常使用和运行之前，确保其性能指标满足本规范内表 1 的要求。维修和更换的仪器，可由第三方或运行单位自行出具比对检测报告。

⑤ 数据采集传输仪发生故障，应在相应环境保护管理部门规定的时间内修复或更换，并能保证已采集的数据不丢失。

⑥ 运行单位应备有足够的备品备件及备用仪器，对其使用情况进行定期清点，并根据实际需要进行增购。

⑦ 水污染源在线监测仪器因故障或维护等原因不能正常工作时，应及时向相应环境保护管理部门报告，必要时采取人工监测方法，监测周期间隔不大于 6h，数据报送每天不少于 4 次，监测技术要求参照 HJ 91.1 执行。

第三节 固定污染源烟气排放连续监测技术规范

规范规定了固定污染源烟气排放连续监测系统中的气态污染物（SO_2、NO_x）排放、颗粒物排放和有关烟气参数（含氧量等）连续监测系统的组成和功能，技术性能、监测站房、安装、技术指标调试检测、技术验收、日常运行管理、日常运行质量保证以及数据审核和处理的有关要求。

规范适用于以固体、液体为燃料或原料的火电厂锅炉、工业民用锅炉以及工业炉窑等固定污染源烟气（SO_2、NO_x、颗粒物）排放连续监测系统。

生活垃圾焚烧炉、危险物焚炉及气体燃料或原料的固定污染源烟气（SO_2、NO_x、颗粒物）排放连续监测系统可参照本标准执行

其他烟气污染物排放连续监测系统相应标准未正式颁布实施前，参照本标准执行。

一、基本概念

1. 烟气排放连续监测（continuous emission monitoring, CEM）

对固定污染源排放的颗粒物和（或）气态污染物的排放浓度和排放量进行连续、实时的自动监测，简称 CEM。

2. 连续监测系统（continuous monitoring system, CMS）

连续监测固定污染源烟气参数所需要的全部设备，简称 CMS。

3. 烟气排放连续监测系统（continuous emission monitoring system, CEMS）

连续监测固定污染源颗粒物和（或）气态污染物排放浓度和排放量所需要的全部设备，简称 CEMS.

4. CEMS 的正常运行（valid operation of CEMS）

符合本标准的技术指标要求，在规定有效期内的运行，但不包括检测器污染、仪器故障、系统校准或系统未经定期校准、定期校验等期间的运行。

5. 校验

用参比方法对 CEMS（含取样系统、分析系统）检测结果进行相对准确度、相关系数、置信区间、允许区间、相对误差、绝对误差等的比对检测过程。

6. 调试检测（performance testing）

CEMS 安装、初调和至少正常连续运行 168h 后，于技术验收前对 CEMS 进行的校准和校验。

7. 系统响应时间

系统响应时间指从 CEMS 系统采样探头通入标准气体的时刻起到分析仪示值达到标准气体标称值 90%的时刻止中间的时间间隔，包括管线传输时间和仪表响应时间。

8. 零点漂移

在仪器未进行维修、保养或调节的前提下，CEMS 按规定的时间运行后通入零点气体，仪器的读数与零点气体初始测量值之间的偏差相对于满量程的百分比。

9. 量程漂移

在仪器未进行维修、保养或调节的前提下，CEMS 按规定的时间运行后通入量程校准气体，仪器的读数与量程校准气体初始测量值之间的偏差相对于满量程的百分比。

10. 相对准确度

采用参比方法与CEMS同步测定烟气中气态污染物浓度，取同时间区间且相同状态的测量结果组成若干数据对，数据对之差的平均值的绝对值与置信系数之和与参比方法测定数据的平均值之比。

11. 相关校准

采用参比方法与CEMS同步测量烟气中颗粒物浓度，取同时间区间且相同状态的测量结果组成若干数据对，通过建立数据对之间的相关曲线，用参比方法校准颗粒物CEMS的过程。

12. 速度场系数

参比方法与CEMS同步测量烟气流速，参比方法测量的烟气平均流速与同时间区间且相同状态的CEMS测量的烟气平均流速的比值即速度场系数。

CEMS由颗粒物监测单元和（或）气态污染物监测单元、烟气参数监测单元、数据采集与处理单元组成。

CEMS应当实现测量烟气中颗粒物浓度、气态污染物SO_2和（或）NO_x浓度、烟气参数（温度、压力、流速或流量、湿度、含氧量等），同时计算烟气中污染物排放速率和排放量，显示（可支持打印）和记录各种数据和参数，形成相关图表，并通过数据、图文等方式传输至管理部门等功能。输出参数计算应满足本标准附录C的要求。

对于氮氧化物监测单元，NO_2可以直接测量，也可通过转化炉转化为NO后一并测量，但不允许只监测烟气中的NO。NO_2转换为NO的效率应满足HJ 76的要求。

二、固定污染源烟气排放连续监测系统技术性能要求

固定污染源烟气排放连续监测系统技术性能需满足HJ 76中相关要求。

三、固定污染源烟气排放连续监测系统监测站房要求

① 应为室外的CFMS提供独立站房，监测站房与采样点之间距离应尽可能近，原则上不超过70m。

② 监测站房的基础荷载强度应≥2000kg/m^2。若站房内仅放置单台机柜，面积应达2.5×25m^2。若同一站房内放置多套分析仪表，每增加一台机柜，站房面积应至少增加3m^2，便于开展运维操作。站房空间高度应≥2.8m；站房建在标高≥0m处。

③ 监测站房内应安装空调和采暖设备。室内温度应保持在15～30℃，相对湿度应≤60%；空调应具有来电自动重启功能，站房内应安装排风扇或其他通风设施。

④ 监测站房内配电功率能够满足仪表实际要求，功率不少于8kW，至少预留三孔插座5个、稳压电源1个、UPS电源一个。

⑤ 监测站房内应配备不同浓度的有证标准气体，且在有效期内。标准气体应当包含零气（即含二氧化硫、氮氧化物浓度均≤0.1μmol/mol的标准气体，一般为高纯氮气，纯度≥99.999%；当测量烟气中二氧化碳时，零气中二氧化碳≤400μmol/mol，含有其他气体的浓度不得干扰仪器的读数）和CEMS测量的各种气体（SO_2、NO_x、O_2）的量程标气，以满足日常零点、量程校准、校验的需要。低浓度标准气体可由高浓度标准气体通过经校准合格的等比例稀释设备获得（精密度≤1%），也可单独配备。

⑥ 监测站房应有必要的防水、防潮、隔热、保温措施，在特定场合还应具备防爆功能。

⑦ 监测站房应具有能够满足CEMS数据传输要求的通信条件。

四、固定污染源烟气排放连续监测系统安装要求

（一）安装位置要求

1. 一般要求

① 位于固定污染源排放控制设备的下游和比对监测断面上游。

② 不受环境光线和电磁辐射的影响。

③ 烟道振动幅度尽可能小。

④ 安装位置应尽量避开烟气中水汽和水雾的干扰，如不能避开，应选用能够适用的检测探头及仪器：

⑤ 安装位置不漏风。

⑥ 安装 CEMS 的工作区域应设置一个防水低压配电箱，内设漏电保护器、不少于 2 个 10A 插座，保证监测设备所需电力。

⑦ 应合理布置采样平台与采样孔（图 8-10）。

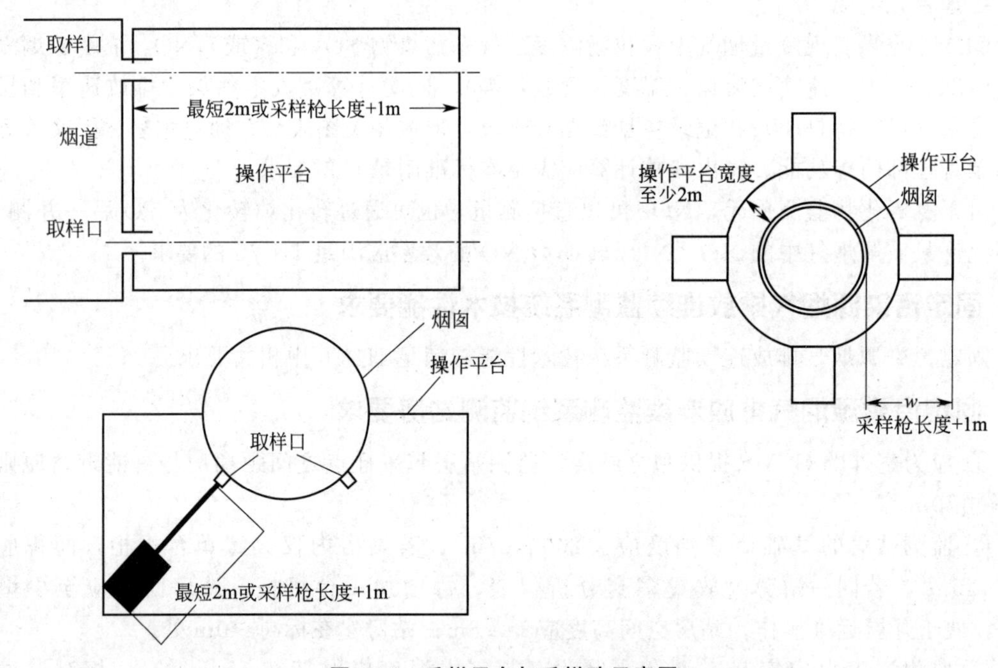

图 8-10　采样平台与采样孔示意图

a. 采样或监测平台长度应≥2m，宽度应≥2m 或不小于采样枪长度外延 1m，周围设置 1.2m 以上的安全防护栏，有牢固并符合要求的安全措施，便于日常维护（清洁光学镜头、检查和调整光路准直、检测仪器性能和更换部件等）和比对监测。

b. 采样或监测平台应易于人员和监测仪器到达。当采样平台设置在离地面高度≥2m 的位置时，应有通往平台的斜梯（或 Z 字梯、旋梯），宽度应≥0.9m；当采样平台设置在离地面高度≥20m 的位置时，应有通往平台的升降梯。

c. 当 CEMS 安装在矩形烟道中时，若烟道截面的高度>4m，则不宜在烟道顶层开设参比方法采样孔；若烟道截面的宽度>4m，则应在烟道两侧开设参比方法采样孔，并设置多层采样平台。

d. 在 CEMS 监测断面下游应预留参比方法采样孔，采样孔位置和数目按照 GB/T

16157 的要求确定。现有污染源参比方法采样孔内径应≥80mm，新建或改建污染源参比方法采样孔内径应≥90mm。在互不影响测量的前提下，参比方法采样孔应尽可能靠近 CEMS 监测断面。当烟道为正压烟道或有毒气时，应采用带闸板阀的密封采样孔。

2. 具体要求

① 应优先选择在垂直管段和烟道负压区域，确保所采集样品的代表性。

② 测定位置应避开烟道弯头和断面急剧变化的部位。对于圆形烟道，颗粒物 CEMS 和流速 CMS 应设置在距弯头、阀门、变径管下游方向≥4 倍烟道直径，以及距上述部件上游方向≥2 倍烟道直径处；气态污染物 CEMS 应设置在距弯头、阀门、变径管下游方向≥2 倍烟道直径，以及距上述部件上游方向≥0.5 倍烟道直径处。对于矩形烟道，应以当量直径计，其当量直径按式（8-7）计算。

$$D=\frac{2AB}{A+B} \tag{8-7}$$

式中　D——当量直径；

A，B——边长。

③ 对于新建排放源，采样平台应与排气装置同步设计、同步建设，确保采样断面满足标准要求；对于现有排放源，当无法找到满足标准中的采样位置时，应尽可能选择在气流稳定的断面上安装 CEMS 采样或分析探头，并采取相应措施保证监测断面烟气分布相对均匀，断面无紊流。

对烟气分布均匀程度的判定采用相对均方根 δ_r 法，当 $\delta_r \leqslant 0.15$ 时视为烟气分布均匀。δ_r 按式（8-8）计算。

$$\delta_r=\sqrt{\frac{\sum_{i=1}^{n}(v_i-\overline{v})}{(n-1)\times \overline{v}^{2}}} \tag{8-8}$$

式中　δ_r——流速相对均方根；

v_i——测点烟气流速，m/s；

$\overline{v}$——截面烟气平均流速，m/s；

n——截面上的速度测点数目，测点的选择按照 GB/T 16157 执行。

④ 为了便于颗粒物和流速参比方法的校验和比对监测，CEMS 不宜安装在烟道内烟气流速＜5m/s 的位置。

⑤ 若一个固定污染源排气先通过多个烟道或管道后进入该固定污染源的总排气管时，应尽可能将 CEMS 安装在总排气管上，但要便于用参比方法校验 CEMS。不得只在其中的一个烟道或管道上安装 CEMS，并将测定值作为该源的排放结果，但允许在每个烟道或管道上安装 CEMS。

⑥ 固定污染源烟气净化设备设置有旁路烟道时，应在旁路烟道内安装 CEMS 或烟温、流量 CMS。其安装、运行、维护、数据采集、记录和上传应符合本标准要求。

（二）安装施工要求

① CEMS 安装施工应符合 GB 50093、GB 50168 的规定。

② 施工单位应熟悉 CEMS 的原理、结构、性能，编制施工方案、施工技术流程图、设备技术文件、设计图样、监测设备及配件货物清单交接明细表、施工安全细则等有关文件。

③ 设备技术文件应包括资料清单、产品合格证，机械结构、电气、仪表安装的技术说明书、装箱清单、配套件、外购件检验合格证和使用说明书等。

④ 设计图样应符合技术制图、机械制图、电气制图、建筑结构制图等标准的规定。

⑤ 设备安装前的清理、检查及保养应符合以下要求：

a. 按交货清单和安装图样明细表清点检查设备及零部件，缺损件应及时处理，更换补齐。

b. 运转部件如取样泵、压缩机、监测仪器等，滑动部位均需清洗、注油润滑防护。

c. 因运输造成变形的仪器、设备的结构件应校正并重新涂刷防锈漆及表面油漆，保养完毕后应恢复原标记。

⑥ 现场端连接材料（垫片、螺母、螺栓、短管、法兰等）为焊件组对焊时，壁（板）的错边量应符合以下要求：

a. 管子或管件对口、内壁齐平，最大错边量≥1mm。

b. 采样孔的法兰与连接法兰几何尺寸极限偏差不超过±5mm，法兰端面的垂直度极限偏差≤0.2%。

c. 采用透射法原理颗粒物监测仪器发射单元和颗粒物监测仪反射单元，测量光束从发射孔的中心出射到对面中心线相叠合的极限偏差≤0.2%。

⑦ 从探头到分析仪的整条采样管线的敷设应采用桥架或穿管等方式，保证整条管线具有良好的支撑。管线倾斜度≥5°，防止管线内积水，在每隔4～5m处装线卡箍，当使用伴热管线时应具备稳定、均匀加热和保温的功能；其设置加热温度≥120℃，且应高于烟气露点温度10℃以上，其实际温度值应能够在机柜或系统软件中显示查询。

⑧ 电缆桥架安装应满足最大直径电缆的最小弯曲半径要求。电缆桥架的连接应采用连接片。配电套管应采用钢管和PVC（聚氯乙烯）管材质配线管，其弯曲半径应满足最小弯曲半径要求。

⑨ 应将动力与信号电缆分开敷设，保证电缆通路及电缆保护管的密封，自控电缆应符合输入和输出分开、数字信号和模拟信号分开的配线和敷设的要求。

⑩ 安装精度和连接部件坐标尺寸应符合技术文件和图样规定，监测站房仪器应排列整齐，监测仪器顶平直度和平面度应不大于5mm，监测仪器牢固固定，可靠接地。二次接线正确、牢固可靠，配导线的端部应标明回路编号。配线工艺整齐，绑扎牢固，绝缘性好。

⑪ 各连接管路、法兰、阀门封口垫圈应牢固完整，均不得有漏气、漏水现象。保持所有管路畅通，保证气路阀门、排水系统安装后应畅通和启闭灵活。自动监测系统空载运行24h后，管路不得出现脱落、渗漏、振动强烈现象。

⑫ 反吹气应为干燥清洁气体，反吹系统应进行耐压强度试验，试验压力为常用工作压力的1.5倍。

⑬ 电气控制和电气负载设备的外壳防护应符合GB 4208的技术要求，户内达到防护等级IP24级，户外达到防护等级IP54级。

⑭ 防雷、绝缘要求。

a. 系统仪器设备的工作电源应有良好的接地措施，接地电缆应采用大于4mm^2的独芯护套电缆，接地电阻小于4Ω，且不能和避雷接地线共用。

b. 平台、监测站房、交流电源设备、机柜、仪表和设备金属外壳、管缆屏蔽层和套管的防雷接地，可利用厂内区域保护接地网，采用多点接地方式。厂区内不能提供接地线或提供的接地线达不到要求的，应在子站附近重做接地装置。

c. 监测站房的防雷系统应符合GB 50057的规定。电源线和信号线设防雷装置。

d. 电源线、信号线与避雷线的平行净距离≥1m，交叉净距离≥0.3m（见图8-11）。

e. 由烟囱或主烟道上数据柜引出的数据信号线要经过避雷器引入监测站房，应将避雷器接地端同站房保护地线可靠连接。

f. 信号线为屏蔽电缆线，屏蔽层应有良好绝缘，不可与机架、柜体发生摩擦、打火现象，屏蔽层两端及中间均需做接地连接（见图 8-12）。

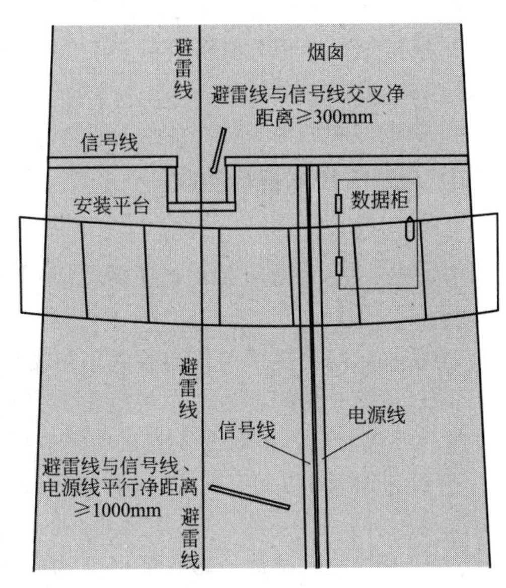

图 8-11　电源线、信号线与避雷线距离示意图

五、固定污染源烟气排放连续监测系统技术指标调试检测

CEMS 在现场安装运行以后，在接受验收前，应进行技术性能指标的调试检测。调试检测的技术指标包括：

a. 颗粒物 CEMS 零点漂移、量程漂移；

b. 颗粒物 CEMS 线性相关系数、置信区间、允许区间；

c. 气态污染物 CEMS 和氧气 CMS 零点漂移、量程漂移；

d. 气态污染物 CEMS 和氧气 CMS 示值误差；

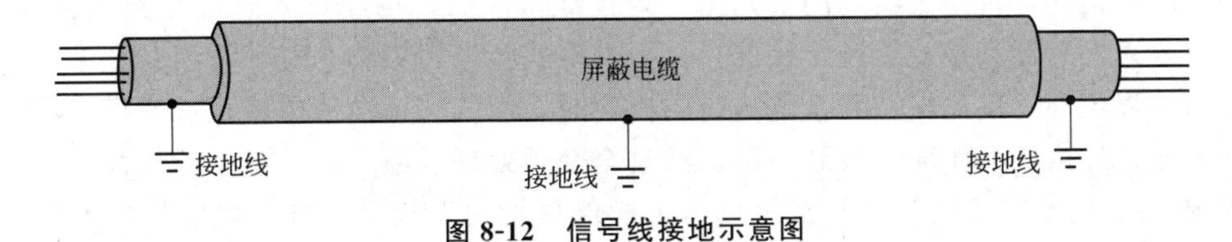

图 8-12　信号线接地示意图

e. 气态污染物 CEMS 和氧气 CMS 系统响应时间；

f. 气态污染物 CEMS 和氧气 CMS 准确度；

g. 流速 CMS 速度场系数；

h. 流速 CMS 速度场系数精密度；

i. 温度 CMS 准确度；

j. 湿度 CMS 准确度。

各技术指标的调试检测方法见 HJ 75 附录 A，调试检测结果不满足本标准技术指标要求时按附录 B 处理，调试检测数据参照附录 D 格式记录。调试检测完成后编制调试检测报告，报告的格式可参照附录 E，调试检测极限应达到表 A. 3 的要求。

六、固定污染源烟气排放连续监测系统技术验收

（一）总体要求

CEMS 在完成安装、调试检测并和管理部门联网后应进行技术验收，包括 CEMS 技术指标验收和联网验收。

（二）技术验收条件

CEM 在完成安装、调试检测并符合下列要求后，可组织实施技术验收工作。

a. CEMS 的安装位置及手工采样位置应符合本标准相关要求。

b. 数据采集和传输以及通信协议均应符合 HJ/T 212 的要求，并提供一个月内数据采

集和传输自检报告，报告应对数据传输标准的各项内容作出响应。

c. 根据本标准相关要求进行了 72h 的调试检测，并提供调试检测合格报告及调试检测结果数据。

d. 调试检测后至少稳定运行 7d。

（三） CEMS 技术指标验收

1. 一般要求

① CEMS 技术指标验收包括颗粒物 CEMS、气态污染物 CEMS、烟气参数 CMS 技术指标验收。

② 验收时间由排污单位与验收单位协商决定。

③ 现场验收期间，生产设备应正常且稳定运行，可通过调节固定污染源烟气净化设备达到某一排放状况，该状况在测试期间应保持稳定。

④ 日常运行中更换 CEMS 分析仪表或变动 CEMS 取样点位时，应分别满足要求，并进行再次验收。

⑤ 现场验收时必须采用有证标准物质或标准样品，较低浓度的标准气体可以使用高浓度的标准气体采用等比例稀释方法获得，等比例稀释装置的精密度在 1%以内。标准气体要求贮存在铝或不锈钢瓶中，不确定度不超过±2%。

⑥ 对于光学法颗粒物 CEMS，校准时必须对实际测量光路进行全光路校准，确保发射光先经过出射镜片，再经过实际测量光路，到校准镜片后，再经过入射镜片到达接受单元。不得只对激光发射器和接收器进行校准。对于抽取式气态污染物 CEMS，当对全系统进行零点校准和量程校准、示值误差和系统响应的检测时，零气和标准气体应通过预设管线输送至采样探头处，经由样品传输管线到站房，经过全套预处理设施后进入气体分析仪。

⑦ 验收前检查直接抽取式气态污染物采样伴热管的设置，应符合规定。冷干法 CEMS 冷凝器的设置和实际控制温度应保持在 2～6℃。

2. 颗粒物 CEMS 技术指标验收

(1) 验收内容　颗粒物 CEMS 技术指标验收包括颗粒物的零点漂移、量程漂移和准确度验收。

(2) 颗粒物 CEMS 零点漂移、量程漂移　在验收开始时，人工或自动校准仪器零点和量程，测定和记录初始的零点、量程读数，待颗粒物 CEMS 准确度验收结束，且至少距离初始点、量程测定 6h 后再次测定（人工或自动）和记录一次零点、量程读数，随后校准零点和量程。

(3) 颗粒物 CEMS 准确度　采用参比方法与 CEMS 同步测量测试断面烟气中颗粒物平均浓度，至少获取 5 对同时间区间且相同状态的测量结果，按以下方法计算颗粒物 CEMS 准确度。

绝对误差：

$$d_i = \frac{1}{n}\sum_{i=1}^{n}(C_{\mathrm{CEMS}} - C_i) \tag{8-9}$$

相对误差：

$$R = \frac{d_i}{C_i} \times 100\% \tag{8-10}$$

式中　d_i——绝对误差，mg/m³；

n——测定次数（5）；

C_i——参比方法测定的第 i 个度，mg/m³；

C_{CEMS}——CEMS与参比方法同时段测定的浓度，mg/m^3；

R——相对误差，%。

3. 气态污染物CEMS和氧气CMS技术指标验收

（1）验收内容 气态污染物CEMS和氧气CMS技术指标验收包括零点漂移、量程源移、示值误差、系统响应时间和准确度验收。现场验收时，先做示值误差和系统响应时间的验收测试，不符合技术要求的，可不再继续开展其余项目验收。

【注意】通入有害气相气时，均应通过CEM系统，不得直接通入气体分析仪。

（2）气态污染物CEMS和氧气CMS示值误差、系统响应时间

① 示值误差

a. 通入零气（经过滤的不含颗粒物、待测气体的清洁干空气或高纯氢气），调节仪器零点。

b. 通入高浓度（80%～100%的满量程值）标准气体，调整仪器显示浓度值与标准气体浓度值一致。

c. 仪器经上述校准后，按照零气、高浓度标准气体零气、中浓度（50%～60%的满量程值）标准气体、零气、低浓度（20%～30%的满量程值）标准气体的顺序通入标准气体。若低浓度标准气体浓度高于排放限值，则还需通入浓度低于排放限值的标准气体，完成超低排放改造后的火电污染源还应通入浓度低于超低排放水平的标准气体。待显示浓度值稳定后读取测定结果。重复测定3次，取平均值。

② 系统响应时间

a. 待测CEMS运行稳定后，按照系统设定采样流量通入零点气体，待读数稳定后按照相同流量通入量程校准气体，同时用秒表开始计时。

b. 观察分析仪示值，至读数开始跃变止，记录并计算样气管路传输时间T_1。

c. 继续观察并记录待测分析仪器显示值上升至标准气体浓度标称值90%时的仪表响应时间T_2。

d. 系统响应时间为T_1和T_2之和。重复测定3次，取平均值。

（3）气态污染物CEMS和氧气CMS零点漂移、量程漂移

① 零点漂移。系统通入零气（经过滤的不含颗粒物、待测气体的清洁干空气或高纯氮气），校准仪器至零点，测试并记录初始读数Z_0。待气态污染物和氧气准确度验收结束，且至少距初始测试6h后，再通入零气，待读数稳定后记录零点读数Z_1。

② 量程漂移。系统通入高浓度（80%～100%的满量程）标准气体，用校准仪器对该标准气体的浓度值测试并记录初始读数S_0。待气态污染物和氧气准确度验收结束，且至少距初始测试6h后，再通入同一标准气体，待读数稳定后记录标准气体读数S_1。

（4）气态污染物CEMS和氧气CMS准确度 参比方法与CEM同步测量烟气中气态污染物和氧气浓度，至少获取9个数据对，每个数据对取5～15min均值，绝对误差按式(8-9)计算，相对误差按公式(8-10)计算。

4. 烟气参数CMS技术指标验收

① 验收内容。烟气参数指标验收包括流速、烟温、湿度准确度验收。

采用参比方法与流速、烟温、湿度CMS同步测量，至少获取5个同时段测试断面值数据对，分别计算流速、烟温、湿度CMS准确度。

② 流速准确度。烟气流速准确度计算方法如下。

绝对误差：

$$d_{vi}=\frac{1}{n}\sum_{i=1}^{n}(V_{CEMS}-V_i) \tag{8-11}$$

相对误差：

$$R_{ev}=\frac{d_{vi}}{V_i}\times 100\% \tag{8-12}$$

式中 d_{vi}——流速绝对误差，m/s；

n——测定次数（≥5）；

V_{CEMS}——流速 CMS 与参比方法同时段测定的烟气平均流速，m/s；

V_i——参比方法测定的测试断面的烟气平均流速，m/s；

R_{ev}——流速相对误差，%。

③ 烟温准确度。烟温绝对误差计算方法：

$$\Delta T=\frac{1}{n}\sum_{i=1}^{n}(T_{CEMS}-T_i) \tag{8-13}$$

式中 ΔT——烟温绝对误差，℃；

n——测定次数（≥5）；

T_{CEMS}——烟温 CMS 与参比方法同时段测定的平均烟温，℃；

T_i——参比方法测定的平均烟温，℃（可与颗粒物参比方法测定同时进行）。

④ 湿度准确度。湿度准确度计算方法如下。

绝对误差：

$$\Delta X_{sw}=\frac{1}{n}\sum_{i=1}^{n}(X_{SWCMS}-X_{swi}) \tag{8-14}$$

相对误差：

$$R_{es}=\frac{\Delta X_{sw}}{X_{swi}}\times 100\% \tag{8-15}$$

式中 ΔX_{sw}——烟气湿度绝对误差，%；

n——测定次数（≥5）；

X_{SWCMS}——烟气湿度 CMS 与参比方法同时测定的平均烟气湿度，%；

X_{swi}——参比方法测定的平均烟气湿度，%；

R_{es}——烟气湿度相对误差，%。

⑤ 验收测试结果可参照标准 HJ 75 附录 D 中的表 D1、表 D3～表 D5 和表 D8 形式记录。

⑥ 技术指标验收测试报告格式。报告应包括以下信息（可参照标准 HJ 75 附录 F）：

a. 报告的标识——编号；

b. 检测日期和编制报告的日期；

c. CEMS 标识——制造单位、型号和系列编号；

d. 安装 CEMS 的企业名称和安装位置所在的相关污染源名称；

e. 环境条件记录情况（大气压力、环境温度、环境湿度）；

f. 示值误差、系统响应时间、零点漂移和量程漂移验收引用的标准；

g. 准确度验收引用的标准；

h. 所用可溯源到国家标准的标准气体；

i. 参比方法所用的主要设备、仪器等；

j. 检测结果和结论；

k. 测试单位；

l. 三级审核签字；

m. 备注（技术验收单位认为与评估 CEMS 的性能相关的其他信息）。

⑦ 示值误差、系统响应时间、零点漂移和量程漂移验收技术要求见表 8-9。

表 8-9 示值误差、系统响应时间、零点漂移和量程漂移验收技术要求

检测项目			技术要求
气态污染物 CEMS	二氧化硫	示值误差	当满量程≥100μmol/mol(286mg/m^3)时，示值误差不超过±5%（相对于标准气体标称值）；当满量程＜100μmol/mol(286mg/m^3)时，示值误差不超过±2.5%(相对仪表满量程值)
		系统响应时间	≤200s
		零点漂移、量程漂移	不超过±2.5%
	氮氧化物	示值误差	当满量程≥200μmol/mol(410mg/m^3)时，示值误差不超过±5%(相对于标准气体标称值)；当满量程＜200μmol/mol(410mg/m^3)时，示值误差不超过±2.5%(相对于仪表满量程值)
		系统响应时间	≤200s
		零点漂移、量程漂移	不超过±2.5%
氧气 CMS	O_2	示值误差	±5%(相对于标准气体标称值)
		系统响应时间	≤200s
		零点漂移、量程漂移	不超过±2.5%
颗粒物 CEMS	颗粒物	零点漂移、量程漂移	不超过±2.0%

注：氮氧化物以 NO_2 计。

⑧ 准确度验收技术要求见表 8-10。

表 8-10 准确度验收技术要求

检测项目			技术要求
气态污染物 CEMS	二氧化硫	准确度	排放浓度≥250μmol/mol(715mg/m^3)时，相对准确度≤15%
			50μmol/mol(143mg/m^3)≤排放浓度＜250μmol/mol(715mg/m^3)时，绝对误差不超过±20μmol/mol(57mg/m^3)
			20μmol/mol(57mg/m^3)≤排放浓度＜50μmol/mol(143mg/m^3)时，相对误差不超过±30%
			排放浓度＜20μmol/mol(57mg/m^3)时，绝对误差不超过±6μmol/mol(17mg/m^3)
	氮氧化物	准确度	排放浓度≥250μmol/mol(513mg/m^3)时，相对准确度≤15%
			50μmol/mol(103mg/m^3)≤排放浓度＜250μmol/mol(513mg/m^3)时，绝对误差不超过±20μmol/mol(41mg/m^3)
			20μmol/mol(41mg/m^3)≤排放浓度＜50μmol/mol(103mg/m^3)时，相对误差不超过±30%
			排放浓度＜20μmol/mol(41mg/m^3)时，绝对误差不超过±6μmol/mol(12mg/m^3)
	其他污染物	准确度	相对准确度≤15%
氧气 CMS	O_2	准确度	＞5.0%时，相对准确度≤15%
			≤5.0%时，绝对误差不超过±1.0%
颗粒物 CMS	颗粒物	准确度	排放浓度＞200mg/m^3 时，相对误差不超过±15%
			100mg/m^3＜排放浓度≤200mg/m^3 时，相对误差不超过±20%
			50mg/m^3＜排放浓度≤100mg/m^3 时，相对误差不超过±25%
			20mg/m^3＜排放浓度≤50mg/m^3 时，相对误差不超过±30%
			10mg/m^3＜排放浓度≤20mg/m^3 时，绝对误差不超过±6mg/m^3
			排放浓度≤10mg/m^3 时，绝对误差不超过±5mg/m^3
流速 CMS	流速	准确度	流速＞10m/s 时，相对误差不超过±10%
			流速≤10m/s 时，相对误差不超过±12%
温度 CMS	温度	准确度	绝对误差不超过±3℃
湿度 CMS	湿度	准确度	烟气湿度＞5.0%时，相对误差不超过±25%
			烟气湿度≤5.0%时，绝对误差不超过±1.5%

注：氮氧化物以 NO 计，以上各参数区间划分以参比方法测量结果为准。

（四）联网验收

1. 联网验收内容

联网验收由通信及数据传输验收、现场数据比对验收和联网稳定性验收三部分组成。

（1）通信及数据传输验收　按照 HJ/T 212 的规定检查通信协议的正确性，数据采集和处理子系统与监控中心之间的通信应稳定，不出现经常性的通信连接中断、报文丢失、报文不完整等通信问题。为保证监测数据在公共数据网上传输的安全性，所采用的数据采集和处理子系统应进行加密传输。监测数据在向监控系统传输的过程中，应由数据采集和处理子系统直接传输。

（2）现场数据比对验收　数据采集和处理子系统稳定运行一个星期后，对数据进行抽样检查，对比上位机接收到的数据和现场机存储的数据是否一致，精确至一位小数。

（3）联网稳定性验收　在连续一个月内，子系统能稳定运行，不出现除通信稳定性、通信协议正确性、数据传输正确性以外的其他联网问题。

2. 联网验收技术指标要求

联网验收技术指标要求见表 8-11。

表 8-11　联网验收技术指标要求

验收检测项目	考核指标
通信稳定性	(1)现场机在线率为 95%以上； (2)正常情况下，掉线后，应在 5min 之内重新上线； (3)单台数据采集传输仪每日掉线次数在 3 次以内； (4)报文传输稳定性在 99%以上，当出现报文错误或丢失时，立即纠错逻辑，要求数据采集传输仪重新发送报文
数据传输安全性	(1)对所传输的数据应按照 HJ/T 212 中规定的加密方法进行加密处理传输，保证数据传输安全性； (2)服务器端对请求连接的客户端进行身份验证
通信协议正确性	现场机和上位机的通信协议应符合 HJ/T 212 的规定，准确率 100%
数据传输正确性	系统稳定运行一星期后，对一星期的数据进行检查，对比接收的数据和现场的数据是否一致，精确至一位小数，抽查数据正确率 100%
联网稳定性	系统稳定运行一个月，不出现除通信稳定性、通信协议正确性、数据传输正确性以外的其他联网问题

七、固定污染源烟气排放连续监测系统日常运行管理要求

CEMS 运维单位应根据 CEMS 使用说明书和本标准的要求编制仪器运行管理规程，确定系统运行操作人员和管理维护人员的工作职责。运维人员应当熟练掌握烟气排放连续监测仪器设备的原理、使用和维护方法。CEMS 日常运行管理应包括以下几方面。

1. 日常巡检

CEMS 运维单位应根据本标准和仪器使用说明中的相关要求制订巡检规程，并严格按照规程开展日常巡检工作并做好记录。日常巡检记录应包括检查项目、检查日期、被检项目的运行状态等内容，每次巡检应记录并归档。CEMS 日常巡检时间间隔不超过 7d。

日常巡检可参照标准 HJ 75 附录 G 中表 G1～表 G3 的形式记录。

2. 日常维护保养

应根据 CEMS 说明书的要求对 CEMS 系统保养内容、保养周期或耗材更换周期等作出明确规定，每次保养情况应记录并归档。每次进行备件或材料更换时，更换的备件或材料的品名、规格、数量等应记录并归档。如更换有证标准物质或标准样品，还需记录新标准物质或标准样品的来源、有效期和浓度等信息。对日常巡检或维护保养中发现的故障或问题，系统管理维护人员应及时处理并记录。

CEMS 日常运行管理参照标准 HJ 75 附录 G 中的格式记录。

3. CEMS 的校准和校验

应根据本标准中规定的方法和制订 CEMS 系统的日常校准和校验操作规程。校准和校验记录应及时归档。

八、固定污染源烟气排放连续监测系统日常运行质量保证要求

1. 一般要求

CEMS 日常运行质量保证是保障 CEMS 正常稳定运行、持续提供有质量保证监测数据的必要手段。当 CEMS 不能满足技术指标而失控时，应及时采取纠正措施，并应缩短下一次校准、维护和校验的间隔时间。

2. 定期校准

CEMS 运行过程中的定期校准是质量保证中的一项重要工作。定期校准应做到：

a. 具有自动校准功能的颗粒物 CEMS 和气态污染物 CEMS 每 24h 至少自动校准一次仪器零点和量程，同时测试并记录零点漂移和量程漂移。

b. 无自动校准功能的颗粒物 CEMS 每 15d 至少校准一次仪器的零点和量程，同时测试并记录零点漂移和量程漂移。

c. 无自动校准功能的直接测量法气态污染物 CEMS 每 15d 至少校准一次仪器的零点和量程，同时测试并记录零点漂移和量程漂移。

d. 无自动校准功能的抽取式气态污染物 CEMS 每 7d 至少校准一次仪器零点和量程，同时测试并记录零点漂移和量程漂移。

e. 抽取式气态污染物 CEMS 每 3 个月至少进行一次全系统的校准，要求零气和标准气体从监测站房发出，经采样探头末端与样品气体通过的路径（应包括采样管路、过滤器、洗涤器、调节器、分析仪表等）一致，进行零点和量程漂移、示值误差和系统响应时间的检测。

f. 具有自动校准功能的流速 CMS 每 24h 至少进行一次零点校准，无自动校准功能的流速 CMS 每 30d 至少进行一次零点校准。

g. 校准技术指标应满足规范中表 4 要求。定期校准记录按照标准 HJ 75 附录 G 中表 G4 的形式记录。

3. 定期维护

CEMS 运行过程中的定期维护是日常巡检的一项重要工作，维护频次按照附表 G1～表 G3 说明的进行。定期维护应做到：

a. 污染源停运到开始生产前应及时到现场清洁光学镜面。

b. 定期清洗隔离烟气与光学探头的玻璃视窗，检查仪器光路的准直情况；定期对清吹空气保护装置进行维护，检查空气压缩机或鼓风机、软管、过滤器等部件。

c. 定期检查气态污染物 CEMS 的过滤器、采样探头和管路的结灰与冷凝水情况、气体冷却部件，转换器、泵膜老化状态。

d. 定期检查流速探头的积灰和腐蚀情况、反吹泵和管路的工作状态。

e. 定期维护记录按 HJ 75 附录 G 中表 G1～表 G3 的形式记录。

4. 定期校验

CEMS 投入使用后，燃料、除尘效率的变化、水分的影响、安装点的振动等都会对测量结果的准确性产生影响。定期校验应做到：

a. 有自动校准功能的测试单元每 6 个月至少做一次校验，没有自动校准功能的测试单元每 3 个月至少做一次校验；校验用参比方法和 CEMS 同时段数据进行比对，按 HJ 75 中 9.3 进行。

b. 校验结果应符合表 8-10 要求，不符合时，应扩展为对颗粒物 CEMS 的相关系数的校正或/和评估气态污染物 CEMS 的准确度或/和流速 CMS 的速度场系数（或相关性）的校正，直到 CEMS 达到要求。

c. 定期校验记录按 HJ 75 附录 G 中表 G. 5 的形式记录。

5. 常见故障分析及排除

当 CEMS 发生故障时，系统管理维护人员应及时处理并记录。设备维修记录见附录 G 中的表 G. 6。维修处理过程中，要注意以下几点：

a. CEMS 需要停用、拆除或者更换的，应当事先报经主管部门批准。

b. 运行单位发现故障或接到故障通知，应在 4h 内赶到现场进行处理。

c. 对于一些容易诊断的故障，如电磁阀控制失灵、膜裂损、气路堵塞、数据采集仪死机等，可携带工具或者备件到现场进行针对性维修，此类故障维修时间不应超过 8h。

d. 仪器经过维修后，在正常使用和运行之前应确保维修内容全部完成，性能通过检测程序，按本标准对仪器进行校准检查。若监测仪器进行了更换，在正常使用和运行之前应对系统进行重新调试和验收。

e. 若数据存储/控制仪发生故障，应在 12h 内修复或更换，并保证采集的数据不丢失。

f. 监测设备因故障不能正常采集、传输数据时，应及时向主管部门报告，缺失数据按相关要求进行处理。

6. CEMS 定期校准校验技术指标要求及数据失控时段的判别与修约

① CEMS 在定期校准、校验期间的技术指标要求及数据失控时段的判别标准见表 8-12。

② 当发现任一参数不满足技术指标要求时，应及时按照本规范及仪器说明书等的相关要求，采取校准、调试乃至更换设备重新验收等纠正措施直至满足技术指标要求为止。当发现任一参数数据失控时，应记录失控时段（即从发现失控数据起到满足技术指标要求后止的时间段）及失控参数，并按 HJ 75 12. 2. 3 进行数据修约。

表 8-12　CEMS 定期校准校验技术指标要求及数据失控时段的判别标准

项目	CEMS 类型		校准功能	校准周期	技术指标	技术指标要求	失控指标	最少样品数/对
定期校准	颗粒物 CEMS		自动	24h	零点漂移	不超过±2.0%	超过±8.0%	—
					量程漂移	不超过±2.0%	超过±8.0%	
			手动	15d	零点漂移	不超过±2.0%	超过±8.0%	
					量程漂移	不超过±2.0%	超过±8.0%	
	气态污染物 CEMS	抽取测量或直接测量	自动	24h	零点漂移	不超过±2.5%	超过±5.0%	
					量程漂移	不超过±2.5%	超过±10.0%	
		抽取测量	手动	7d	零点漂移	不超过±2.5%	超过±5.0%	
					量程漂移	不超过±2.5%	超过±10.0%	
		直接测量	手动	15d	零点漂移	不超过±2.5%	超过±5.0%	
					量程漂移	不超过±2.5%	超过±10.0%	
	流速 CEMS		自动	24h	零点漂移或绝对误差	零点漂移不超过±3.0%或绝对误差不超过±0.9m/s	零点漂移超过±8.0%或绝对误差超过±1.8m/s	—
			手动	30d	零点漂移或绝对误差	零点漂移不超过±3.0%或绝对误差不超过±0.9m/s	零点漂移超过±8.0%或绝对误差超过±1.8m/s	—
定期校验	颗粒物 CEMS			3 个月或 6 个月	准确度	满足本标准 9. 3. 8	超过本标准 9. 3. 8	5
	气态污染物 CEMS							9
	流速 CEMS							5

九、固定污染源烟气排放连续监测系统数据审核和处理

1. CEMS 数据审核

① 固定污染源生产状况下，经验收合格的 CEMS 正常运行时段为 CEMS 数据有效时间段。CEMS 非正常运行时段（如 CEMS 故障期间、维修期间、超本标准 11.2 期限未校准时段、失控时段以及有计划的维护保养、校准等时段）均为 CEMS 数据无效时间段。

② 污染源计划停运一个季度以内的，不得停运 CEMS，日常巡检和维护要求仍按本标准第 10、11 章执行；计划停运超过一个季度的，可停运 CEMS，但应报当地环保部门备案。污染源启动运行前，应提前启动运行 CEMS 系统，并进行校准，在污染源启动运行后的两周内进行校验，满足本标准表 4 技术指标要求的，视为启动运行期间自动监测数据有效。

③ 排污单位应在每个季度前五个工作日对上个季度的 CEMS 数据进行审核，确认上季度所有分钟、小时数据均按照附录 H 的要求正确标记，计算本季度的污染源 CEMS 有效数据捕集率。上传至监控平台的污染源 CEMS 季度有效数据捕集率应达到 75%。

【注意】季度有效数据捕集率(%)=(季度小时数－数据无效时段小时数－污染源停运时段小时数)/(季度小时数－污染源停运时段小时数)。

2. CEMS 数据无效时间段数据处理

① CEMS 系统数据失控时段污染物排放量按照表 8-13 进行修约，污染物浓度和烟气参数不修约。CEMS 系统超期未校准的时段视为数据失控时段，污染物排放量按照表 8-13 进行修约，污染物浓度和烟气参数不修约。

表 8-13　失控时段的数据处理方法

季度有效数据捕集率 α	连续失控小时数 N/h	修约参数	选取值
$\alpha \geqslant 90\%$	$N \leqslant 24$	二氧化硫、氮氧化物、颗粒物的排放量	上次校准前 180 个有效小时排放量最大值
	$N > 24$		上次校准前 720 个有效小时排放量最大值
$75\% \leqslant \alpha < 90\%$	—		上次校准前 2160 个有效小时排放量最大值

② CEMS 系统有计划（质量保证/质量控制）的维护保养、校准及其他异常导致的数据无效时段，该时段污染物排放量按照表 8-14 处理，污染物浓度和烟气参数不修约。

表 8-14　维护期间和其他异常导致的数据无效时段的处理方法

季度有效数据捕集率 α	连续失控小时数 N/h	修约参数	选取值
$\alpha \geqslant 90\%$	$N \leqslant 24$	二氧化硫、氮氧化物、颗粒物的排放量	失效前 180 个有效小时排放量最大值
	$N > 24$		失效前 720 个有效小时排放量最大值
$75\% \leqslant \alpha < 90\%$	—		失效前 2160 个有效小时排放量最大值

3. 数据记录与报表

按标准要求表格形式记录监测结果，并定期将 CEMS 监测数据上报，报表中应给出最大值、最小值、平均值、排放累计量以及参与统计的样本数。

思考题

1. 水质在线自动监测有何特点？
2. 空气自动监测子站一般由哪几个系统构成？
3. 水质在线自动监测系统的分析单元是怎样构成的？
4. 空气自动监测采样系统有何技术要求？
5. 固定污染源烟气自动监测的特点有哪些？
6. 水质自动监测项目主要有哪些？

第九章 环境监测报告

知识目标

1. 熟悉各种环境监测报告及其格式。
2. 熟悉各种环境监测报告主要包括的内容。
3. 掌握环境监测报告的编写原则。

能力目标

能够编写各种环境监测报告。

素质目标

1. 具有科学严谨的工作态度，对监测数据认真负责。
2. 具有担当精神，工作过程要遵纪守法、诚实守信、精益求精。

环境监测报告是环境监测成果的主要表达方式，是整个监测工作的最终产品，其质量优劣与否，其完成及时与否，都直接影响着环境监测工作效益的发挥。监测部门应十分重视报告管理，充分发挥监测工作效益。

第一节　环境监测报告的种类

环境监测报告分为数据型和文字型两种。数据型报告是指根据监测原始数据编制的各种报表、软盘等；文字型报告是指依据各种监测数据及综合计算结果以文字表述为主的报告。环境监测报告按内容和周期分为环境监测快报、简报、月报、季报、年报、环境质量报告书及污染源监测报告。

环境监测报告的种类

一、环境监测快报

环境监测快报是指采用文字型一事一报的方式，报告重大污染事故、突发性污染事故和对环境造成重大影响的自然灾害等事件的应急监测情况，以及在环境质量监测、污染源监测过程中发现的异常情况及其原因分析和对策建议。

环境监测快报由地方各级生态环境部门负责组织编写并报出，报送范围是：主送上级生态环境部门、同级人民政府有关部门，同时直接以传送计算机文本方式上报生态环境部，并通报可能影响到的有关省、市生态环境部门。

污染事故发生后24小时内应报出第一期环境监测快报，并应在污染事故影响期间内连续编制各期快报，编报周期由当地生态环境部门根据污染事故情况确定。

国家或地方各级生态环境部门确定的环境敏感地区，在污染事故易发期间，地方各级环境监测站应在定期组织开展有关环境监测工作的基础上，负责编制文字型环境监测快报，并在每次监测任务完成后五日内将本次监测快报报到同级生态环境部门，同时抄报上一级生态环境部门和中国环境监测总站。中国环境监测总站在接到地方监测快报五日内，将有关内容编制成《环境监测快报》报到生态环境部。

环境监测快报应包括以下信息：

① 报告名称，如“事故监测快报”；

② 监测机构名称和地址；

③ 报告的唯一标识（如编号）及页号和总页数；

④ 监测地点及时间；

⑤ 事件的时间、地点及简要过程和分析；

⑥ 污染因子或环境因素监测结果；

⑦ 对短期内环境质量态势的预测分析；

⑧ 事件原因的简要分析；

⑨ 结论与建议；

⑩ 对报告内容负责人员的职务和签名；

⑪ 报告的签发日期。

环境监测快报内容

二、环境监测月报告

环境监测月报告是一种简单、快速报告环境质量状况及环境污染问题的数据型报告。已开展大气自动监测的城市生态环境部门应组织所属环境监测站编制数据型大气环境质量监测月报，并于次月五日前报到中国环境监测总站。中国环境监测总站负责汇总、编制各有关城市环境监测站上报的大气环境质量监测月报，于每月十五日前报到生态环境部。

环境监测月报告应包括以下信息：

① 报告名称，如“环境质量监测月报告”“环境污染监测月报告”；

② 报告编制单位名称和地址；

③ 报告的唯一标识（如序号）、页码和总页数；

④ 被监测单位名称、地点；

⑤ 监测项目的监测时间及结果；

⑥ 监测简要分析，包括与前月份对比分析结果、当月主要问题及原因分析、变化趋势预测、管理控制对策建议等；

⑦ 对报告内容负责的人员职务和签名；

⑧ 报告签发日期。

三、环境监测季报告

环境监测季报告是一种在时间和内容上介于月报和年报之间的简要报告环境质量状况或环境污染问题的数据型报告。

环境质量监测网基层站、“专业网”基层站应于每季度第一个月的15日前将上一季度数据型环境监测季报报到各省、自治区、直辖市环境监测站。各省、自治区、直辖市环境监测站以及全球环境监测系统中国网站成员单位负责编制本辖区环境监测数据型季报，并于每季度第一个月30日前将上一季度的季报报到同级生态环境部门、中国环境监测总站。中国环境监测总站负责于每季度的第二个月20日前将上一季度全国环境质量状况和全球环境监测系统（中国站）数据型报告报到生态环境部。

参加国家城市环境综合整治定量考核的37个重点城市和国务院确定的经济特区城市、沿海开放城市及重点旅游城市的环境监测站，应于每季度第一个月15日前将上一季度的数据型环境监测季报报到中国环境监测总站。中国环境监测总站应于每一季度的第一个月底前编制完成上一季度全国重点城市环境质量文字型季报并报到生态环境部。

各流域环境监测网络成员单位应于每年的二月底、五月底和九月底前分别将当年枯水期、平水期、丰水期的数据型监测季报报到组长或副组长单位。

近岸海域环境监测网成员单位应于每年五月底、十月底前将当年枯水期、丰水期的数据型监测季报报到组长或副组长单位。

其他专业环境监测网成员单位的数据型季报的报送时间参照上述规定执行。

各流域监测网组长单位负责编制本流域各类文字型环境监测季报或期报，并于三月底、六月底、十月底前分别将当年枯水期、平水期、丰水期监测期报报到网络领导小组成员单位和中国环境监测总站。

近岸海域环境监测网组长单位负责编制近岸海域文字型环境监测期报，并于七月底、十二月底前分别将当年枯水期、丰水期监测期报报到网络领导小组成员单位和中国环境监测总站。

其他专业环境监测网的季报时间参照上述规定执行。

环境监测季报告应包括以下信息：

① 报告名称，如“环境质量监测季报告”或“环境污染监测季报告”；

② 报告编报单位名称、地址；

③ 报告的唯一标识（如序号）、页码和总页数；

④ 各监测点情况；

⑤ 监测技术规范执行情况；

⑥ 监测数据情况；

⑦ 被监测单位名称、地址；

⑧ 各环境要素和污染因子的监测频率、时间及结果；

⑨ 单要素环境质量评价及结果；

⑩ 本季度主要问题及原因简要分析；

⑪ 环境质量变化趋势估计；

⑫ 改善环境管理工作的建议；

⑬ 环境污染治理工作效果监测结果及综合整治考查结果；

⑭ 对报告内容负责的人员职务和签名；

⑮ 报告的签发日期。

四、环境监测年报告

环境监测年报告是环境监测重要的基础技术资料，是环境监测机构重要的监测成果之一。环境质量年报属数据型报告，国家环境质量监测网成员单位自1997年1月1日起，正式开始实行微机有线联网，同时以微机网络有线传输方式逐级上报环境质量年报。

国家环境质量监测网成员单位应于每年1月20日前将上年度的环境质量年报报到本省、自治区、直辖市环境监测中心站。

“专业网”成员单位应于每年1月20日前将本单位年报报到网络组长单位。

各省、自治区、直辖市环境监测中心站和专业网组长单位，应于每年2月20日之前将本地区、本“专业网”年报报到中国环境监测总站。

环境监测年报告应包括以下信息。

① 报告名称，如“环境质量监测年报告”“环境污染监测年报告”等。

② 报告年度。

③ 报告唯一标识、页码和总页数。

④ 环境监测工作概况，主要包括：

a. 基本情况，如监测站人员构成统计表，监测机构及组织情况表，监测站仪器、设备统计表等；

b. 监测网点情况，如水、气、噪声等各环境要素质量监测网点情况表，污染源监测网点情况表等；

c. 监测项目、频率和方法，如水、气、噪声各环境要素监测项目频率和方法统计表，废水、废气等污染源监测项目、频率和方法统计表等；

d. 评价标准执行情况，如大气、水质等各环境要素质量评价标准执行情况表，污染源评价标准执行情况表等；

e. 数据处理以及实验室质量控制活动情况等。

⑤ 监测结果统计图表，主要包括：

a. 大气、水质、噪声等各环境要素各测点监测结果年度统计图表；

b. 大气、水质等各环境要素特异污染监测结果统计表；

c. 污染源监测结果统计图表，如大气各污染源监测结果统计图表、各种废水污染源监测结果统计图表、其他污染源监测结果统计图表；

d. 主要治理设施效果监测情况统计图表；

e. 其他环境监测结果情况统计图表等。

⑥ 环境监测相关情况，主要包括：

a. 环境条件情况，如环境气象条件统计表、环境水文情况统计表、其他环境条件统计表；

b. 社会经济情况，如监测区域面积、人口密度统计表，燃料等能源资源消耗年度统计表，车辆情况统计表，其他社会环境情况统计表等；

c. 年度环境监测大事记，如重大环境保护活动记事、重大环境监测活动记事、重大污染事故统计表等。

⑦ 当年环境质量或环境污染情况分析评价：

a. 环境质量评价及趋势分析；

b. 环境污染评价及趋势分析；

c. 各环境要素和主要污染因子存在的主要问题及原因分析；

d. 与上年度对比分析结果；

e. 污染治理效果总结；

f. 强化环境管理及监督监测的对策建议等。

⑧ 对报告内容负责人的人员职务和签名。

⑨ 报告的签发日期。

五、环境质量报告书

环境质量报告书属文字型报告。环境质量报告书按内容和管理的需要，分年度环境质量报告书和五年环境质量报告书两种。为了提高环境质量报告书的及时性和针对性，按其形式分为公众版、简本和详本三种。

五年环境质量报告书起始于 1991 年。五年环境质量报告书只编详本，在其编写年度不再编写年度环境质量报告书详本。

地方各级生态环境部门应于每年三月底和六月底前，组织所属环境监测站完成上一年度环境质量报告书简本和详本的编制，并报到同级人民政府和上一级生态环境部门；五月底完成环境质量报告书公众版。

各环境监测专业网组长单位应于每年五月底前完成上年度流域（区域）、近岸海域环境质量报告书，并报到网络领导小组各成员单位和中国环境监测总站。

中国环境监测总站应分别于每年三月底、五月底、六月底之前编写完成上年度全国环境质量报告书的简本、公众版和样本，并报到生态环境部。

地方各级生态环境部门应于五年环境质量报告书编写年的八月底前，将五年环境质量报告书报到同级人民政府和上一级生态环境部门。中国环境监测总站亦应于八月底前将全国五年环境质量报告书报到生态环境部。

1. 环境质量报告书的内容

环境质量报告书应包括以下信息。

① 概况。

② 环境监测工作开展情况。

③ 污染源监测情况综述，其中应包括以下图、表：

a. 污染源及环境监测情况汇总表；

b. 污染源单位分布统计图；

c. 污染源监测数据单位分布统计图；

d. 污染源综合等标污染负荷单位类别分布图；

e. 污染源分布地域图；

f. 重点地区污染源分布情况图；

g. 污染源综合等标污染负荷重点单位排序表。

此外，还应说明本年度监测情况与上年度相比的变化以及本年度监测污染源的覆盖面占本单位所有污染源的比例等。

④ 废水监测情况，除文字说明外还应包括以下图、表：

a. 废水监测情况汇总表；

b. 废水监测情况分类汇总表；

c. 废水监测数据单位分布统计图；

d. 废水监测数据达标率单位分布统计图；

e. 废水监测等标污染负荷废水类型分布统计图；

f. 废水监测等标污染负荷单位类型分布统计图；

g. 废水监测排放量单位统计比较图；

h. 废水监测主要污染物排放量单位类型分布统计图；

i. 废水监测主要污染物排放量单位统计比较图；

j. 废水监测等标污染负荷重点排放单位排序表；

k. 废水监测主要污染物重点排放单位排序表；

l. 废水治理设施配置及运转率单位类别分布统计图；

m. 废水治理设施配置及运转率废气类别分布统计图；

n. 废水受控污染物去除量分布统计图。

⑤ 其他污染源及环境质量监测情况要求同废气监测情况。

⑥ 综合结论及建议，在此部分，应根据环境监测工作开展情况及监测结果对本单位一年来的污染环境状况和监测工作开展情况作出总结，根据所得结论向环保决策部门提出环境保护措施建议。

2. 环境质量报告书的格式

① 必须在报告书封面或首页加盖编报单位公章。

② 必须写明编报人员姓名、审核人员姓名和编报单位负责人姓名。

③ 正文内不便表现的数据、图、表，应作为附件附在正文后。

六、污染源监测报告

地方各级环境监测站负责核实、认可各排污单位申报的排污状况数据，并将核实后的排污申报数据报到当地生态环境部门。

污染源监督监测季报是及时反映当地环境监测站实施污染物总量核实、抽检、治理设施验收与运行效果检查等各类污染源监督监测基本情况的文字型报告。

各市级环境监测站负责于每季度第一个月 10 日前，将上一季度本辖区污染源监督监测情况季报报到同级生态环境部门及省级环境监测站，并应向有关排污单位展示其监督监测数据。

各省、自治区、直辖市环境监测站负责于每季度第一个月底前，将本辖区上一季度污染源排污在前 30 位的企业监督监测数据及基本情况汇总后，报到同级生态环境部门和中国环境监测总站。

中国环境监测总站负责于每季度第二个月 15 日前，将上一季度全国重点污染监督监测数据及基本情况汇总后，将排污在前三位的企业监督监测数据报到生态环境部。

地方各级环境监测站负责本辖区内重点污染源的监测，各地方环境监测站负责于三月底之前将上一年度、国家确定的重点污染数据型报告汇总编制完成，并报到同级生态环境部门和上一级环境监测站。

各省、自治区、直辖市环境中心站负责于当年四月底之前将本辖区国家重点污染源的上一年度数据型报告汇总后报到中国环境监测总站。

各“专业网”成员单位，负责于三月底之前将上一年度污染源数据型监测报告报到网络组长单位。网络组长单位于 4 月 10 日前负责编制完成上年度本网络所监测范围内污染源排污状况文字型报告，并报到中国环境监测总站。

中国环境监测总站根据各省、自治区、直辖市环境监测站和各流域、近岸海域等专业网络组长单位上报的重点污染源监督监测数据，于六月底之前，负责编制完成上年度全国重点污染源排污状况文字型报告并报到生态环境部。

地方各级生态环境部门确定的本地区重点污染源数据型报告上报周期、时间和内容，可由地方各级生态环境部门根据环境管理的需要另行规定。

地方各级生态环境部门负责组织编写本辖区内污染排污状况文字型年度报告，并于六月底前将上年报告报到同级人民政府和上一级生态环境部门。

第二节　环境监测报告编写原则

各类环境监测报告都是环境管理决策的重要依据，其编写应遵循如下原则。

一、准确性原则

各类监测报告首先是要给人们提供一个确切的环境质量信息，否则监测工作就毫无意义，甚至造成严重后果。同时，各类监测报告必须实事求是，准确可靠，数据翔实，观点明确。

二、及时性原则

环境监测是通过它的成果（各类监测报告）为环境决策和环境管理服务，这种服务必须即时有效，否则就可能贻误战机，使监测工作失去生命力。因此，必须建立和实行切实可行的报告制度，运用先进的技术手段（如电子计算机），建立专门的综合分析机构，选用得力的技术人员，切实保证报告的时效性。

三、科学性原则

监测报告的编制绝不仅仅是简单的数据资料汇总，必须运用科学的理论、方法和手段提示阐释监测结果及环境质量变化规律，为环境管理提供科学依据。

四、可比性原则

监测报告的表述应统一、规范，内容、格式等应遵守统一的技术规定，评价标准、指标范围和精度应相对统一稳定，结论应有时间的连续性，成果的表达形式应具有时间、空间的可比性，便于汇总和对比分析。

五、社会性原则

监测报告尤其是监测结果的表达，要使读者易于理解，容易被社会各界很快接受和利用，使其在各个领域中尽快发挥作用。

第三节　环境监测报告实例

一、环境监测快报

环境监测快报的参考格式如表 9-1 所示。

表 9-1　环境监测快报

第　　页共　　页

第　　期

快报类型：

填报单位：

填表报间：　　　年　月　日

编报事由	
监测结果	
分析结论	

填报者：　　　　审核者：　　　　负责人：

二、环境监测月、季、年报

环境监测月、季、年报，由一系列监测基础表和汇总表构成，并可视情况附上简要文字说明。其汇总表可根据上级要求和管理需要设计制订。表 9-2 和表 9-3 是环境污染监测单位基础表的参考格式（废气、固废、噪声、辐射监测情况略）。

表 9-2 排污单位基本情况

单位代码		环保机构名称		耗煤量/t		
单位名称		主管部门		其中:燃料煤/t		
单位类别		供水方式		原料煤/t		
单位地址		燃煤产地		耗油量/t		
邮政编码		煤含硫量/%		评选先进情况	全国(年度)	
规 模		基地面积/m²			全军(年度)	
地域性质		绿化面积/m²			省市(年度)	
□长江□太湖□二氧化硫控制区		交排污费/元		备 注		
□黄河□巢湖□酸雨控制区		污染罚款/元				
□淮河□滇池□渤海湾地区		污染赔款/元				
□海河 □北京市		耗电量/kW				
□辽河 □一般地区		耗水量/t				
功能类别		其中:生活用水/t				
建厂时间		生产用水/t				
经济类型		新鲜用水/t				
主要产品		重复用水/t				
人员总数		耗气量/m³				
填报单位		填报时间		填报人		负责人

表 9-3 废水监测情况

废水类型	排污单位名称					季/年度		
污染源名称		监测点位名称	监测频次	污染因子名称	最低允许浓度	最高允许浓度	平均监测浓度	总控指标
污染源性质								
介质排放方式								
介质排放去向								
介质季/年排放量/t								
治理设施名称								
治理设施设备价值/元								
治理设施应运行时间/(h/d)								
治理设施实际运行时间/(h/d)								
标志污染物名称								
标志污染物进口浓度/(mg/L)								
标志污染物出口浓度/(mg/L)								
季/年处理量/t								
处理达标量/t								
季/年度治理设施运行费用/元								
治理情况								
治理年度								
投资情况/万元								
其中:总部投资								
自筹								
监测单位	监测时间		填报人		审核		负责人	

思考题

1. 环境监测报告有哪几种?
2. 环境监测报告书有哪些主要类型?
3. 环境监测年报包括哪些基本内容?
4. 环境质量报告书包括哪些主要内容?
5. 环境质量报告书的格式有何要求?
6. 环境监测报告的编写有何原则?
7. 为什么说环境监测报告应具有及时性?

第十章
监测综合实训

知识目标

1. 熟悉各种监测仪器的结构和操作。
2. 熟悉各种监测项目的原理和操作方法。

能力目标

1. 能够对水环境中的污染物进行监测。
2. 能够对空气中的污染物进行系统监测。

素质目标

1. 培养严谨、科学、认真负责的工作态度。
2. 有大局观，具有团队协作精神，确保工作环境符合规范要求，爱护仪器，节约药品和水电。

第一节　校园及其周边水环境监测分析

一、实训目的

① 通过水环境监测实训，进一步让学生巩固课本所学的知识，深入了解水环境监测中各环境污染因子的采样与分析方法、误差分析、数据处理等方法与技能。

② 通过对校园地表水、饮用水和污水的水质监测，以掌握校园内的水环境质量现状，并判断水环境质量是否符合国家有关环境标准的要求。

③ 培养学生的实践操作技能和综合分析问题的能力。

二、水环境监测调查和资料的收集

水污染受气象、季节、地形、地貌等因素的强烈影响而随时间变化，因此应对校园内各种水污染源、水污染物排放状况及自然与社会环境特征进行调查，并对水污染物进行初步估算。

校园环境水样很多，有汇集在校园内的地表水，也有地下水（井水、泉水），此外还有校园排放的污水等。水环境现状调查和资料收集，除调查收集相应的水污染物排放情况外，还需了解河流所在地区有关的水污染源及其水质情况，有关受纳水体的水文和水质参数等。

有关水污染源的调查表可参照表 10-1。

表 10-1　水污染源调查表

调查内容	调查结果	调查内容	调查结果

三、水环境监测项目和范围

1. 监测项目

校园水环境监测项目可以只开展水质监测项目。对于地表水，水质监测项目可分为水质常规项目、特征污染物和水域敏感参数。水质常规项目可根据国家《地表水环境质量标准》（GB 3838—2002）和环境监测技术规范选取，特征污染物可根据校内实验室、校内医院、食堂、宿舍楼等排放的污染物来选取，敏感水质参数可选择受纳水域敏感的或曾出现过超标情况而要求控制的污染物。对于地下水，若用作生活饮用水源，监测项目应按照卫生部《生活饮用水水质卫生规范》执行。

2. 监测范围

地表水监测范围必须包括校园排水对地表水环境影响比较明显的区域，应能全面反映与地表水有关的基本环境状况。如果校园内有湖泊（或人工湖），可直接在校园内湖泊取样监测。如果校园排水直接排至校园外河流、湖泊或海洋等地表水体，应根据地表水的规模和污水排放量来确定调查范围。

四、监测点的布设、监测频率和采样方法

1. 监测点的布设

监测断面和采样点的设置应根据监测目的和监测项目，并结合水域类型、水文、气象、环境等自然特征，综合诸多方面因素提出优化方案，各组学生在研究和论证的基础上确定。

对于如何布点以及监测点位分别设在哪里等问题要一一做出相应的说明（根据课上所学："面-线-点"的原则来布点）。如果校园排水不是直接排入河流、湖泊和海湾，而是排入城市下水道，可以在校园污水总排水口进行监测布点，以了解其排水水质和处理效果。

2. 监测频率

监测目的和水体不同，监测的频率往往也不同。对河流的水质同步调查需 3～4 天，至少应有一天对所有已选定的水质参数进行采样分析。一般情况下每天每个水质参数只采一个水样。

3. 采样方法

根据监测项目确定采用混合采样还是单独采样方式。采样器事先要洗涤干净，采样前用被采样的水样洗涤 2～3 次。采样时应避免剧烈搅动水体使漂浮物进入采样桶。采样桶桶口要迎着水流方向浸入水中，水充满后迅速提出水面，需加保存剂时应现场加入。为特殊监测项目采样时，要注意特殊要求。地下水样的采集，应在监测井旁选择标志物或编号，保证每次在同一采样点采样。

以上三点可参见表 10-2。

表 10-2 监测点、监测频率、监测时间及水样采集类型

监测点	监测频率/(次/d)	监测时间	水样类型

五、样品的保存和运输

在水样存放过程中，由于吸附、沉淀、氧化还原、微生物作用等，样品的成分可能发生变化。因此如不能及时运输和分析测定的水样，需采取适当的方法保存。较为普遍的采用的保存方法有控制溶液的 pH、加入化学试剂、冷藏和冷冻。

采取的水样除一部分现场测定使用外，大部分要运送到实验室进行分析测试。在运输过程中，为继续保证水样的完整性、代表性，使之不受污染，不被损坏和丢失，必须遵守各项保证措施。根据水样采样记录表清点样品，塑料容器要塞进内塞、旋紧外塞，玻璃瓶要塞紧磨口塞，然后用细绳将瓶塞与瓶颈拴紧。需冷藏的样品，配备专门的隔热容器，放冷却剂。冬季运送样品，应采取保温措施，以免冻裂样瓶。

六、分析方法和数据处理

1. 分析方法

分析方法按国家环境保护总局编写的《水和废水监测分析方法》进行。

2. 数据处理

监测结果的原始数据要根据有效数字的保留规则正确书写，监测数据的运算要遵循运算规则。在数据处理中，对出现的可疑数据，首先从技术上查明原因，然后再用统计检验处理方法，经检验验证后属离群数据应予剔除，以使测定结果更符合实际。

3. 分析结果的表示

水质监测分析结果可按表 10-3 进行统计。

表 10-3 水质监测分析结果统计表

断面编号	污染因子	pH	SS	DO	COD_{Cr}	BOD_5	NH_3-N	……
1	质量浓度/(mg/L)							
	超标倍数							
2	质量浓度/(mg/L)							
	超标倍数							
3	质量浓度/(mg/L)							
	超标倍数							
……	质量浓度/(mg/L)							
	超标倍数							
标准值								

4. 水质评价

学生根据监测结果，对照地表水环境质量标准，对校园水体进行评价，判断水质属于几级；推断污染物的来源，对污染物的种类进行分类，并提出改进的建议。

七、要求学生完成的工作

① 制订校园及其周边水环境监测方案（包括采样布点、采样时间与频率的确定、水样的保存方法和分析测定方法的确定等）。

② 选择水质监测采样设备和水样储存容器，选择水样分析中使用的仪器、试剂及其纯度，试剂的配制方法、浓度及用量。

③ 完成水样的采集、预处理及分析测试。

④ 对校园及其周边水环境进行简单水质评价。

第二节 校园及其周边空气环境分析

一、校园内空气环境质量监测

1. 监测目的

① 通过对校园环境空气的监测实训，进一步巩固环境空气监测基本操作技能，如监测方案的设计、现场采样、样品分析、监测报告的编制。

② 通过对校园环境空气的监测和评价，了解校园的环境空气质量现状。

2. 监测依据

①《环境空气质量手工监测技术规范》(HJ 194—2017)；

②《空气和废气监测分析方法》(第四版增补版)，中国环境科学出版社，2003 年；

③《环境空气质量标准》(GB 3095—2012)。

3. 监测内容

根据功能区布点法或网格布点法，对校园进行监测点位布设，并把监测点位、监测项目和监测频次在表 10-4 中列出。

表 10-4 监测内容

序号	监测点位	监测项目	监测频次
1		SO_2、NO_2、PM_{10}、$PM_{2.5}$	时均:4 次/天×7 天 日均:1 次/天×7 天
2			
3			
……			

4. 监测分析方法

监测分析方法见表 10-5。

表 10-5 监测分析方法

监测项目		分析方法	方法检出限
1	SO_2	副玫瑰苯胺分光光度法(HJ 482—2009)	$0.007mg/m^3$
2	NO_2	盐酸萘乙二胺分光光度法(HJ 479—2009)	$0.015mg/m^3$
3	PM_{10}、$PM_{2.5}$	重量法(HJ 618—2011)	$0.010mg/m^3$

5. 质量控制与质量保证

① 为确保监测数据的准确、可靠，在样品采样、运输、储存、实验室分析和数据计算整理的全过程均按照《环境空气质量手工监测技术规范》(HJ 194—2017) 的要求进行。

② 所有监测及分析仪器均在有效检定期内，并参照有关计量检定规程定期校验和维护。

6. 监测结果

将环境空气质量监测结果统计于表 10-6。

表 10-6 环境空气质量监测结果

监测点位、时间		时均浓度/(mg/m^3)		日均浓度/(mg/m^3)			
××监测点位	第一天	SO_2	NO_2	SO_2	NO_2	PM_{10}	$PM_{2.5}$
	第二天						
	第三天						
	……						

续表

监测点位、时间	时均浓度/(mg/m³)			日均浓度/(mg/m³)		
标准值						
是否超标						
超标倍数						

7. 结论

××学校××同学于××年××月××日至××年××月××日，对校园××点位环境空气中 SO_2、NO_2、PM_{10}、$PM_{2.5}$ 进行了现场监测。监测结果表明：对照《环境空气质量标准》(GB 3095—2012) 二级标准，××年××月××日至××年××月××日监测期间，××监测点位环境空气中 SO_2、NO_2、PM_{10}、$PM_{2.5}$ 的监测结果（是/否）存在超标现象。

8. 附录

附录 1　环境空气质量监测采样原始记录表

附录 2　环境空气质量监测分析原始记录表

二、校园学生公寓室内空气环境质量监测

1. 监测目的

① 通过对校园学生公寓室内空气的监测实训，进一步巩固室内空气监测基本操作技能，如监测方案的设计、现场采样、样品分析、监测报告的编制。

② 通过对校园学生公寓室内空气的监测和评价，了解校园学生公寓室内空气质量现状。

2. 监测依据

①《室内环境空气质量监测技术规范》(HJ/T 167—2004)；

②《室内空气质量标准》(GB/T 18883—2002)。

3. 监测内容

监测点位、监测项目和监测频次见表 10-7。

表 10-7　监测内容

序号	监测点位	监测项目	监测频次
1		甲醛、苯、甲苯、二甲苯	时均：1 次/天×1 天
2			
3			
……			

4. 监测分析方法

监测分析方法在表 10-8 中列出。

表 10-8　监测分析方法

监测项目		分析方法	方法检出限
1	甲醛	乙酰丙酮分光光度法(GB/T 15516—1995)	0.008mg/m³
2	苯、甲苯、二甲苯	气相色谱法(HJ 584—2010)	0.015mg/m³

5. 质量控制与质量保证

① 为确保监测数据的准确、可靠，在样品采样、运输、储存、实验室分析和数据计算整理的全过程均按照《室内环境空气质量监测技术规范》(HJ/T 167—2004) 的要求进行。

② 所有监测及分析仪器均在有效检定期内，并参照有关计量检定规程定期校验和维护。

6. 监测结果

室内空气质量监测结果统计见表10-9。

表10-9　室内空气质量监测结果

监测点位、时间		日均浓度/(mg/m^3)			
××监测点位	××年××月××日	甲醛	苯	甲苯	二甲苯
标准值					
是否超标					
超标倍数					

7. 结论

××学校××同学于××年××月××日，对校园××学生公寓室内空气中甲醛、苯、甲苯、二甲苯进行了现场监测。监测结果表明：对照《室内空气质量标准》(GB/T 18883—2002)，××年××月××日监测期间，××监测点位室内环境空气中甲醛、苯、甲苯、二甲苯的监测结果（是/否）存在超标现象。

8. 附录

附录3　室内空气质量监测采样原始记录表

附录4　室内空气质量监测分析原始记录表

三、校园供热锅炉排气筒废气监测

1. 监测目的

① 通过对校园供热锅炉排气筒废气的监测实训，进一步巩固固定污染源废气监测基本操作技能，如监测方案的设计、现场采样、样品分析、监测报告的编制。

② 通过对校园供热锅炉废气的监测和评价，了解校园供热锅炉废气污染程度。

2. 监测依据

①《固定污染源排气中颗粒物测定与气态污染物采样方法》(GB/T 16157—1996)；

②《空气和废气监测分析方法》(第四版增补版)，中国环境科学出版社，2003年；

③《锅炉大气污染物排放标准》(GB 13271—2014)。

3. 监测内容

按照《固定污染源排气中颗粒物测定与气态污染物采样方法》(GB/T 16157—1996) 技术要求选择合适的监测点位，并将监测点位、监测项目和监测频次在表10-10中列出。

表10-10　监测内容

序号	监测点位	监测项目	监测频次
1		SO_2、NO_x、烟尘	一次值：3次/天×2天
2			
3			
……			

4. 监测分析方法

监测分析方法见表10-11。

表 10-11 监测分析方法

监测项目		分析方法	方法检出限
1	SO_2	定电位电解法(HJ 57—2017)	$3mg/m^3$
2	NO_x	定电位电解法(HJ 693—2014)	$3mg/m^3$(以 NO_2 计)
3	烟尘	固定污染源气中颗粒物测定与气态污染物采样方法(GB/T 16157—1996)	$0.001mg/m^3$

5. 质量控制与质量保证

① 按监测规定对废气测定仪器进行校准检查。

② 严格按照《固定污染源排气中颗粒物测定与气态污染物采样方法》(GB/T 16157—1996)和《空气和废气监测分析方法》(第四版增补版)进行采样及分析测试。

6. 监测结果

将废气监测结果统计于表 10-12 中。

表 10-12 废气监测结果

监测点位、时间		一次值/(mg/m^3)		
××监测点位	第一天第 1 次	SO_2	NO_x	烟尘
	第一天第 2 次			
	第一天第 3 次			
	……			
	最大值			
标准值				
是否超标				
超标倍数				
备注		必须指出锅炉型号、建成使用时间、燃料种类、装机容量、排气筒实际高度等信息		

7. 结论

××学校××同学于××年××月××日至××年××月××日,对校园××点位锅炉废气中的 SO_2、NO_x 和烟尘进行了现场监测。监测结果表明:对照《锅炉大气污染物排放标准》(GB 13271—2014)的相应标准限值,××年××月××日至××年××月××日监测期间,该废气中 SO_2、NO_x 和烟尘监测值(是/否)存在超标现象。

8. 附录

附录 5 废气采样原始记录单

附录 6 烟尘分析原始记录单

附　录

附录 1　环境空气质量监测采样原始记录表

环境空气采样原始记录表

项目名称：________　任务编号：________　采样点名称：________　采样日期：________

采样器型号、名称：________　采样器编号：________　天气状况：________　计算公式：$V_0=\frac{T_0}{T_1}\times\frac{P_1}{P_0}\times V_1=\frac{273}{273+t}\times\frac{P_1}{101.3}\times V_1$

监测项目	样品编号	采样时间		环境气温/℃	环境气压/kPa	相对湿度/%	风向/(°)	风速/(m/s)	累积采样时间/min	采样流量/(L/min)	采样体积/L	标态采样体积/L	方法依据	备注
		起始时间	终止时间											
样品现场处理情况														

采样人员：　　　　记录人员：　　　　校核人员：

　　　　　　　　　记录时间：　　　　校核时间：

附录 2 环境空气质量监测分析原始记录表

______分光光度法分析原始记录表

任务名称：　　　　方法依据：　　　　分析日期：

任务编号：　　　　检出下限：　　　　仪器型号：

样品类型：　　　　分析项目：　　　　仪器编号

测定波长：　　　　比色皿厚度：　　　　试剂空白吸光度 A_0：

序号	原码编号	密码编号	取样量(　　)	定容体积(　　)	稀释倍数	样品吸光度 A	$A-A_0$	测定值(　　)	样品结果(　　)	备注
标准曲线	标液含量							标准使用液浓度：		
	吸光度 A									
	$A-A_0$							$a=$	$b=$	$r=$

解码：　　　　分析人员：　　　　审核人员：

审核日期：

颗粒物浓度分析原始记录表

项目名称：　　任务编号：　　天平名称、型号：　　编号：　　最低检出限：

分析方法：重量法　　计算公式：$\rho_B = W \times 1000 / V_n$　　收样日期：　　分析日期：

序号	滤膜编号	滤膜质量				标态采样体积	浓度	备注
		采样前 W_1	采样后 W_2	差值 W_0	颗粒物质量 W	V_n/m^3	$\rho_B/(mg/m^3)$	
	空白1							
	空白2							

分析人员：　　审核人员：

审核日期：

附录 3　室内空气质量监测采样原始记录表

室内空气采样原始记录表

项目名称：	任务编号：	方法依据：
联系人：	联系电话：	监测地址：
监测日期：	天气情况：	大气压力：
装修竣工时间：	室内温度：	室内相对湿度：

采样点位	样品编号	检测项目	检测面积/m^2	对外门窗面积/m^2	采样流量/(L/min)	采样时间/min	检测结果	室内基本情况	备注

采样人员：	记录人员：	校核人员：
	记录时间：	校核时间：

附录 4　室内空气质量监测分析原始记录表

______________分光光度法分析原始记录表

任务名称：	方法依据：	分析日期：
任务编号：	检出下限：	仪器型号：
样品类型：	分析项目：	仪器编号

测定波长：　　　　　　　　比色皿厚度：　　　　　　　　试剂空白吸光度 A_0：

序号	原码编号	密码编号	取样量（　）	定容体积（　）	稀释倍数	样品吸光度 A	$A-A_0$	测定值（　）	样品结果（　）	备注
标准曲线	标液含量							标准使用液浓度：		
	吸光度 A									
	$A-A_0$							$a=$	$b=$	$r=$

解码：　　　　　　　　分析人员：　　　　　　　　审核人员：

审核日期：

气相色谱分析原始记录表

任务名称：　　　　方法依据：　　　　分析日期：

任务编号：　　　　检出下限：　　　　仪器型号：

样品类型：　　　　谱图文件：　　　　仪器编号：

检测器		色谱柱		温度/℃	汽化室	柱温		检测器		柱压/kPa		流量( )	N_2	H_2	空气
序号	原码编号	密码编号	取样量( )	萃取体积( )	进样量( )	分析项目：			分析项目：			分析项目：			备注
						峰高□ 峰面积□	测定值( )	样品结果( )	峰高□ 峰面积□	测定值( )	样品结果( )	峰高□ 峰面积□	测定值( )	样品结果( )	

解码：　　　　分析人员：　　　　审核人员：

审核日期：

附录 5　废气采样原始记录单

固定污染源排气中污染物采样原始记录单

任务名称：　　　　任务编号：　　　　污染物名称：

仪器型号：　　　　仪器编号：　　　　采样日期：　　　　环境温度：　℃　　　　大气压：　kPa

方法依据：　　　　引风机型号：　　　　引风机额定风量：

污染源基本情况	样品(或滤筒)编号	监测项目	采样流量 Q /(L/min)	计前压力 P_r/kPa	计前温度 T_r/℃	采样时间 t/min		排气温度 /℃	标干采气体积 V_{nd}/L	实测烟气流量 $Q/(m^3/h)$	标干烟气流量 $Q_{nd}/(m^3/h)$
被监测设备名称及型号：											
排气筒高度：											
排气筒材质：											
排气筒断面尺寸：											
其他：											
备注	燃料种类：					燃料消耗量：				生产负荷率：	

采样人员：　　　　记录人员：　　　　校核人员：

记录时间：　　　　校核时间：

附录6 烟尘分析原始记录单

烟尘浓度分析原始记录单

项目名称： 任务编号： 天平名称、型号：

编号： 最低检出限：

分析方法： 计算公式：$\rho_B = W \times 1000 / V_n$ 收样日期：

分析日期：

序号	滤膜编号	滤膜质量/g				标态采样体积	浓度	备注
		采样前 W_1	采样后 W_2	差值 W_0	颗粒物质量 W	V_{nd}/m^3	$\rho_B/(mg/m^3)$	
	空白1							
	空白2							

分析人员： 审核人员：

审核日期：

参 考 文 献

[1] 奚旦立，刘秀英，等．环境监测．北京：高等教育出版社，2019.

[2] 国家环保局．水和废水监测分析方法．4版．北京：中国环境科学出版社，2002.

[3] 张君枝，王鹏，等．环境监测实验．北京：中国环境科学出版社，2016.

[4] 崔树军，等．环境监测．北京：中国环境科学出版社，2014.

[5] 侯晓虹，梁宁，等．环境污染物分析．北京：中国建材工业出版社，2017.

[6] 钱耆生，等．分析测试质量保证．沈阳：辽宁大学出版社，2004.

[7] 杨小林，贺琼，等．分析检验的质量保证与计量认证．北京：化学工业出版社，2018.

[8] 地表水和污水监测技术规范．北京：国家环境保护总局，2002.

[9] 固定污染源监测质量保证与质量控制技术规范（试行）．北京：国家环境保护总局，2007.

[10] 污水监测技术规范．北京：生态环境部，2019.

[11] 突发环境事件应急监测技术规范．北京：生态环境部，2021.

[12] 解光武，等．突发性污染事件应急监测实用手册．北京：中国环境出版集团，2021.

[13] 徐广华，等．环境应急监测技术与实用．北京：中国环境科学出版社，2012.

[14] 陈志莉，等．突发性环境污染事故应急技术与管理．北京：化学工业出版社，2017.

[15] 吕小明，等．环境污染事件应急处理技术．北京：中国环境科学出版社，2012.

[16] 冯辉，等．突发环境污染事件应急处置．北京：化学工业出版社，2018.

[17] 中国环境监测总站．应急监测技术．北京：中国环境出版社，2013.

[18] 奚旦立，等．突发性污染事件应急处置工程．北京：化学工业出版社，2009.